本书案例展示

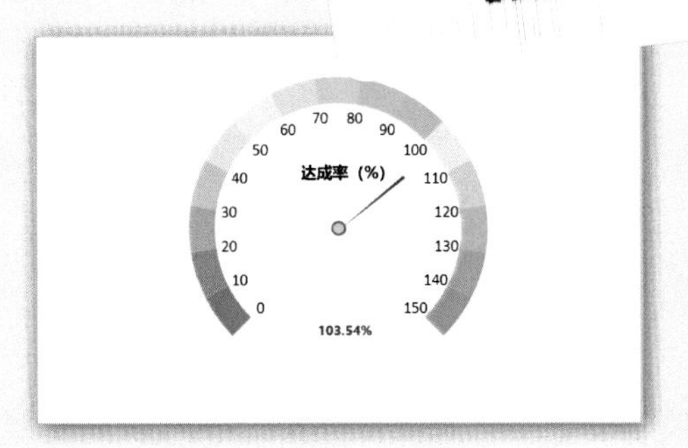

达成率（%）
0
10
20
30
40
50
60
70
80
90
100
110
120
130
140
150
103.54%

客户满意度
售后服务
产品包装
到货及时
产品性能
服务态度

软件会员转化分析
软件搜索
下载安装
注册登录
软件试用
购买会员
100%
87%
72%
50%
37%

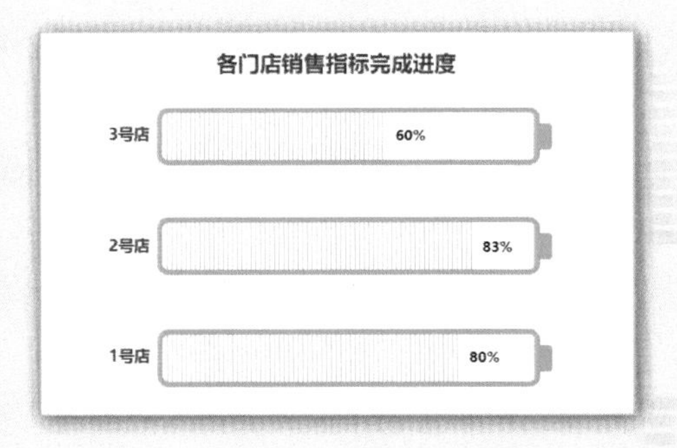

各门店销售指标完成进度
3号店
60%
2号店
83%
1号店
80%

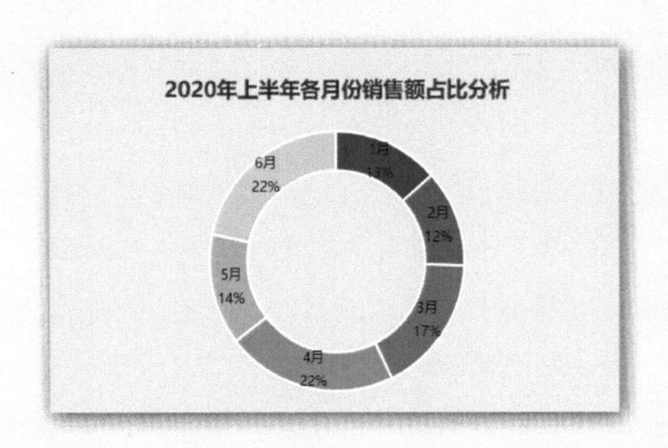

2020年上半年各月份销售额占比分析
1月
2月
12%
3月
17%
4月
22%
5月
14%
6月
22%

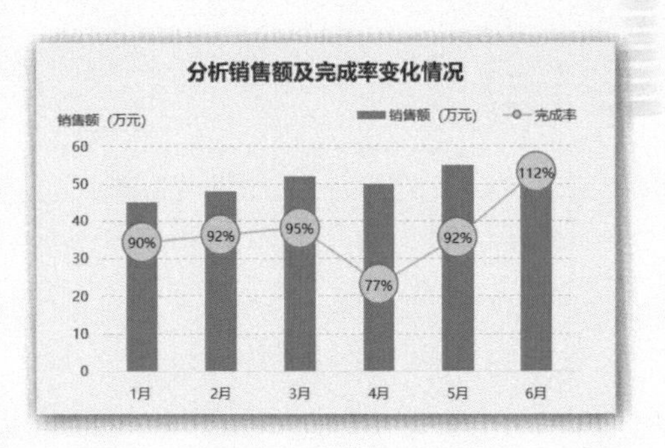

分析销售额及完成率变化情况
销售额（万元）
销售额（万元）
完成率
60
50
40
30
20
10
0
90%
92%
95%
77%
92%
112%
1月
2月
3月
4月
5月
6月

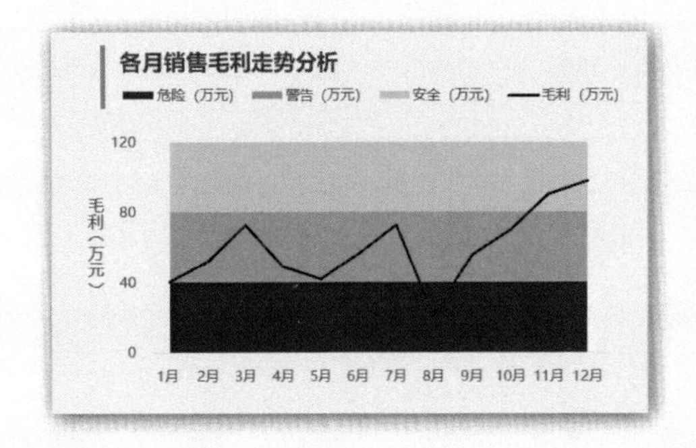

各月销售毛利走势分析
危险（万元）
警告（万元）
安全（万元）
毛利（万元）
毛利（万元）
120
80
40
0
1月
2月
3月
4月
5月
6月
7月
8月
9月
10月
11月
12月

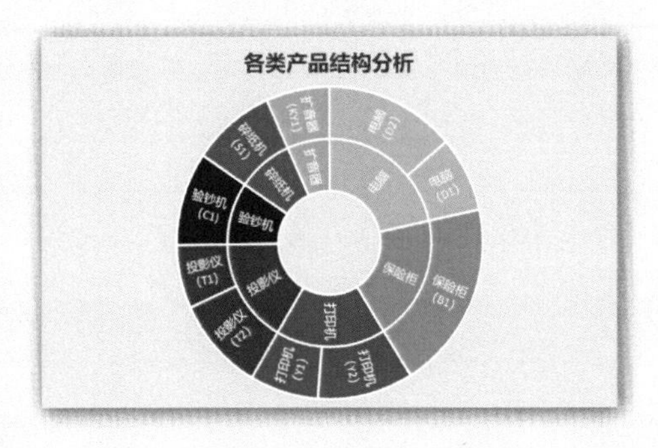

各类产品结构分析
电脑
电脑（D1）
保险柜
保险柜（B1）
打印机
打印机（Y1）
打印机（Y2）
投影仪
投影仪（T1）
投影仪（T2）
验钞机
验钞机（C1）
碎纸机
碎纸机（S1）
扩音器

本书案例展示

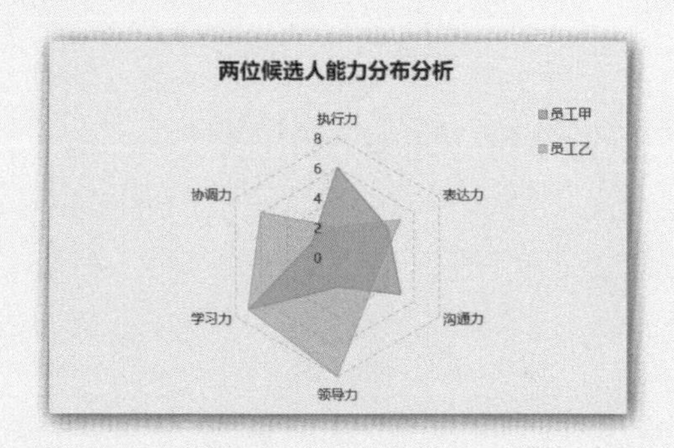
两位候选人能力分布分析
执行力
表达力
沟通力
领导力
学习力
协调力
员工甲
员工乙

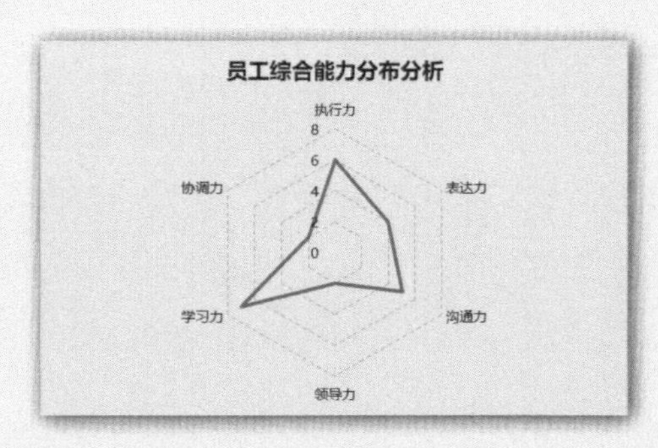
员工综合能力分布分析
执行力
表达力
沟通力
领导力
学习力
协调力

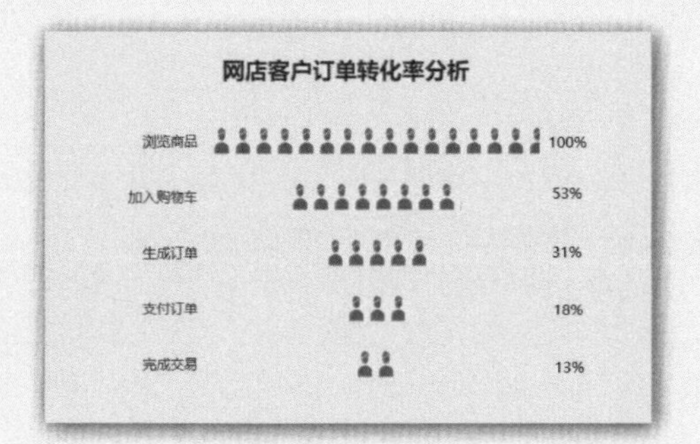
网店客户订单转化率分析
浏览商品 100%
加入购物车 53%
生成订单 31%
支付订单 18%
完成交易 13%

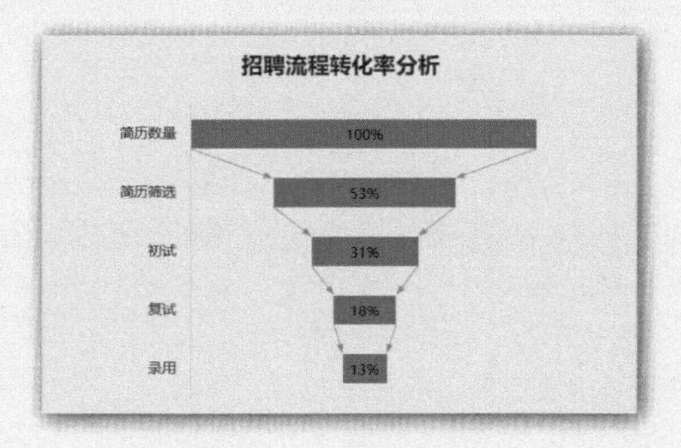
招聘流程转化率分析
简历数量 100%
简历筛选 53%
初试 31%
复试 18%
录用 13%

年度预算执行情况
71.13%

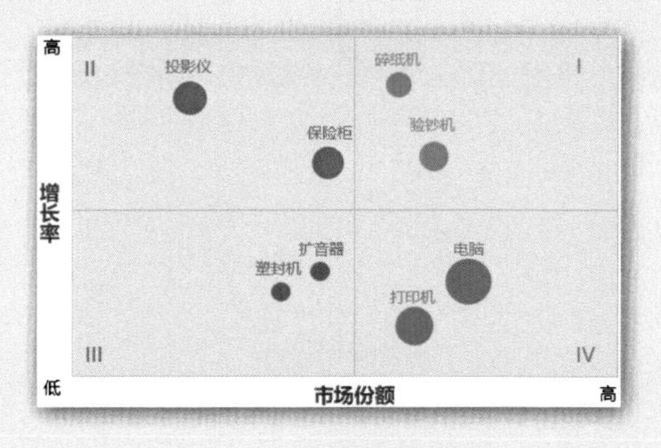
高
增长率
低
市场份额
高
投影仪
碎纸机
保险柜
验钞机
扩音器
塑封机
电脑
打印机

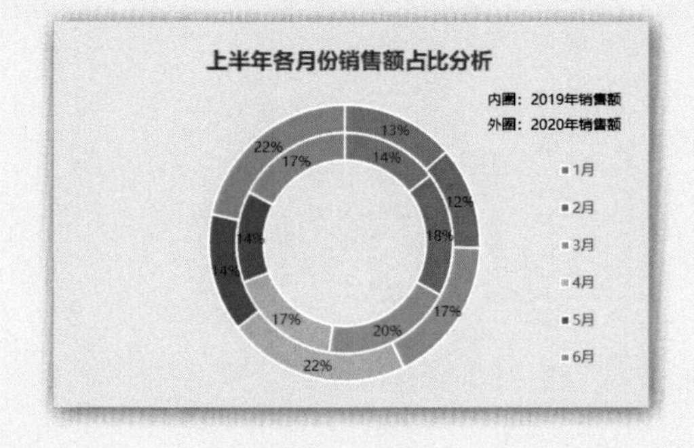
上半年各月份销售额占比分析
内圈：2019年销售额
外圈：2020年销售额
1月
2月
3月
4月
5月
6月

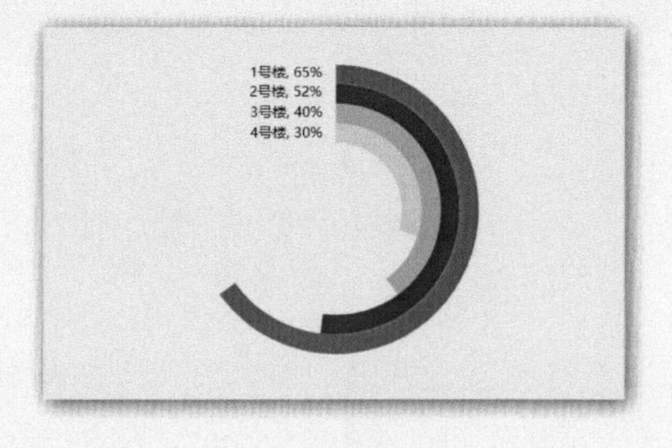
1号楼, 65%
2号楼, 52%
3号楼, 40%
4号楼, 30%

本书案例展示

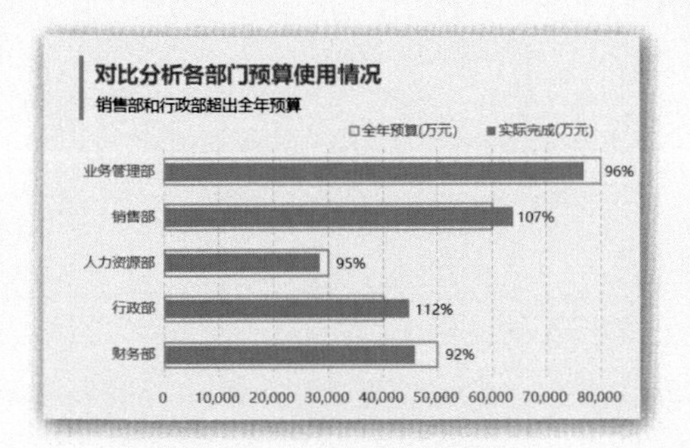
对比分析各部门预算使用情况
销售部和行政部超出全年预算
全年预算(万元)
实际完成(万元)
业务管理部
销售部
人力资源部
行政部
财务部
96%
107%
95%
112%
92%
0
10,000
20,000
30,000
40,000
50,000
60,000
70,000
80,000

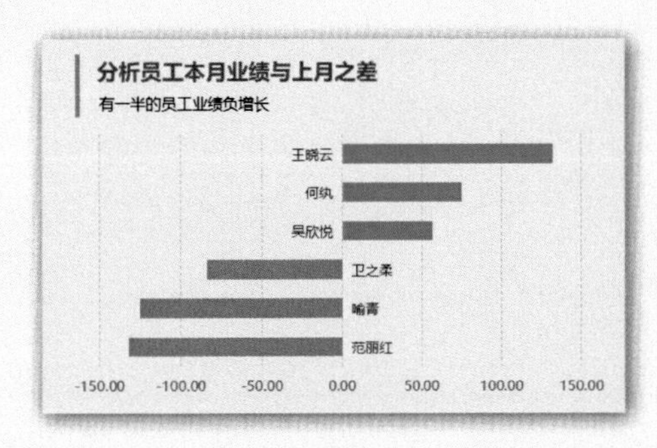
分析员工本月业绩与上月之差
有一半的员工业绩负增长
王晓云
何执
吴欣悦
卫之柔
喻青
范丽红
-150.00
-100.00
-50.00
0.00
50.00
100.00
150.00

2021年1月比2020年1月销售额明显下降
销售额（万元）
800.00
600.00
400.00
200.00
0.00
697.98
500.00
2020年1月
2021年1月

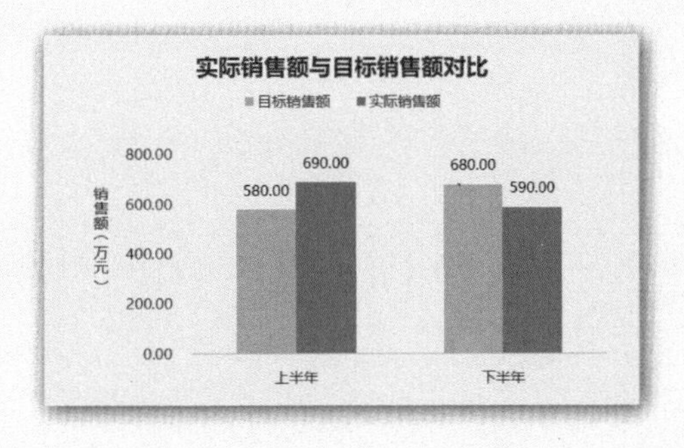
实际销售额与目标销售额对比
目标销售额
实际销售额
销售额（万元）
800.00
600.00
400.00
200.00
0.00
580.00
690.00
680.00
590.00
上半年
下半年

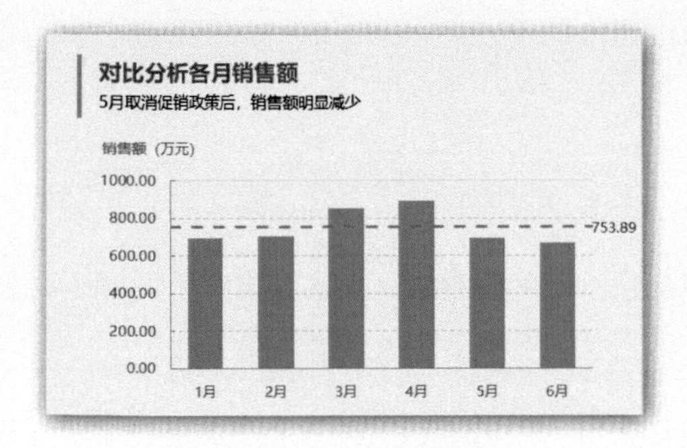
对比分析各月销售额
5月取消促销政策后，销售额明显减少
销售额（万元）
1000.00
800.00
600.00
400.00
200.00
0.00
753.89
1月
2月
3月
4月
5月
6月

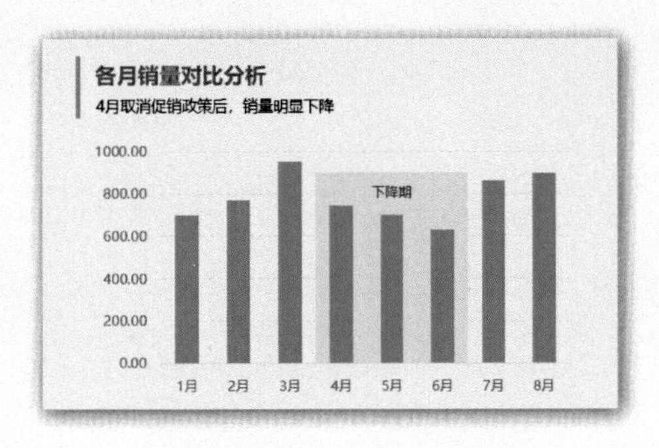
各月销量对比分析
4月取消促销政策后，销量明显下降
1000.00
800.00
600.00
400.00
200.00
0.00
下降期
1月
2月
3月
4月
5月
6月
7月
8月

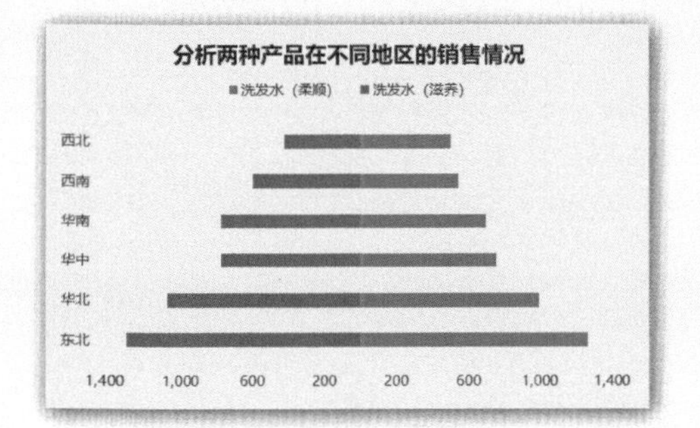
分析两种产品在不同地区的销售情况
洗发水（柔顺）
洗发水（滋养）
西北
西南
华南
华中
华北
东北
1,400
1,000
600
200
200
600
1,000
1,400

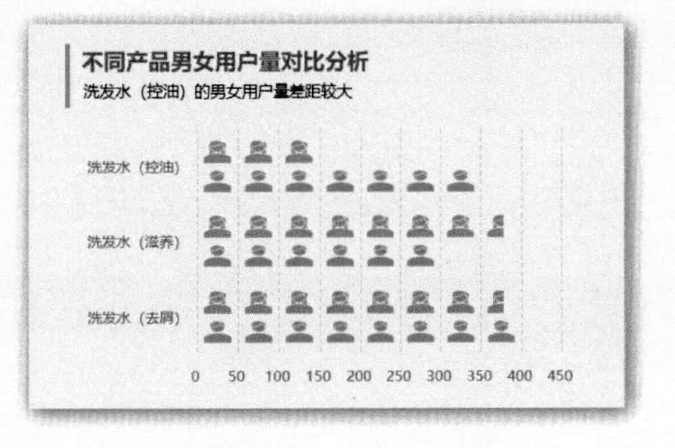
不同产品男女用户量对比分析
洗发水（控油）的男女用户量差距较大
洗发水（控油）
洗发水（滋养）
洗发水（去屑）
0
50
100
150
200
250
300
350
400
450

本书案例展示

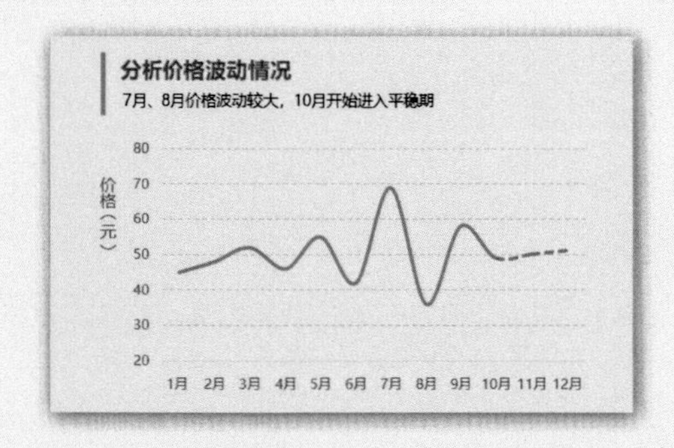
分析价格波动情况
7月、8月价格波动较大，10月开始进入平稳期
价格（元）
80
70
60
50
40
30
20
1月 2月 3月 4月 5月 6月 7月 8月 9月 10月 11月 12月

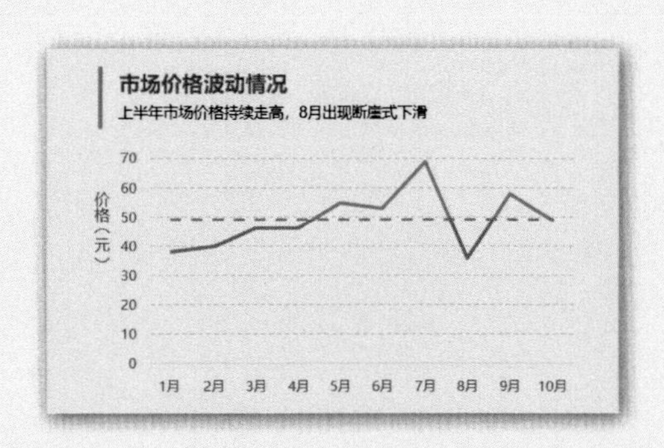
市场价格波动情况
上半年市场价格持续走高，8月出现断崖式下滑
价格（元）
70
60
50
40
30
20
10
0
1月 2月 3月 4月 5月 6月 7月 8月 9月 10月

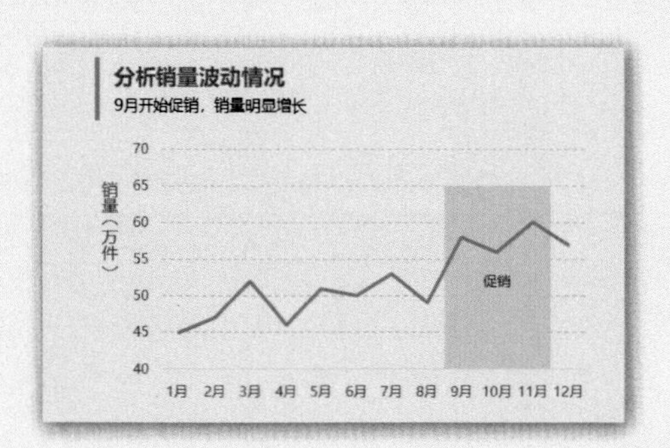
分析销量波动情况
9月开始促销，销量明显增长
销量（万件）
70
65
60
55
50
45
40
促销
1月 2月 3月 4月 5月 6月 7月 8月 9月 10月 11月 12月

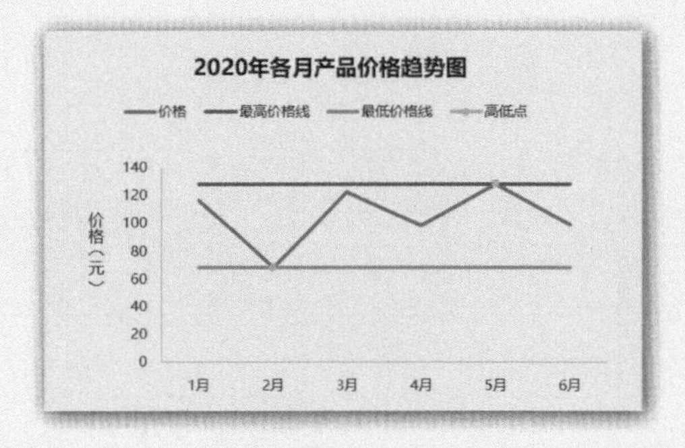
2020年各月产品价格趋势图
价格 最高价格线 最低价格线 高低点
价格（元）
140
120
100
80
60
40
20
0
1月 2月 3月 4月 5月 6月

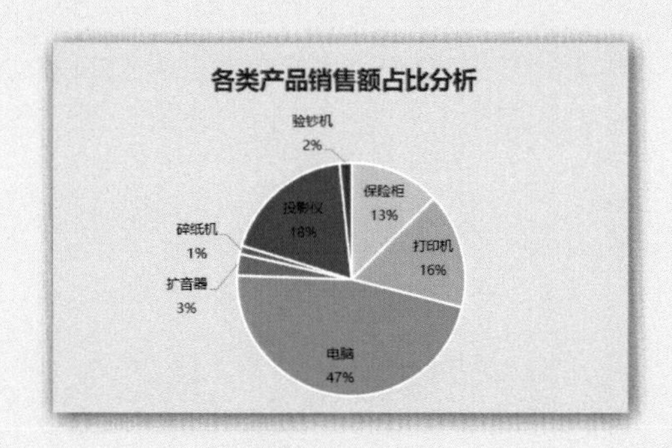
各类产品销售额占比分析
验钞机
2%
保险柜
13%
投影仪
18%
碎纸机
1%
打印机
16%
扩音器
3%
电脑
47%

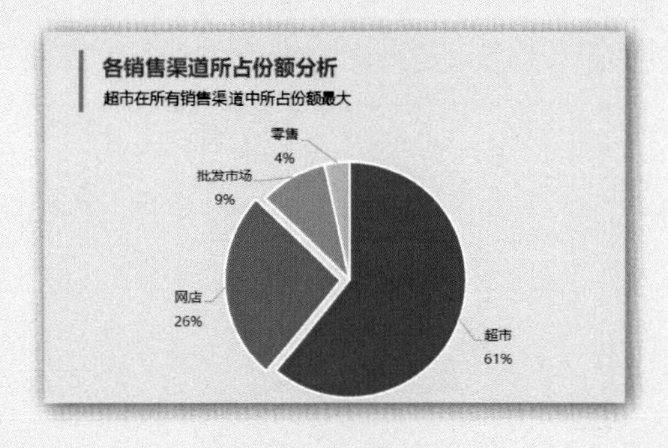
各销售渠道所占份额分析
超市在所有销售渠道中所占份额最大
零售
4%
批发市场
9%
网店
26%
超市
61%

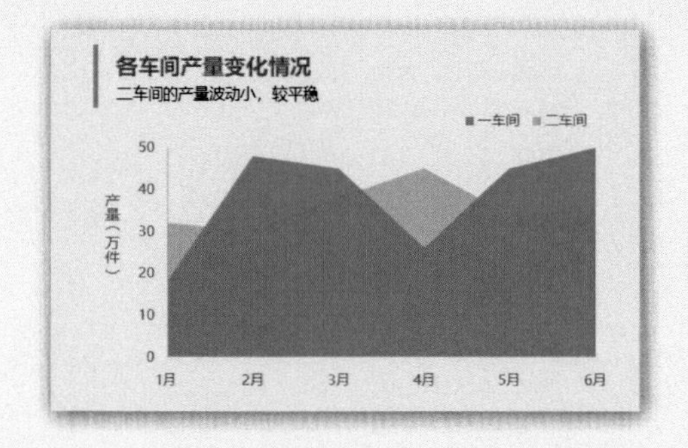
各车间产量变化情况
二车间的产量波动小，较平稳
一车间 二车间
产量（万件）
50
40
30
20
10
0
1月 2月 3月 4月 5月 6月

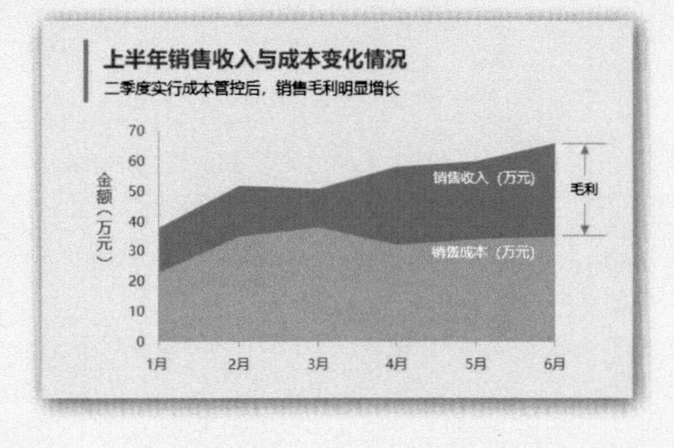
上半年销售收入与成本变化情况
二季度实行成本管控后，销售毛利明显增长
金额（万元）
70
60
50
40
30
20
10
0
销售收入（万元）
毛利
销售成本（万元）
1月 2月 3月 4月 5月 6月

数据分析高手这样用Excel图表

神龙工作室 编著

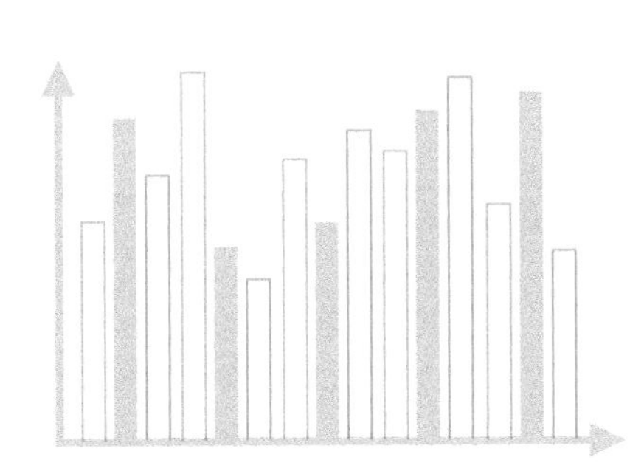

人民邮电出版社
北京

图书在版编目（CIP）数据

数据分析高手这样用Excel图表 / 神龙工作室编著
. -- 北京 : 人民邮电出版社, 2022.5
ISBN 978-7-115-56836-6

Ⅰ. ①数… Ⅱ. ①神… Ⅲ. ①表处理软件 Ⅳ.
①TP391.13

中国版本图书馆CIP数据核字(2021)第129206号

内容提要

本书以解决工作中常见的图表制作问题为导向，介绍如何根据应用场景选择合适的图表，并详细讲解具体的图表制作流程及 Excel 操作技巧，帮助读者快速提升数据可视化水平，让数据分析事半功倍。

全书共 3 篇 10 章。第 1~2 章为导入篇，其中第 1 章介绍 Excel 适合做哪些方面的数据分析、使用数据看板的优势及数据看板的制作流程；第 2 章介绍 6 个让图表更专业的细节、图表元素的编辑方法及经典商务图表的配色。第 3~8 章为单指标分析篇，介绍六大类分析（对比分析、趋势分析、结构分析、分布分析、达成分析、转化分析）中常用的图表及具体的制作方法。第 9~10 章为多指标分析篇，通过两个综合案例，介绍两种风格的智能数据看板的制作过程，帮助读者对前面学过的内容进行整合，提高知识的实际应用能力。

本书不仅适合初学者阅读，还适合有一定数据分析基础、想要快速提高图表制作技能的人员阅读，也可以作为职业院校或相关培训班的教学参考用书。

◆ 编　　著　神龙工作室
　责任编辑　马雪伶
　责任印制　胡　南
◆ 人民邮电出版社出版发行　　北京市丰台区成寿寺路 11 号
　邮编　100164　　电子邮件　315@ptpress.com.cn
　网址　https://www.ptpress.com.cn
　北京七彩京通数码快印有限公司印刷
◆ 开本：700×1000　1/16　　　彩插：2
　印张：17　　　　　　　　　2022 年 5 月第 1 版
　字数：348 千字　　　　　　2024 年 8 月北京第 10 次印刷

定价：89.90 元

读者服务热线：(010)81055410　印装质量热线：(010)81055316
反盗版热线：(010)81055315
广告经营许可证：京东市监广登字 20170147 号

前言

“用数据说话”是衡量职场人士能力的维度之一。各行各业中，在描述一件工作时，时不时就需要做张表格，分析一下数据，相关能力几乎已成为现代职场人士的必备能力。单纯地罗列数据，只会让数据接收者感到疲乏，如果能将枯燥乏味的数据用合适的图表呈现出来，绝对会使之更具表现力和说服力。

好的图表能更有效地传递信息

在实际工作中，大家经常会有这样或那样的烦恼：有的人不知道选择什么样的图表来表现数据，只是为了作图而作图，导致数据接收者看不明白图表要表达的意思，甚至理解错误；有的人则把作图的重点放在修饰和美化上，制作的图表过于花哨，不但没有突出重点，反而本末倒置，存在过多干扰理解的元素；还有的人，知道要选择什么样的图表，也明白想要表达的重点是什么，只是苦于自身技艺不精，羡慕别人的图表“酷炫又专业”，却不知如何下手……

职场中的你，是否也遇到过同样的问题？若有，相信你认真读完本书后，这些问题都会迎刃而解！

写作本书的目的

①帮助读者选择合适的图表来呈现数据。

每种类型的图表都有自身的优势或特点，本书根据数据分析的对象和目的，向读者提供了各种分析适用的图表类型及具体的选择方法，使读者在分析数据时，能够轻松应用几十种图表类型。

②通过真实案例，教会读者制作专业且精美的商务图表。

本书的分析案例均来源于真实场景，图表设计非常符合实际工作的需求。从目录设计，到案例讲解，都进行严谨的规划，使读者可真正学会图表的设计思路和制作方法，用尽量短的时间掌握相关技能。

③让读者学会制作多维度的智能数据看板。

许多职场人士只会用单一的图表来展示分析结果，而为了让领导或同事能够多角度、多指标地对数据进行全面分析，有能力的职场人士会综合运用 Excel 函数、数据透视表、下拉列表、切片器、表单控件、高级图表等功能，设计出智能化数据看板来增加数据的可读性和说服力。学完本书内容，你也能成为一名数据可视化高手。

本书由神龙工作室策划编写，作者竭尽所能地将相关知识呈现给读者，以期本书能够满足更多人的需求，但难免有疏漏和不妥之处，敬请读者批评指正。若读者在阅读本书的过程中产生疑问或有任何建议，可发电子邮件至 maxueling@ptpress.com.cn。

最后感谢大家选择本书，希望本书能成为开启数据分析及可视化之门的钥匙，为广大职场人士提供或多或少的启发和帮助。

神龙工作室

微信扫码，关注“职场研究社”，回复“56836”，即可获取本书配套教学资源下载方式，也可以加入 QQ 群交流学习。

目 录

导入篇 数据分析结果图形化

在这个处处用数据说话的时代，数据分析人员如果还停留在认为处理、计算或汇总完成千上万条数据就是完成工作的阶段，那么很难有更大的发展空间。要想让读者更清楚地了解数据中传递的信息，将其转化为可视化的图表是重要途径。要知道，一张专业的图表绝对会让你的数据更具有说服力。

第1章 数据分析与数据看板

第2章 图表制作常用技巧

单指标分析篇 制作专业商务图表

Excel 提供了多种类型的图表，每种类型的图表都有多种表现形式。面对几十种图表，数据分析人员应专注于制作图表的目的，选择合适的图表，并且能够按照正确、有效的方法来制作图表，以便发挥出图表的最大效用。

第3章 对比分析

第4章 趋势分析

第5章 结构分析

第6章 分布分析

第7章 达成分析

第8章 转化分析

多指标分析篇 制作智能数据看板

大数据时代，传统的数据报表、枯燥单一的图表已经无法满足数据分析的需求了。那种让人一目了然、“灵动炫酷”的数据看板越来越受到管理者的青睐。

企业的数据分析人员需要掌握数据看板的制作思路和关键技术，制作出多指标分析的智能数据看板，为企业经营决策助力。

第9章 实战案例——公司人力数据分析看板

第10章 实战案例——年度销售数据分析看板

导入篇

数据分析结果图形化

第 1 章 数据分析与数据看板

第 2 章 图表制作常用技巧

第 1 章

数据分析与数据看板

- 数据分析有哪些工具?
- Excel 适合做哪些数据分析?
- 什么是数据看板?
- 数据看板的优势是什么?
- Excel 能做数据看板吗?

只要工具用得对，
“菜鸟”也会数据分析!

大数据时代，数据已成为重要的生产要素，数据分析与可视化也成为人们日常工作中非常重要的技能。当然，能够用于数据分析与可视化的工具也越来越多，如 Excel、Python、R、Power BI 等。相较而言，Excel 是应用广泛且操作简单的工具，能够满足日常工作中大部分的数据分析与可视化需求。

下面，我们就来看一下 Excel 适合做哪些方面的数据分析。

1.1 Excel 适合用来做哪些方面的数据分析

Excel 适合用来做的数据分析主要有以下 6 类：对比分析、趋势分析、结构分析、分布分析、达成分析和转化分析，如下图所示。

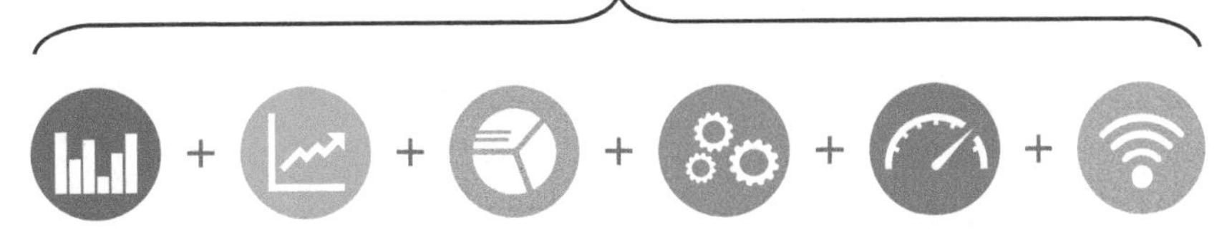

对比分析

对比分析是数据分析中比较常见、实用的分析方法，它是将两个或多个数据进行比较，分析其中的差异，从而揭示其中的发展变化情况以及变化规律。对比分析也是运营效果评估时经常要用到的分析方法。

Tips

做对比分析时要注意：不能把不相关的数据放在一起对比，有些数据可以对比，有些数据对比则是无意义的。例如，一般不能将产品的销量和定价进行对比，因为它们一般没有可比性。

因此，在做对比分析前，要确保数据有可比性。一般同类型的数据具有可比性，数据的相似点越多越具有可比性。

在做对比分析时，要确定合适的对比标准，常用的对比标准有时间标准和空间标准。

▶ 时间标准

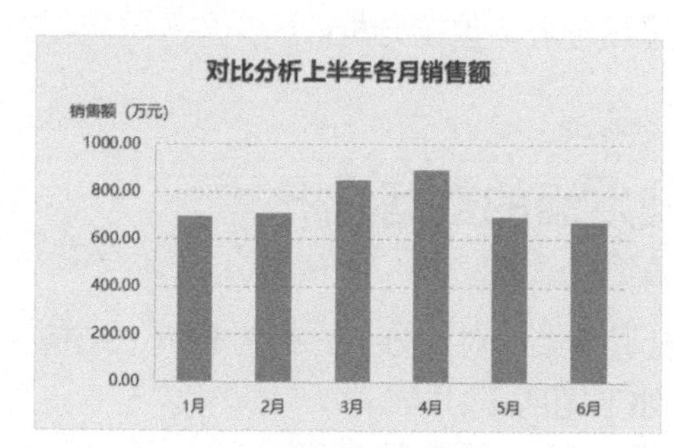

▲ 时间趋势对比

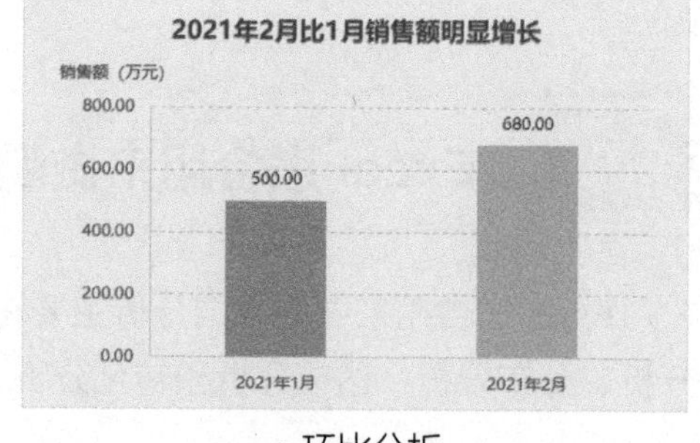

▲ 环比分析

▲ 同比分析

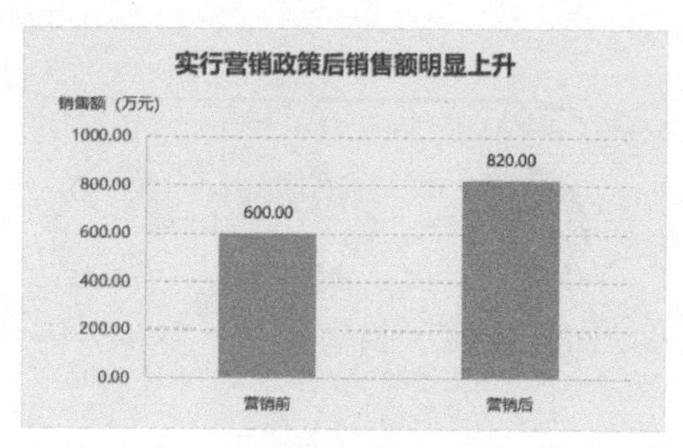

▲ 动作前后对比

▶ 空间标准

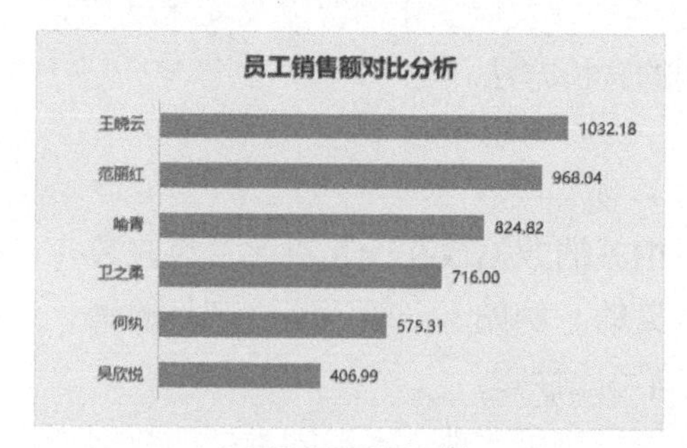

▲ 不同项目间对比

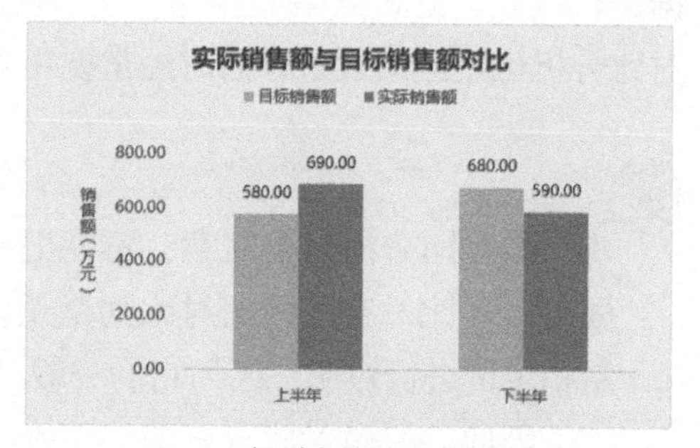

▲ 与计划目标对比

对比的时候一定要注意，先自己核查对比的对象、对比指标有没有问题，再进行比较。例如，在以日平均销售额为对比指标，分析不同地区的业务水平时，由于各地区的门店数量不一致，不可直接比较，要保证比较对象的指标一致才有可比性，因此应该除以各地区的门店数量，获得单个店铺的平均销售额再来做比较。

关于对比分析类图表的适用情景及具体制作方法，请参见第 3 章的内容。

趋势分析

人们通过对数据进行趋势分析，可以了解一项或多项指标在连续时间段内的变化情况及变化趋势，并根据变化趋势对研究对象的发展前景进行预测。

基于以上目的，可以选择折线图或面积图，通过线条走势或面积走势来体现数据变化的趋势。

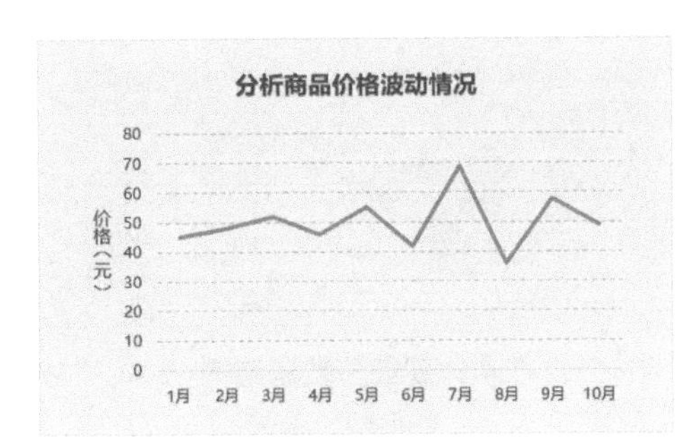

▲ 分析当前趋势

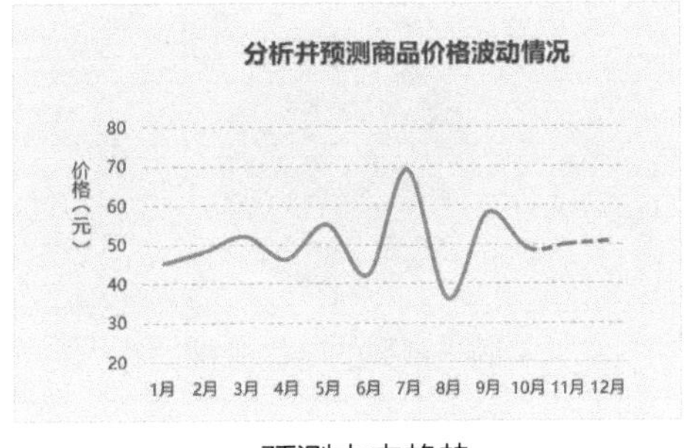

▲ 预测未来趋势

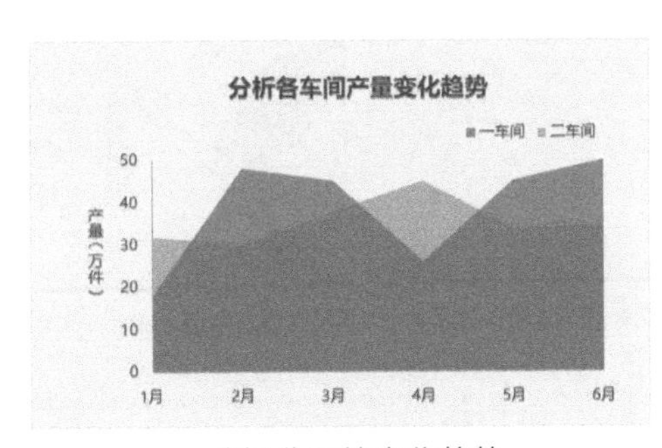

▲ 分析分量的变化趋势

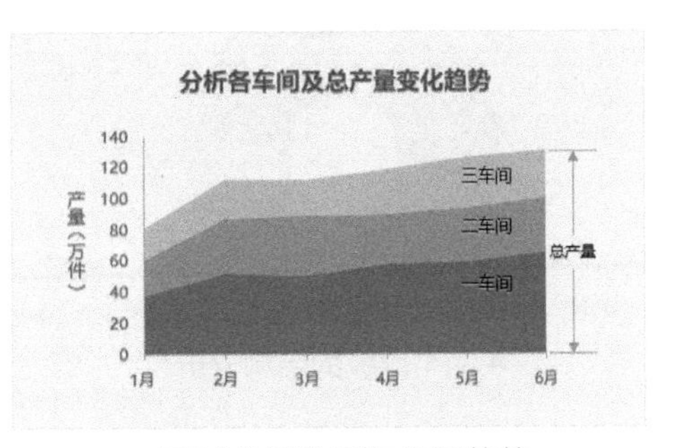

▲ 同时分析分量与总量趋势

关于趋势分析类图表的适用情景及具体制作方法，请参见第 4 章的内容。

结构分析

结构分析，又称比重分析，是依据各部分占总体的比重，对各部分进行对比的分析方法。一般某部分的比重越大，其对总体的影响也就越大。

例如，在某产品的销售渠道分析中，数据显示超市所占的比重最大，但是并不能说明超市这个渠道是最重要的，如果这个产品的主要购买群体在线上，那么网店就是最重要的渠道，网店占比应最大，这样的数据才正常，此时就要进一步分析为何超市比网店销售得多了。

在结构分析中，经常使用的图表类型有饼图、子母饼图、复合条饼图、旭日图、圆环图等，如下图所示。

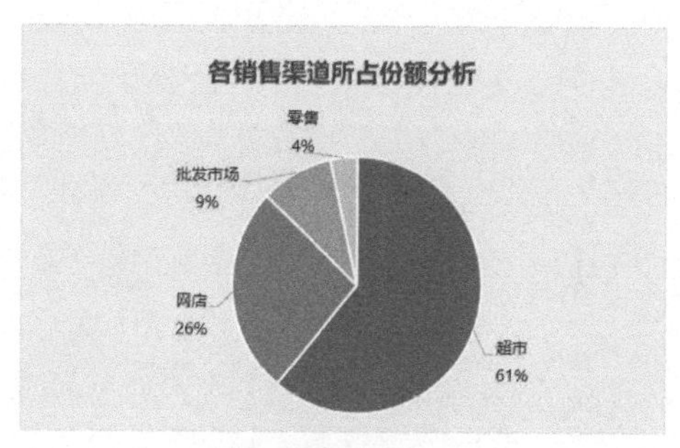

▲ 同一系列的结构分析

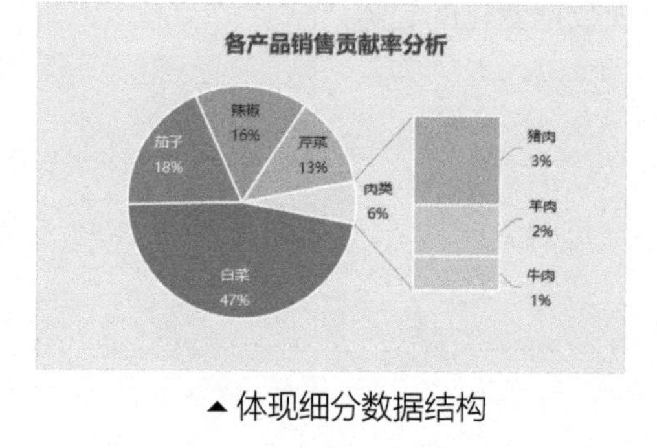

▲ 体现细分数据结构

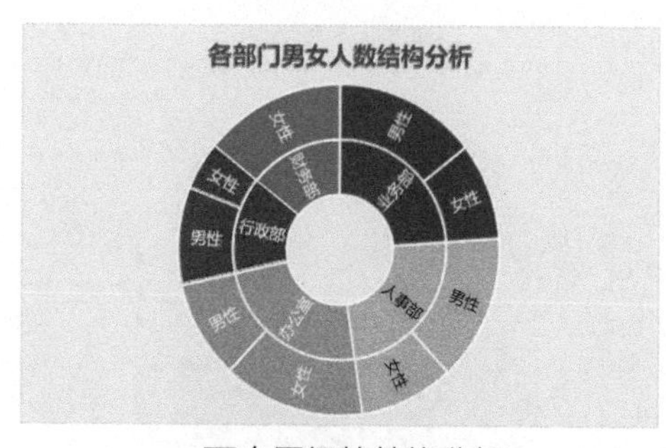

▲ 两个层级的结构分析

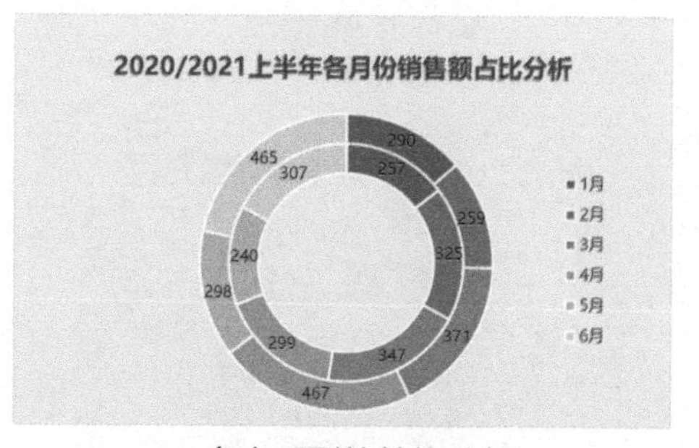

▲ 多个系列的结构分析

关于结构分析类图表的适用情景及具体制作方法，请参见第 5 章的内容。

分布分析

分布分析指通过图表来展示数据在指定维度或区间内的分布情况，从而分析数据规律。

当有大量的统计数据分布在不同的数据区间，而我们需要分析每个数据区间有多少个数据时，就需要进行定量分布分析，可以使用直方图；当需要在不同维度下分析数据的分布位置时，就需要进行位置分布分析，可以使用散点图、气泡图或雷达图。

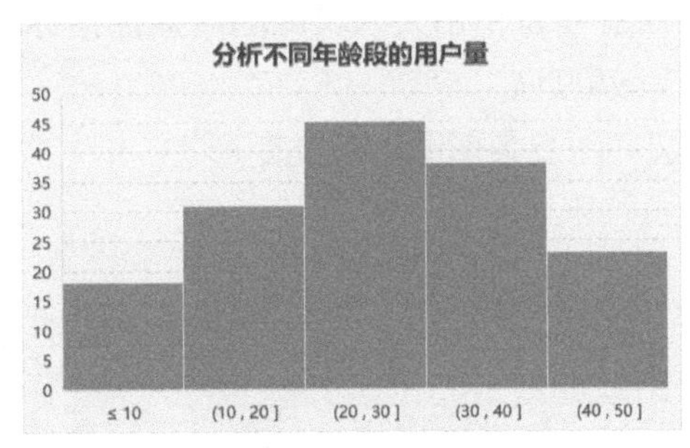

▲ 不同区间的频数分布

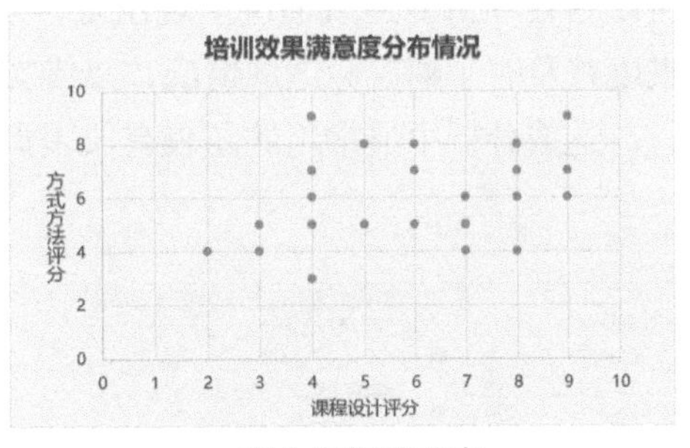

▲ 两个指标的分布

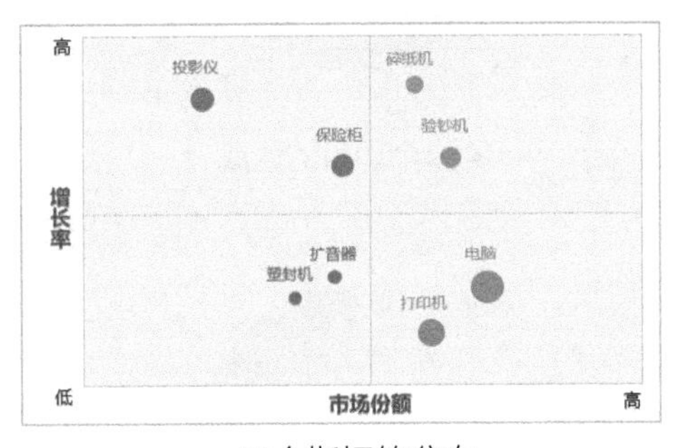

▲ 三个指标的分布

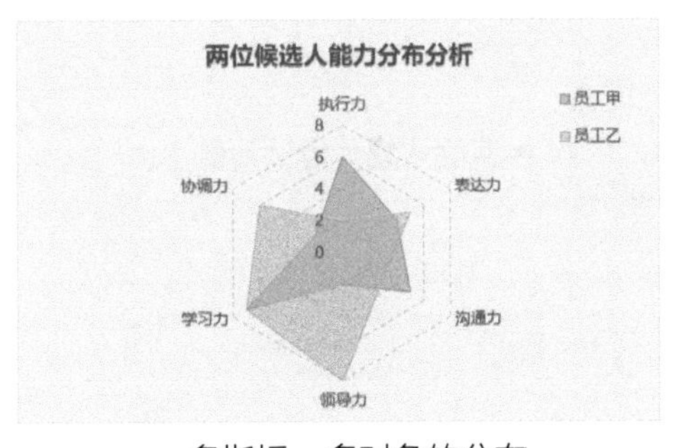

▲ 多指标、多对象的分布

例如，在上图中，当分析在两个指标的影响下数据的分布时，使用散点图，其横、纵坐标轴的数值可以分别代表一个指标；如果分析指标为三个（如市场份额、增长率和销量）时，可以使用气泡图，除了横、纵坐标轴可以分别代表一个指标外，气泡本身的大小可以代表第三个指标（上图中指销量）；雷达图的各个顶点可以分别代表一个指标，因此当分析指标的数量超过三个时，可以使用雷达图，其中越靠近顶点的位置数值越大，因此可以通过各个指标的数值连接起来的形状来判断各对象的分布情况（当分析对象超过一个时，可以设置填充透明度来避免遮挡）。

关于分布分析图表的适用情景及具体制作方法，请参见第 6 章的内容。

达成分析

达成分析是企业绩效管理中的一种目标量化管理分析方法，达成分析图表可以将各项目的达成情况呈现出来，从而让管理者和相关人员能随时监控指标进度并及时了解目标达成情况，最终实现高效管理。

达成分析中最常用的图表有仪表盘、圆环图及条形图的各类变形。

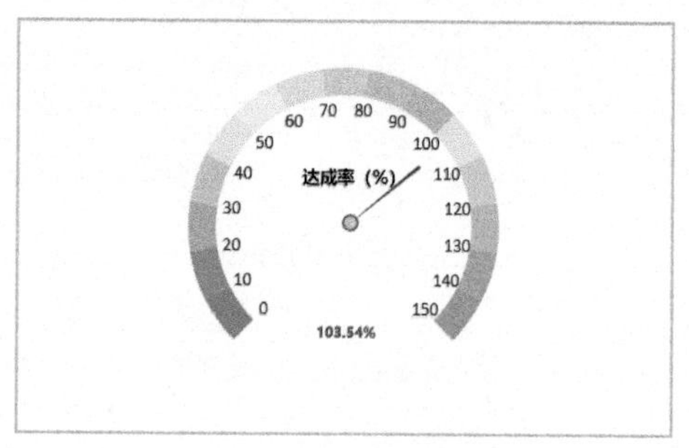

▲ 实际达成（包括超额）

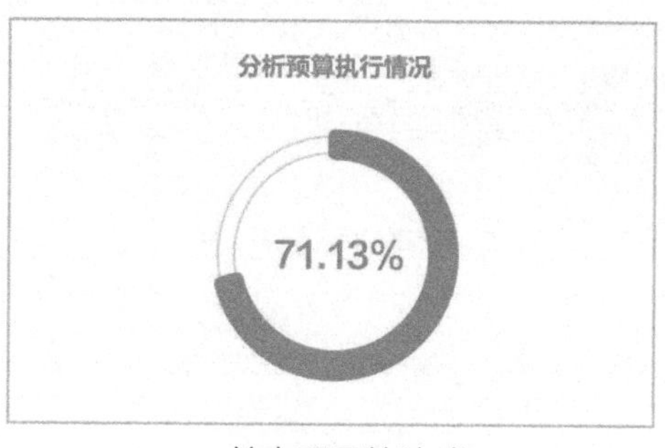

▲ 单个项目的达成

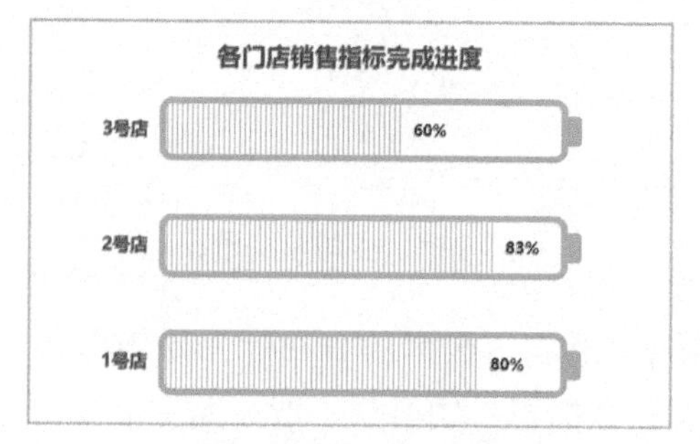

▲ 同一类别的多项目达成

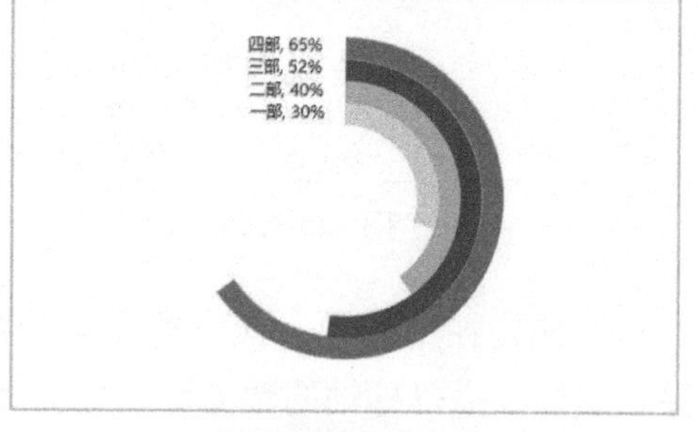

▲ 不同类别的多项目达成

关于达成分析图表的适用情景及具体制作方法，请参见第 7 章的内容。

转化分析

转化分析是对业务流程进行诊断的一种分析方法，它可能不像前面介绍的几种分析方法那样常见，但是转化分析在日常数据分析中也是非常重要的。

转化分析与达成分析不同，它关注的不只是最终转化率，而且还对业务流程中的转化率进行分析，从而更快地在流程中发现问题。

在转化分析中，最常用的是漏斗图，它是在条形图或圆环图的基础上设计而成的，如下图所示。

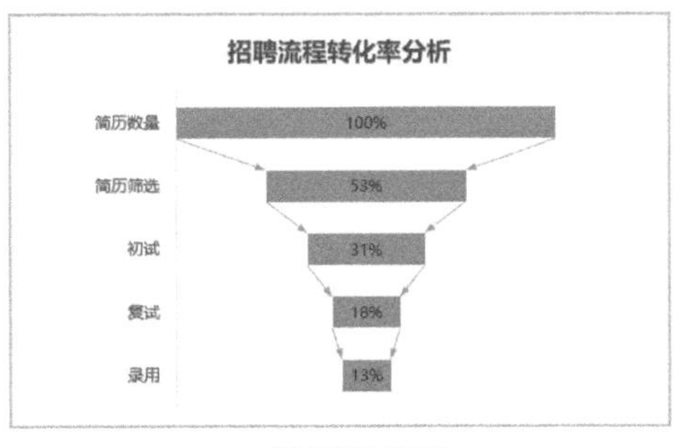

▲ 常规漏斗图

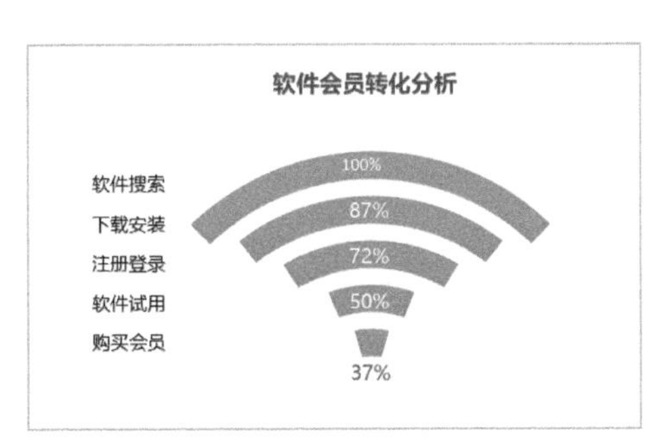

▲ 与项目相关的趣味漏斗图

在上面左图中，分析招聘流程转化率时，通过漏斗图可以直观地看到招聘流程中各个关键环节的转化率，当发现某个环节的转化率出现问题（转化率过低）时，可以采取措施对其优化，最终目标是优化整个业务流程，提高最终转化率（即录用率）。

上面右图中的软件会员转化分析也是同样的道理，在软件搜索量不变的情况下，通过流程中各环节的优化，最终提高会员的购买率。

关于转化分析图表的适用情景及具体制作方法，请参见第 8 章的内容。

本节介绍的 6 类分析方法，每一类都包含了多种图表类型，在具体分析时该如何选择呢?

别急，这里为大家准备了选择图表的基本思路，如下页图所示。

只要从分析目的出发，就可以在短时间内掌握选择图表的基本理念。

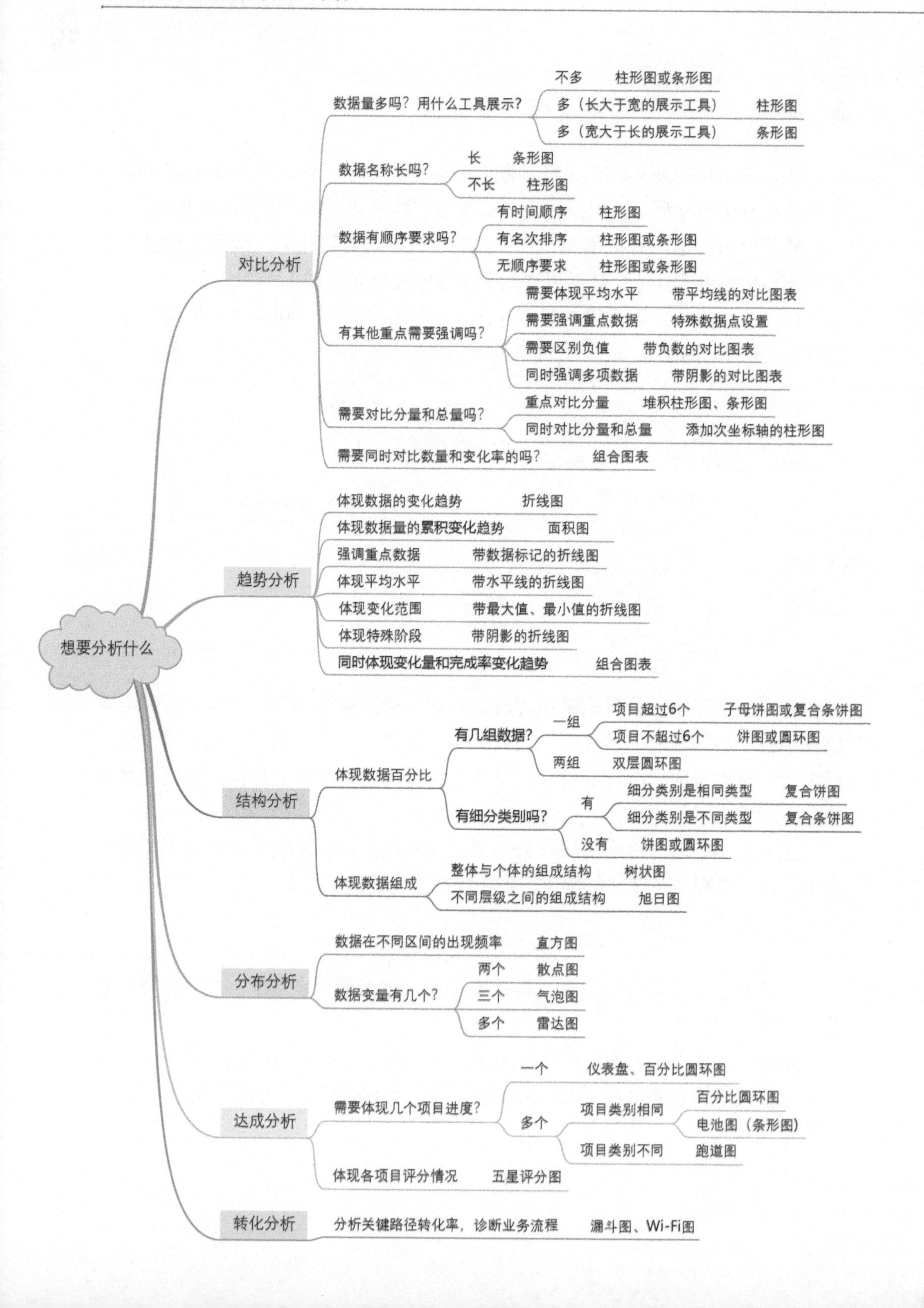
想要分析什么
对比分析
数据量多吗？用什么工具展示？
不多 柱形图或条形图
多（长大于宽的展示工具） 柱形图
多（宽大于长的展示工具） 条形图
数据名称长吗？
长 条形图
不长 柱形图
数据有顺序要求吗？
有时间顺序 柱形图
有名次排序 柱形图或条形图
无顺序要求 柱形图或条形图
有其他重点需要强调吗？
需要体现平均水平 带平均线的对比图表
需要强调重点数据 特殊数据点设置
需要区别负值 带负数的对比图表
同时强调多项数据 带阴影的对比图表
需要对比分量和总量吗？
重点对比分量 堆积柱形图、条形图
同时对比分量和总量 添加次坐标轴的柱形图
需要同时对比数量和变化率的吗？ 组合图表
趋势分析
体现数据的变化趋势 折线图
体现数据量的累积变化趋势 面积图
强调重点数据 带数据标记的折线图
体现平均水平 带水平线的折线图
体现变化范围 带最大值、最小值的折线图
体现特殊阶段 带阴影的折线图
同时体现变化量和完成率变化趋势 组合图表
结构分析
体现数据百分比
有几组数据？
一组
项目超过6个 子母饼图或复合条饼图
项目不超过6个 饼图或圆环图
两组 双层圆环图
有细分类别吗？
有
细分类别是相同类型 复合饼图
细分类别是不同类型 复合条饼图
没有 饼图或圆环图
体现数据组成
整体与个体的组成结构 树状图
不同层级之间的组成结构 旭日图
分布分析
数据在不同区间的出现频率 直方图
数据变量有几个？
两个 散点图
三个 气泡图
多个 雷达图
达成分析
需要体现几个项目进度？
一个 仪表盘、百分比圆环图
多个
项目类别相同
百分比圆环图
电池图（条形图）
项目类别不同 跑道图
体现各项目评分情况 五星评分图
转化分析
分析关键路径转化率，诊断业务流程 漏斗图、Wi-Fi图

看到上页图中的图表选择思路，可能很多人会打怵，这么多图表类型，光是了解其作用及适用范围就很费劲了，若要学会其制作方法更是要花费很多时间，而且这么多内容，学完可能很快就忘记了，该怎么学习呢？

其实，这正是本书所要解决的问题，解决问题的核心思路是以终为始，即从分析问题的目的出发来选择合适的图表。本书将各类分析方法及其适用的图表类型进行分类介绍，使读者在学会选择图表类型的同时，学会每种图表的具体制作方法。以上内容对应本书第 3 章至第 8 章的内容，当你学完这 6 章的内容后，回过头来看上页图中的图表选择思路就会觉得容易多了。

1.2 让人一眼掌控全局的数据看板

前面介绍了适合用 Excel 做的 6 类数据分析及常用的图表类型。这些单指标的图表用来进行简单的数据分析是可以的，但是当需要对多个指标进行综合分析时，这些单一指标的图表无法满足需求，这时可以将多个指标的图表组合在一起即用数据看板来展示，如下图所示。

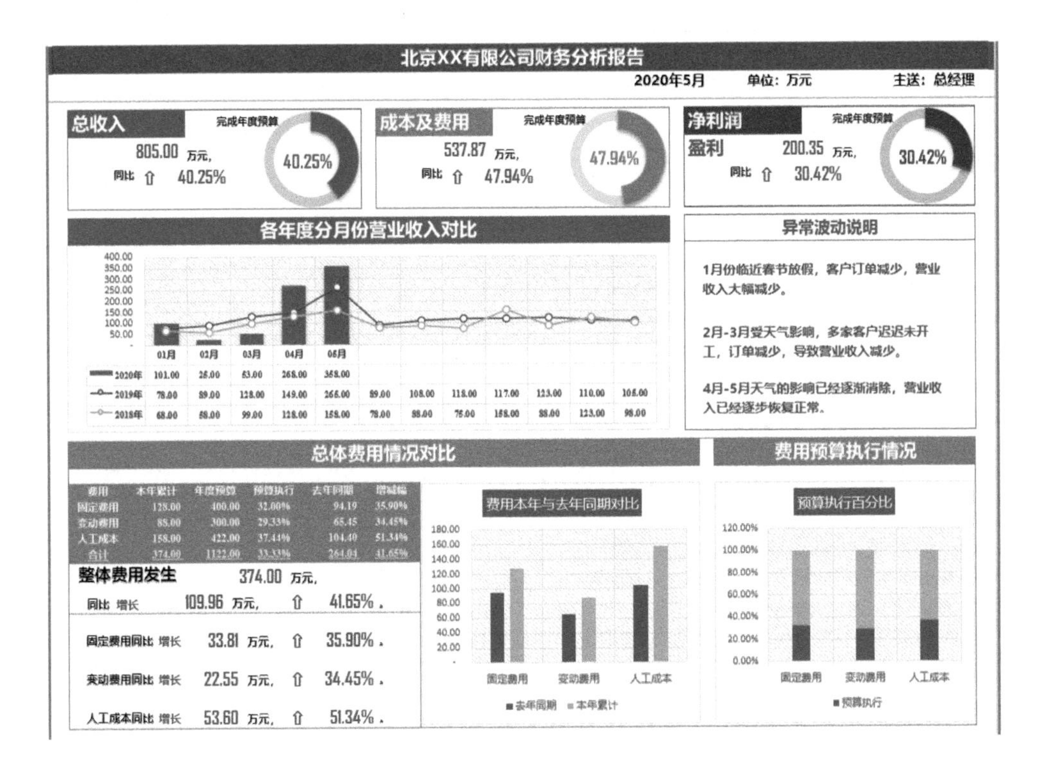

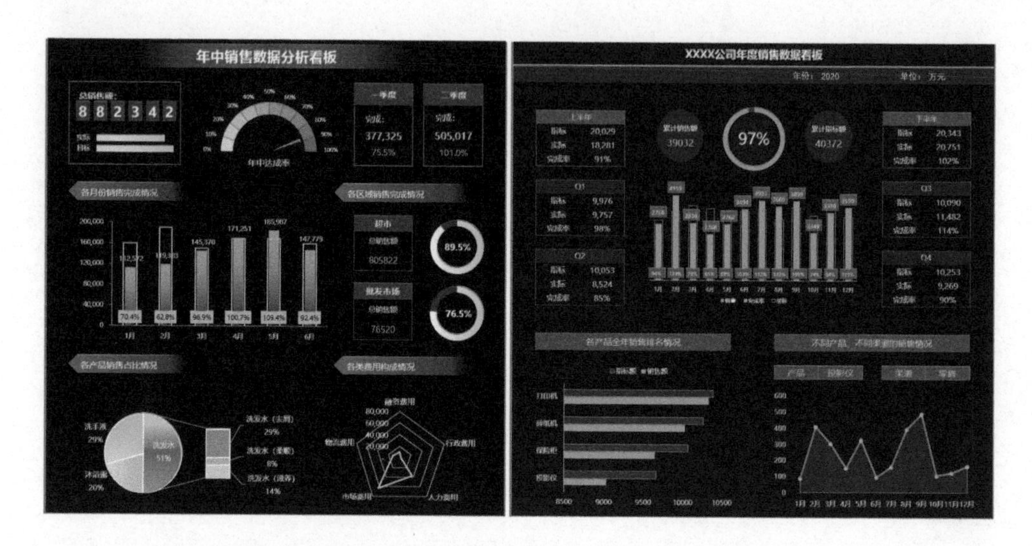

这样的数据看板可以让人一眼掌控全局，同时进行多指标分析，帮助决策者深度分析数据，为决策提供有效参考。

那么，使用数据看板有哪些优势呢？Excel 数据看板的制作流程又是怎样的呢？接下来为大家一一介绍。

1.2.1 使用数据看板的优势

传统的数据分析报告，无论是在报告内容还是在视觉感受方面，都让报告制作人煞费苦心，而结果往往仍会给人复杂且枯燥的感受。这时，数据看板的优势就体现出来了，主要有以下几个方面。

一、视觉美观，报告吸人眼球

数据看板将枯燥乏味的数据转化为美观、易于阅读的可视化报告，使读者产生很好的视觉感受，更吸引人。

二、逻辑清晰，数据井井有条

数据看板的背后是逻辑缜密的数据，它通过合理的布局，将数据信息按照一定的逻辑展示出来，让人能一眼看到页面中的关键信息。

三、多指标分析，数据更具说服力

数据看板将多个相关指标的数据在一个屏幕中同时展示出来，利于读者对全局指标的分析与把控，挖掘出数据中隐藏的信息，使数据更具说服力。

1.2.2 制作数据看板的流程

你是否觉得这些“高大上”的数据看板，制作起来很复杂？

其实不然。这些美观又实用的数据看板完全可以用 Excel 实现，通过 Excel 自身具备的基本功能足以完成数据看板的制作。接下来就为大家介绍 Excel 数据看板的制作流程。

Excel 数据看板的制作流程

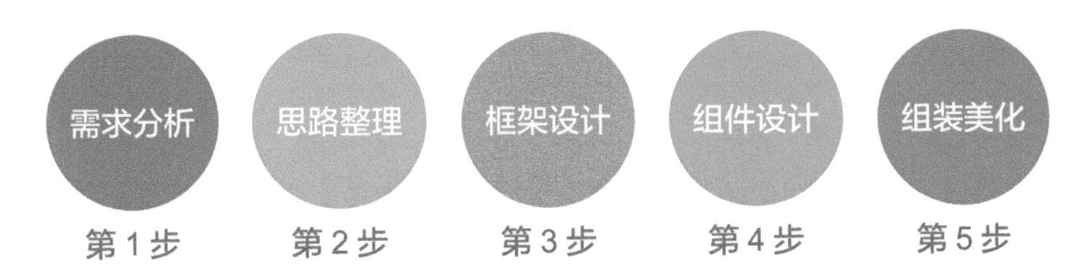

需求分析

制作数据看板的第 1 步是从用户的需求出发，首先弄明白用户对数据分析的需求是什么。

根据下图所示的 5W（Who、What、Why、Where、When）的内容，就能清楚地了解用户的需求。

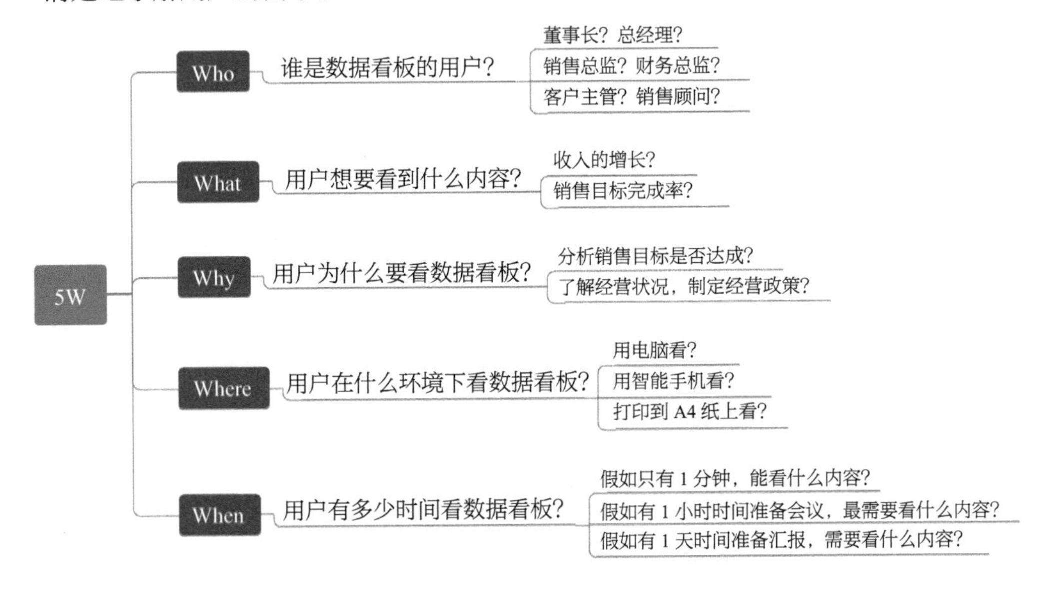

数据看板的用户主要是公司的管理层，因此它需要根据不同管理层的关注重点及对数据分析的需求，布局数据结构和进行多角度多层次的分析，从而使管理层能够看到数据背后的信息。

我们可以根据右图所示的金字塔结构来分析不同管理层对数据分析看板的需求。

▲ 金字塔结构

第一层体现的是结果性的指标分析，包括目标达成率、利润率、投资回报率等分析，是高层管理者最关注的内容，如公司董事长、总经理等。

第二层体现的是经营过程指标分析，包括对比、趋势、结构、因素、分布等分析，是中层管理者最关注的内容，如财务总监、销售总监等。

第三层体现的是运营绩效指标分析，包括销售额排名、客户转化率排名等分析，是基层管理者最关注的内容，如客户主管、销售顾问等。

按照金字塔结构设计的数据看板，不同层级的管理者就可以根据自己的需求和时间来阅读。如果时间充裕，高层管理者还可以继续关注下一层级的内容，从而更全面地了解公司的经营状况，为决策提供有效参考。

思路整理

了解了用户对数据看板的需求后，接下来就要厘清数据分析的思路。

首先，对整个分析的过程进行层次划分，即大致要进行几个层次的分析。不必一定要分为 3 个层次，根据现有的数据可以提供的维度和管理层的需求进行层次设计即可。

其次，需要明确每个层次的分析内容及使用的分析方法。

最后，根据分析方法，选择适用的可视化组件，即图表类型（每种分析方法都对应多种图表类型，如何选择请参见本书第 3 章至第 8 章的内容）。

进行层次划分 → 明确分析方法 → 选择图表类型

框架设计

思路整理好后，就要对数据看板的框架进行设计。首先根据分析需求选择数据看板的风格类型，确定主色调；然后利用 Excel 的单元格来搭建一个框架，框架的搭建主要通过设置单元格的行高、列宽或插入形状来完成；最后根据选定的主色调，设计各部分的子框架颜色。

下图所示是财务数据分析看板的框架设计，由于页面限制，只展示了其中一部分内容。

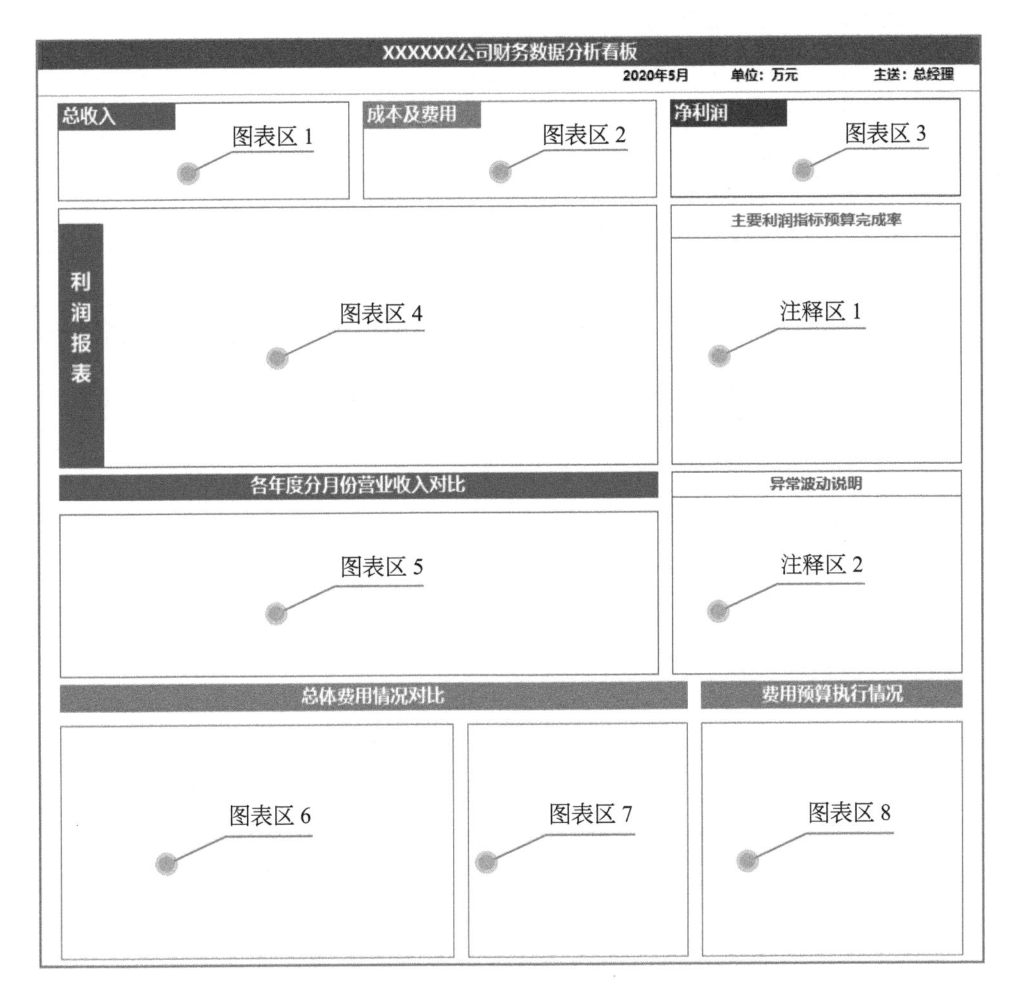

在框架设计的过程中，要注意以下几个原则。

第一，要明确框架是横向还是纵向。由于数据看板的第一层主要是结果性的关键指标，而大多数人的阅读习惯是同一层级的内容横向排列，因此，当第一层的关键指标数量较多时就决定了整个看板应为横向排列。相反，当第一层的关键指标数量较少时，则应纵向排列。

第二，数据看板各区域的大小，要根据展示的内容来确定，并尽量保持内部对齐，如各区域的内容在水平方向上对齐，或者在垂直方向上对齐，还可以在水平方向及垂直方向上均对齐，从而有效提升页面的美感。

第三，为了让用户明白每个区域展示的内容，需要为各区域添加标题，标题的字数不用太多，应言简意赅。

第四，整个数据看板的大小要基本符合一张 A4 纸的大小，这样无论是大屏播放还是打印出来查看都非常方便。具体可通过【打印预览】→【打印选定区域】→【将工作表调整为一页】来设置。

组件设计

在数据表的基础上，通过函数、数据透视表等工具，计算、汇总数据，然后设计出各个可视化组件。数据看板常用的可视化组件有以下几种。

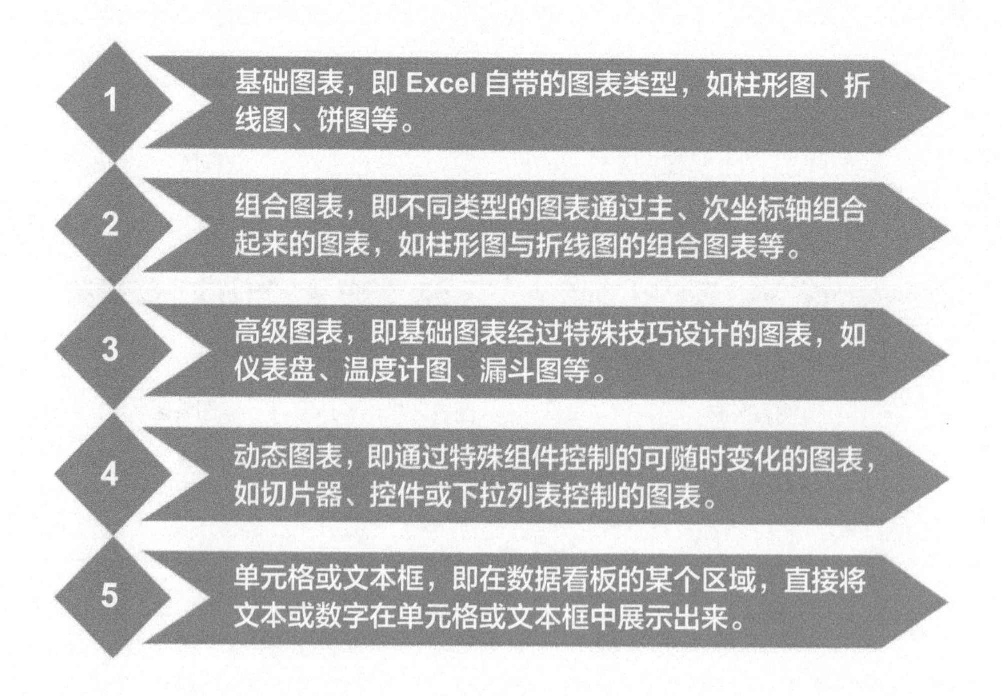

组装美化

Excel 数据看板制作的最后一个步骤就是将各个单一指标的可视化组件组装到框架中，组成数据看板。Excel 数据看板中组装可视化组件的方式主要有以下几种。

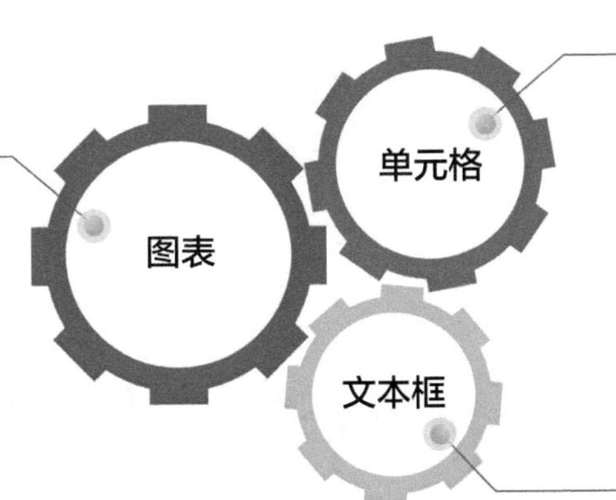

组装完成后，根据数据看板的色调对整体的排版和布局稍加美化，然后将数据看板以外的区域隐藏，只保留看板区域即可。

这样一份完整的数据看板就可以提交给领导或供其他同事传阅了。

关于数据看板的完整制作流程，本书第 9 章和第 10 章有详细的案例介绍。

本章内容小结

本章主要介绍了适合用 Excel 来做的 6 类数据分析（对比分析、趋势分析、结构分析、分布分析、达成分析、转化分析），什么是数据看板，以及使用数据看板的优势及制作流程。

本章重点在于讲解示例、思路和流程，在对以上内容有了大致的介绍后，后续的章节中会详细介绍具体的操作技术。待读者学完后面的内容后，回过头来阅读本章内容，一定会受益匪浅！

第 2 章

图表制作常用技巧

- 6 个细节让你的图表更专业
- 图表元素的编辑
- 经典商务图表的配色

制作专业商务图表，
打好基本功很重要！

2.1 6个细节让你的图表更专业

很多人在制作图表时，花费过多的精力来美化图表，或者研究各种复杂的图表技术和新奇的图表类型，而忽略了最核心的问题——选择恰当的图表，让图表更有效、直观地传递数据信息。

在制作图表的过程中，处理好一些细节问题，不仅可以让图表更专业，还能避免信息传递中的误读。下面从 6 个方面来重点介绍。

2.1.1 突出显示重点数据

当图表中有需要特殊关注的数据（如最大值、最小值、异常数据、特殊阶段）时，就需要对这些特殊的数据点进行设计，来吸引读者的注意力。具体方法如下。

设置颜色强调

在图表中，通过不同颜色来强调重点数据是比较常用的一种方法。其核心思路是将重点数据填充上与数据系列颜色差异较大的颜色，从而快速吸引读者的注意。

在右图中，将销售额最高的柱形填充了与其他柱形不同的颜色，使之十分显眼。

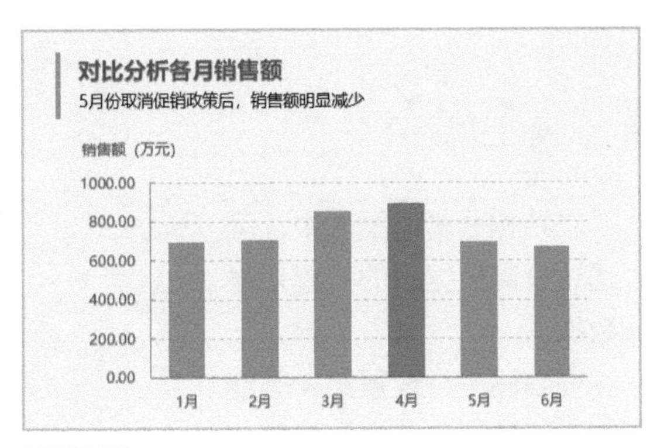

参考 3.2.1小节，强调重点数据的柱形图

添加数据标签强调

给重点数据或特殊数据添加数据标签，在数据标签中显示系列名称、类别名称或具体数值，也能起到强调数据的作用。在使用数据标签进行强调时，普通的数据不用添加数据标签，只给需要强调的数据添加即可，如果全部添加就起不到强调的作用了。

在进行排名分析的图表中，给销售业绩排名第一的员工添加数据标签，显示其具体销售额，可以引起读者关注。

参考 3.2.3小节，制作条形图

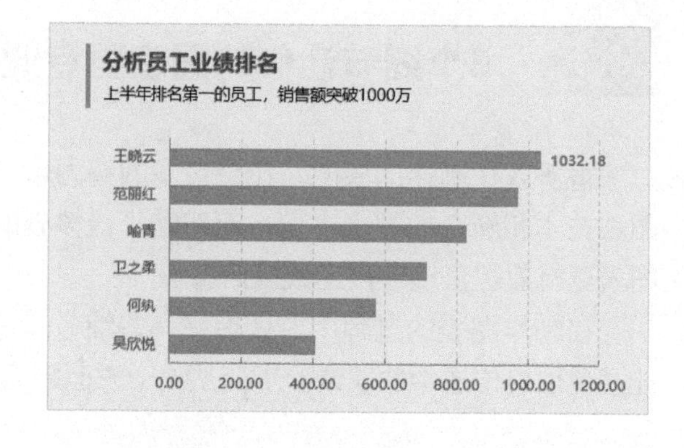

对比分析各月的销售额时，如果想要强调平均销售额数据，可以为平均线添加数据标签。

参考 3.2.1小节，带平均线的柱形图

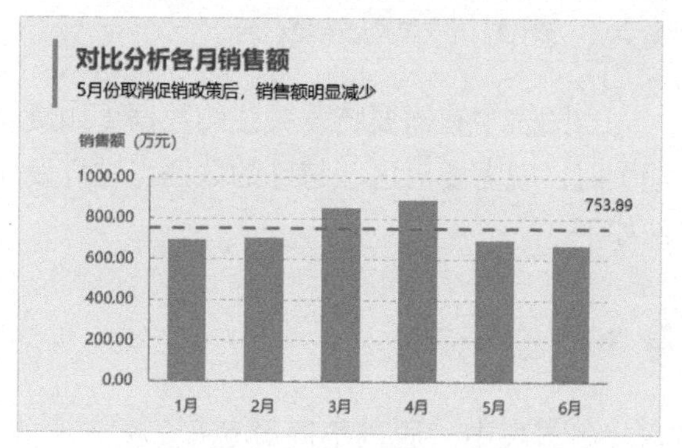

分离位置强调

在结构分析的图表中，可以通过分离数据点的位置来强调数据。

在右图中，设置第 4 季度所在扇区的“点分离”参数，从而达到分离扇区，引起读者关注的目的。

参考 5.2.1小节，制作饼图

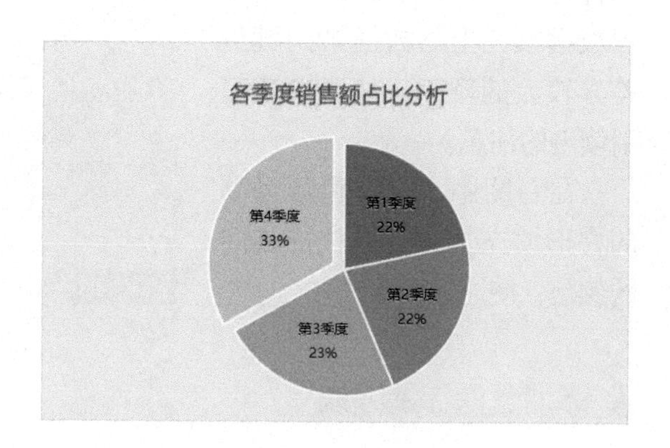

增加阴影强调

在图表中，当有多项数据需要同时强调或要突出显示某个特殊区间时，可以为其添加阴影。

在右图中，为 4~6 月的数据区间添加了蓝灰色阴影，并添加文字“下降期”，该方法很好地强调了这一特殊区间。

参考 3.2.1小节，强调多项数据的柱形图

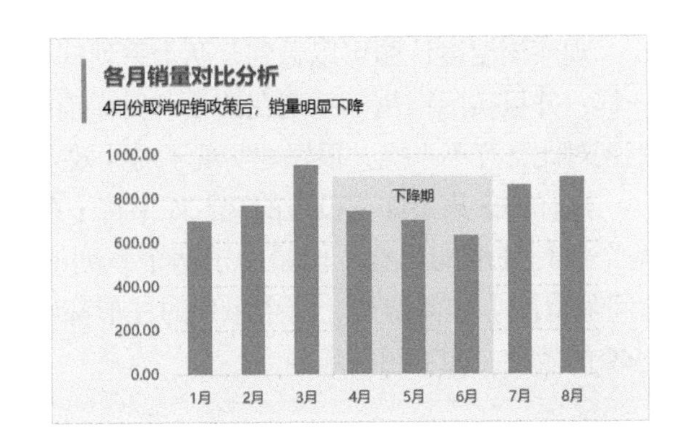

Tips

读者可以根据数据特点或分析需求，从以上介绍的几种方法中选择适合自己图表的方法。

需要注意的是，同一图表中使用的效果不能太多，选择其中 1~2 种即可，如可以使用“颜色 + 数据标签”或“阴影 + 数据标签”来强调。

2.1.2 巧用主次坐标轴和辅助列

在创建图表时，大部分情况下都是选中数据直接创建，默认创建的图表中通常只有主要的横、纵坐标轴，几乎很少会用到次坐标轴和辅助列。

有时为了使图表更直观，增加图表的展示效果，需要借助次坐标轴和辅助列来实现。

添加次坐标轴

首先介绍次坐标轴的应用。例如，在对比分析中，我们经常会对比不同系列中同一项目的数据（目标与完成、去年与今年、完成与未完成等），遇到这样的情况，我们经常会选用简易温度计图来展示数据，如右图所示。

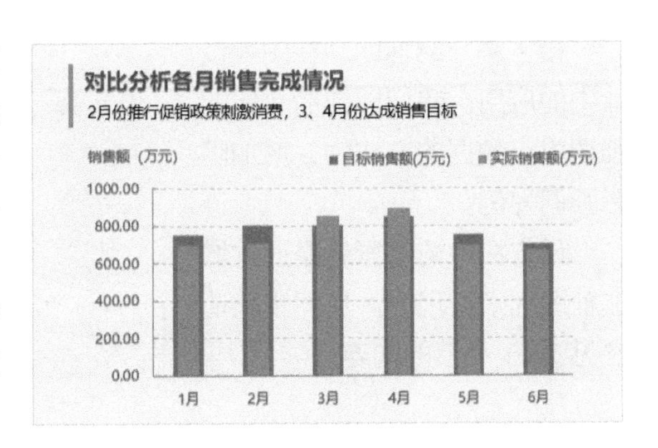

观察该温度计图可以看到，两个系列的柱形是重叠的，但是柱形的宽度不一样，并且实际销售额系列在前面，目标销售额系列在后面。两个系列既可以相互对比又互不干扰，很好地实现了对比效果。

这样的效果是如何设置的呢？如果将【系列重叠】设置为 100%，可以实现两个系列柱形的重叠，但是由于两个系列的柱形都在主坐标轴上，因此无论【间隙宽度】如何调整，两个系列的柱形都会同时变宽或变窄，无法实现一宽一窄的效果，如下图所示。

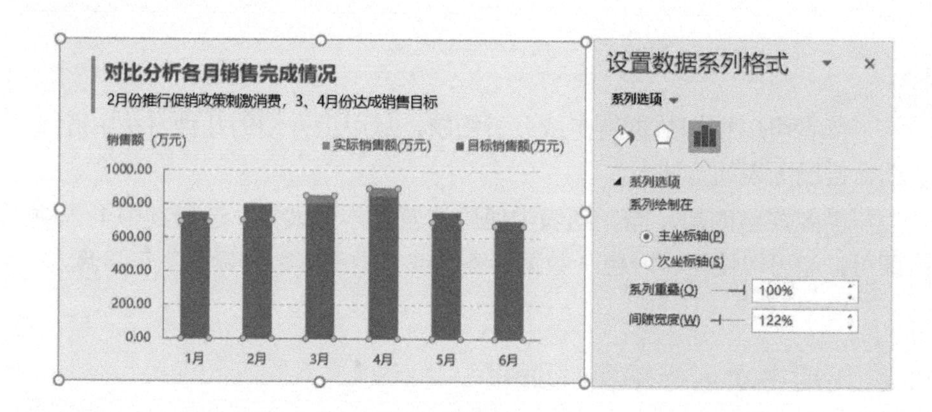

此时如果将实际销售额系列设置在次坐标轴上，它不仅可以显示在前方，不被遮挡（次坐标轴上的系列默认显示在前方），而且可以分别设置两个系列的间隙宽度，使柱形宽度不一样，这样就可以实现我们最初想要的温度计图的效果了。具体步骤请参见 3.2.2 小节的内容。

添加辅助列

接下来介绍辅助列在图表设计中的应用。我们以前面介绍的强调重点数据的方法中，增加阴影强调为例。

该方法中的阴影就是通过增加辅助列来实现的。具体步骤请参见 3.2.1 小节的内容。

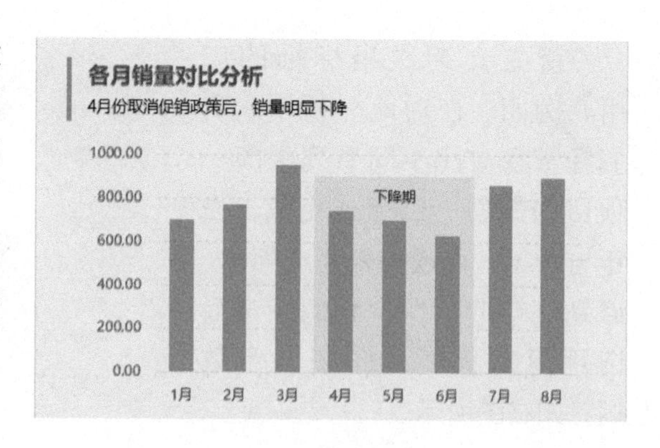

次坐标轴 + 辅助列

除了单独借助次坐标轴和辅助列来展示数据外，还可以将二者联合，实现更复杂的设计效果。

例如，在给柱形图添加平均线时，平均线本身就是通过添加辅助列实现的。将辅助列的图表类型设置为折线图，由于辅助列的数值大小都是平均值，所以折线图会显示为水平线形状。

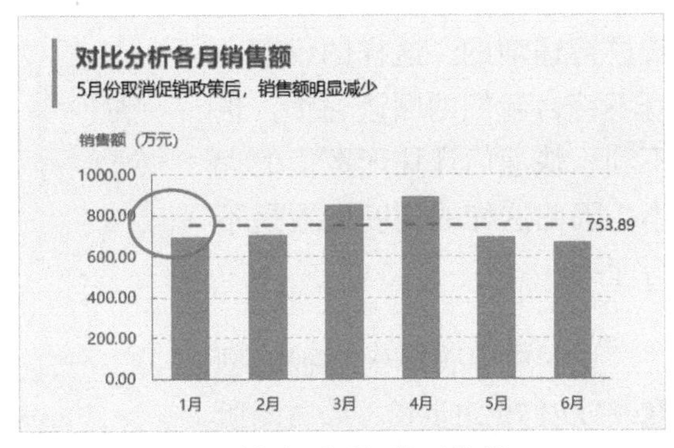

▲ 用辅助列添加的平均线

为了使平均线更加完美，即左右与柱形图对齐，没有空缺，可以添加次要横坐标轴。通过设置次要横坐标轴的格式，实现水平线左右没有空缺的效果。具体操作请参见 3.2.1 小节的内容。

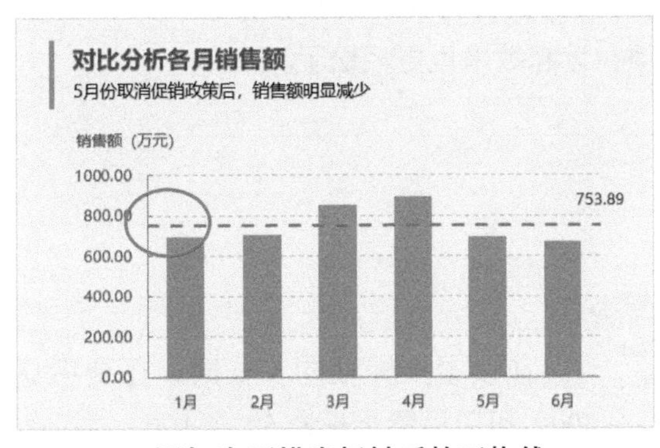

▲ 添加次要横坐标轴后的平均线

通过以上讲解可以看出，为图表添加次坐标轴和辅助列，并将它们进行巧妙的设计，可以使图表更专业。由于篇幅所限，本小节只是举了几个简单的例子，在后续内容中会涉及更多丰富的案例。

2.1.3 合理地设置坐标轴刻度

图表的坐标轴刻度是体现图表数据大小的重要元素，如果坐标轴刻度设置得不合理，会直接影响读者对图表信息的解读。

坐标轴步长

首先介绍坐标轴的刻度步长设置。例如，在右图中，图表纵坐标轴的刻度是以 8 为步长进行递增的，这样的设置，既不符合我们的阅读习惯，也不利于快速估计柱形数值的大小，因此这样的刻度设置是不合理的。

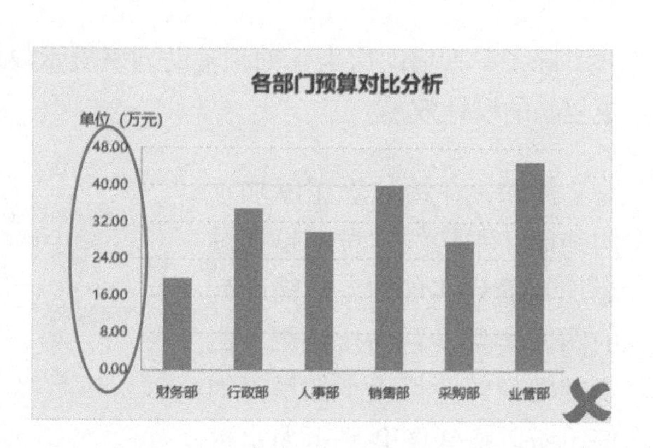

我们可以将纵坐标轴的刻度改成以 10 为步长，如右图所示。这样刻度看起来不那么密，也比较符合我们的阅读习惯，读起数来也更轻松了。

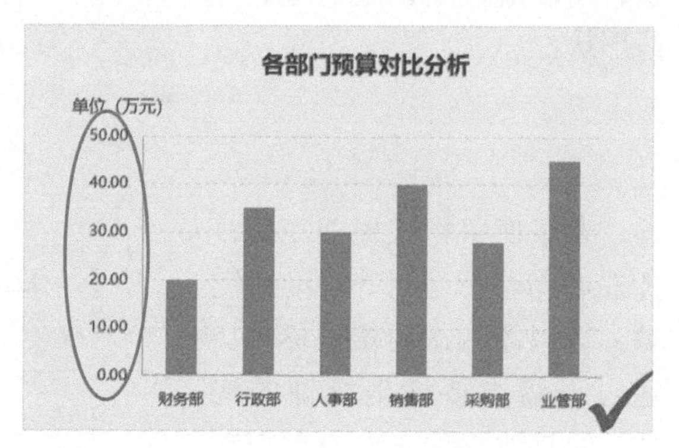

Tips

在设置坐标轴的步长时，还要考虑坐标轴的最大值，若最大值为 500，可以设置步长为 50 或 100。

坐标轴起点

除了合理地设置坐标轴的刻度步长外，坐标轴的刻度起点设置也有讲究。

很多人在创建图表时，对于坐标轴的刻度起点都是采用默认值，在没有负数的情况下，坐标轴的刻度起点都是从 0 开始的，所以很多人会理所当然地认为坐标轴刻度就应该从 0 开始。其实，坐标轴的刻度起点是可以设置的。

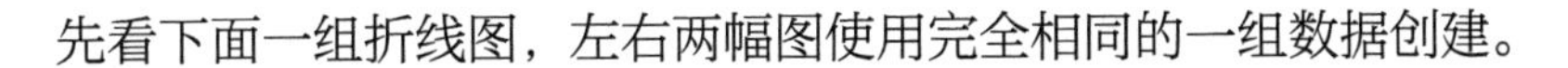

先看下面一组折线图，左右两幅图使用完全相同的一组数据创建。

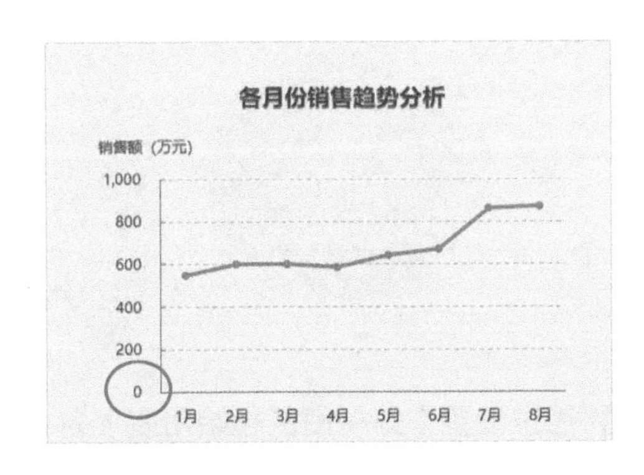

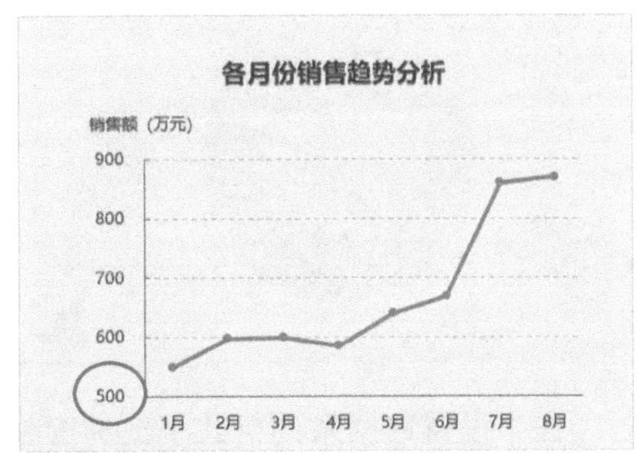

两幅图的效果差别大不？很明显，同样的数据，左边的图数据发展较平稳，而右边的图数据呈明显的上升趋势。

为什么相同的数据展示出的效果完全不同？相信大家已经知道答案了：两幅图纵坐标轴的刻度起点设置得不一样。在更改坐标轴的刻度起点后，数据的增长趋势“放大”，更具有说服力。

在【设置坐标轴格式】任务窗格中，可以通过设置【边界】的最小值和最大值来实现上面右图的效果。当然，也不是所有的图表都需要“放大”效果才具有说服力，在一些需要反映客观数据大小的图表中，就不需要对坐标轴的刻度起点进行设置，保持默认即可。

2.1.4 有效地安排起点与排序

设置起点

人们在阅读圆形的对象时一般会自然而然地从上而下按顺时针的顺序阅读，看时钟也是一样，从 0 点刻度开始按照顺时针的方向转。

在制作饼图时，如果把饼图当成一个时钟，按照看时钟的习惯来制作图表，从 12 点刻度开始然后回归到 12 点刻度。应用此方法，就可以解决“看饼图时不知从何看起”的问题了。效果如下页图所示。

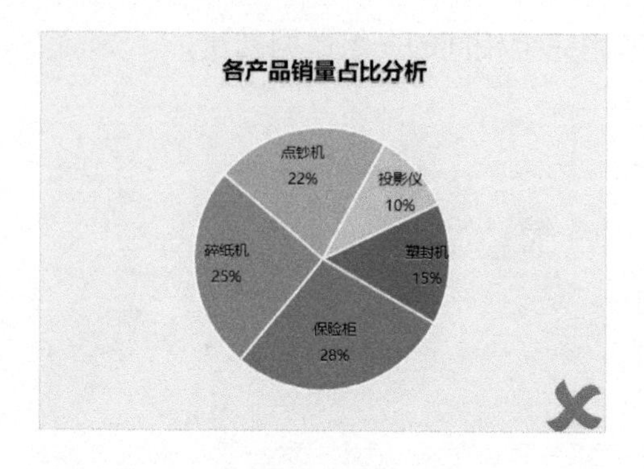

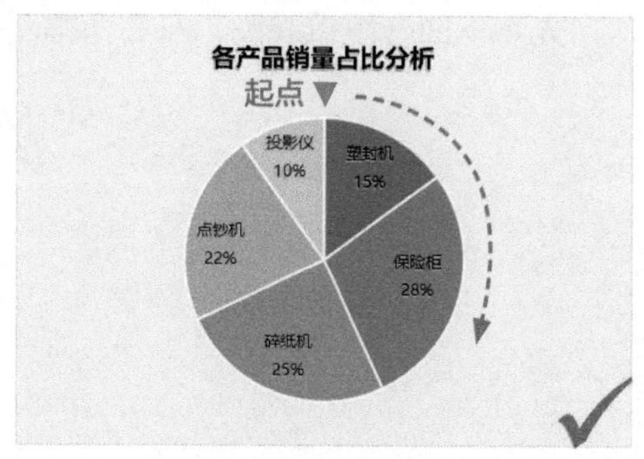

在【设置数据系列格式】任务窗格中，通过设置【第一扇区起始角度】为0°，就可以实现右上图所示的效果。

排序

要想提高图表的可读性，制作时一个很重要的细节就是对数据进行排序。

仍以饼图为例，如果各扇区的比例相差不大，按照顺时针的阅读习惯，将最重要的部分（最大的扇区）放在 12 点刻度的右侧以强调其重要性，其余部分按顺时针方向降序排列即可，如右图所示。

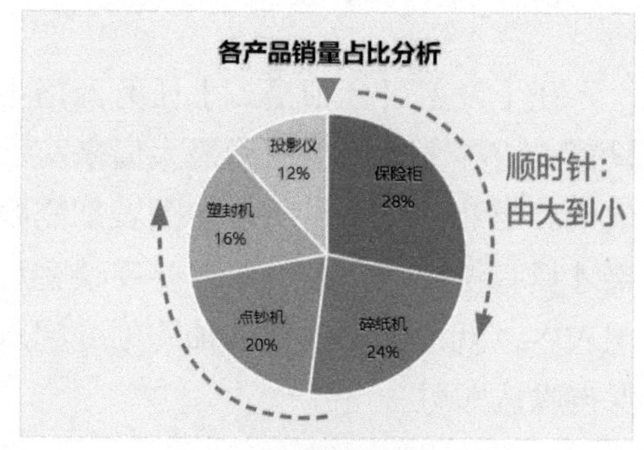

▲ 各扇区的比例相差不大

如果各扇区的比例相差较大，按照以上方法，不重要的部分（最小的扇区）就会占据图表上方最显著的位置，此时可以将最大部分扇区放在 12 点刻度的右侧，第二大部分放在 12 点刻度的左侧，其余部分再按照逆时针方向降序排列即可，如右图所示。

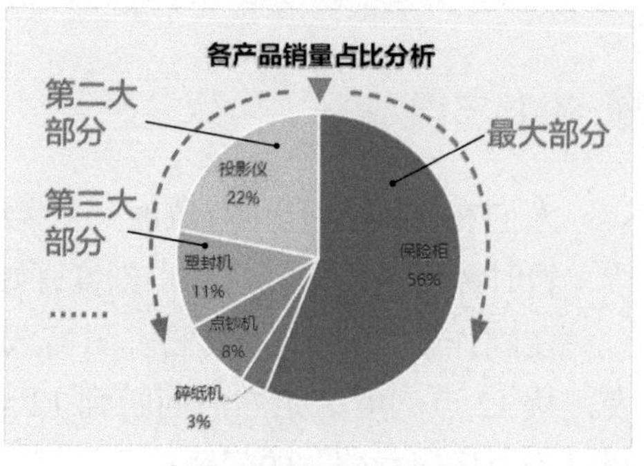

▲ 各扇区的比例相差较大

2.1.5 慎用分散注意力的图案与三维效果

有些人在制作图表时，习惯为不同的部分填充不同的图案，或设置成三维效果，从而达到美化或区分的效果，这是非常不可取的。

图案填充

在右侧的柱形图中，每个柱形都填充了不同的图案。由于所有的柱形表达的是同一变量（预算额），不同的图案与数据并没有关联，因此不但没有达到美化或区分的效果，反而使图表看起来很杂乱，而且会分散读者的注意力。

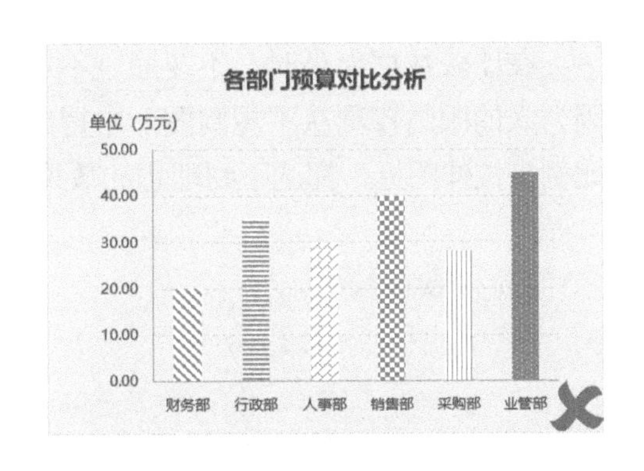

三维效果

Excel 的【更改图表类型】对话框提供了多种图表的三维效果，如右图所示的图表类型是三维簇状柱形图。该图表的可读性非常低。读者在读图时还要考虑柱形的哪个位置与刻度值相交，很难准确读数。

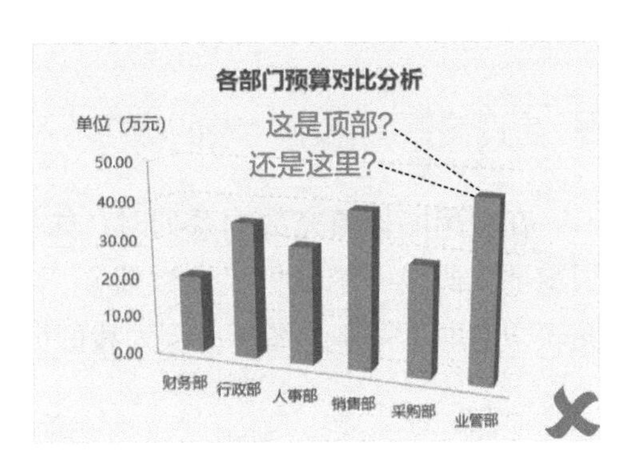

如果要对图表进行美化，一定要慎用图案填充或三维效果，尤其是柱形图。由于柱形图是通过柱形的高低来体现数据大小的，因此最好的方式是保持其原本的形态，过多美化只会给读者造成干扰。

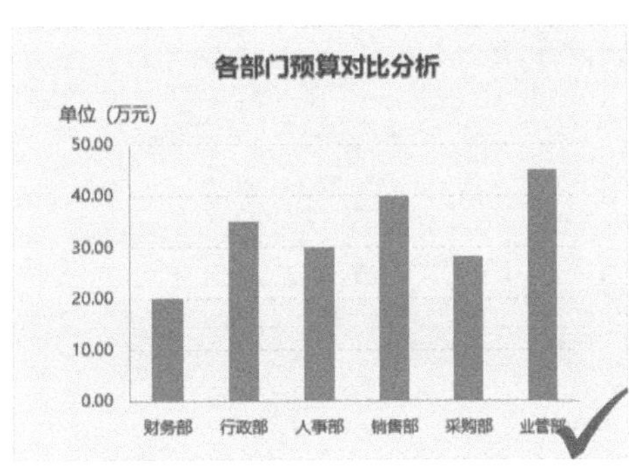

2.1.6 避免用不规则图标来比较数据大小

为图表添加形象的小图标可以增加图表的趣味性和生动性，但是图标设置得不合理就会使图表显得不够专业。

不要试图通过缩放图标来展示数据大小

在比较数据大小时，不要通过不规则图标的高度或面积来显示数据信息，因为人的眼睛较难从不规则图形中得出有意义的比较结果，所以无论以多大的比例来拉伸图标，都达不到理想的效果。

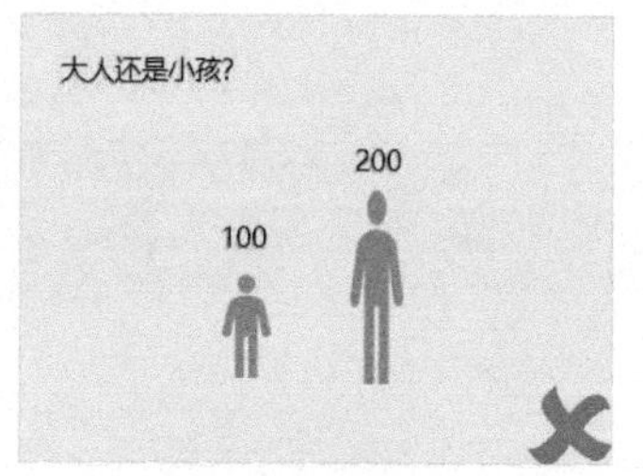

▲ 通过高度显示数值大小

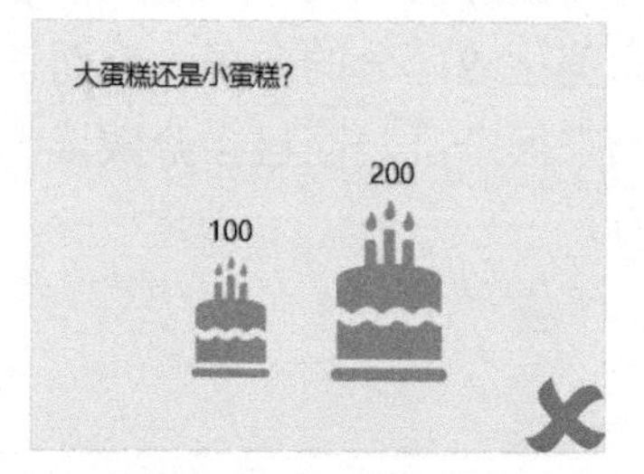

▲ 通过面积显示数值大小

合理设置图标所代表的数值

在使用图标填充数据系列时，如果使用层叠并缩放效果，那么数值的设置很重要。假设一个图标代表数值 x，则大多数数据应该是 x 的整数倍。要避免图表中出现不完整的图标，因为我们很难估计不完整图标代表的数值。

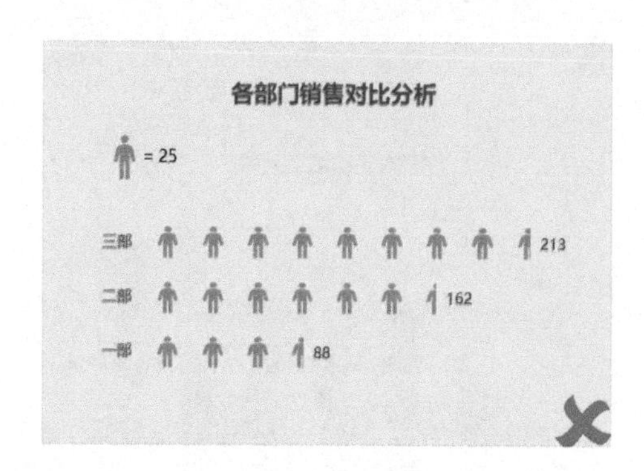

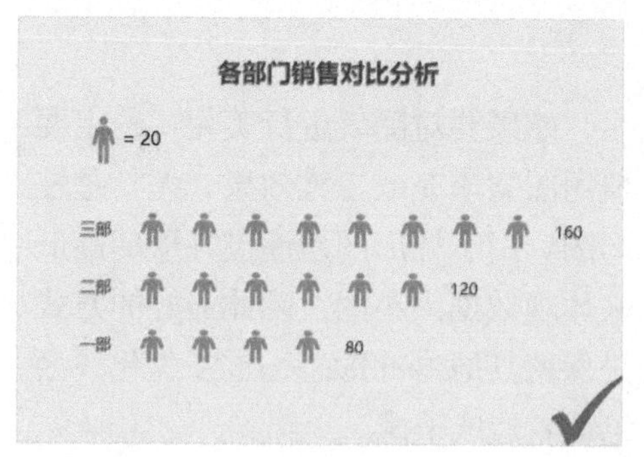

2.2 图表元素的编辑

在一个图表中，有很多图表元素，如下图所示。这些图表元素都有自己的名称和作用，弄明白这些图表元素，有助于对图表的编辑。

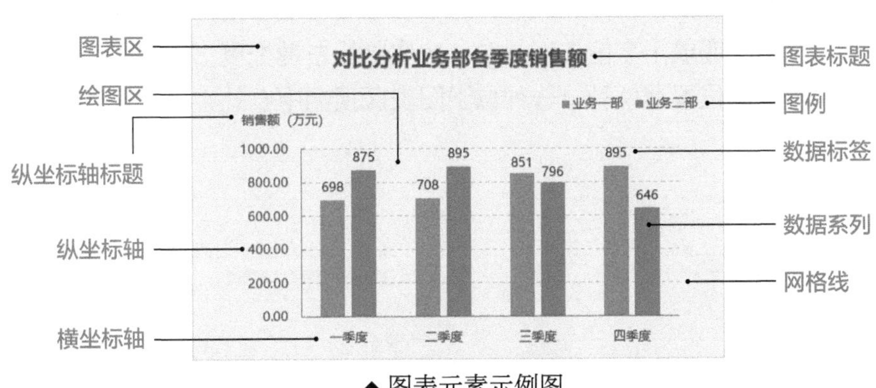

▲ 图表元素示例图

2.2.1 添加和删除图表元素

在创建图表时，插入的默认图表格式都比较简单，如果想要在此基础上添加其他图表元素，只需选中图表，单击图表右上角的【图表元素】按钮+，选择需要的图表元素即可。

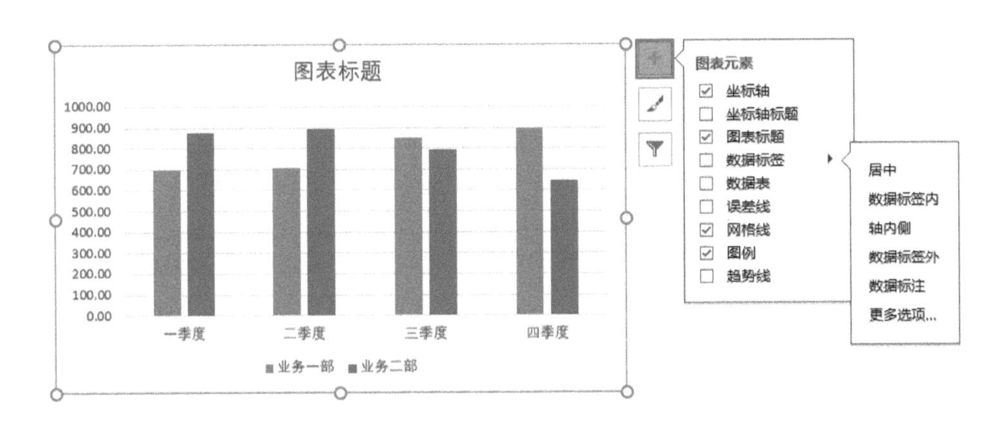

如果想要删除图表中的元素，只要单击将该元素选中，按【Delete】键即可。

2.2.2 编辑图表标题

图表标题位于整个图表区的最上方，它描述了整个图表的主题，能够快速让读者看到图表所要传达的信息。

在创建图表后，都会添加一个默认图表标题，在图表标题上双击即可进入编辑状态。如果想要移动标题位置，选中标题后将鼠标指针移动到标题的边框上，当鼠标指针变成十字箭头形状时，按住鼠标左键拖曳，即可移动其位置。常见的图表标题位置有两种，一种位于图表区顶端中心处，另一种位于图表区的左上角。

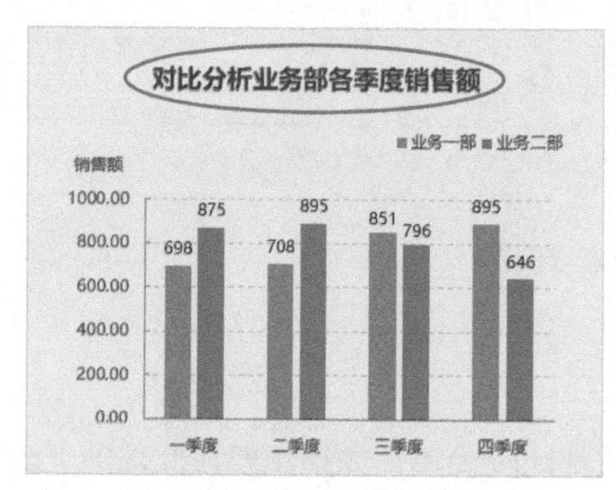

▲ 标题位于顶端中心处

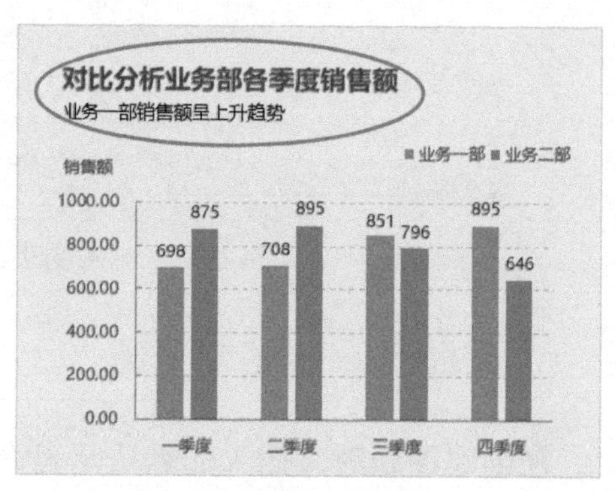

▲ 标题位于左上角

Tips

图表标题可以只有主标题，一般主标题的字数不能太多，字号要大，而且要加粗显示，以重点突出。

如果想要更加详细地描述图表信息，还可以对主标题进行补充、解释或说明，为图表添加副标题。注意副标题的字号要偏小一些。

2.2.3 调整图例的位置和大小

图例通过颜色或符号等要素来标识图表中的每个数据系列，从而帮助读者快速了解图表内容。

图例的内容不能编辑，但是可以选择是否显示或改变其位置和大小。在创建图表后，当数据系列超过两个时，会默认添加图例，并位于图表的底部。如果想要更换其位置，将鼠标指针移动到图例的边框上，当鼠标指针变成十字箭头形状时，按住鼠标左键拖曳，即可移动其位置。选中图例后，在其四周会出现 8 个小圆圈，将鼠标指针移动到小圆圈上，鼠标指针变成双向箭头时，按住鼠标左键拖曳，即可改变其大小。

既然图例是协助读者来快速区别数据系列代表什么内容的，那么在布局图表元素时，充分考虑图例的位置和顺序就十分重要了。

①虽然默认的图例位于下方，但是多数情况下我们会将图例移至绘图区上方。因为读者的阅读习惯都是从上而下的，应该先通过图例了解数据名称后，再阅读绘图区的内容。

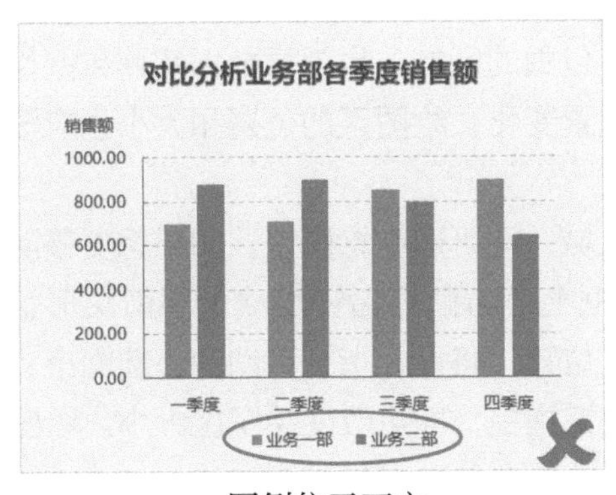

▲ 图例位于下方

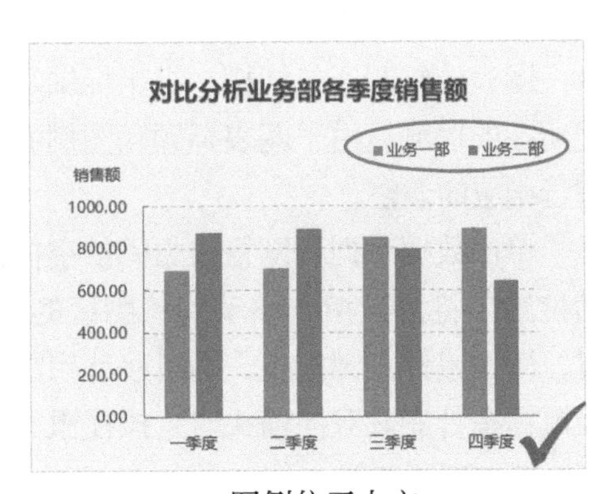

▲ 图例位于上方

②在折线图中，宜将图例放在折线的尾部。通过对比下图中图例的不同位置可以发现，图例位于折线尾部更利于对照。

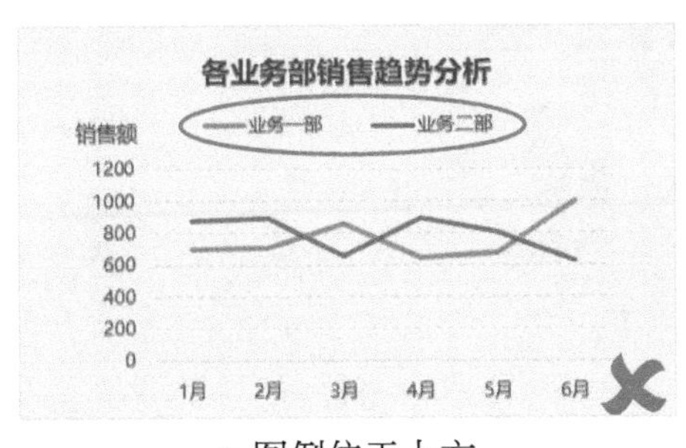

▲ 图例位于上方

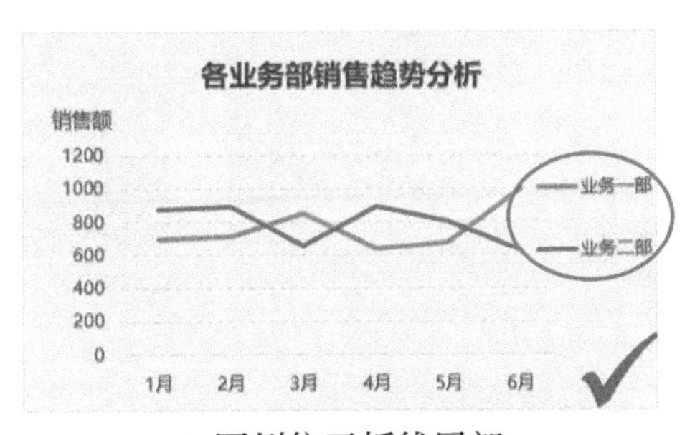

▲ 图例位于折线尾部

③饼图通常是不需要图例的。由于每个扇区有不同的名称，来回移动目光对照图例会非常麻烦，如果在数据标签中添加类别名称，就不需要图例了。

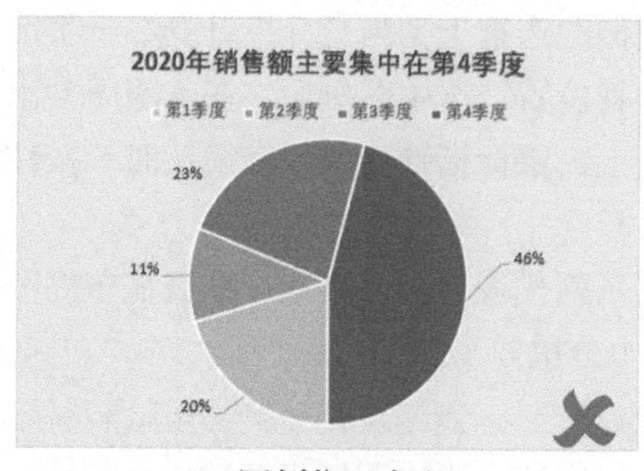

▲ 图例位于上方

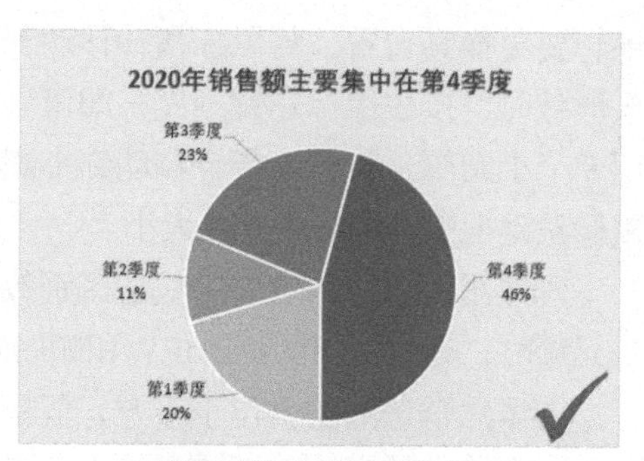

▲ 数据标签中显示类别名称

2.2.4 调整绘图区的位置和大小

图表的绘图区包括横、纵坐标轴及其包围的区域，也就是数据系列和网格线所在的区域。由于图表标题和图例的位置变化，绘图区的位置和大小也应该进行相应的调整。

单击数据系列和网格线之间的空白区域，即可选中绘图区。如果想要移动其位置，将鼠标指针移动到绘图区的边框上，当鼠标指针变成十字箭头形状时，按住鼠标左键拖曳，即可移动绘图区位置；将鼠标指针移动到小圆圈上，当鼠标指针变成双向箭头时，按住鼠标左键拖曳，即可改变绘图区大小。绘图区示例如下图所示。

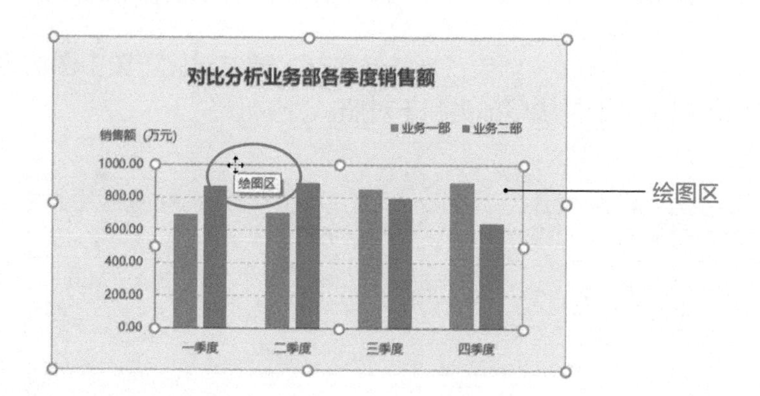

2.2.5 编辑数据系列

数据系列是一组数据点，一般就是工作表中的一行或一列数据。例如，在柱形图中，每组颜色相同的柱形就是一个数据系列；在折线图中，每条折线就是一个数据系列。

数据系列的增减

图表创建完成后，如果需要增加数据系列，最简单的方法就是复制、粘贴。选中数据区域中新增的内容→按【Ctrl】+【C】组合键复制→选中图表→按【Ctrl】+【V】组合键粘贴即可。

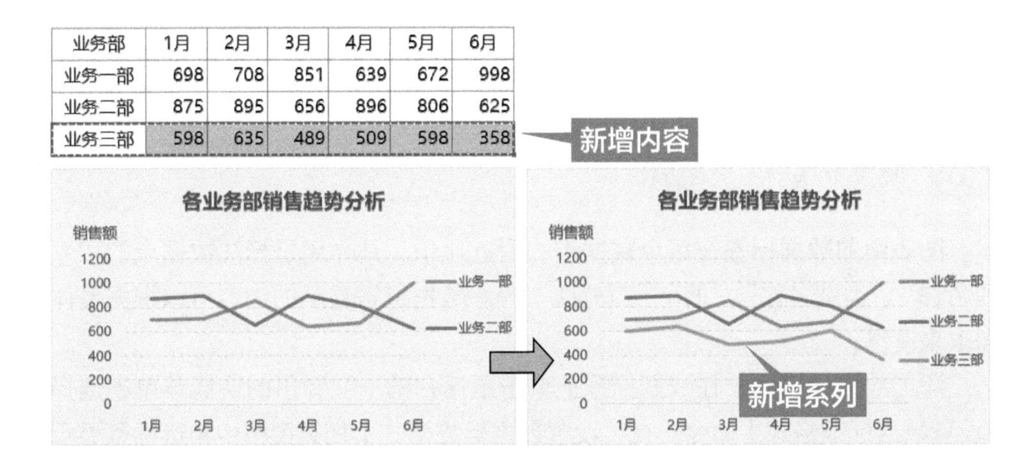

业务部	1月	2月	3月	4月	5月	6月
业务一部	698	708	851	639	672	998
业务二部	875	895	656	896	806	625
业务三部	598	635	489	509	598	358

删除数据系列的方法：选中数据系列，按【Delete】键即可。

调整间隙宽度和系列重叠

在柱形图或条形图中，柱形或条形的间隙宽度和系列重叠是可以调节的，在数据系列上单击鼠标右键→在弹出的快捷菜单中选择【设置数据系列格式】命令→在【设置数据系列格式】任务窗格中设置对应的数值即可。

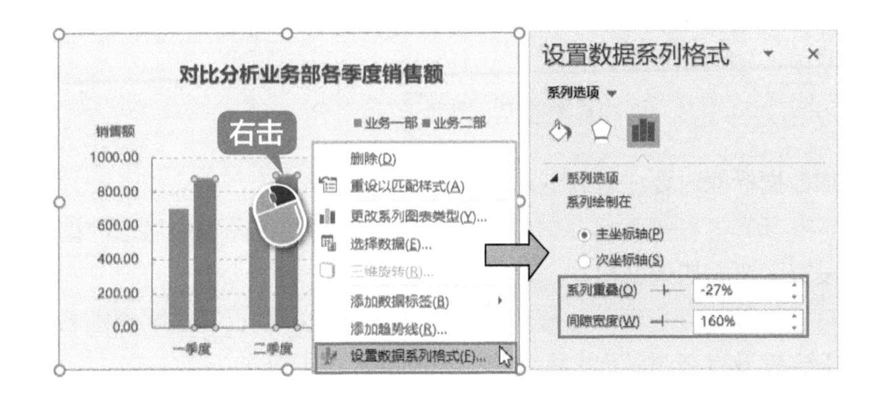

Tips

柱形或条形的宽度不能太宽，也不能太窄，应该根据数据点或数据系列的数量，以及绘图区的大小进行调整，通常将其宽度调整为间隙宽度的 1~2 倍。

【系列重叠】选项在只有一个数据系列时无须设置，当有两个或两个以上的系列时，如果想要设置重叠效果，可以设置系列重叠的数值。例如，想要系列完全重叠，应将数值设置为 100%。

2.2.6 设置数据标签格式

图表中的数据标签在每个数据点的附近显示，其作用是标注数据点的“系列名称”“类别名称”“值”“百分比”等。数据标签显示的内容可以根据具体需求来设置。

添加数据标签后，在数据标签上单击鼠标右键→在弹出的快捷菜单中选择【设置数据标签格式】命令→在【设置数据标签格式】任务窗格中勾选标签显示的内容即可，还可设置标签位置和数字格式等。

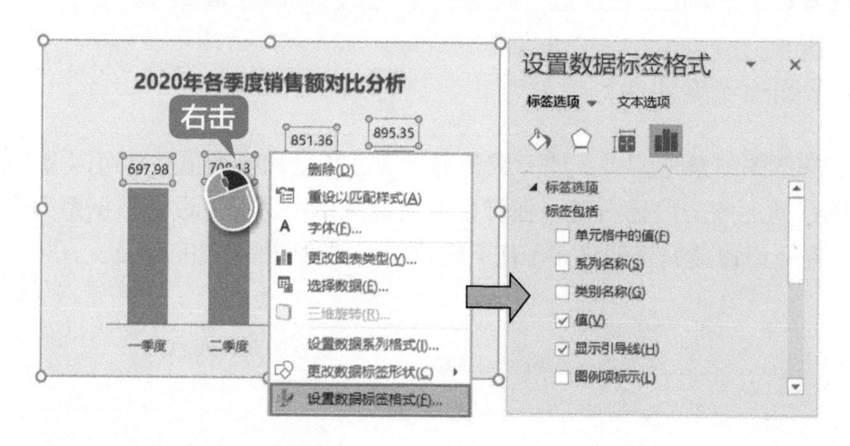

添加数据标签时要注意以下几点。

①不是所有的图表都需要数据标签。如果只需要在图表中显示数据变化趋势，就没有必要添加数据标签。

②数据标签的内容不能重复。如上图中，横坐标轴已经注明类别名称，在数据标签中就没有必要显示类别名称，否则会显得很繁杂。

③数据标签与坐标轴二选一。数据标签主要是用来标明数值大小的，它的功能与坐标轴重复，所以二者只需选择其中一种即可。

④数据标签的功能不要和图例重复。例如，2.2.3 小节中介绍过饼图就不需要图例，因为它的系列名称在数据标签中显示会更易读。

2.2.7 设置坐标轴格式

一般情况下，图表都有两个坐标轴，横坐标轴和纵坐标轴，分别用来表示分类名称和数值。如果要创建组合图表，还可能会有次要横坐标轴和次要纵坐标轴。

选中坐标轴，在坐标轴上单击鼠标右键→在弹出的快捷菜单中选择【设置坐标轴格式】命令，在【设置坐标轴格式】任务窗格中可以设置坐标轴的刻度线、标签和数字的格式等。

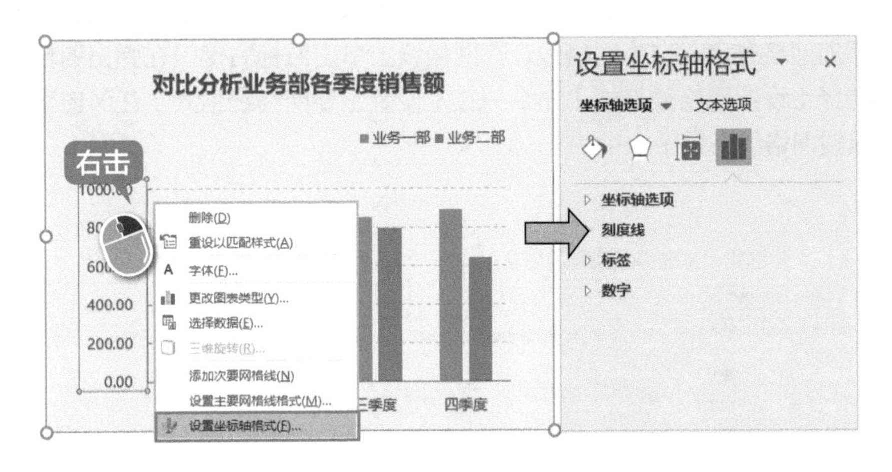

前面在介绍数据标签时介绍过，如果数据标签中已经体现数值大小了，那么就不需要坐标轴（柱形图中一般是纵坐标轴）了，读者可以通过柱形上方的数据标签直接知道数值的大小。如下页左图中，同时使用了坐标轴、网格线和数据标签，图表看上去很繁杂；而右图中删除了坐标轴和网格线，图表看起来简洁多了，重要的是一点儿都不影响读者理解图表内容。

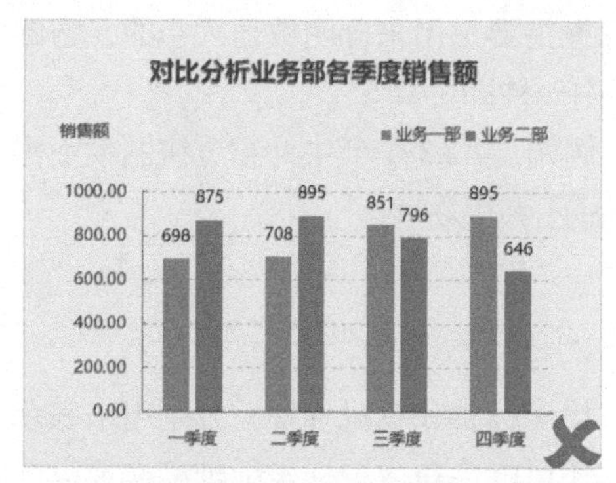

▲ 同时使用坐标轴、网格线和数据标签

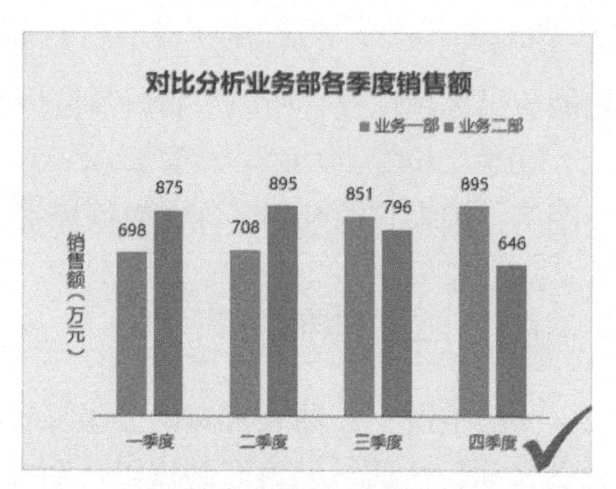

▲ 删除坐标轴和网格线

2.2.8 设置网格线格式

网格线是添加到图表中便于查看数据的线条，它是对坐标轴上刻度的延伸。有了网格线，读者就很容易借助坐标轴确定数据系列的位置或数值大小。

添加网格线后，选中网格线，在网格线上单击鼠标右键→在弹出的快捷菜单中选择【设置网格线格式】命令→在【设置主要网格线格式】任务窗格中就可以设置网格线格式了。

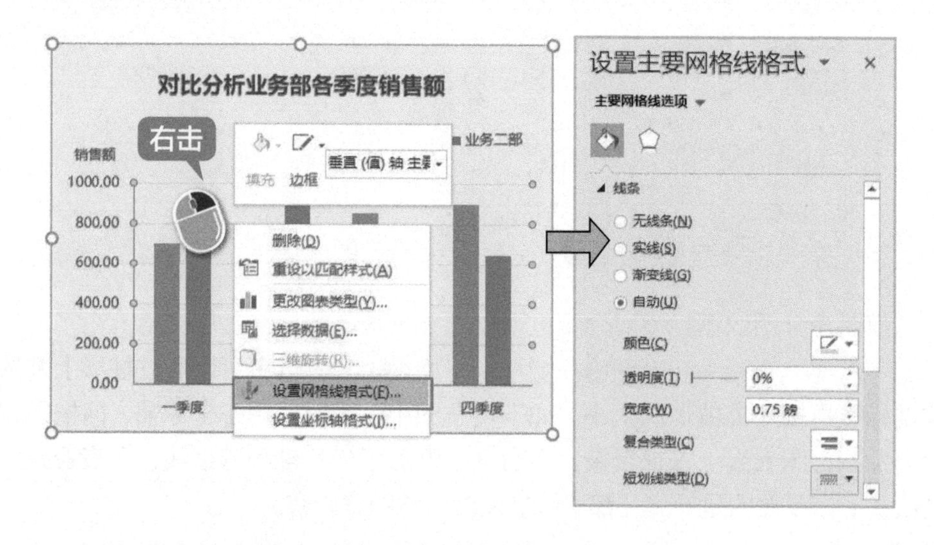

很多人在设置图表格式时经常会忽略网格线，其实每个图表元素的设置都很重要，网格线设置好了能够帮助读者准确地判断数据的大小。

Tips

当我们确实需要网格线来辅助读数时才添加它，否则网格线就是不必要的干扰。

根据图表类型，有的图表在创建后会自动添加网格线，默认添加的网格线都是实线，由于网格线只是辅助线，所以应该将其弱化，如将线条类型设置为短划线，线条变细，颜色变浅。

将多余的图表元素删除，让图表尽量简洁并突出重点信息，是商务图表的重要特征。本节介绍的所有图表元素，不需要在每张图表中都具备，只要具备必要的元素，能够清楚地表达图表的信息即可。

2.3 经典商务图表的配色

当我们在设计图表时，除了掌握基本的编辑方法之外，还要注意图表颜色的搭配。优秀的配色会提升图表的可读性，不恰当的配色会让你的图表“惨不忍睹”。要制作出专业的商务图表，配色是一定要掌握的。

下面我们一起来学习配色。

2.3.1 配色的基本理论

在学习配色技巧之前，我们先来学习配色的基本理论依据——色相环。

相似色

在色相环上，两种颜色离得越近，颜色越相似，如右图所示。

相似色在图表中经常用来体现同种类型的数据。如果你对图表配色不太熟悉，选择相似色是比较保险的做法。

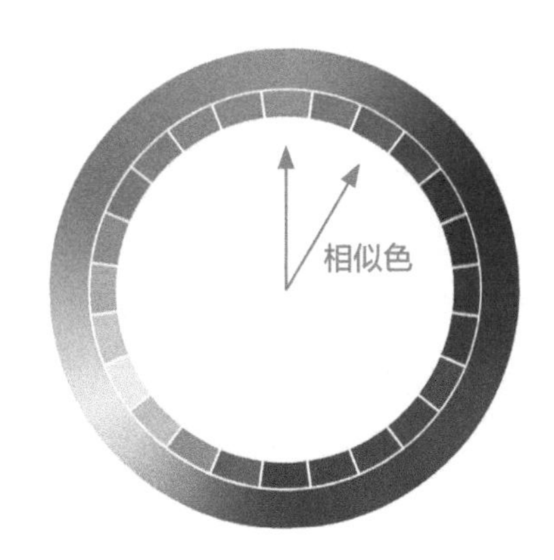

当数据系列多于一个时，可以通过相似色来体现不同的数据系列。如右图中，代表不同业务部的数据系列分别用不同的蓝色来体现，整个图表看起来很协调。

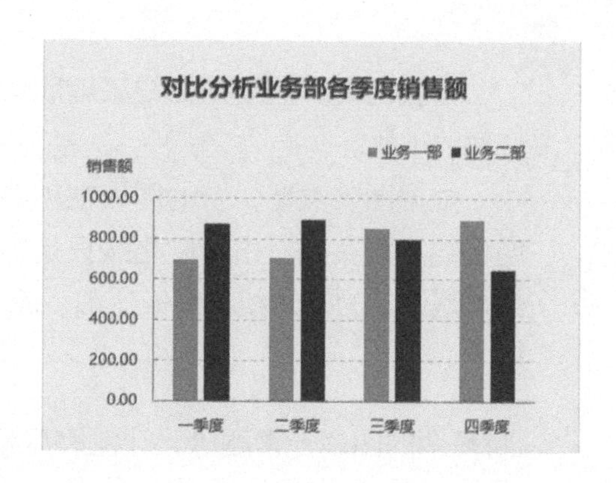

当数据系列中有需要强调的重点时，也可以使用相似色。如下面左图中，通过使用相似色来强调销售额最高的季度。

但是要注意，强调的点不能太多，多个重点相当于没有重点，如下面右图所示。

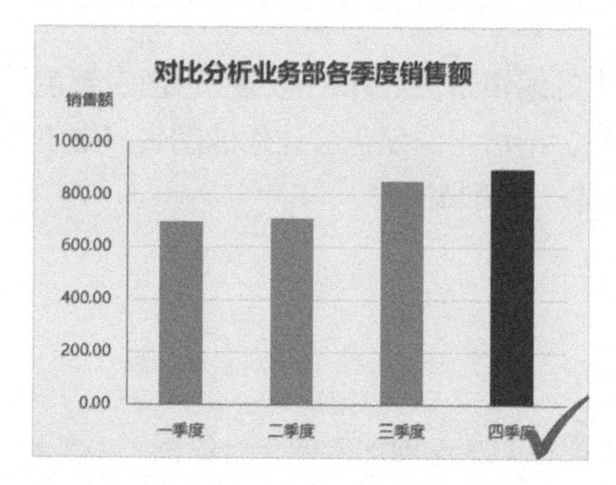

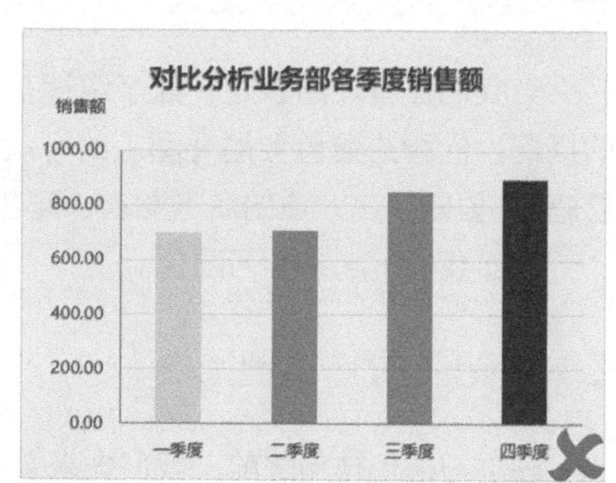

对比色

在色相环上，两种颜色离得越远，对比越强，如右图所示。

对比色是可以明确区分的色彩，它既能构成明显的色彩效果，又有很强的冲击力，因此对比色适合用来对比或强调数据。

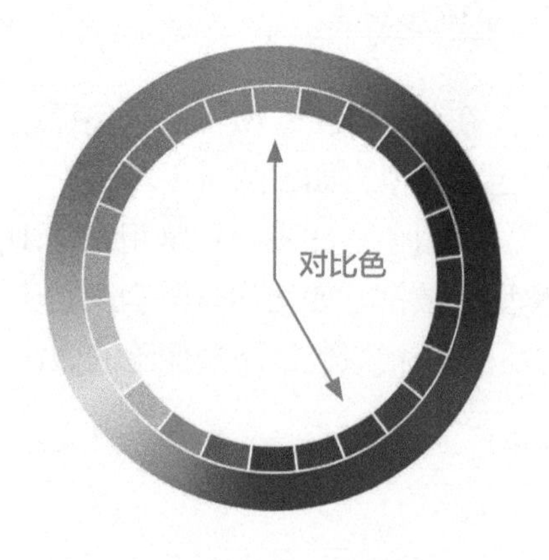

如果要对比分析两个不同类别的数据，可以用对比色。如下面左图中，通过使用对比色来对比不同业务部的销售额。

在同一图表中，对比色不能超过两组，否则就失去了对比的意义。如下面右图中，颜色使用过多，图表显得很混乱。

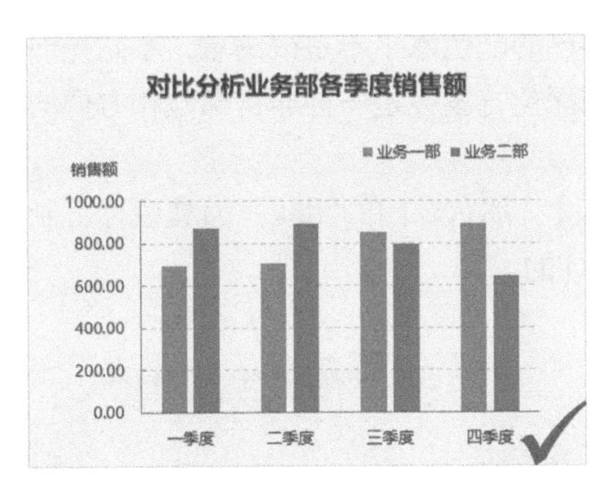

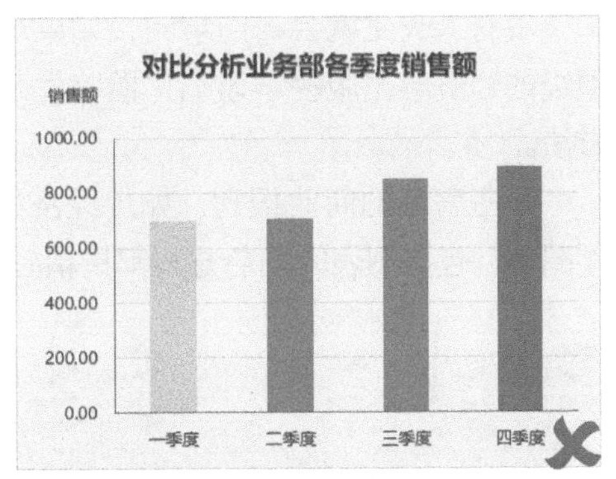

2.3.2 专业图表配色技巧

要想让你的图表更受青睐，配色就得专业。

颜色不要太多

制作商务图表时使用的颜色建议不要太多，否则显得太花哨，颜色太多会让图表的重点不突出。

另外，多数情况下，同一个数据系列的颜色要相同，除非需要强调重点。

合理搭配背景与字体

图表的背景最好不要填充颜色，如果要填充，尽量选择浅色填充，目的是不对其他信息造成干扰，使整个图表看起来简洁、直观。

另外，图表上的文字信息也很重要，它能够有助于读者理解图表内容。在给图表配色时也要充分考虑文字的颜色，在浅色的背景上要使用深色的文字，通常建议使用黑色文字，这样文字看起来更清楚、更容易辨认。

当文字与深色的数据系列重叠时，为了使文字更易辨认，就要调整文字为浅色，读者可根据具体情况具体处理。

先借鉴，后超越

没有人天生就会一门学问，如果对自己的配色水平不是很满意，不妨先向顶级的经济学出版物学习吧！借鉴优秀的配色方案会是一种非常保险和方便的方法。

一些著名的商业报刊，如《经济学人》，都有专门的团队，为其设计、制作图表，包括图表的配色方案都是精心设计的。

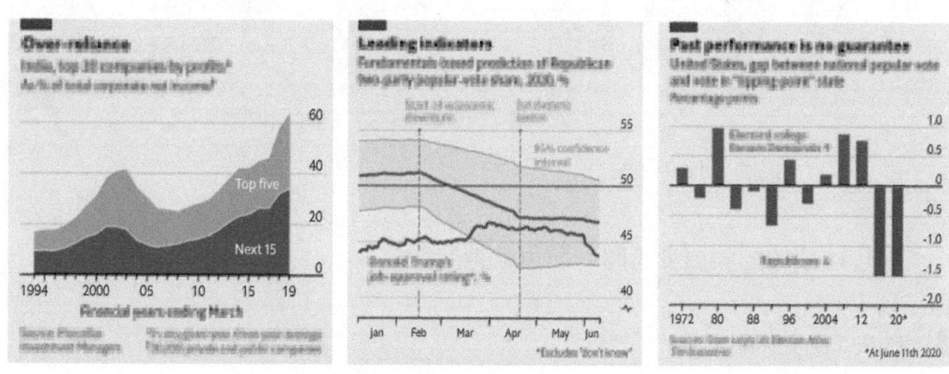

▲ 以上图表来自《经济学人》杂志

《经济学人》杂志中的图表基本只用一个色系，一般采用藏青色、蓝色等颜色，当数据系列增加或有重点信息需要强调时会增加一些对比色，整个图表看起来很专业。

如何将他人图表中的颜色，应用到自己的图表中呢？在介绍具体的方法之前，我们先来介绍一下颜色的 RGB 值。

对于颜色的描述，Excel 中采用 RGB 色彩模式，即通过对红（Red，R）、绿（Green，G）、蓝（Blue，B）3 个颜色通道的变化以及它们相互之间的叠加来得到各式各样的颜色。

在Excel的填充颜色列表中，包含【主题颜色】【标准色】【最近使用的颜色】【其他颜色】。单击【其他颜色】，弹出【颜色】对话框，在【标准】选项卡下可以选择很多预设颜色，但是这些我们很少使用。更多的时候，我们是在【自定义】选项卡下，通过设置 RGB 值来自己设置颜色。

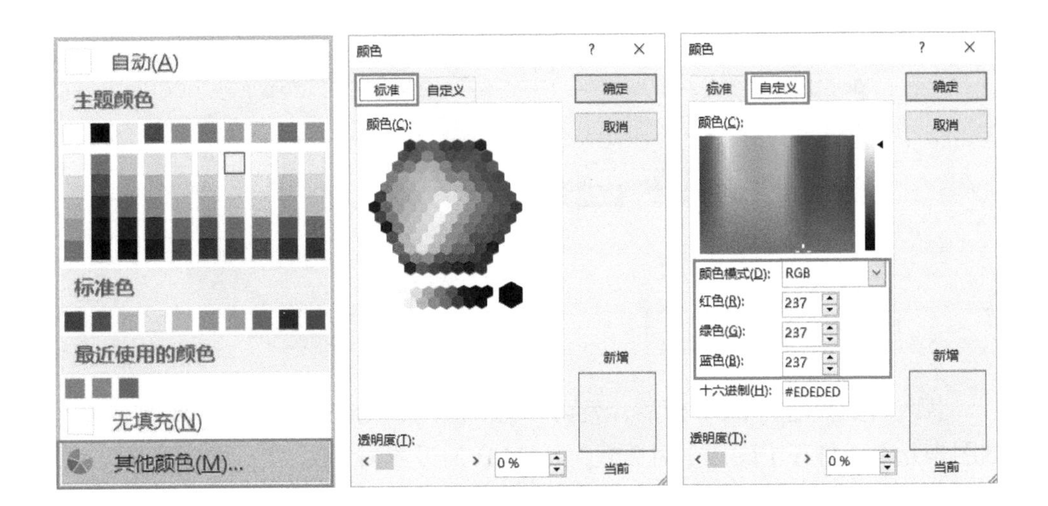

那么如何获取颜色的 RGB 值呢？

方法一：只要打开 QQ 截图，将鼠标指针移动到某种颜色上，就会显示其 RGB 值了。

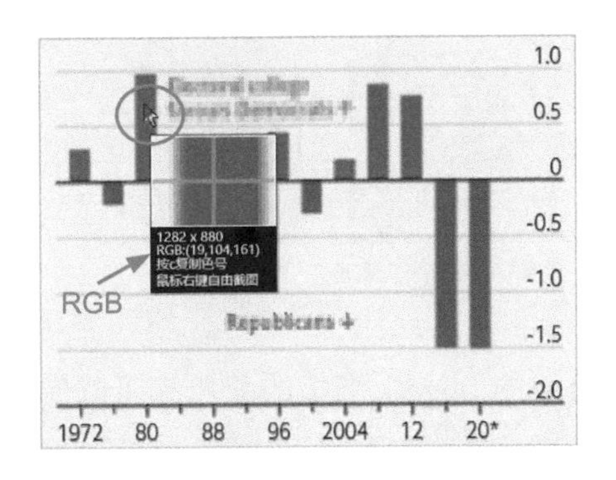

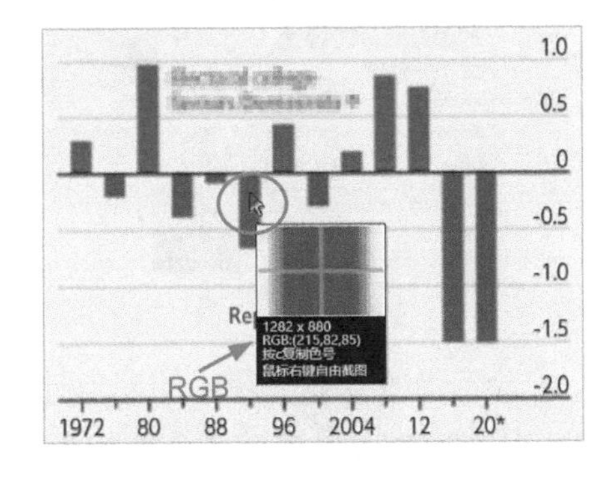

方法二：在 PowerPoint 2013 以后的版本中，增加了【取色器】功能，单击【填充颜色】按钮时，在弹出的下拉列表里有个【取色器】选项。

【取色器】的使用方法：选中 PPT 中的某个文本框或形状后，单击【取色器】，鼠标指针会变成吸管形状，将吸管形状的鼠标指针移动到 PPT 中某个颜色色块上，吸管下方就会显示该颜色的 RGB 值，根据该数值在【颜色】对话框中设置对应的 RGB 值即可（由于该取色器只能吸取 PPT 中的颜色，因此需要事先将待取色的图片或颜色素材放在 PPT 中备用）。

下页图显示的是获取 PPT 中色相环中深蓝色的 RGB 值的效果。

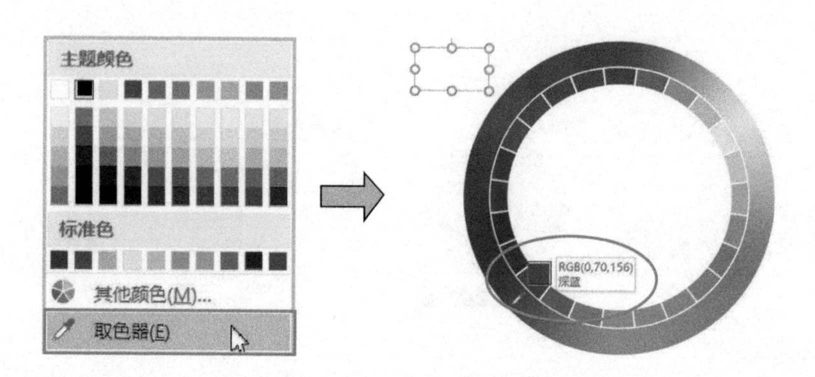

获取需要颜色的 RGB 值后，就可以将其应用到图表中了。选中要填充颜色的图表元素，打开【颜色】对话框，将 RGB 值设置为【0，70，156】即可。

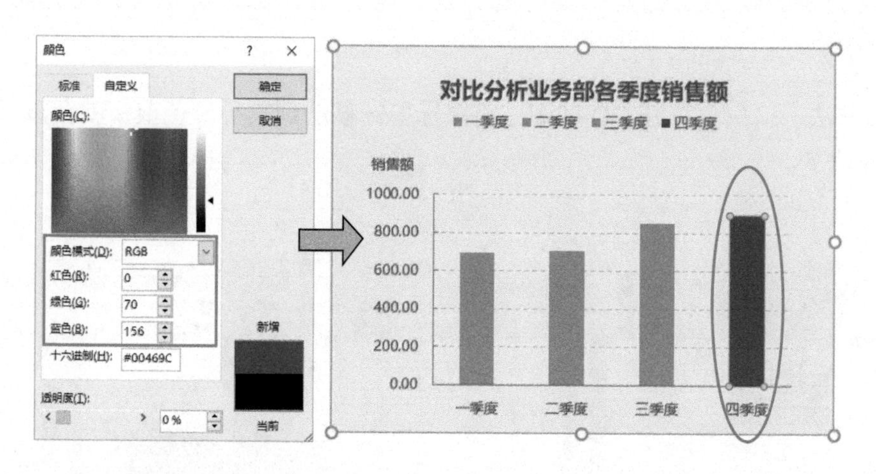

除了借鉴专业图表中的配色外，一些公司的 Logo、海报的配色都可以借鉴，因为它们都是经过高手精心设计的。

多学习高手的作品，你也能设计出让人赏心悦目的图表。

本章内容小结

本章主要介绍了图表制作的常用技巧，包括图表细节的处理技巧、基本的图表元素编辑方法，以及经典的商务图表配色技巧。掌握了以上方法和技能，你已经向完成专业的商务图表制作迈出了一大步。

要想将以上技能灵活地运用到实践中，重点是要从实际出发，进行图表类型选择和制表思路的学习。在后续的章节中，我们将结合各类分析方法和分析目标，介绍经典图表的制作过程，让你真正做到学以致用。

单指标分析篇

制作专业商务图表

第3章

对比分析

- 对比分析各月销售额
- 对比分析各月销售完成情况
- 分析员工业绩排名
- 对比分析各部门预算使用情况
- 动态分析不同员工的销售额
- 对比分析男女用户量

直观对比很简单，
明确重点有窍门！

对比分析是实际工作中经常要做的数据分析之一，第 1 章我们介绍过对比分析的含义及常用的对比标准，本章就来介绍对比分析的经典应用场景及适用的图表类型。

3.1 什么情况下适合做对比分析

比较不同产品的销量、各区域的销售额、不同员工的业绩、上半年各月份的利润或对比去年同期指标的完成情况等，都适合做对比分析。下面先通过两个经典的应用场景来学习什么情况下适合做对比分析。

经典场景 1：不同月份的销售额对比分析

销售额是公司对销售部考核的主要指标，因此对比各月的销售额、寻找异常，并及时采取有效措施很重要。

下图所示为某公司上半年各月的销售额数据。

月份	1月	2月	3月	4月	5月	6月
销售额(万元)	697.98	708.13	851.36	895.35	697.98	672.56

由于数据量不大，只有 6 个，数据名称也不是很长，并且数据有一定的时间顺序，因此首选的图表类型是柱形图，如下图所示。

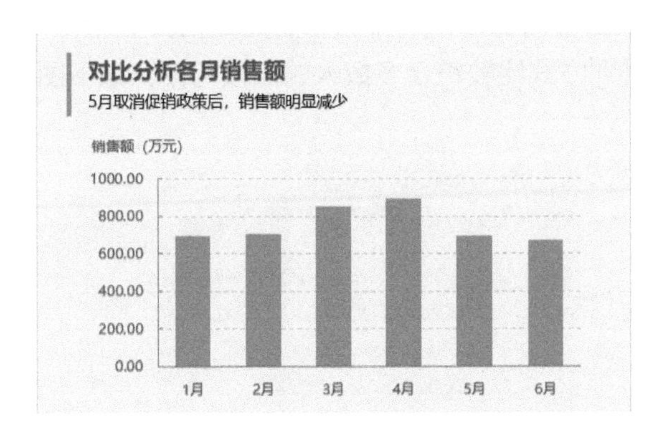

在制作图表时，除了根据数据特征来选择图表类型外，还可以根据分析的

目的或需求，对图表进行其他设计。如在本场景中，如果不仅要对比各月之间的数据，还要将各月的数据与平均值进行对比，这种情况下就可以为图表添加平均线，如右图所示。

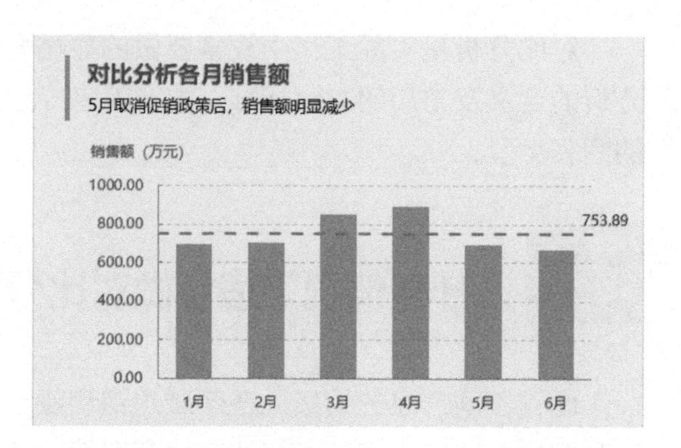

经典场景 2：员工业绩排名分析

对销售部员工的业绩进行排名，然后根据排名制定奖励政策，不仅能提升员工的积极性，而且对提高公司效益也有很大的意义。

与排名相关的分析就适合做对比分析。右图所示为不同员工的销售额数据。

员工姓名	销售额(万元)
吴欣悦	406.99
何纨	575.31
卫之柔	716.00
喻青	824.82
范丽红	968.04
王晓云	1032.18

在选择做排名分析的图表类型时，如果不考虑其他因素，选择柱形图或条形图都可以。并且在创建图表前，可以对数据进行升序排序，这样在分析时可以一眼看出排名情况。

本场景中，可以选择条形图，因为对数据进行升序排序后，排名靠前的数据会显示在图表绘图区的上方，而排名靠后的数据会显示在下方，这样从上到下、从大到小的排列方式比较符合多数人的阅读习惯，如下图所示。

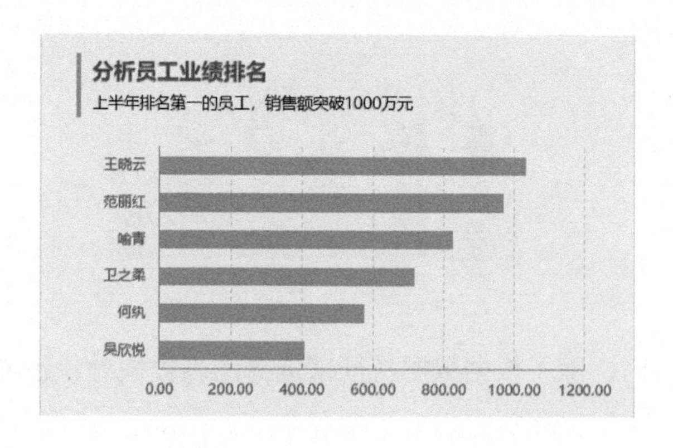

如果不仅要体现员工的业绩排名，还要体现各员工的具体销售额数值，这时就需要显示数据标签了，如右图所示。

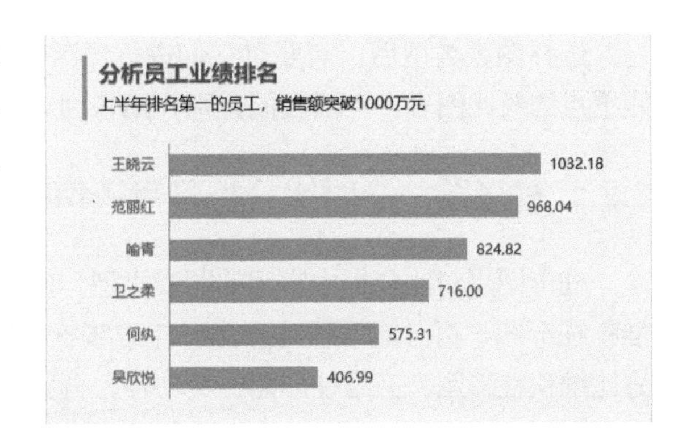

通过以上两个场景的介绍，相信你已经了解了什么是对比分析，下面介绍对比数据时应该选择什么类型的图表以及具体的制作方法。

3.2 对比分析常用的图表类型

在对比分析中，常用的是柱形图和条形图，以及这些图表的变形和组合。选择图表类型，要根据应用场景和数据信息，以及对比目标决定。为了方便读者快速选择合适的图表，以下提供了对比分析图表的选择思路。

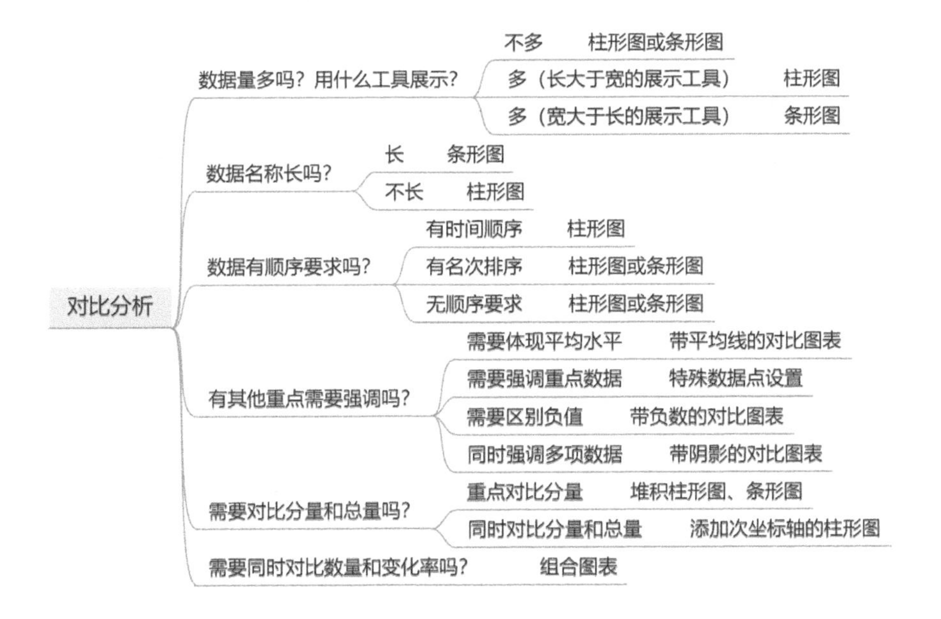

选择图表类型后，需要对它们进行灵活的设计，从而制作出更直观、更有侧重点的对比图表。下面我们分别介绍各种对比图表的详细制作方法。

3.2.1 柱形图——对比分析各月销售额

柱形图是对比分析中常用的图表类型，Excel 中的柱形图分为簇状柱形图、堆积柱形图、百分比堆积柱形图、三维簇状柱形图、三维堆积柱形图、三维百分比堆积柱形图、三维柱形图，共 7 种，分别如下图所示。

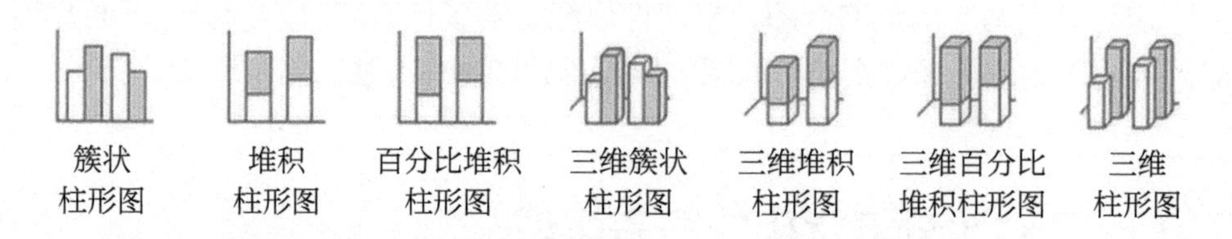

以上柱形图中最常用的是簇状柱形图（第 1 个），下面我们以“对比分析各月销售额”为例，来介绍簇状柱形图的制作。

1. 制作柱形图

> 分析目标：
>
> **①用图表展示 6 个月销售额数据的对比情况；②让人一目了然地看出各月销售额数据的大小；③让人能够快速了解哪些月份的销售额较高、哪些月份的销售额较低。**

经过分析，结合数据特点和分析目标，我们可以选择右图所示的普通簇状柱形图进行展示。

下面介绍具体的制作方法。

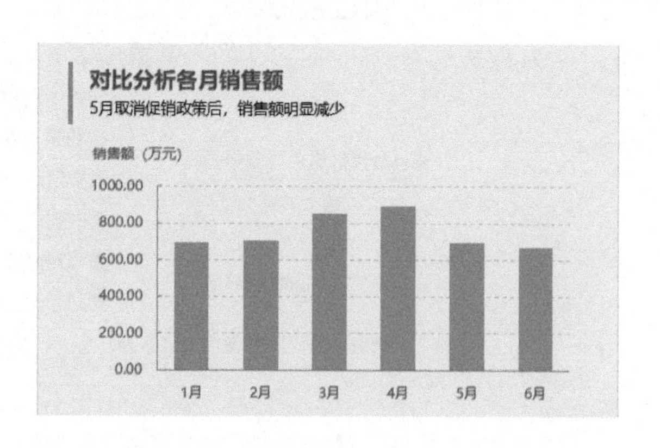

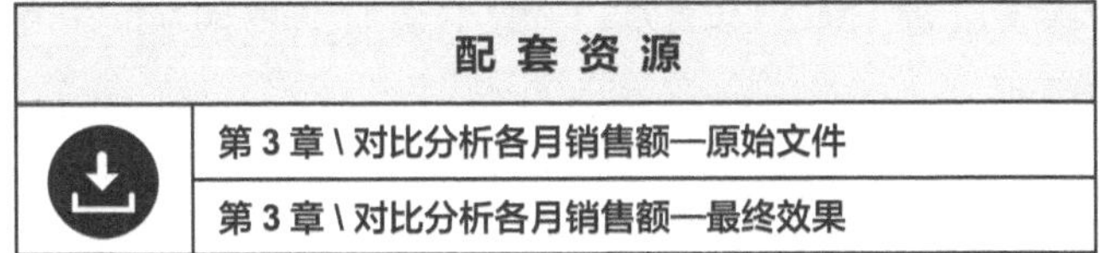

扫码看视频

STEP1» 打开本实例的原始文件，❶选中 C2:H3 区域，❷切换到【插入】选项卡，❸单击【图表】组中的【插入柱形图或条形图】按钮，❹在弹出的下拉列表中选择【簇状柱形图】，即可在工作表中插入柱形图。

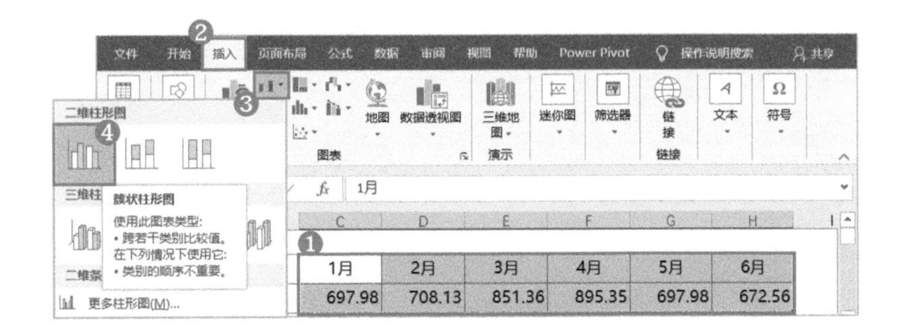

STEP2» 设置纵坐标轴的刻度。❶选中纵坐标轴，在其上单击鼠标右键，❷在弹出的快捷菜单中选择【设置坐标轴格式】命令，弹出【设置坐标轴格式】任务窗格，❸在【坐标轴选项】组中将【单位】中的【大】设置为【200.0】。设置前后的效果如下图所示。

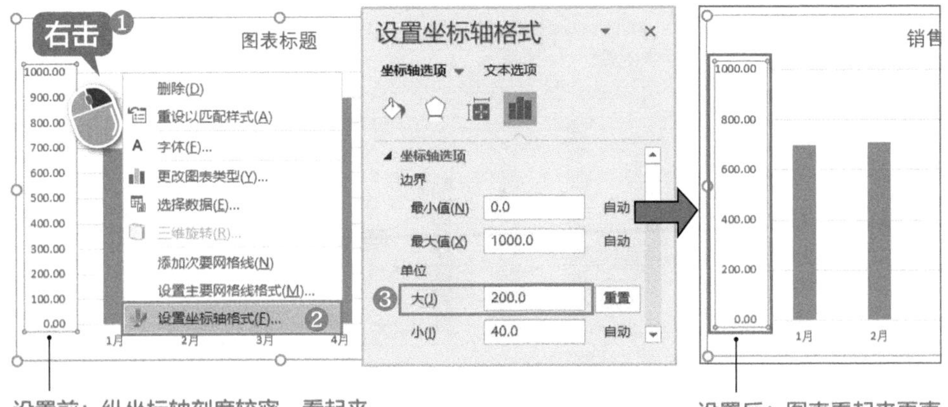

STEP3» 设置坐标轴线条格式。❶在【设置坐标轴格式】任务窗格中单击【填充】按钮，❷在

【线条】组中选择【实线】，❸【颜色】设置为【白色，背景 1，深色 50%】。采用同样的方式设置横坐标轴的线条格式。

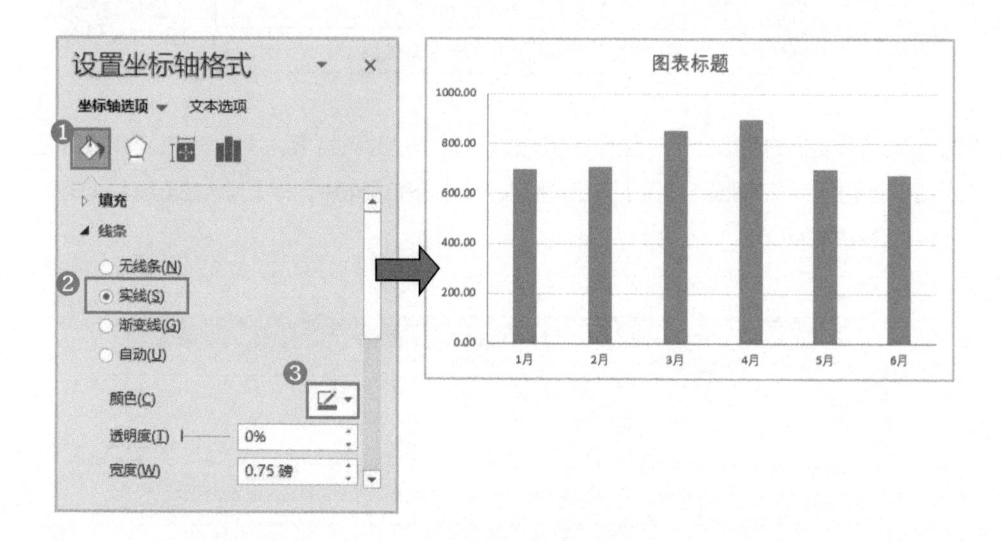

STEP4» 添加纵坐标轴标题并修改文字方向。默认的纵坐标轴标题是所有文字顺时针旋转 270° 的，❶选中插入的纵坐标轴标题，在其上单击鼠标右键，❷在弹出的快捷菜单中选择【设置坐标轴标题格式】命令，弹出【设置坐标轴标题格式】任务窗格，❸在【对齐方式】组中将【文字方向】设置为【横排】。设置完成后，修改标题内容为“销售额（万元）”并将之移至纵坐标轴上方即可。

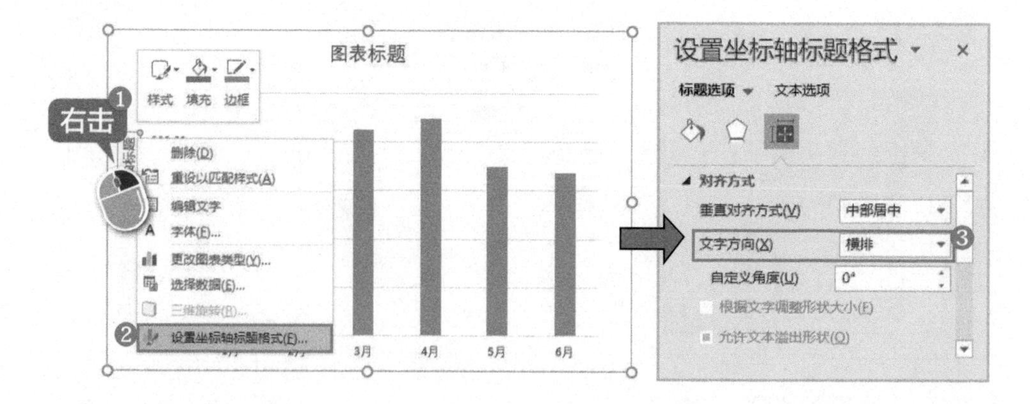

STEP5» 设置数据系列的宽度。❶选中数据系列，在其上单击鼠标右键，❷在弹出的快捷菜单中选择【设置数据系列格式】命令，弹出【设置数据系列格式】任务窗格，❸在【系列选项】组中将【间隙宽度】设置为【100%】。

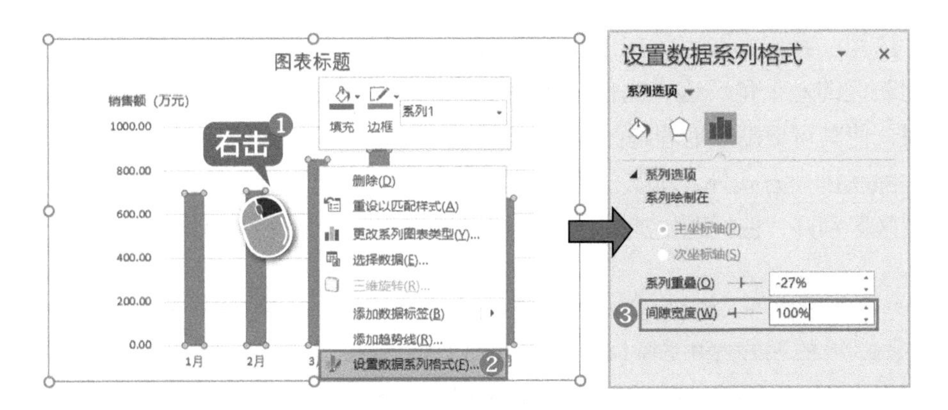

STEP6» 设置网格线格式。❶选中网格线，并在其上单击鼠标右键，❷在弹出的快捷菜单中选择【设置网格线格式】命令，弹出【设置主要网格线格式】任务窗格，❸单击【填充】按钮，❹在【线条】组中将【颜色】设置为【白色，背景 1，深色 25%】，❺【短划线类型】选择为【短划线】。

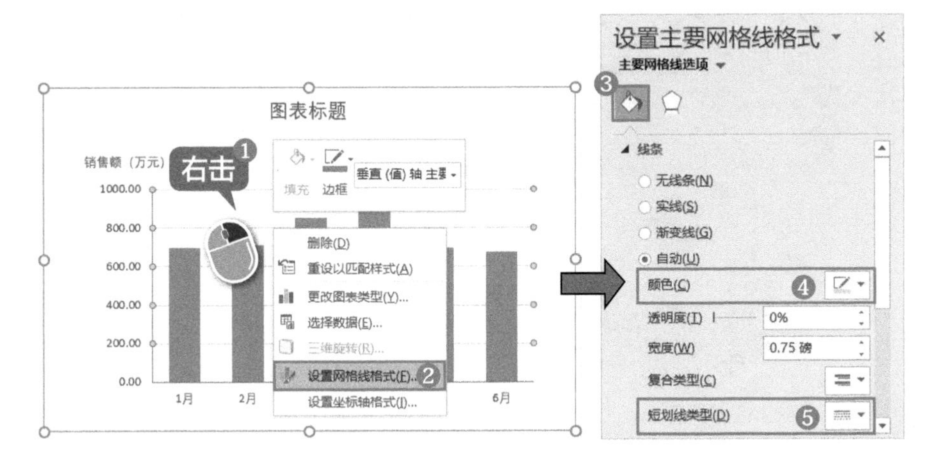

STEP7» 为图表添加主、副标题，并完善字体和颜色等细节。具体的参数设置如下图所示。

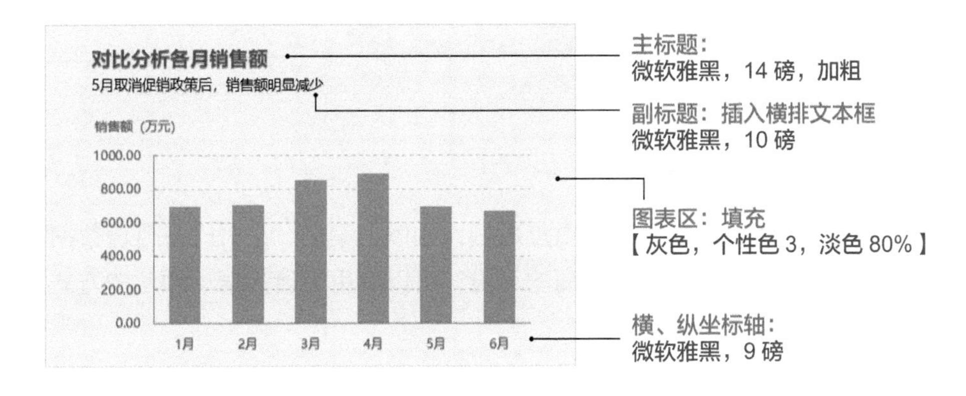

这里，我们为图表添加了主、副标题，并且将主、副标题左对齐，放在整个图表区的左上角，这样比较符合大多数读者“从上到下，从左到右”的阅读习惯，使其可更高效地理解图表内容。

除了排列方式外，本实例中还在标题的左侧增加了蓝色的色块，将标题和绘图区区别开，使标题更加醒目和突出。色块的具体设置步骤如下。

STEP8» 插入形状并填充颜色。❶切换到【插入】选项卡，❷单击【插图】组中的❸【形状】按钮，❹在弹出的下拉列表中选择【矩形】，❺按住鼠标左键在工作表的空白区域拖曳，即可插入一个矩形。按照下图所示的形状和颜色对矩形进行设置，将其移至图表标题的左侧即可。

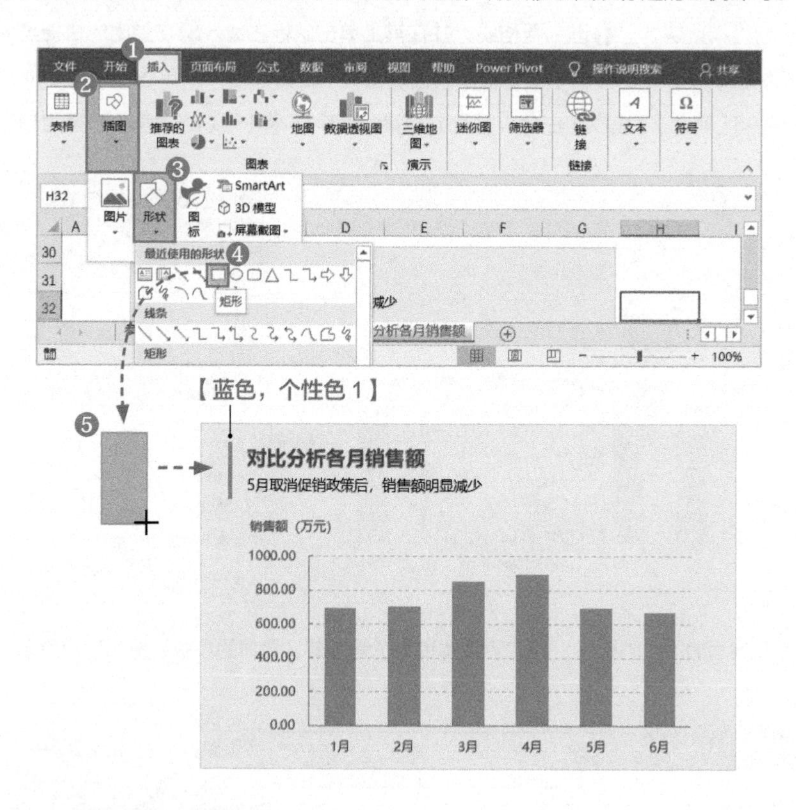

2. 强调重点数据的柱形图

如果在对比图表中想要强调重点数据，如以上案例，在对比各月份数据大小的同时，还想要强调销售额最高的月份，可以采用突出数据点颜色的方式。下面演示具体的操作步骤。

第 3 章 \ 对比分析各月销售额 01—原始文件

第 3 章 \ 对比分析各月销售额 01—最终效果

扫码看视频

STEP1» 打开本实例的原始文件，❶单击柱形，然后再次单击销售额最高的数据点（即 4 月），并在其上单击鼠标右键，❷在弹出的快捷菜单中选择【设置数据点格式】命令，弹出【设置数据点格式】任务窗格，❸单击【填充】按钮，❹在【填充】组中选中【纯色填充】单选钮，❺将【颜色】设置为【橙色，个性色 2】。

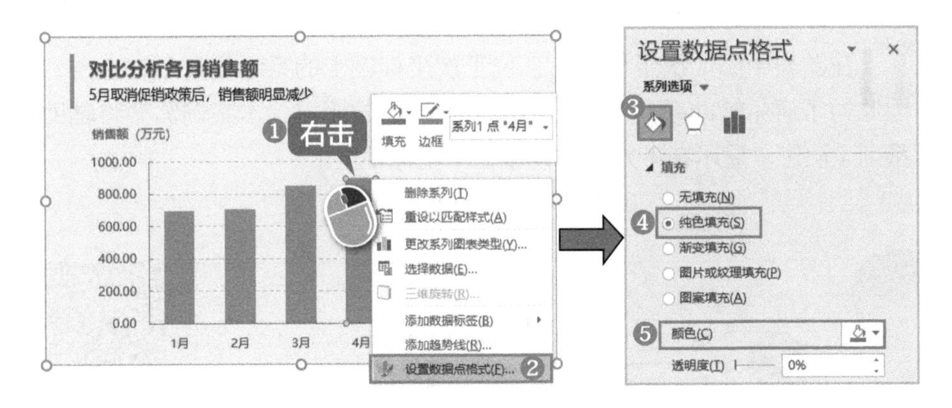

STEP2» 以上步骤中，也可以在选中数据点后，切换到【图表工具】的【格式】选项卡，直接设置【形状填充】的颜色。具体步骤这里不赘述，最终效果如右图所示。

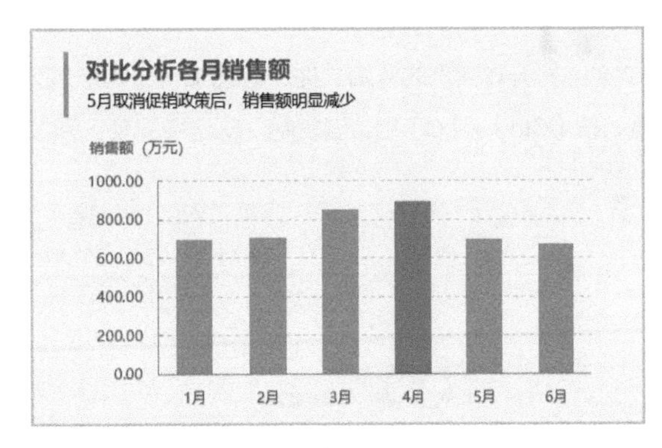

3. 强调多项数据的柱形图

如果在对比分析图表中想要同时强调多项数据，如某一个特殊的数据区间时，可以采用下图所示的带阴影的柱形图来实现。

本案例给数据系列中处于下降期的柱形添加阴影，并且标明“下降期”字样，以吸引读者目光并令其重视该数据区间。

其制作原理是，增加辅助数据柱形图，并将其设置在主坐标轴上，其余数据设置在次坐标轴上，然后调整辅助数据系列的间隙宽度，从而实现阴影效果。

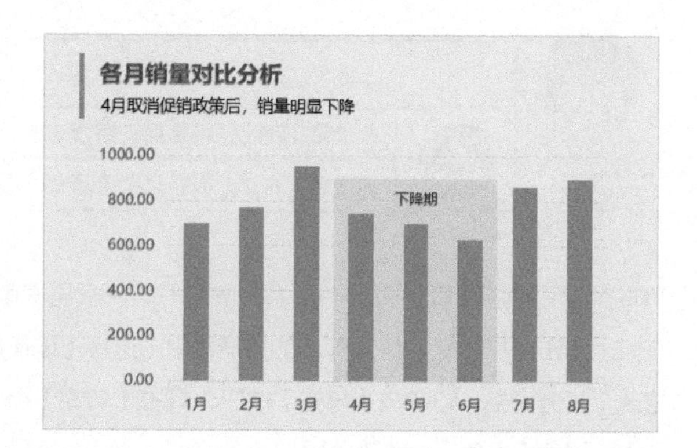

Tips

在图表中添加次坐标轴后，位于次坐标轴上的系列会显示在上方，因此为了避免辅助系列（阴影）对其他柱形的遮挡，本案例需要将辅助系列（阴影）显示在下方，即设置在主坐标轴上。

配 套 资 源

第 3 章 \ 对比分析各月销量—原始文件

第 3 章 \ 对比分析各月销量—最终效果

扫码看视频

STEP1» 打开本实例的原始文件，❶增加一个辅助系列“下降期”，如下图所示，❷选中该行数据，按【Ctrl】+【C】组合键复制，❸选中图表，❹按【Ctrl】+【V】组合键粘贴。

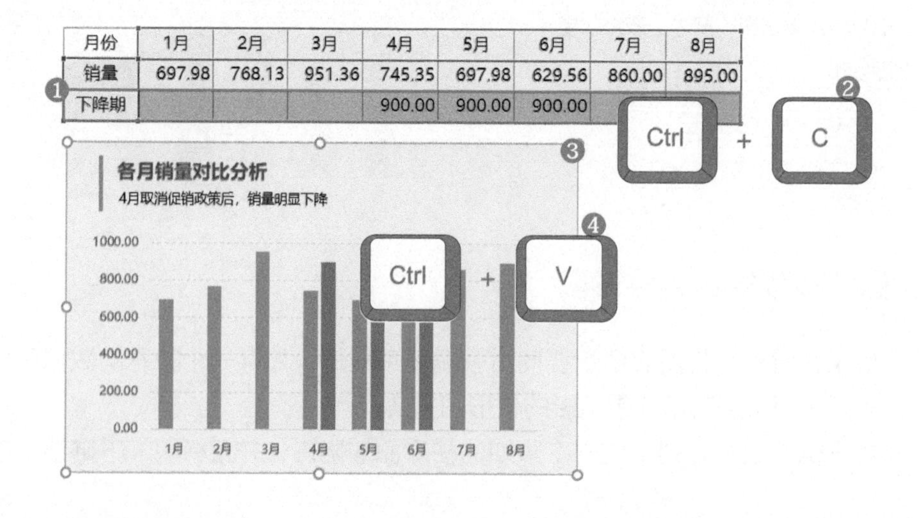

月份	1月	2月	3月	4月	5月	6月	7月	8月
销量	697.98	768.13	951.36	745.35	697.98	629.56	860.00	895.00
下降期				900.00	900.00	900.00		

STEP2» ❶选中辅助系列外的其他柱形，在其上单击鼠标右键，❷在弹出的快捷菜单中选择【设置数据系列格式】命令，弹出【设置数据系列格式】任务窗格，❸选中【次坐标轴】单选钮。

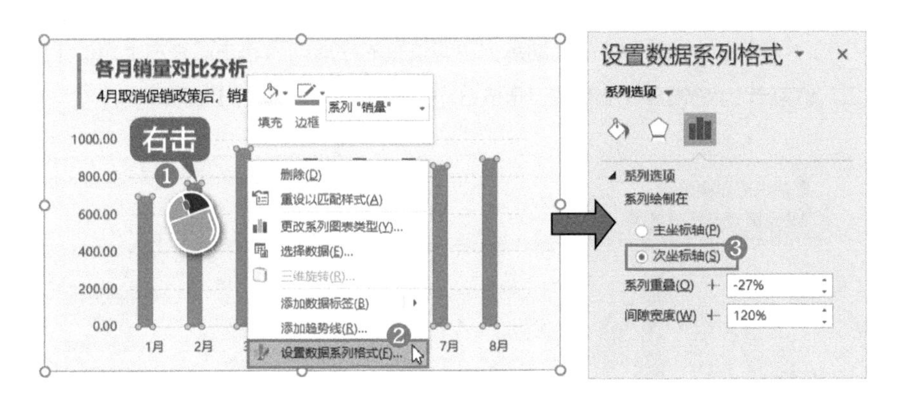

STEP3» 选中辅助系列，在【设置数据系列格式】任务窗格中将【间隙宽度】设置为【0%】。

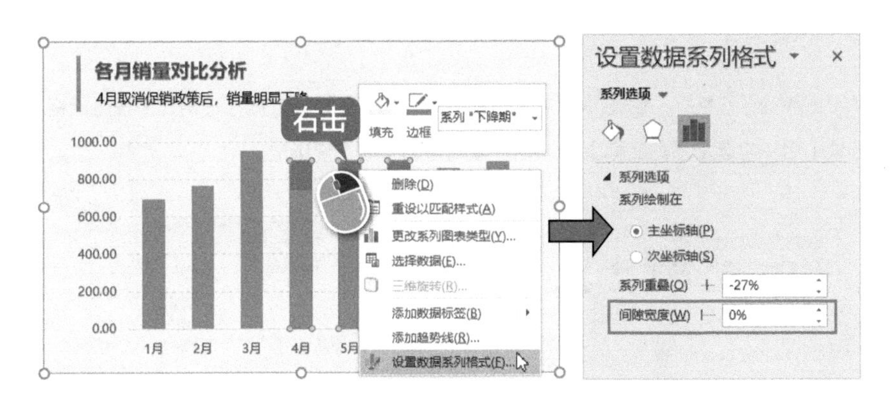

STEP4» 为辅助系列设置填充色。❶单击【填充】按钮，❷选中【纯色填充】单选钮，❸将系列的填充颜色设置为【蓝 - 灰，文字 2，淡色 80%】。

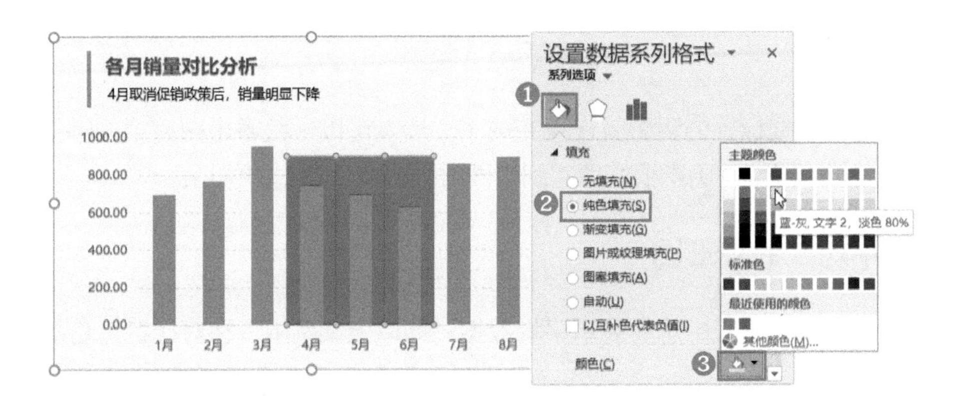

设置完成后，为了让读者更明确阴影的含义，可以为其添加数据标签，具体操作如下。

STEP5» 添加数据标签。❶选中位于辅助系列中间位置的柱形，❷单击图表右上角的【图表元素】按钮，❸单击【数据标签】右侧的三角按钮，❹选择【数据标签内】选项。

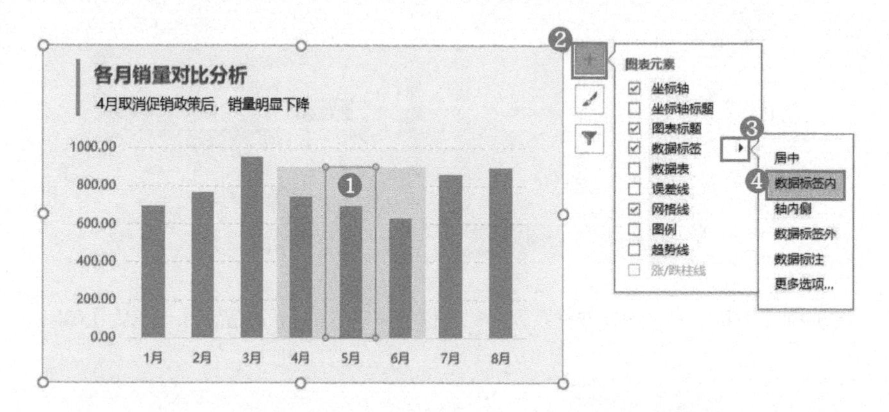

STEP6» 设置数据标签格式。❶选中添加的数据标签，打开【设置数据标签格式】任务窗格，❷在【标签选项】组中勾选【系列名称】复选框，取消勾选【值】复选框。

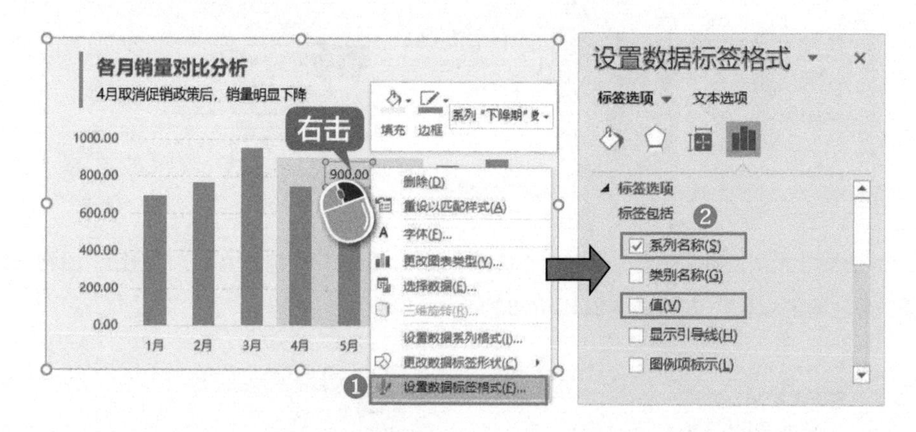

这样带数据标签的阴影就设置完成了，读者可以一眼看出图表中的哪些月份处于销量下降期，阴影很好地起到了同时强调多项数据的作用。

4. 带平均线的柱形图

如果在对比图表中想要展示平均数据，如以上案例中，在对比各月份数据大小的同时，还想要将其与平均值进行对比，这时就可以为图表添加平均线。

制作带平均线的柱形图时，最简单的做法就是在原始数据中增加平均数系列，然后制作柱形图和折线图的组合图表，其中折线就是平均线。具体操作步骤如下。

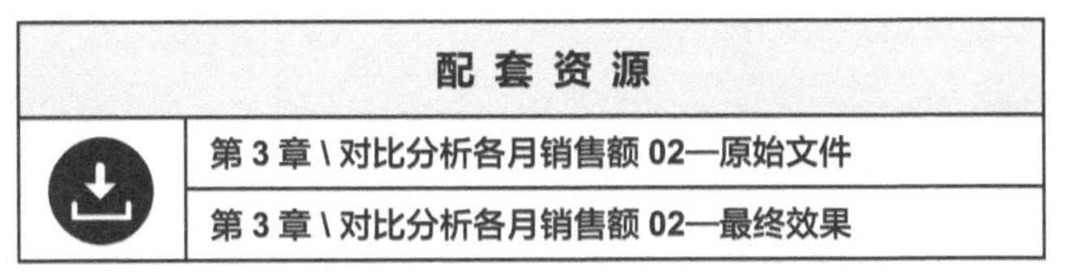

扫码看视频

STEP1» 打开本实例的原始文件，首先计算平均数，在原始数据的下方增加一行平均销售额（万元），公式为“=AVERAGE($C$3:$H$3)”。

C4　=AVERAGE($C$3:$H$3)

	B	C	D	E	F	G	H
2	月份	1月	2月	3月	4月	5月	6月
3	销售额(万元)	697.98	708.13	851.36	895.35	697.98	672.56
4	平均销售额(万元)	753.89	753.89	753.89	753.89	753.89	753.89

STEP2» ❶选中 C4:H4 区域，❷按【Ctrl】+【C】组合键复制，❸选中图表，❹按【Ctrl】+【V】组合键粘贴。

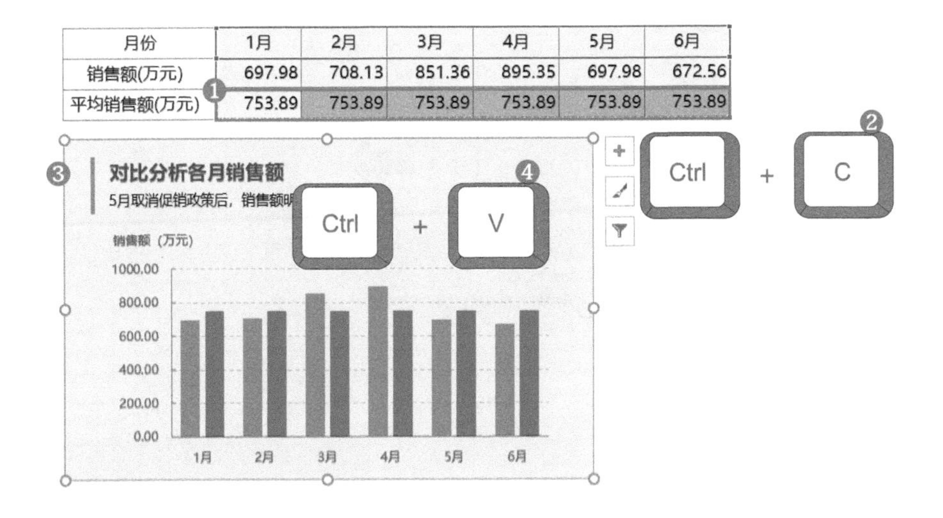

月份	1月	2月	3月	4月	5月	6月
销售额(万元)	697.98	708.13	851.36	895.35	697.98	672.56
平均销售额(万元)	753.89	753.89	753.89	753.89	753.89	753.89

STEP3» 设置柱形图 + 折线图的组合图表。❶选中增加的平均销售额系列，在其上单击鼠标右键，❷在弹出的快捷菜单中选择【更改系列图表类型】命令，弹出【更改图表类型】对话框，❸将【系列 2】的【图表类型】设置为【折线图】，❹单击【确定】按钮。

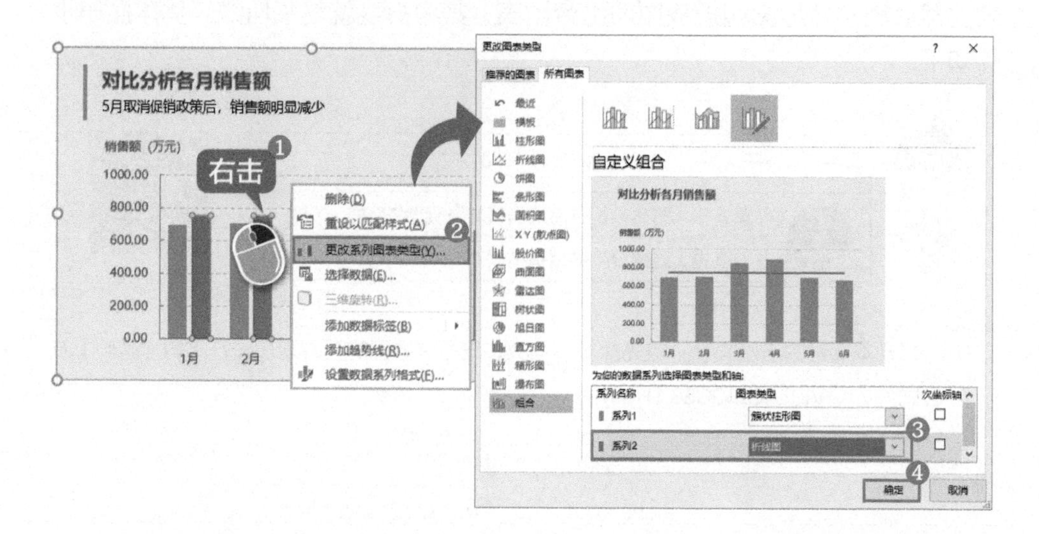

STEP4» 设置平均线格式。❶选中平均线，并在其上单击鼠标右键，❷在弹出的快捷菜单中选择【设置数据系列格式】命令，弹出【设置数据系列格式】任务窗格，❸单击【填充】按钮，❹将线条的【宽度】设置为【2 磅】，❺【短划线类型】设置为【短划线】。

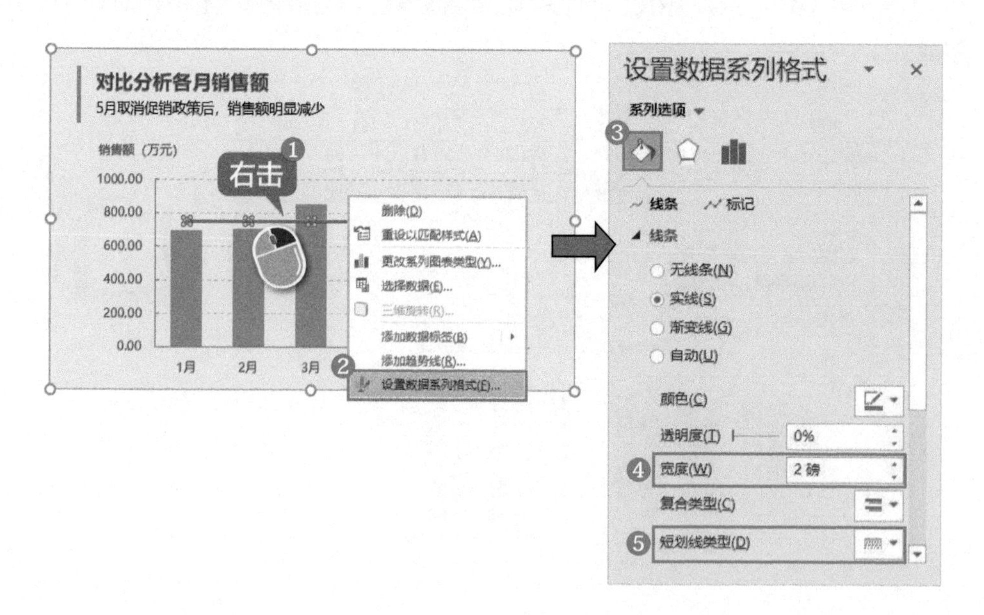

STEP5» 添加平均线标签。❶选中平均线最右侧的数据点，❷单击图表右上角的【图表元素】按钮，❸单击【数据标签】右侧的三角按钮，❹选择【右】选项。

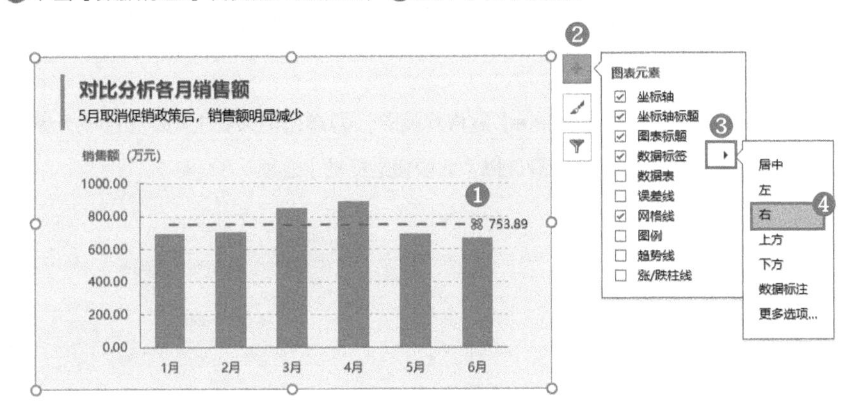

本案例中添加平均线后，没有使用图例，而是使用了数据标签，让人一眼就能看出平均额的大小，并且明确哪些月份的数据在平均线之上，哪些月份的数据在平均线之下。

但是仔细观察添加的平均线，可以发现一个问题：平均线的左右两端没有与柱形图对齐，有空缺。怎么解决这个问题呢？为了使添加的平均线更加完美，可以使用次要横坐标轴来实现，具体操作如下。

STEP6» 添加次坐标轴。❶选中图表，单击鼠标右键，❷在弹出的快捷菜单中选择【更改图表类型】命令，弹出【更改图表类型】对话框，❸勾选【系列 2】的【次坐标轴】复选框，❹单击【确定】按钮。

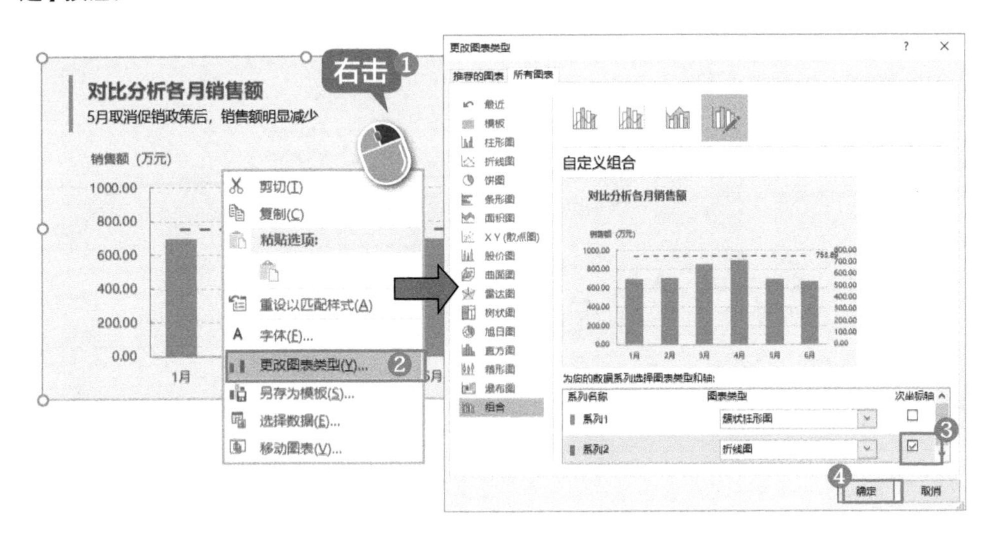

Tips

添加次坐标轴后，会默认增加一个次要纵坐标轴，这里需要的是次要横坐标轴，因此需要先将次要纵坐标轴删除，再添加次要横坐标轴。

STEP7» 选中次要纵坐标轴，按【Delete】键将其删除，❶单击图表右上角的【图表元素】按钮，❷单击【坐标轴】右侧的三角按钮，❸选择【次要横坐标轴】选项。

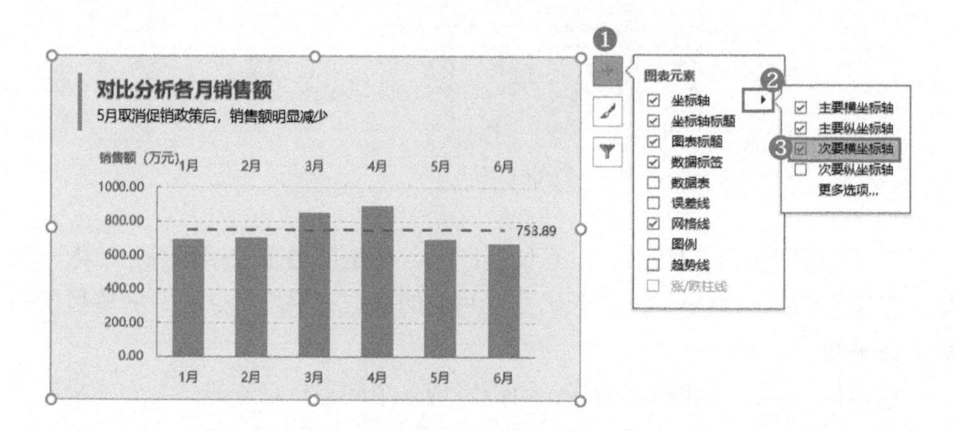

STEP8» 设置次要横坐标轴格式。❶选中次要横坐标轴，在其上单击鼠标右键，❷在弹出的快捷菜单中选择【设置坐标轴格式】命令，弹出【设置坐标轴格式】任务窗格，❸在【坐标轴位置】中选中【在刻度线上】单选钮，❹将【主刻度线类型】设置为【无】，❺【标签位置】设置为【无】。

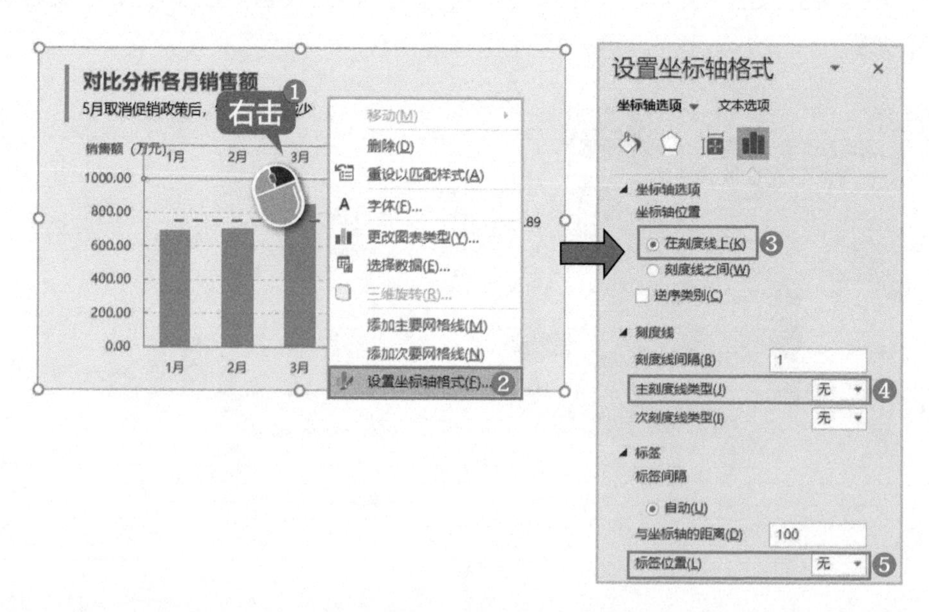

STEP9» 设置次要横坐标轴的线条。❶单击【填充】按钮，❷选中【线条】组中的【无线条】单选钮。这样次要横坐标轴就被隐藏了。

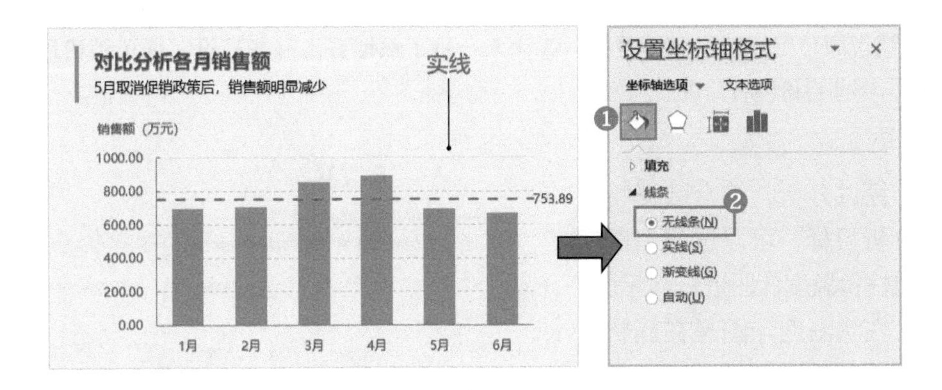

平均线的两端与坐标轴对齐后，数据标签被挤在右侧有些不太美观，此时可以将数据标签的位置设置为数据点上方，具体操作如下。

STEP10» 设置数据标签位置。选中平均线右侧的数据标签，打开【设置数据标签格式】任务窗格，在【标签位置】中选中【靠上】单选钮。设置完成后，平均线就比较完美了，最终效果如下面右图所示。

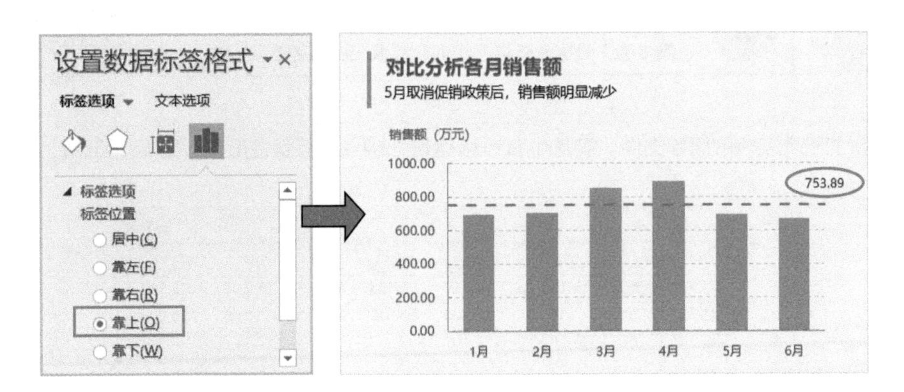

3.2.2 柱状温度计图——对比分析各月的销售完成情况

在对比分析时，除了将一组数据中的各个项目进行对比外，还经常需要对比两组数据，如实际与目标、今年与去年的项目数据。下面以对比分析各月的销售完成情况为例，介绍柱状温度计图的制作方法。

分析目标：

①用图表展示 1~6 月的实际销售额与目标销售额的对比情况；②直观反映实际销售额与目标销售额的差距；③让人一目了然地看出哪些月份完成了销售目标，哪些月份没有完成。

经过分析，结合数据特点和分析目标，可以选择右图所示的柱状温度计图进行展示。

柱状温度计图是在簇状柱形图的基础上，经过巧妙的设计，将两组柱形重合，由此得到的图表。下面介绍具体的制作方法。

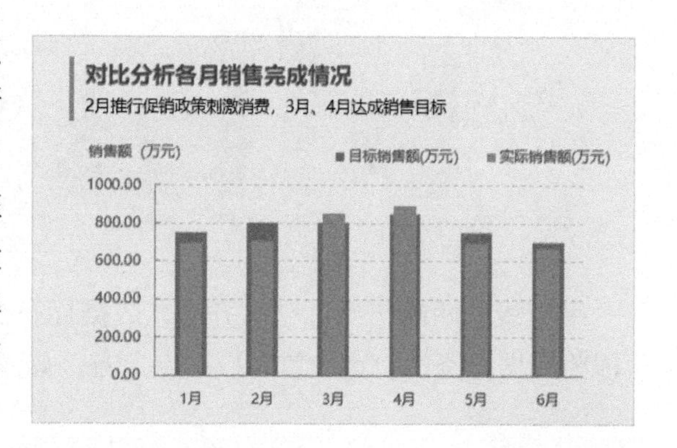

配 套 资 源

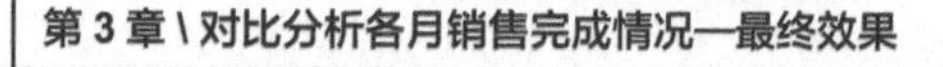

第 3 章 \ 对比分析各月销售完成情况—原始文件

第 3 章 \ 对比分析各月销售完成情况—最终效果

扫码看视频

STEP1» 打开本实例的原始文件，❶选中 B2:H4 区域，❷创建簇状柱形图，如下图所示。

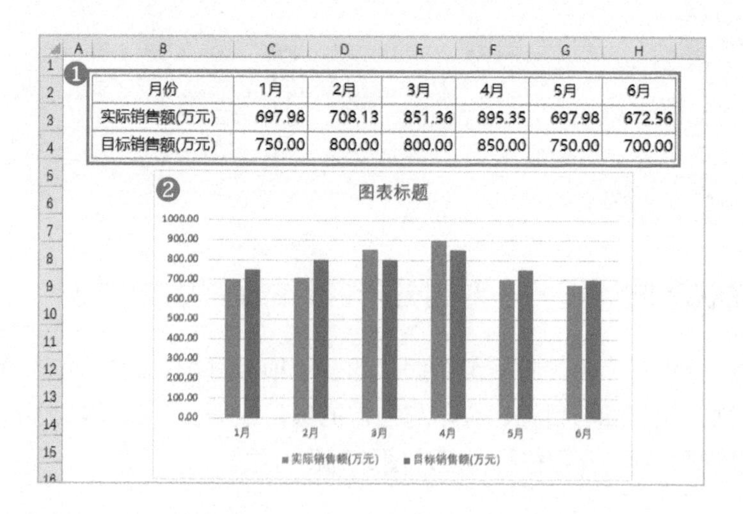

月份	1月	2月	3月	4月	5月	6月
实际销售额(万元)	697.98	708.13	851.36	895.35	697.98	672.56
目标销售额(万元)	750.00	800.00	800.00	850.00	750.00	700.00

Tips

将实际销售额设置在次坐标轴上，由于次坐标轴数据会显示在上方，因此可以避免被遮挡。

次坐标轴设置完成后要保证两个坐标轴刻度的边界值一致，便于两个系列的柱形在刻度一致的条件下进行对比。

STEP2» 添加次坐标轴。❶选中图表中的实际销售额系列，在其上单击鼠标右键，❷在弹出的快捷菜单中选择【设置数据系列格式】命令，弹出【设置数据系列格式】任务窗格，❸在【系列选项】组中选中【次坐标轴】单选钮。

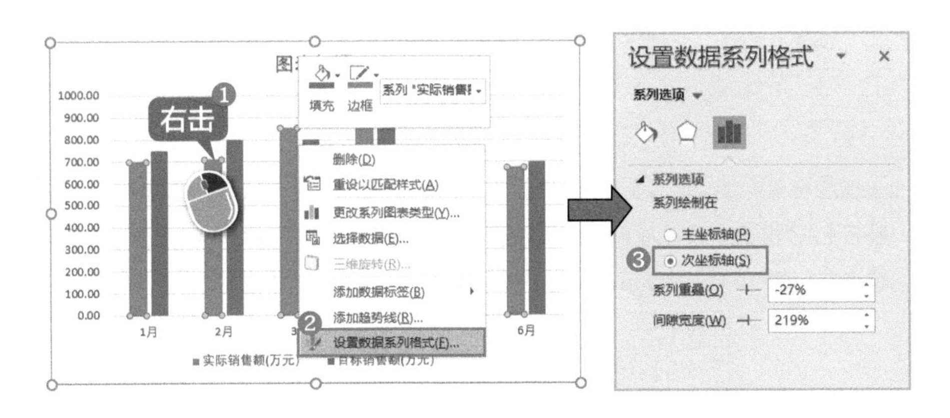

STEP3» 设置纵坐标轴格式。❶选中主要纵坐标轴，打开【设置坐标轴格式】任务窗格，❷将【边界】的【最大值】设置为【1000.0】，❸将【单位】的【大】设置为【200.0】。以同样的方式设置次要纵坐标轴（保证主、次坐标轴刻度的边界值一致即可，单位可不同），然后选中次要纵坐标轴，按【Delete】键将其删除。

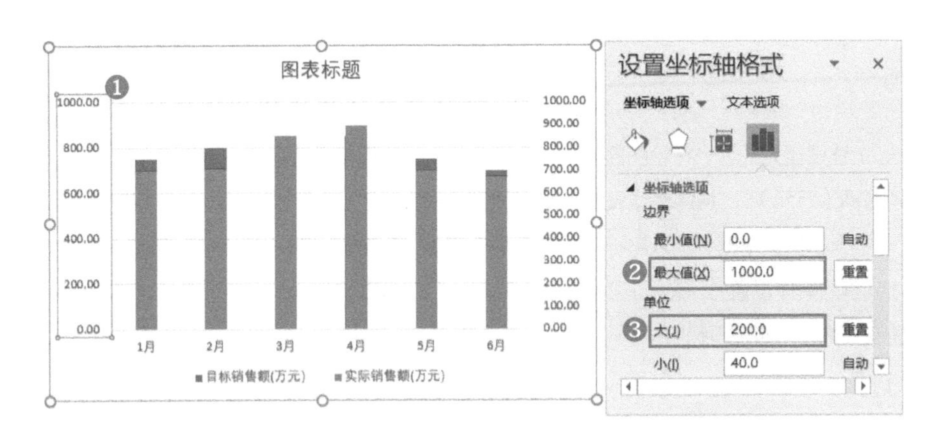

STEP4» 设置实际销售额系列。❶选中图表中的实际销售额系列，打开【设置数据系列格式】任务窗格，❷将【系列重叠】设置为【100%】，❸将【间隙宽度】设置为【220%】。

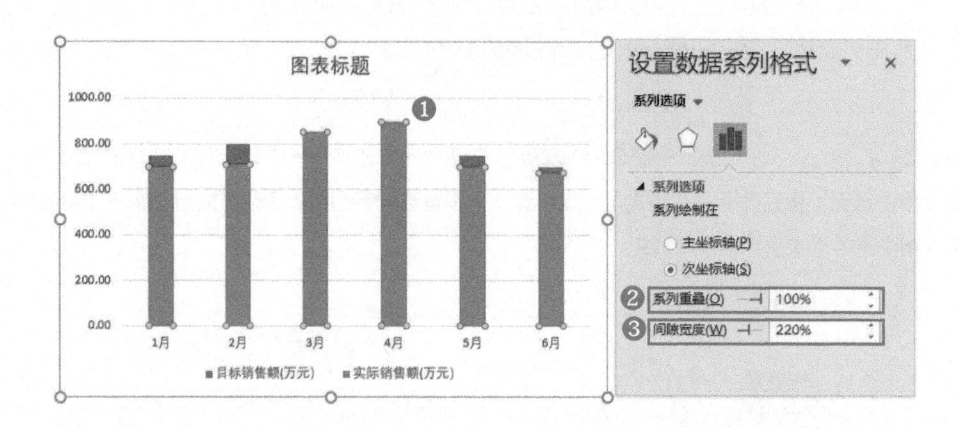

STEP5» 设置目标销售额系列。❶选中图表中的目标销售额系列，打开【设置数据系列格式】任务窗格，❷将【系列重叠】设置为【100%】，❸将【间隙宽度】设置为【130%】，❹单击【填充】按钮，❺选中【纯色填充】单选钮，❻将【颜色】设置为【灰色，个性色 3，深色 25%】。

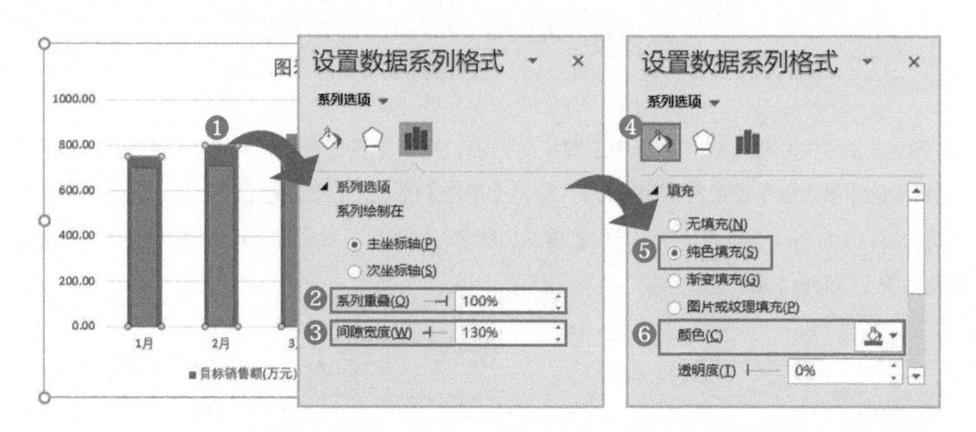

STEP6» 上述设置完成后，将绘图区调整为合适的大小，图例移至绘图区右上角；添加纵坐标轴标题“销售额（万元）”；将网格线设置为【短划线】；图表主标题设置为“对比分析各月销售完成情况”；插入横排文本框，输入副标题“2 月推行促销政策刺激消费，3 月、4 月达成销售目标”。各图表元素的具体设置方法前面已经介绍过（可参考 3.2.1 小节的制作柱形图），这里不赘述，参数设置及最终效果如下页图所示。

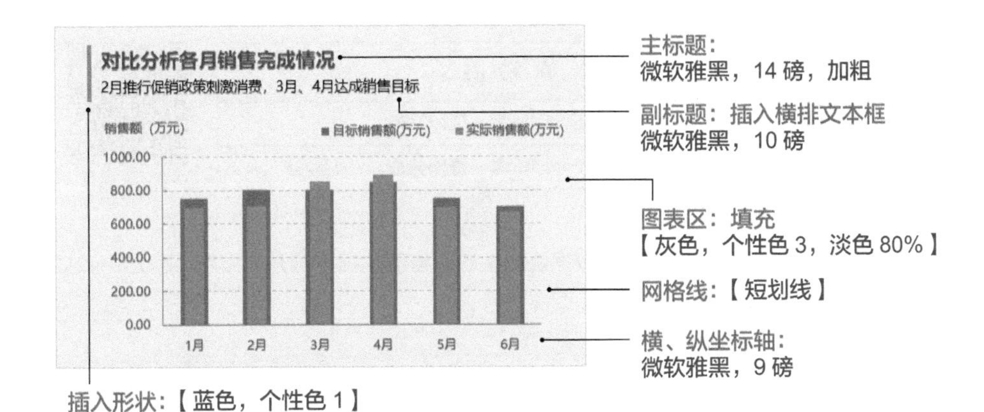

3.2.3 条形图——分析员工业绩排名

在做对比分析时，如果对比的项目较多、项目名称较长、展示工具的宽大于长，或者与排序相关，就可以选用条形图。下面以分析员工的业绩排名为例，介绍普通条形图的制作方法。

1. 制作条形图

分析目标：

①用图表展示各员工销售额数据的对比情况；②让人能快速了解哪些员工的销售额较高、哪些员工的销售额较低；③让人能够一眼看出排名第一的员工销售额的具体数值。

经过分析，结合数据特点和分析目标，我们可以选择右图所示的普通簇状条形图进行展示。

下面介绍具体的制作方法。

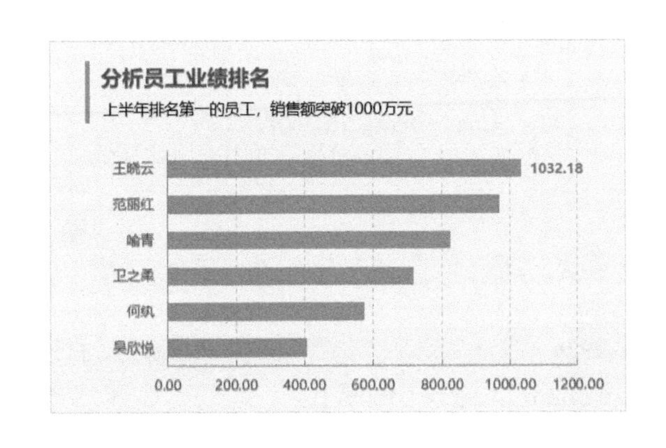

配 套 资 源

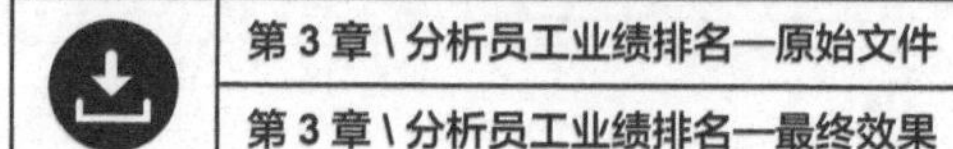

STEP1» 打开本实例的原始文件，❶将数据区域中的销售额数据按照升序排序，❷选中数据区域，插入簇状条形图，如下图所示。

员工姓名	销售额(万元)
吴欣悦	406.99
何纨	575.31
卫之柔	716.00
喻青	824.82
范丽红	968.04
王晓云	1032.18

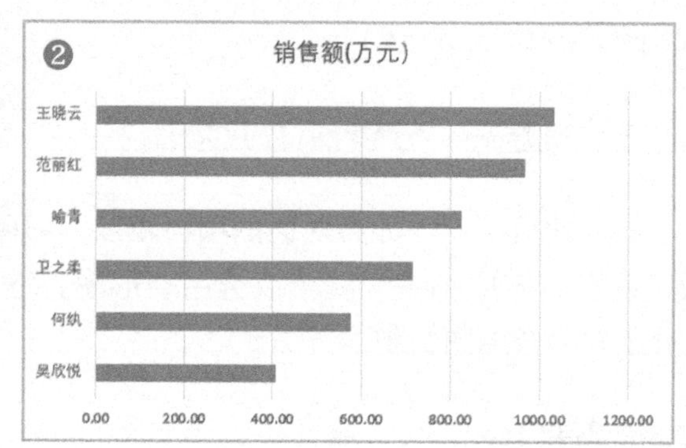

STEP2» 设置坐标轴的线条颜色。❶选中横坐标轴，打开【设置坐标轴格式】任务窗格，❷单击【填充】按钮，❸将【线条】中的【颜色】设置为【白色，背景 1，深色 50%】，如下图所示。用同样的方式设置纵坐标轴的线条颜色。

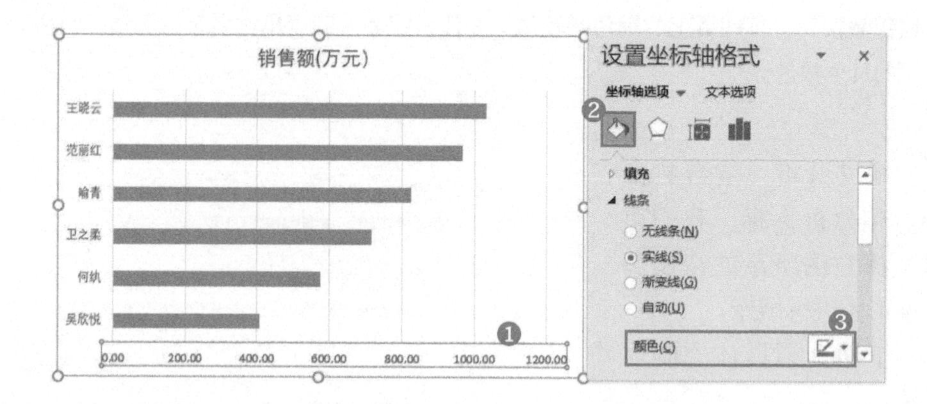

STEP3» 设置数据系列的宽度。❶选中数据系列，打开【设置数据系列格式】任务窗格，❷将【间隙宽度】设置为【100%】。

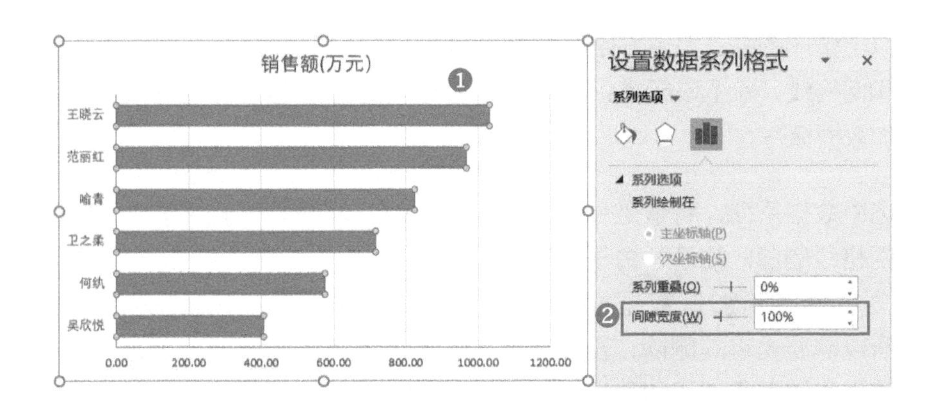

STEP4» 为数据点添加数据标签。❶在数据系列中排名第一的数据条上单击两次，将其选中，❷单击图表区右上角的【图表元素】按钮，❸单击【数据标签】右侧的三角按钮，❹选择【数据标签外】选项，如下图所示。

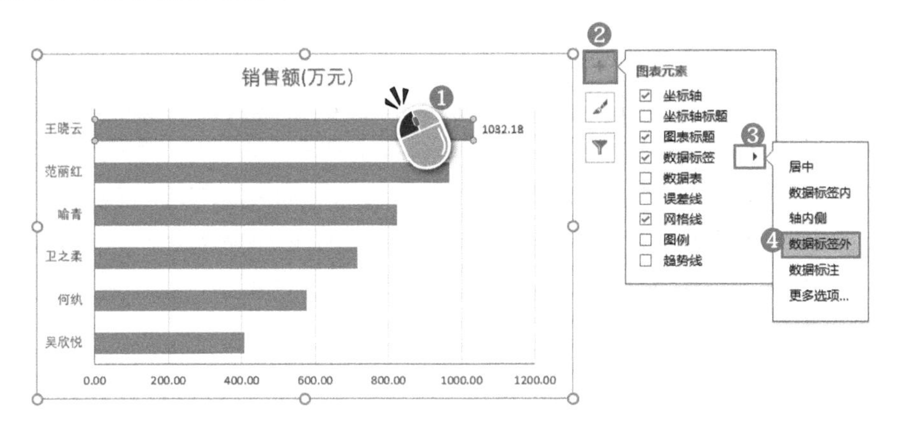

STEP5» 添加图表标题。设置图表字体格式、数据标签、网格线等元素的格式，具体参数如下。

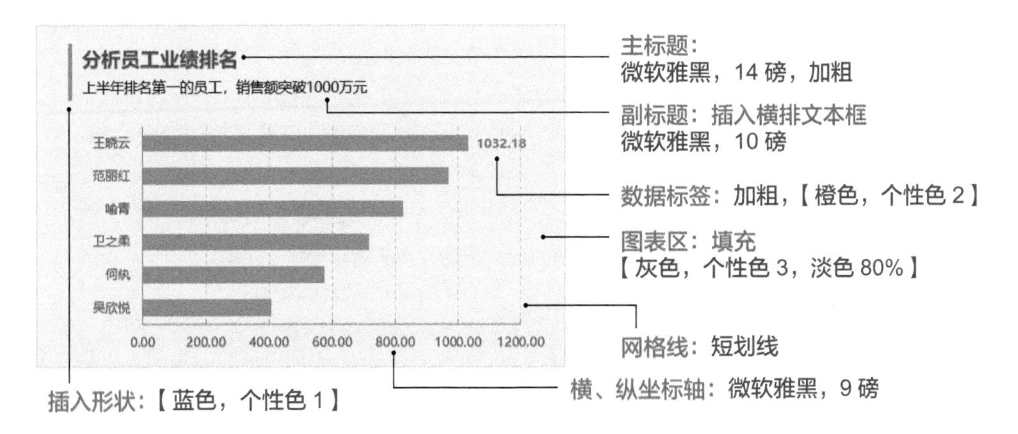

以上条形图中，为了方便读者查看各员工的销售额数据，设置了横坐标轴刻度和网格线，除了该形式还有一种更直观的数据展现形式，那就是为数据系列添加数据标签。

选中数据系列，将横坐标轴和网格线删除。注意，由于之前为数据点添加过数据标签，所以需要先将其删除，否则无法再为数据系列添加数据标签。删除后选中整个数据系列，添加数据标签即可，最终效果如右图所示。

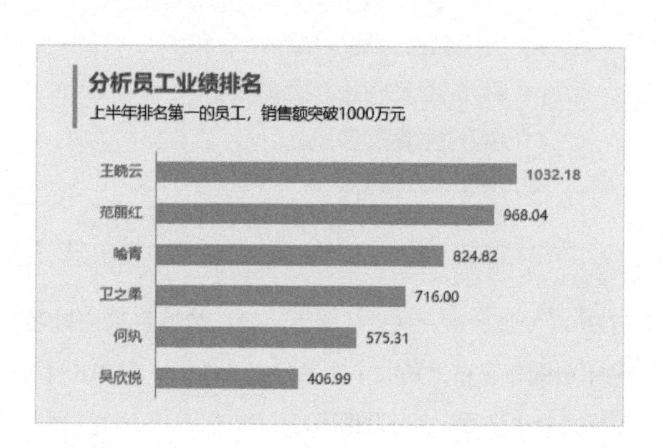

Tips

以上介绍的两种显示具体数值的方式都可以，读者可以根据具体需求来设置。但是要注意的是，两种方式只能选择其中一种，如果给数据系列添加了数据标签，就不需要坐标轴刻度了；如果有了坐标轴刻度，就不需要添加数据标签了，个别需要重点强调的数据点除外。因为，两种方式的作用是一样的，添加多余的图表元素会显得很杂乱，图表还是应该以简洁、直观为主。

2. 轴标签的名称过长时，合理放置名称与数据标签

前面介绍过，在对比分析时，如果轴标签较长，适合用条形图，但是当轴标签过长时，制作的图表轴标签就会占据绘图区的较大面积，重要的数据系列就无法突出了，如右图中就是这样的情况。

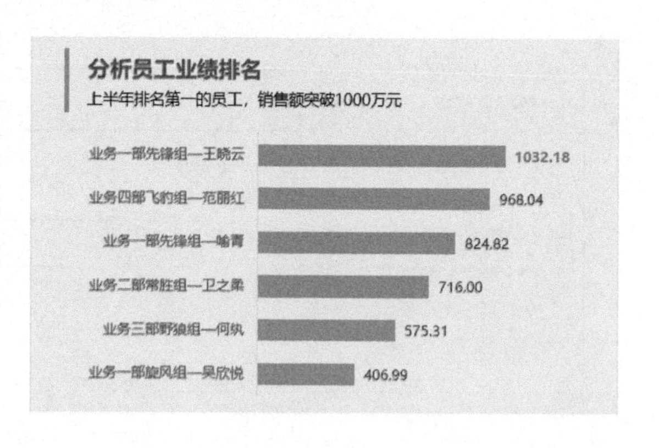

遇到这样的情况该怎么办呢？其实轴标签不止可以通过坐标轴来显示，在数据标签中也可以显示标签名称。

在本案例中，首先删除原有的纵坐标轴的标签，然后复制数据系列，这样图表中就包含了两套完全一样的数据系列，上方的数据系列通过设置后将显示纵坐标轴的名称，下方的数据系列正常显示，这样就可以实现标签名称和条形位置的叠放了。

下面演示具体操作步骤。

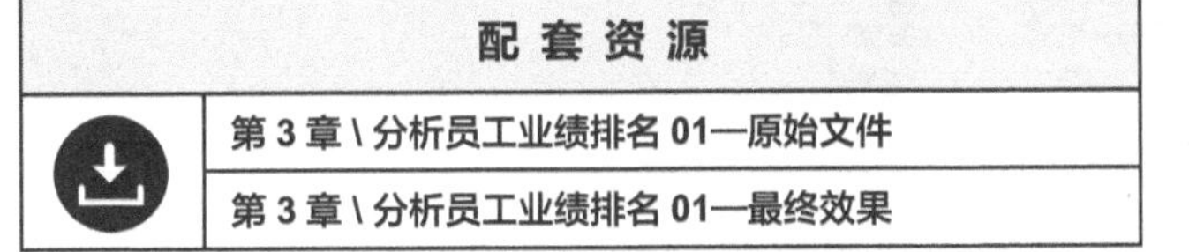

扫码看视频

STEP1» 打开本实例的原始文件，首先选中图表中的纵坐标轴和数据标签，按【Delete】键删除，然后将绘图区调整为合适的大小，如右图所示。

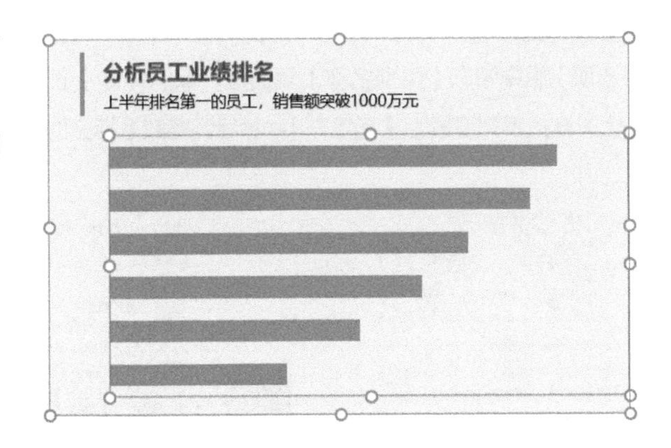

STEP2» 增加辅助系列。选中图表中的数据系列，按【Ctrl】+【C】组合键复制，不要操作鼠标，直接按【Ctrl】+【V】组合键粘贴。粘贴完成后，出现两个数据系列。

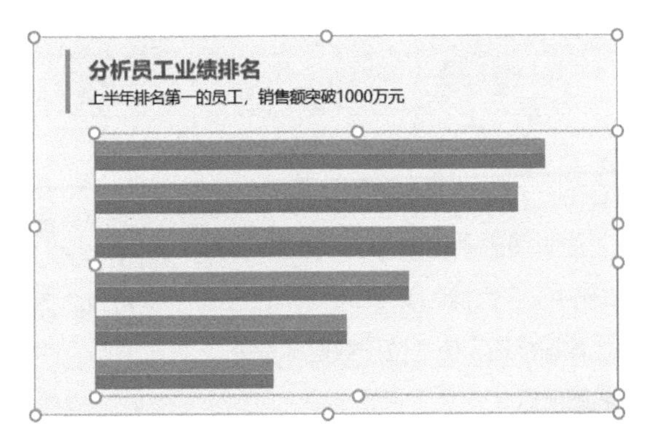

STEP3» 为上方的数据系列添加数据标签。❶选中图表中位于上方的数据系列（本例中显示为蓝

色），❷单击图表右上角的【图表元素】按钮，❸单击【数据标签】右侧的三角按钮，❹选择【轴内侧】选项。

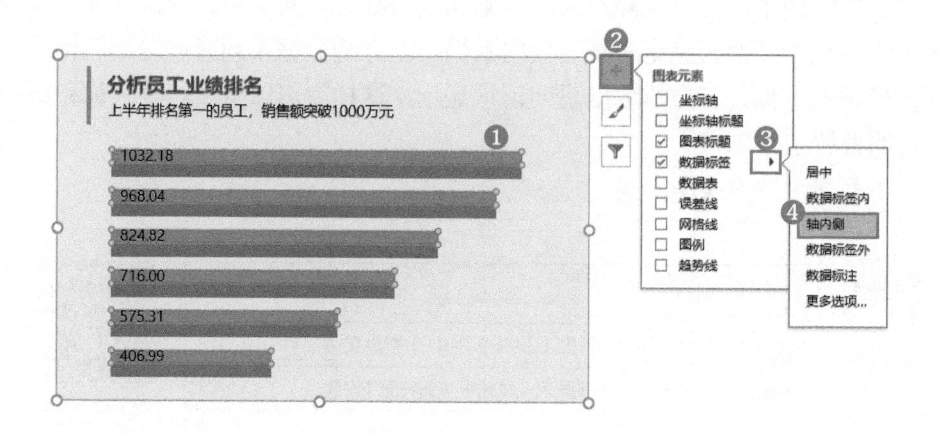

STEP4» 设置数据标签格式。选中添加的数据标签，打开【设置数据标签格式】任务窗格，在【标签选项】组中勾选【类别名称】复选框，取消勾选【值】和【显示引导线】复选框。设置完成，将上方数据系列设置为【无填充】，然后调整数据标签的大小和位置，如下图所示。

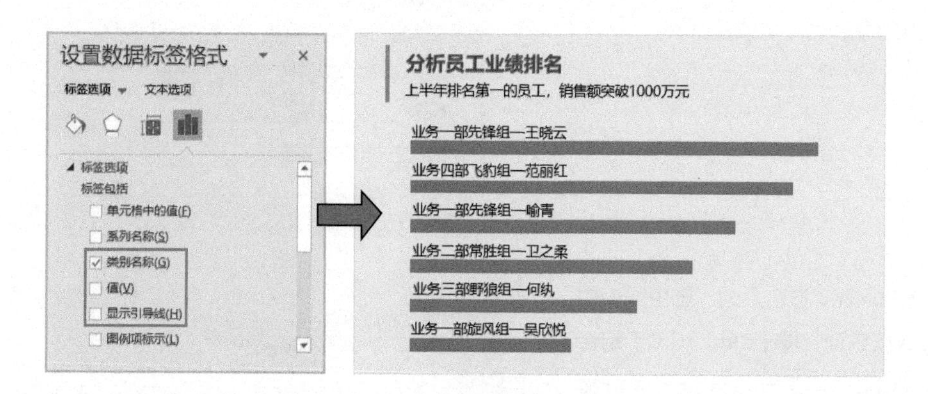

STEP5» 为下方的数据系列添加数据标签。选中图表中位于下方的数据系列（本例中显示为橙色），采用同样的方式添加数据标签，使之位于数据标签外，如右图所示。

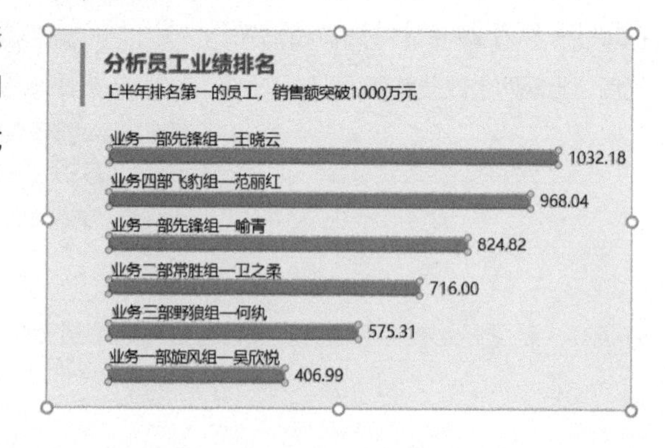

STEP6» 设置数据系列格式。选中位于下方的数据系列，打开【设置数据系列格式】任务窗格，将【间隙宽度】设置为【30%】，填充颜色设置为【蓝色，个性色 1】，将数据标签的字体设置为微软雅黑、9 磅；排名第一的标签加粗，颜色设置为【橙色，个性色 2】。

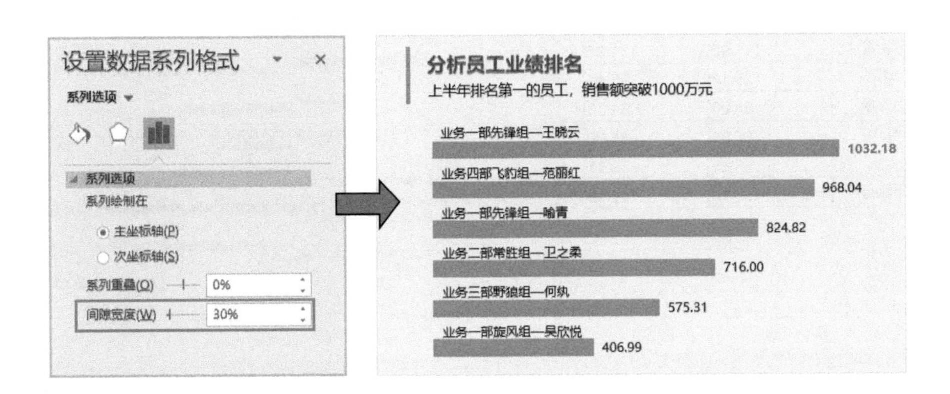

本案例的原理就是通过增加一个辅助系列作为占位系列，使用该占位系列的数据标签来模拟分类轴标签，以实现位置的叠放。

其实，该原理还有一个应用，就是通过正负分类标签的位置交错，来制作正负数据的对比条形图，下面具体介绍。

3. 正负轴标签对比图

如果在对比数据时，想要将同一个系列的数据分成两组，正负数据颜色不同，分类轴根据数据方向的不同，显示方向也不同，即分类轴的文本左右显示，就需要制作右图所示的旋风图。下面演示具体的操作步骤。

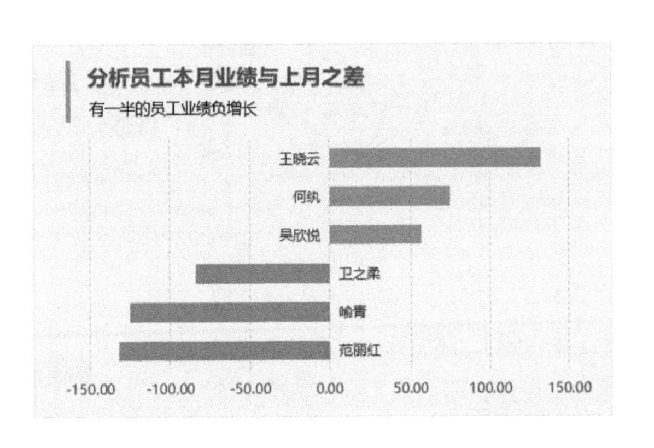

配 套 资 源
第 3 章 \ 分析员工本月业绩与上月之差—原始文件
第 3 章 \ 分析员工本月业绩与上月之差—最终效果

扫码看视频

STEP1» 打开本实例的原始文件，❶在数据区域右侧增加一个辅助列，辅助列的数值要与左侧数据系列的正负相反，选中 B3:D8 区域，❷插入簇状条形图，如下图所示。

员工姓名	本月与上月业绩之差(万元)	辅助列 ❶
范丽红	-131.96	131.96
喻青	-125.18	125.18
卫之柔	-84.00	84.00
吴欣悦	56.99	-56.99
何纨	75.31	-75.31
王晓云	132.18	-132.18

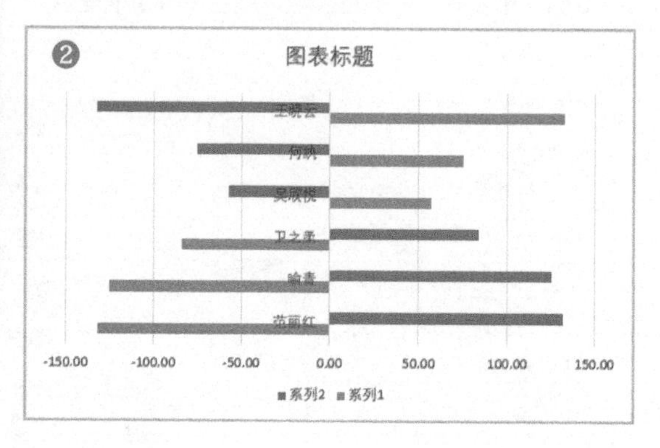

STEP2» 将纵坐标轴和图例删除，打开【设置数据系列格式】任务窗格，然后在【系列选项】组中❶将【系列重叠】设置为【100%】，❷【间隙宽度】设置为【100%】。这样两个系列的位置就左右对齐了。

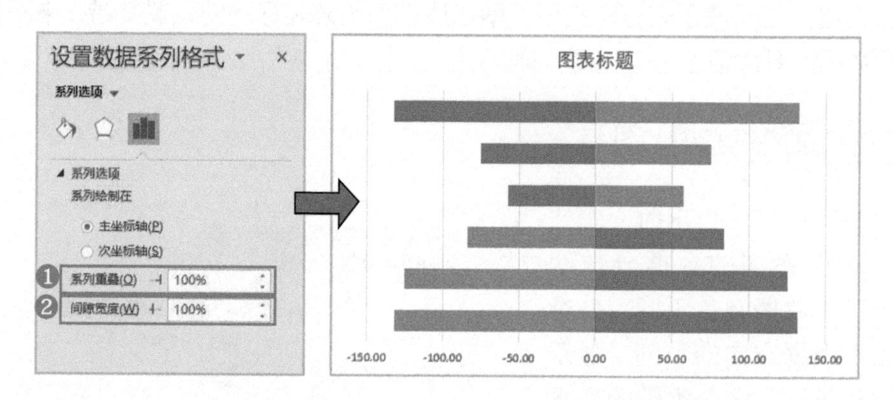

STEP3» 为辅助系列添加数据标签。位于【轴内侧】，然后在【设置数据标签格式】任务窗格中将【标签选项】设置为【类别名称】，具体操作见上一案例的 STEP3、STEP4，这里不赘述，效果如右图所示。

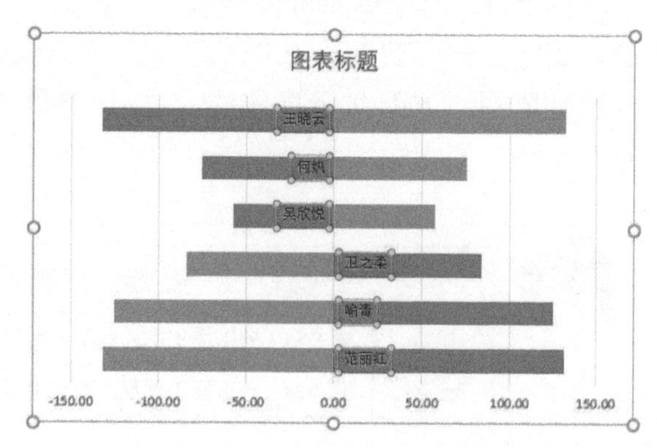

STEP4» 设置辅助系列的颜色。选中辅助系列，在【设置数据系列格式】任务窗格中将颜色设置为【无填充】，这样辅助系列只会显示类别名称了，如下图所示。

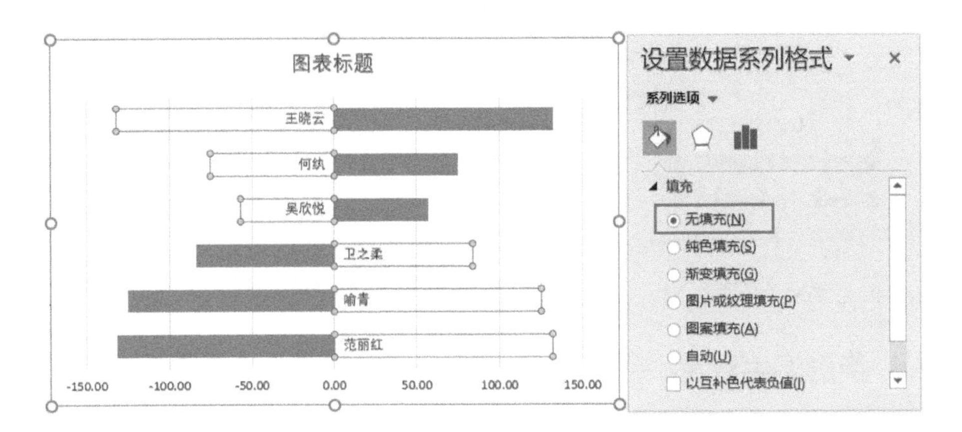

STEP5» 设置正负数据的颜色不同。选中显示的数据系列，在【设置数据系列格式】任务窗格中❶将颜色设置为【纯色填充】，❷勾选【以互补色代表负值】复选框，❸【填充颜色】保持默认的【蓝色，个性色 1】，❹【逆转填充颜色】设置为玫瑰红，RGB 值为【255，124，128】。

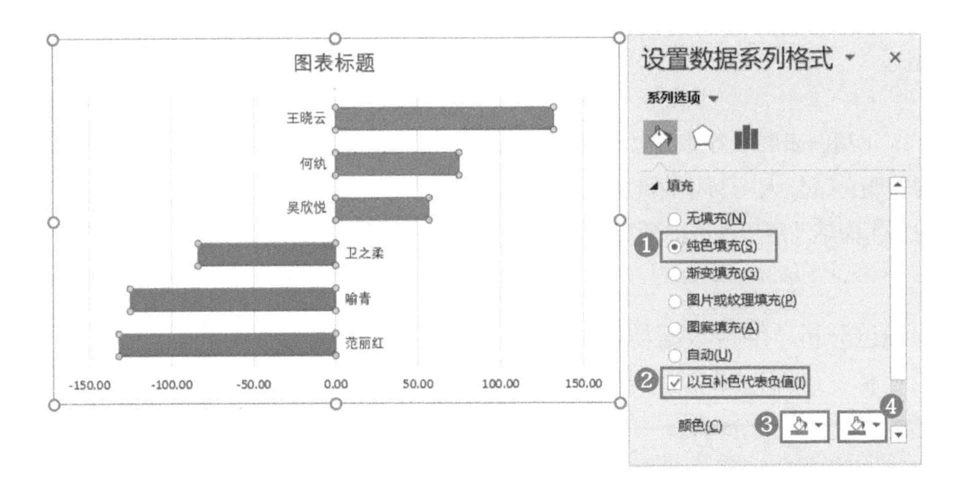

STEP6» 设置完成后，修改主标题内容并插入副标题，移动到图表左上角；设置网格线的颜色及短划线类型；设置图表的字体格式和图表区的填充颜色。具体操作前面已经介绍过，这里不赘述，参数设置及最终效果如下页图所示。

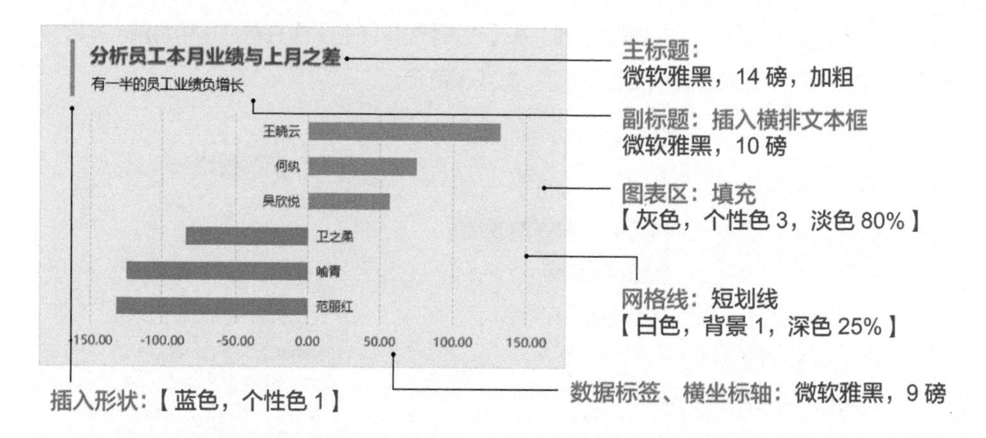

3.2.4 条形温度计图——对比分析各部门预算使用情况

在 3.2.2 小节介绍过柱状温度计图的制作方法，它是在柱形图的基础上变形而来的。其实条形图也可以经过变形，制作出条形温度计图，它的制作方法与柱状温度计图类似。下面以对比分析各部门预算使用情况为例，介绍条形温度计图的制作方法。

分析目标：

①用图表展示各部门全年预算的使用情况；②直观反映实际完成与全年预算的差距；③让人一目了然地看出哪些部门已超出了全年预算，哪些部门在预算内；④清楚地展示各部门预算完成率的具体数值。

经过分析，结合数据特点和分析目标，可以选择右图所示的条形温度计图进行展示。

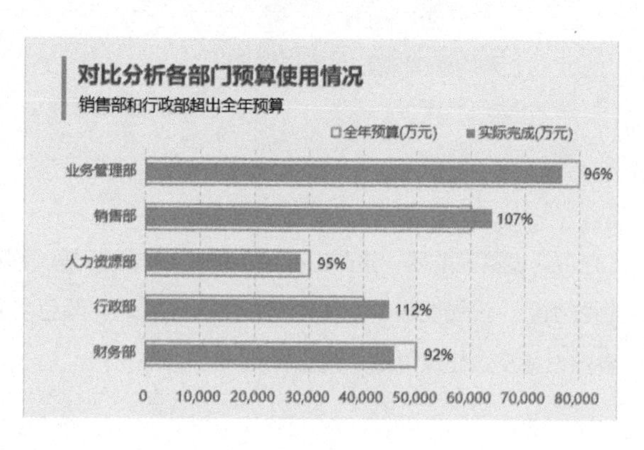

条形温度计图是在簇状条形图的基础上，将全年预算和实际完成两个系列重合，将达成率数据系列隐藏，只显示其数据标签（百分比），由此得到的图表。下面介绍具体的制作方法。

配 套 资 源

第 3 章 \ 对比分析各部门预算使用情况—原始文件

第 3 章 \ 对比分析各部门预算使用情况—最终效果

扫码看视频

STEP1» 打开本实例的原始文件，选中 B2:G5 区域，插入【簇状条形图】，图表中共有 3 个数据系列，其中达成率系列由于数值太小，显示不出来，如右图所示。

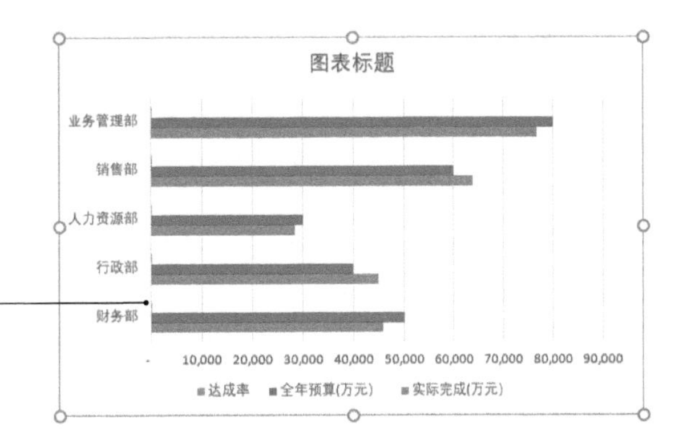

达成率数值太小，
几乎与纵坐标轴重合

STEP2» 添加数据标签。❶单击图表右上角的【图表元素】按钮，❷单击【数据标签】右侧的三角按钮，❸选择【数据标签外】选项，为所有系列添加数据标签。由于本案例中只使用达成率的数据标签，所以将全年预算与实际完成系列的数据标签删除即可。

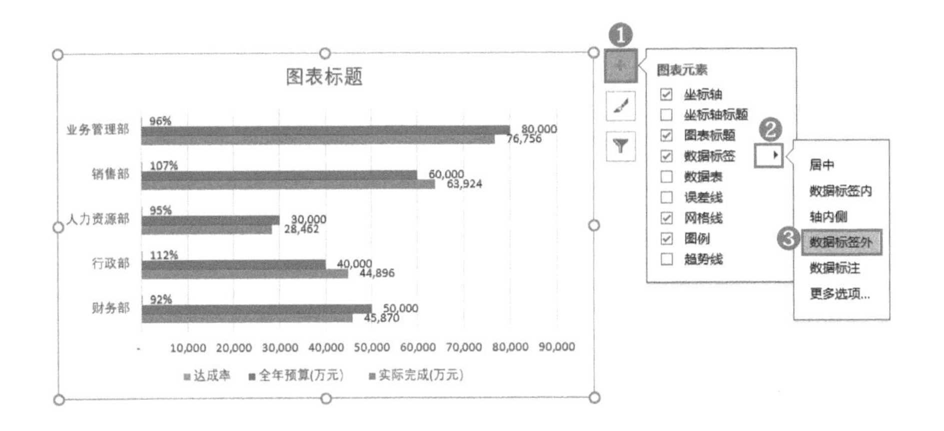

STEP3» 设置全年预算的数据系列格式。❶选中全年预算数据系列，打开【设置数据系列格式】任务窗格，❷在【系列选项】组中将【系列重叠】设置为【100%】，❸将【间隙宽度】设置为【80%】，❹单击【填充】按钮，❺将【填充】设置为【无填充】，❻【边框】设置为【实线】，❼【颜色】设置为【蓝色，个性色 1】，❽【宽度】设置为【1.5 磅】。

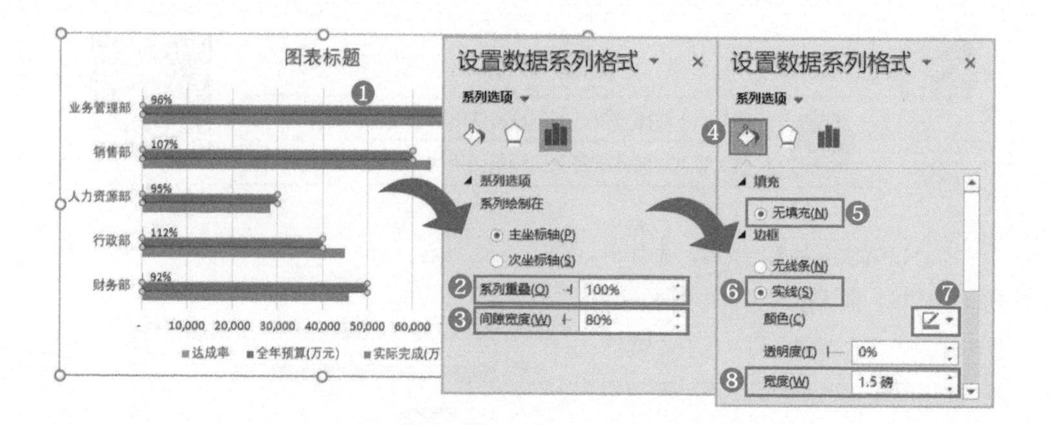

STEP4» 设置实际完成的数据系列格式。❶选中实际完成数据系列，打开【设置数据系列格式】任务窗格，❷在【系列选项】组中选中【次坐标轴】单选钮，❸将【系列重叠】设置为【100%】，❹将【间隙宽度】设置为【150%】。其他选项保持默认设置即可。

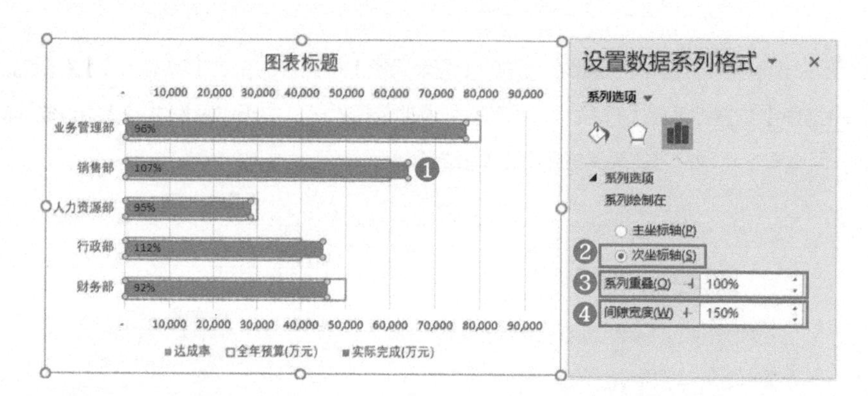

STEP5» 设置横坐标轴格式。将次要横坐标轴删除，❶选中主要横坐标轴，打开【设置坐标轴格式】任务窗格，❷在【坐标轴选项】组中将【边界】的【最大值】设置为【80000.0】，可以看到横坐标轴刻度是从“-”开始的，这是因为数字格式为自定义，要想显示为“0”，❸在【数字】组中将【类别】设置为【数字】即可。

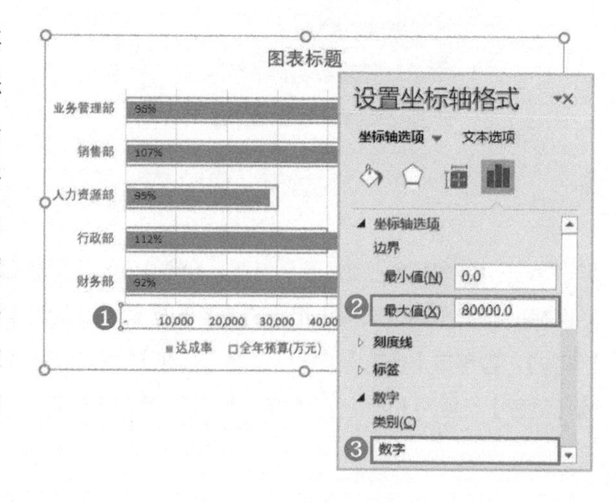

STEP6» 设置图表其他元素的格式，调整绘图区到合适的大小；数据标签不显示引导线并移至数据系列最右侧；删除达成率的图例并将其余图例移至绘图区右上角；修改主标题内容并插入副标题；设置网格线的颜色及短划线类型；纵坐标轴的【线条】设置为【无线条】；设置图表的字体格式和图表区的填充颜色。具体操作前面已经介绍过，这里不赘述，参数设置及最终效果如下图所示。

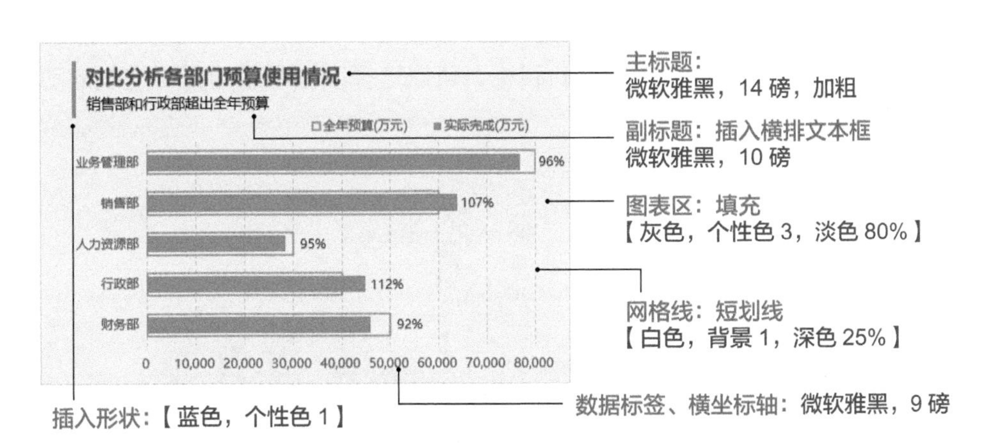

3.2.5 用于分析不同员工销售额的动态图表

下图所示是不同员工在 1~6 月的销售额数据，现在需要分别分析不同员工在 1~6 月的销售情况，为了分析更直观，需要分别制作 6 个图表，这样就很麻烦了。

员工姓名	1月	2月	3月	4月	5月	6月
范丽红	120.00	150.00	151.71	188.04	181.44	176.85
何纨	64.22	84.78	80.57	129.55	114.22	101.97
王晓云	179.34	195.22	152.22	187.12	151.28	167.01
卫之柔	128.02	109.07	121.15	128.40	128.02	101.34
吴欣悦	53.12	77.58	62.54	64.88	53.12	95.76
喻青	123.28	151.48	103.17	157.36	149.89	149.64

本案例中，如果能够将员工姓名制作成下拉列表，由下拉列表来控制动态图表，这样只需制作一个图表即可，既节省了时间，也方便分析。

下面以对比分析不同员工的销售额为例，介绍由下拉列表控制的动态图表的制作方法。

分析目标：

①用动态图表展示不同员工 1~6 月的销售情况；②直观反映不同月份销售额之间的差距；③让人一目了然地看出 1~6 月销售额的平均值；④清楚地展示哪些月份的销售额较高，哪些月份的销售额较低。

经过分析，结合数据特点和分析目标，可以选择下图所示的带平均线的动态柱形图进行展示。

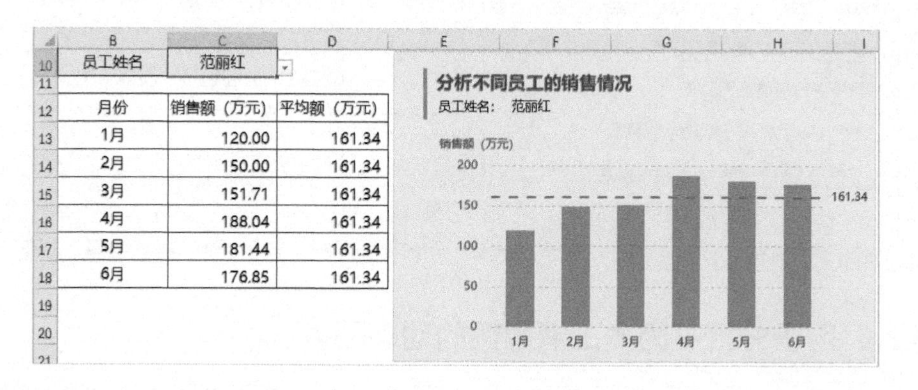

员工姓名	范丽红	
月份	销售额（万元）	平均额（万元）
1月	120.00	161.34
2月	150.00	161.34
3月	151.71	161.34
4月	188.04	161.34
5月	181.44	161.34
6月	176.85	161.34

先将 C10 单元格设置成下拉列表，包含所有的员工姓名，C10 单元格的内容从下拉列表中选择，然后在 C13:C18 区域中就可以利用函数动态引用 C10 单元格中员工姓名对应的数据，而 D13:D18 区域中也可以利用函数计算 C13:C18 区域中的平均额，最后将 B12:D18 区域的数据（动态数据）制作成图表即可。

当改变 C10 单元格中的内容时，B12:D18 区域中的内容会跟着变，图表自然也会跟着变。下面介绍具体的制作方法。

配 套 资 源

第 3 章 \ 动态分析不同员工的销售额—原始文件

第 3 章 \ 动态分析不同员工的销售额—最终效果

扫码看视频

STEP1» 打开本实例的原始文件，设置员工姓名的下拉列表。❶选中 C10 单元格，❷切换到【数据】选项卡，❸单击【数据工具】组中【数据验证】按钮的左半部分，弹出【数据验证】对话框，

❹在【设置】选项卡下【允许】的下拉列表框中选择【序列】，❺在【来源】文本框中输入【=$B$3:$B$8】，这里可以用鼠标直接选取工作表中的区域，❻单击【确定】按钮。

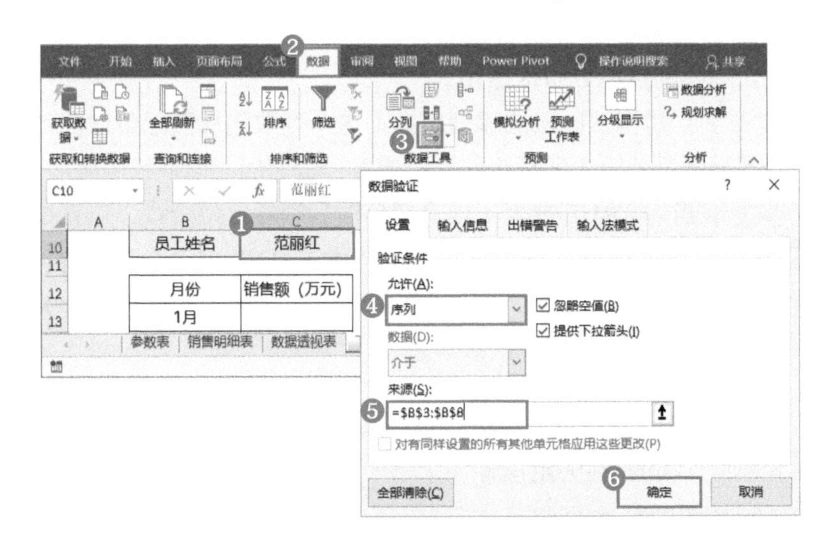

STEP2» 设置动态数据区域。在 C13:C18 区域中分别输入下图所示的公式，输入完成后，该区域即可随 C10 单元格内容的变化，动态引用其对应的 B2:H8 区域中的数据。

	B	C
10	员工姓名	范丽红
11		
12	月份	销售额（万元）
13	1月	=VLOOKUP($C$10,$B$2:$H$8,2,0)
14	2月	=VLOOKUP($C$10,$B$2:$H$8,3,0)
15	3月	=VLOOKUP($C$10,$B$2:$H$8,4,0)
16	4月	=VLOOKUP($C$10,$B$2:$H$8,5,0)
17	5月	=VLOOKUP($C$10,$B$2:$H$8,6,0)
18	6月	=VLOOKUP($C$10,$B$2:$H$8,7,0)

	B	C
10	员工姓名	范丽红
11		
12	月份	销售额（万元）
13	1月	120.00
14	2月	150.00
15	3月	151.71
16	4月	188.04
17	5月	181.44
18	6月	176.85

以上公式中用到了 VLOOKUP 函数，它是根据指定的一个条件，在指定的数据列表或区域内，在第一列匹配是否满足指定的条件，然后从右边某列取出该项目的数据。其语法结构如下。

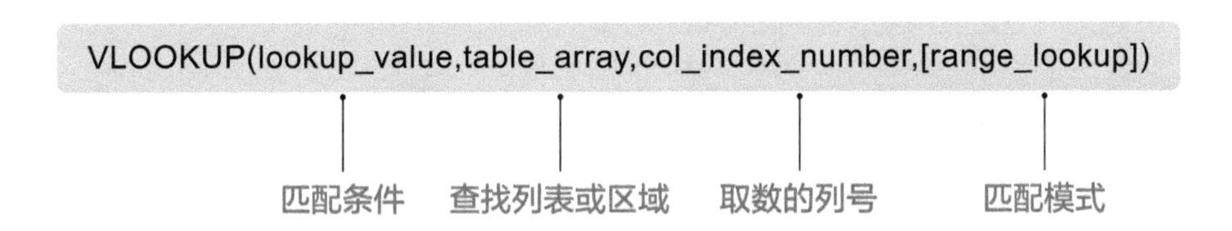

匹配条件：就是指定的查找条件。本案例是指 C10 单元格中的员工姓名。

查找列表或区域：是一个至少包含一行数据的列表或单元格区域，并且该区域的第一列必须含有要匹配的条件，也就是说，谁是匹配值，就把谁选为区域的第 1 列。本案例是指 B2:H8 区域。

取数的列号：是指从区域的哪列取数，这个列数是从匹配条件那列开始向右计算的。本案例是从第 2 列开始取数，随着月份增加，该参数依次加 1。

匹配模式：当为 TRUE 或者 1 或者忽略时为模糊定位查找，也就是说当匹配条件不存在时，匹配最接近条件的数据；当为 FALSE 或者 0 时为精确定位查找，也就是说条件值必须存在，要么是完全匹配的名称，要么是包含关键词的名称。本案例是精确查找，因此该参数是 0。

STEP3» 设置平均额辅助列。在动态区域的右侧增加一个辅助列，使用 AVERAGE 函数计算 C13:C18 区域的平均值，如右图所示。

	B	C	D
10	员工姓名	范丽红	
11			
12	月份	销售额（万元）	平均额（万元）
13	1月	120.00	=AVERAGE($C$13:$C$18)
14	2月	150.00	=AVERAGE($C$13:$C$18)
15	3月	151.71	=AVERAGE($C$13:$C$18)
16	4月	188.04	=AVERAGE($C$13:$C$18)
17	5月	181.44	=AVERAGE($C$13:$C$18)
18	6月	176.85	=AVERAGE($C$13:$C$18)

STEP4» 创建带平均线的柱形图。❶选中 B12:D18 区域，❷切换到【插入】选项卡，❸单击【图表】组中的【推荐的图表】按钮，弹出【插入图表】对话框，❹在【所有图表】选项卡下选择【组合图】选项，默认选中【簇状柱形图 - 折线图】类型，❺直接单击【确定】按钮。

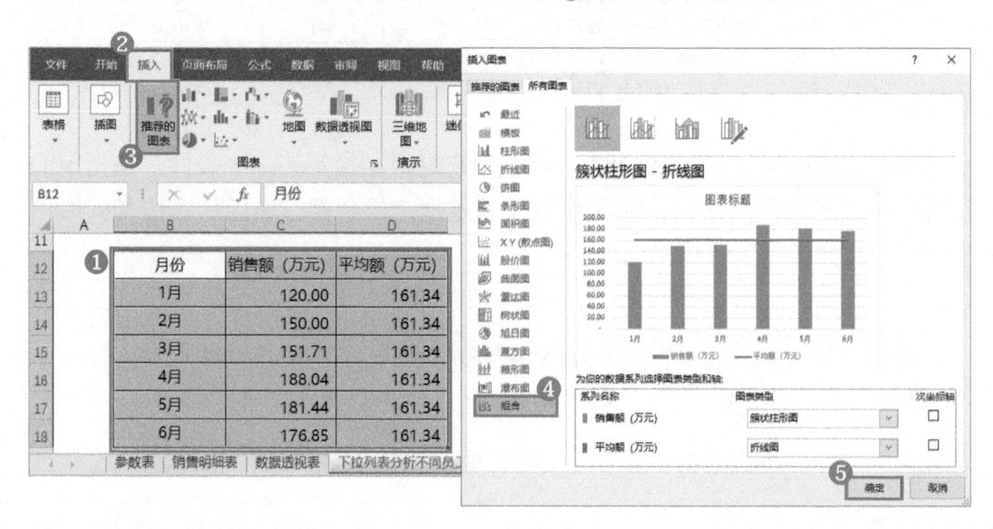

STEP5» 设置组合图格式。关于平均线的设置步骤在 3.2.1 小节中介绍带平均线的柱形图时已经介绍过，这里不赘述，读者可参考相应内容进行设置，其他元素的具体参数设置如下图所示。

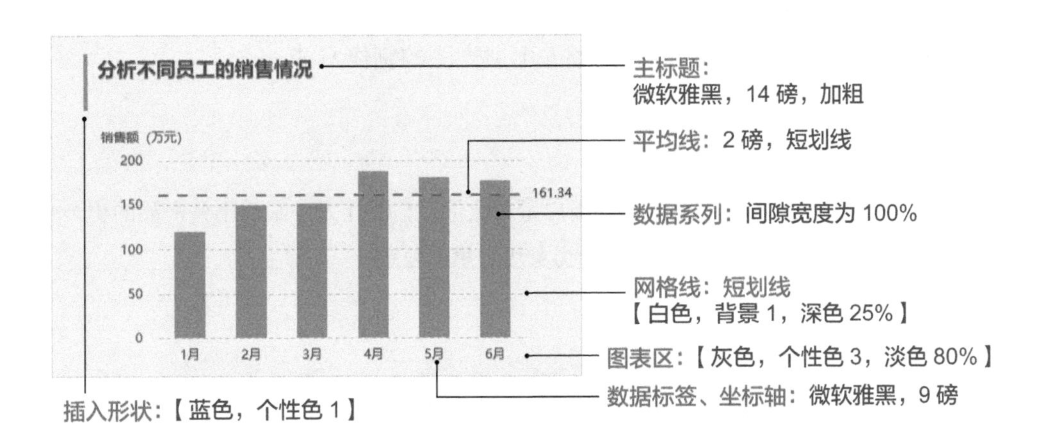

完成以上步骤，下拉列表控制的动态图表就制作完成了。由于动态图表展示的是不同员工的销售数据，如果想要图表更直观，即随着数据变化能够在图表上显示对应的员工姓名，还需要文本框与公式的结合，具体操作如下。

STEP6» 在图表中设置对应的员工姓名。首先插入两个横排文本框，第一个文本框中输入“员工姓名：”，再选中第二个文本框，在编辑栏中输入“=”，然后选中 C10 单元格，按【Enter】键后文本框就可以自动引用 C10 单元格的内容了，即员工姓名。

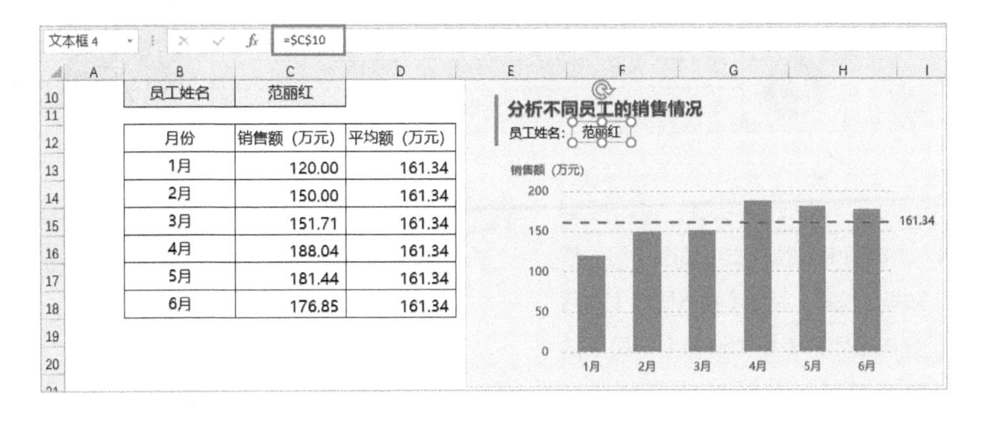

月份	销售额（万元）	平均额（万元）
1月	120.00	161.34
2月	150.00	161.34
3月	151.71	161.34
4月	188.04	161.34
5月	181.44	161.34
6月	176.85	161.34

这样当 C10 单元格的内容变化时，图表上的员工姓名也会跟着变化，即图表数据与图表上的员工姓名是一致的。这样的动态图表就比较完善了。

3.2.6 拓展：图片填充——对比分析男女用户量

在制作图表时，除了可以借助次坐标轴、辅助列、数据标签等对图表进行巧妙的设计外，还可以为数据系列填充图片，使图表变得生动有趣。下面我们就以对比分析男女用户量为例，介绍人形填充图的制作方法。

> **分析目标：**
>
> **①用图表展示不同产品的男女用户量对比情况；②让人一眼看出各产品的男用户多还是女用户多；③清楚地展示男女用户量的差距。**

经过分析，结合数据特点和分析目标，可以选择右图所示的人形填充条形图进行展示。

人形填充条形图是在簇状条形图的基础上，将素材图片填充到条形图中，然后设置填充格式，由此得到的图表。下面介绍具体的制作方法。

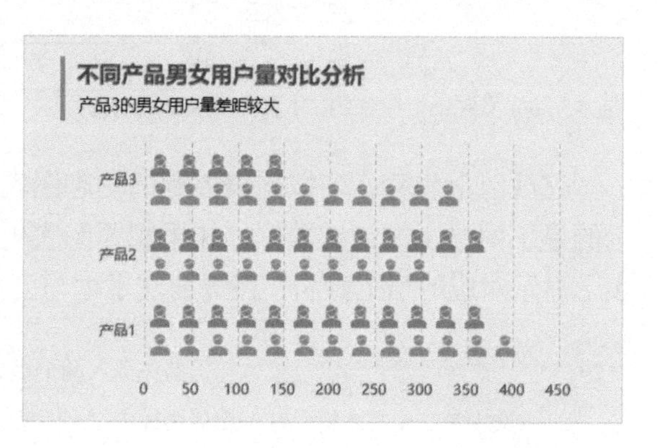

配套资源

第 3 章 \ 人形对比分析男女用户量—原始文件

第 3 章 \ 人形对比分析男女用户量—最终效果

扫码看视频

STEP1» 打开本实例的原始文件，❶切换到【插入】选项卡，❷单击【插图】组中的❸【图标】按钮，弹出【插入图标】对话框，❹在左侧列表框中选择【人员】选项，❺在右侧【人员】组中选择两个合适的人形图标，分别代表男用户和女用户，❻单击【插入】按钮。

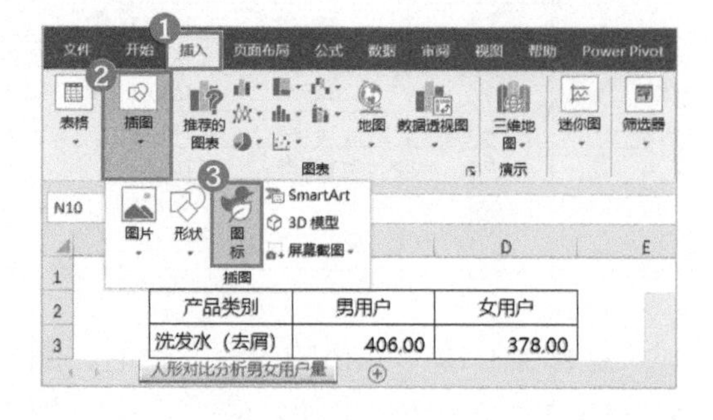

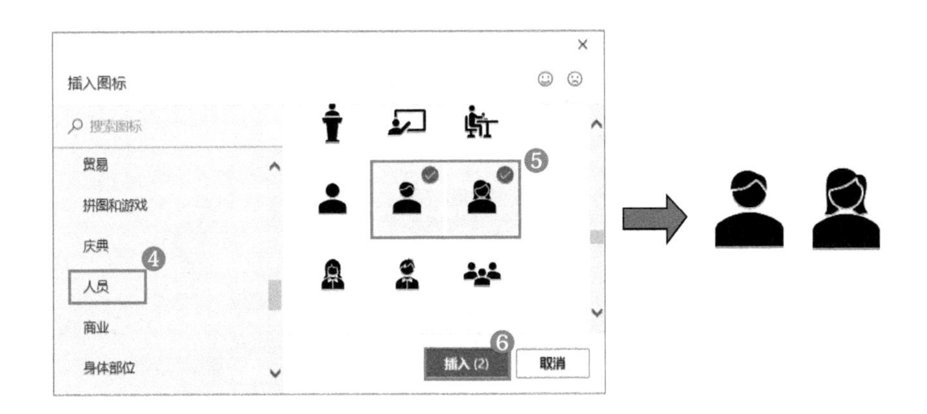

STEP2» 设置女用户的图标颜色。❶选中代表女用户的图标，❷切换到【格式】选项卡，❸单击【图形样式】组中的【图形填充】按钮，❹选择【其他填充颜色】选项，弹出【颜色】对话框，❺在【自定义】选项卡下将 RGB 值设置为【255，124，128】，❻单击【确定】按钮。

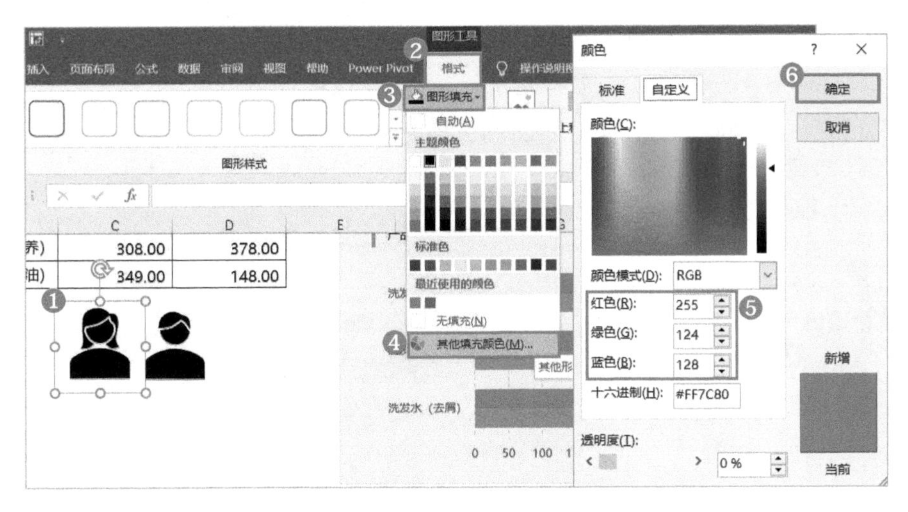

STEP3» 设置男用户的图标颜色。❶选中代表男用户的图标，❷切换到【格式】选项卡，❸单击【图形样式】组中的【图形填充】按钮，❹在弹出的下拉列表中选择【蓝色，个性色 1】。

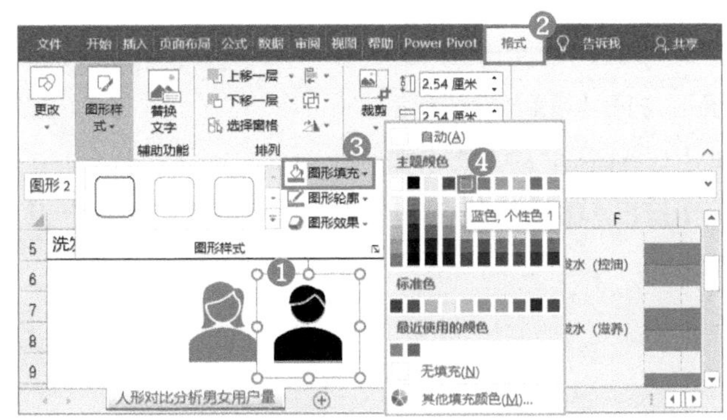

STEP4» 填充女用户的数据系列。❶选中代表女用户的图标，❷按【Ctrl】+【C】组合键复制，❸选中图表中女用户的数据系列，❹按【Ctrl】+【V】组合键粘贴。

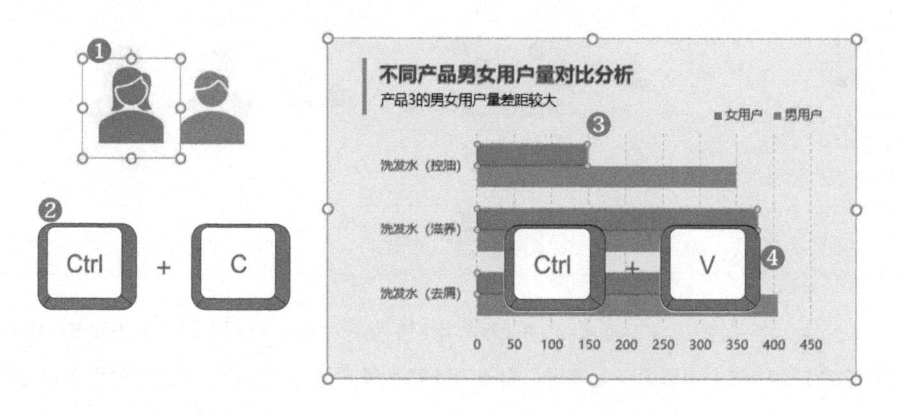

STEP5» 填充男用户的数据系列。❶选中代表男用户的图标，❷按【Ctrl】+【C】组合键复制，❸选中图表中男用户的数据系列，❹按【Ctrl】+【V】组合键粘贴。

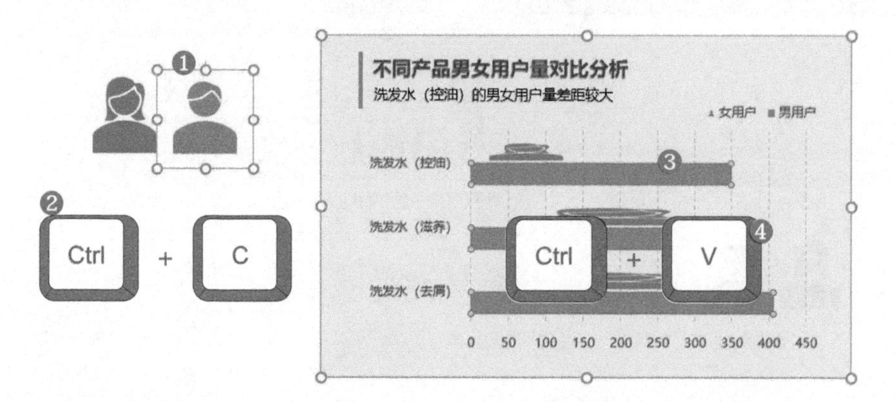

STEP6» 设置数据系列的填充格式。❶选中女用户的数据系列，打开【设置数据系列格式】任务窗格，❷单击【填充】按钮，❸选中【层叠】单选钮。

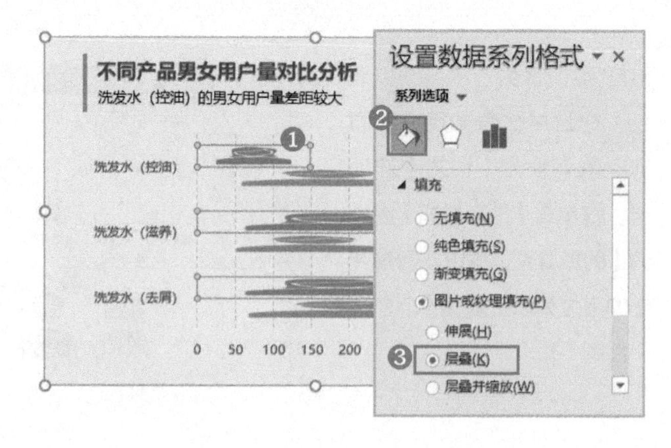

STEP7» 将男用户系列的填充格式也设置为【层叠】。

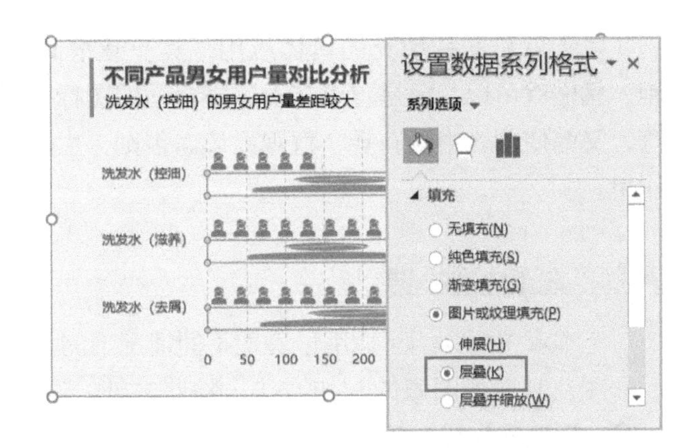

STEP8» 设置完成后，填充的人形图标比较小，看起来不直观，可以通过调节数据系列的宽度来调节，这里将【间隙宽度】设置为【60%】。由于一眼就能看出哪个系列是女用户，哪个系列是男用户，所以不需要图例，将其删除。

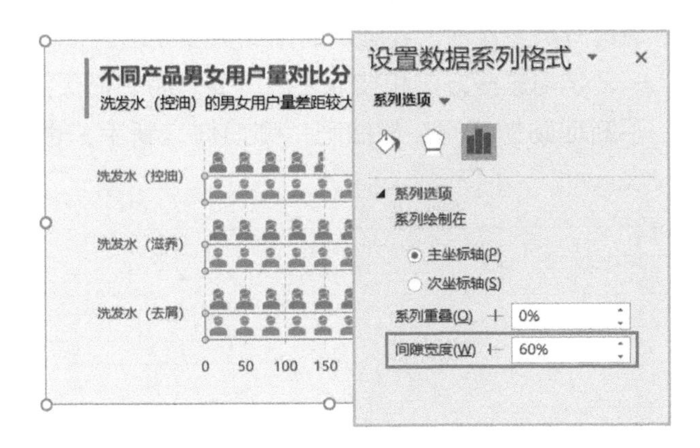

STEP9» 设置每个人形代表一定的数值。❶选中数据系列，在【设置数据系列格式】任务窗格中的【填充】组中选中【层叠并缩放】单选钮，❷在其下方文本框中可以设置每个小图标代表的数值，本案例输入【50】，表示一个图标代表 50 人。最终效果如下面右图所示。

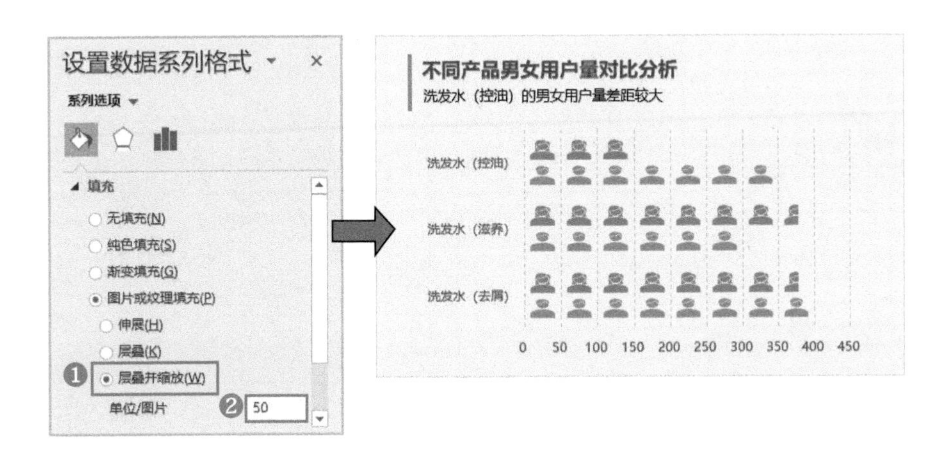

以上就是图片填充的具体应用，其步骤很简单，在基础图表的基础上复制、粘贴就可以，但是重点在于选择合适的图标，既能与图表要表现的主题相符，又能使图表生动有趣、直观易读。否则，生硬地添加图标，可能会起到反作用。

本章内容小结

本章主要介绍了适用于表现不同情况下的数据大小对比的柱形图、条形图及其变形图表的制作方法，除此之外，通过填充颜色、添加数据标签、设置平均线、巧用次坐标轴、借助辅助列，以及填充图标素材等，使对比分析更直观、要强调的重点更加突出。

学习这些方法和技能之后，要想将它们灵活地运用到实践中，还需要不断地勤加练习。加油吧！哪怕你是新手，也可以制作出专业的商务图表。

第 4 章

趋势分析

- 分析商品价格波动情况
- 分析销售额及完成率情况
- 分析销售收入与成本变化情况
- 商品产量趋势分析
- 各月销售毛利走势分析
- 动态分析各时间段价格走势

数据表中有时间，
趋势分析不可少！

提到趋势分析，大部分人首先想到的是折线图，可以说折线图是体现数据变化趋势最合适的图表。那么，什么情况下适合做趋势分析？做趋势分析只能选择折线图吗？本章就来介绍趋势分析的经典应用场景及适用的图表类型。

4.1 什么情况下适合做趋势分析

当数据表中有时间序列时，就需要对数据进行趋势分析，如分析商品的价格走势、销售收入及成本变化情况，以及各车间商品产量变化趋势等，都适合做趋势分析。下面我们先通过两个经典的应用场景来学习什么情况下适合做趋势分析。

经典场景 1：分析商品价格波动情况

了解商品价格波动情况，分析其价格走势，是公司生产经营中需要关注的问题。下图所示是某商品 1~10 月的价格数据。

月份	1月	2月	3月	4月	5月	6月	7月	8月	9月	10月
价格	45	48	52	46	55	42	69	36	58	49

要分析商品的价格走势，首选的当然是折线图，它通过线条的走势可以直观地体现价格的变化，如右图所示。

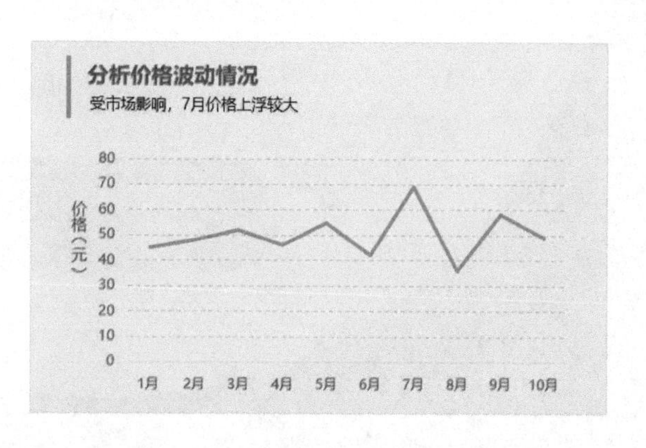

在上图中只能大致看出价格的变化趋势，无法一眼看出最高价格和最低价格，也无法看出哪些月份的价格在平均水平之上，哪些月份的价格在平均水平之下。

要想在折线图中突出显示某些数据点，就需要将图表类型更改为带数据标记的折线图，对重要数据点的数据标记进行设计后，为其添加数据标签，就可以突出显示了，如右图所示。

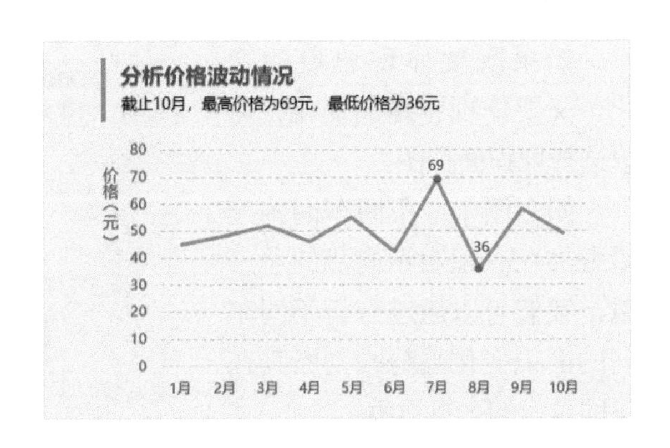

在体现价格变化趋势的同时，如果还想将各时间点的价格与平均价格相比，可以创建右图所示的带平均线的折线图。关于平均线的设置，可参见 3.2.1 小节。

本案例中折线在平均线上下方的颜色不一样，这是要进行特殊的设置的，4.2.1 小节中会做详细介绍。

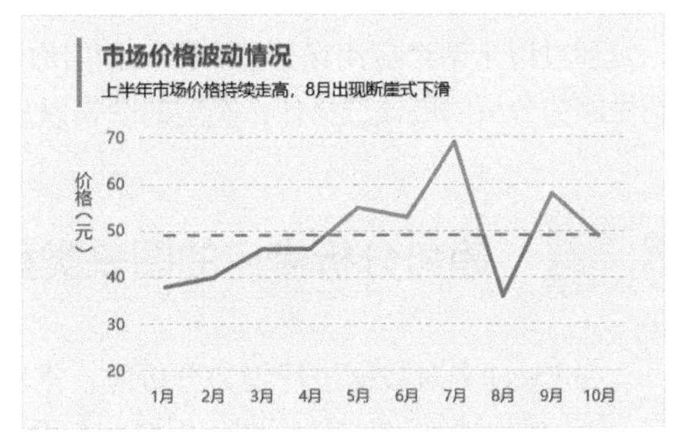

经典场景 2：各车间产量的趋势分析

右图所示是某公司上半年各车间的产量数据。

车间	1月	2月	3月	4月	5月	6月
一车间	18	48	45	26	45	50
二车间	32	30	38	45	34	35

要对各车间的产量进行趋势分析，除了体现趋势概况，还要体现量的变化，此时面积图是首选。面积图可以通过面积的大小变化来体现数据累积变化，如右图所示。

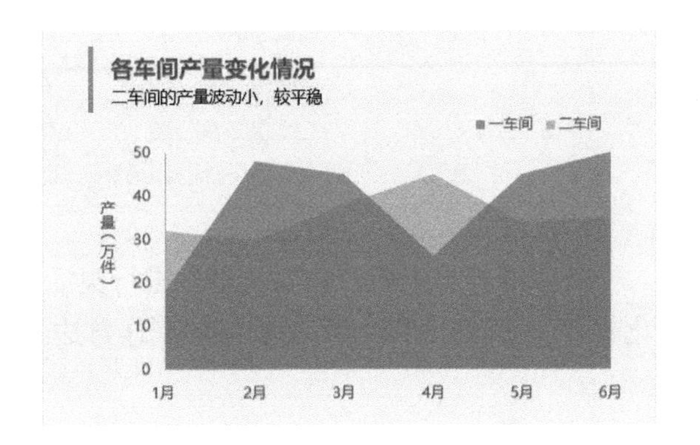

如果既要体现总量的变化，又要体现分量的变化，可以选择堆积面积图。

如右图中，不同车间的产量叠加在一起表示商品的总产量，我们可以通过分析不同车间的面积变化趋势来判断其在不同月份的产量贡献。

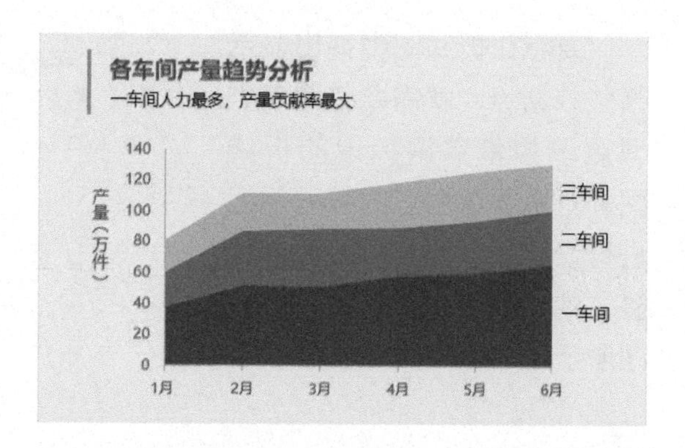

通过以上两个应用场景的介绍，相信你已经对趋势分析有了认识，下面介绍做趋势分析时应该选择什么类型的图表以及具体的制作方法。

4.2 趋势分析常用的图表类型

在 Excel 中对数据进行趋势分析时，常用折线图和面积图，在特定的情况下，还需要把折线图与柱形图、折线图与面积图组合，从而制作出满足分析需求的图表。

选择图表类型时，要根据应用场景和数据信息，以及分析目标决定。为了方便读者快速选择合适的图表，以下提供了趋势分析图表的选择思路。

趋势分析
- 体现数据的变化趋势　折线图
- 体现数据量的累积变化趋势　面积图
- 强调重点数据　带数据标记的折线图
- 体现平均水平　带水平线的折线图
- 体现变化范围　带最大值、最小值的折线图
- 体现特殊阶段　带阴影的折线图
- 同时体现变化量和完成率变化趋势　组合图表

选择图表类型后，需要对它们进行灵活的设计，从而更直观地展示数据变化趋势。下面介绍常用的趋势图的制作方法。

4.2.1 折线图——分析商品价格波动情况

1. 制作折线图

折线图是使用频率最高的图表之一，其制作方法很简单。下面以分析商品价格波动情况为例，介绍折线图的应用及设计要点。

分析目标：

①用图表展示各月价格的波动情况；②让人一目了然地看出哪些月份的价格波动较大，哪些月份的价格较平稳；③让人能清楚地把握价格的整体走势。

经过分析，结合数据特点和分析目标，可以选择右图所示的折线图来展示价格的波动情况。

下面介绍具体的制作方法。

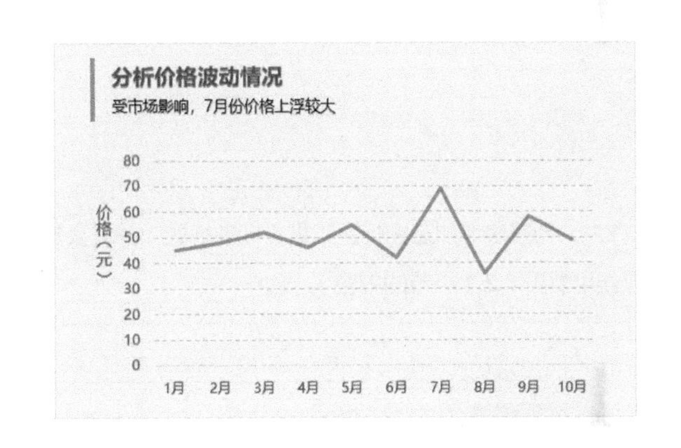

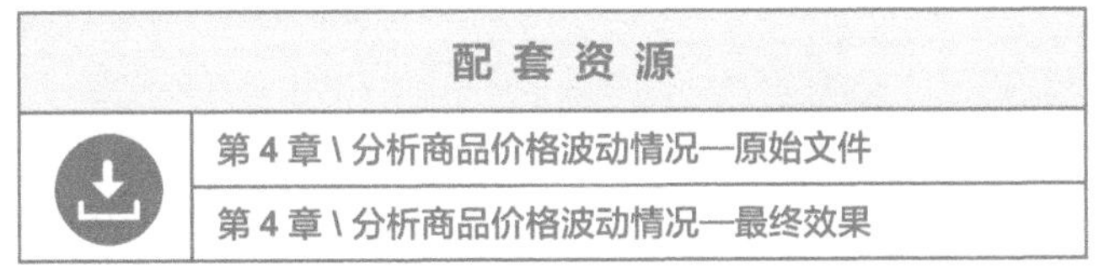

扫码看视频

STEP1» 打开本实例的原始文件，❶选中 B2:L3 区域，❷切换到【插入】选项卡，❸单击【图表】组中的【插入折线图或面积图】按钮，❹在弹出的下拉列表中选择【折线图】，即可在工作表中插入折线图。

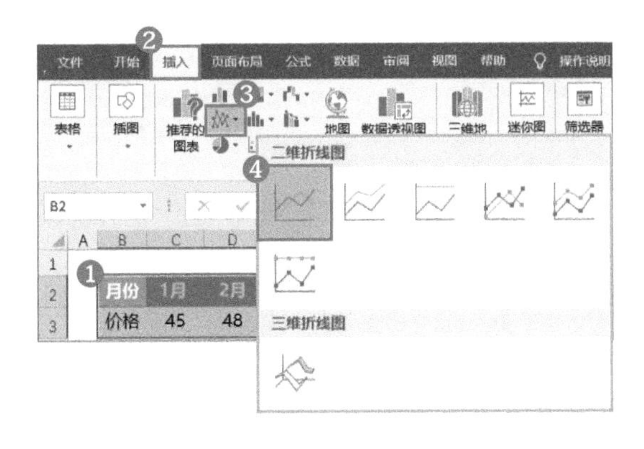

STEP2» 设置数据系列格式。在【设置数据系列格式】任务窗格中，可以设置折线图中线条的格式，包括颜色、宽度、短划线类型等，读者可根据需要调整，本案例中保持默认设置即可。

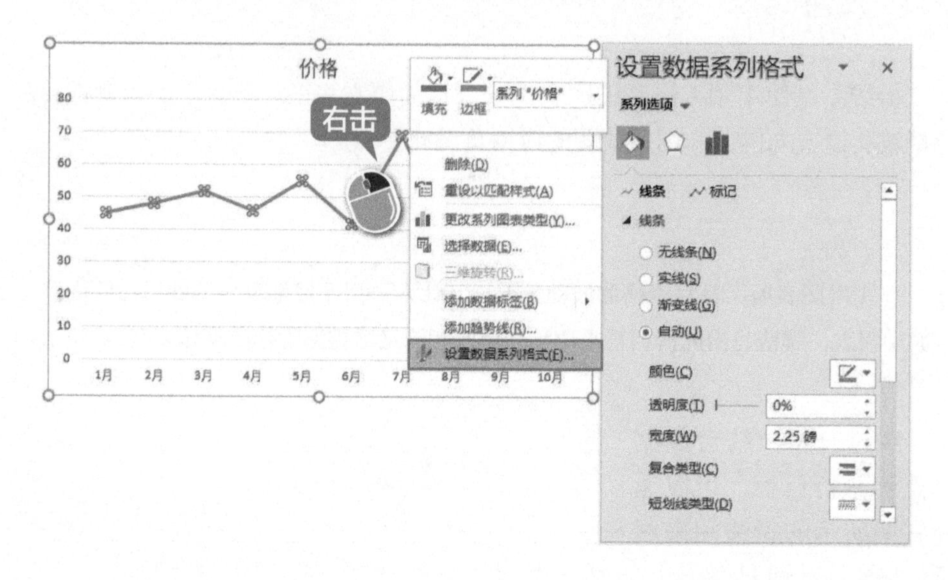

STEP3» 为图表添加正副标题和纵坐标轴标题，并设置其他图表元素，参数设置如下图所示（具体操作可参见 3.2.1 小节的内容）。

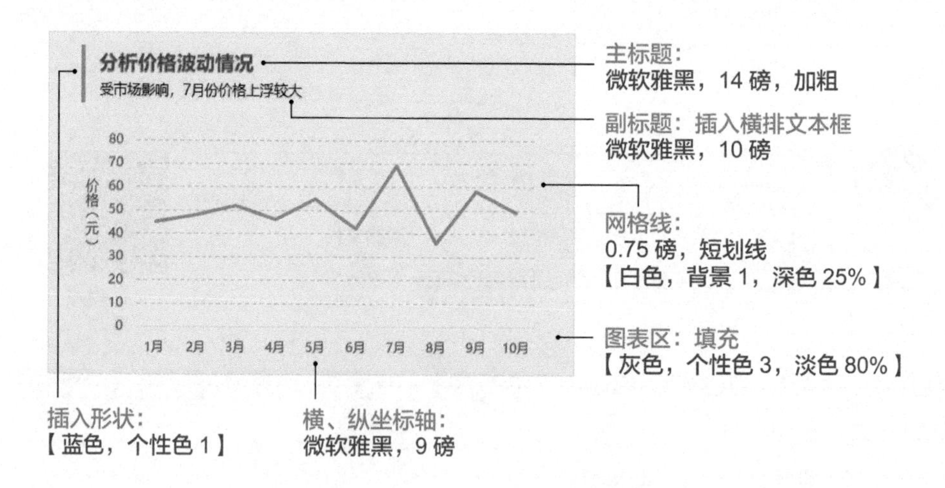

如果不希望折线图的线条转折太生硬，可以将其设置为“平滑线”。

STEP4» 在【设置数据系列格式】任务窗格中，勾选【平滑线】复选框即可，如下页图所示。

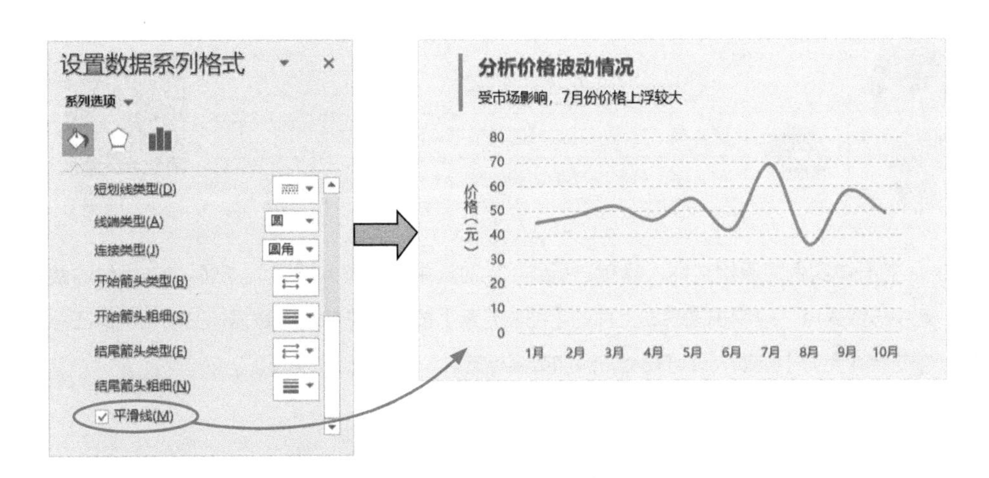

将折线设置为平滑线后，可以弱化折线的时间节点，突出整个时间段内的变化概况，而非将注意力集中在某个月份。

Tips

在制作折线图时，有以下几点需要注意。

①折线图的数据源应属于一段连续的时间，并且时间节点应不少于6个，否则无法反映客观趋势。

②折线不能太粗也不能太细，设置为1.75磅左右比较合适。

③在折线图中添加网格线时，需要将网格线弱化，可用浅色的虚线，避免对折线造成干扰。

④当图表只有一条折线时，可以将图例删除，如以上案例中通过标题和坐标轴就可以清楚地知道折线的含义。当折线超过两条时，可以通过调整图例的位置和大小，将其与折线尾部对齐，该知识点可参见 2.1.3 小节的内容。

2. 添加数据标签，强调数据

在体现数据变化趋势时，可能还需要强调某个特殊时间节点的数据，如异常数据、最大值、最小值等，此时就需要对数据进行强调。

在折线图中，可以只为需要强调的数据添加数据标签。

配 套 资 源

第 4 章 \ 分析商品价格波动情况 01—原始文件

第 4 章 \ 分析商品价格波动情况 01—最终效果

扫码看视频

STEP1» 打开本实例的原始文件，❶单击折线（此时选中的是整条折线），然后单击折线的最高点，选中该数据点，❷单击图表右上角的【图表元素】按钮，❸单击【数据标签】右侧的三角按钮，❹选择【上方】选项，即可在上方添加数据标签。

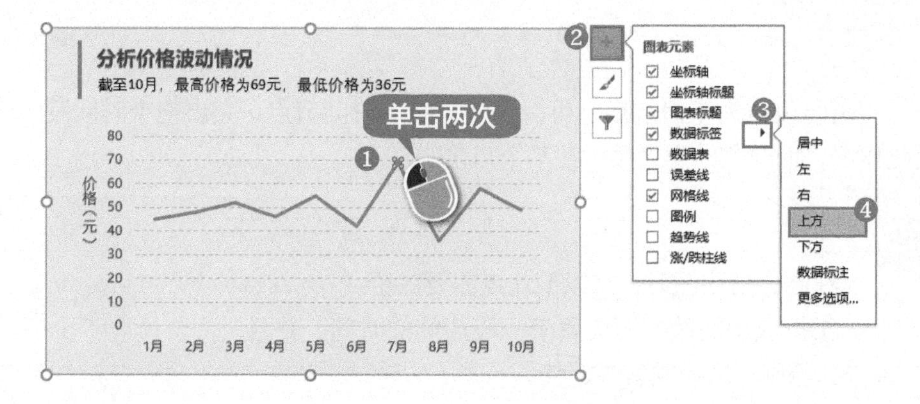

STEP2» 采用同样的方法，为折线的最低点添加数据标签，添加完成后，效果如右图所示。

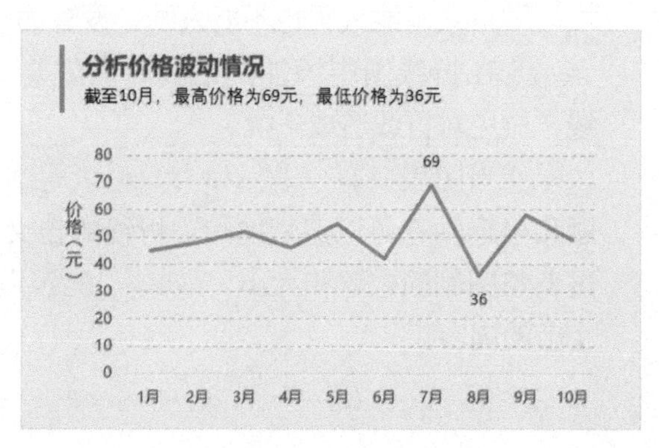

STEP3» 设置数据标签格式。❶在任意一个数据标签上单击，即可将所有数据标签选中，❷切换到【开始】选项卡，❸在【字体】组中单击【字体颜色】按钮，为数据标签设置颜色，为了强调，本案例中将其设置为红色。❹选中标签，移动位置，将引导线显示出来，这样可以让数据标签的指示更明确，如果不显示引导线，在【设置数据标签格式】任务窗格中的【标签选项】组中勾选【显示引导线】复选框即可，如下页图所示。

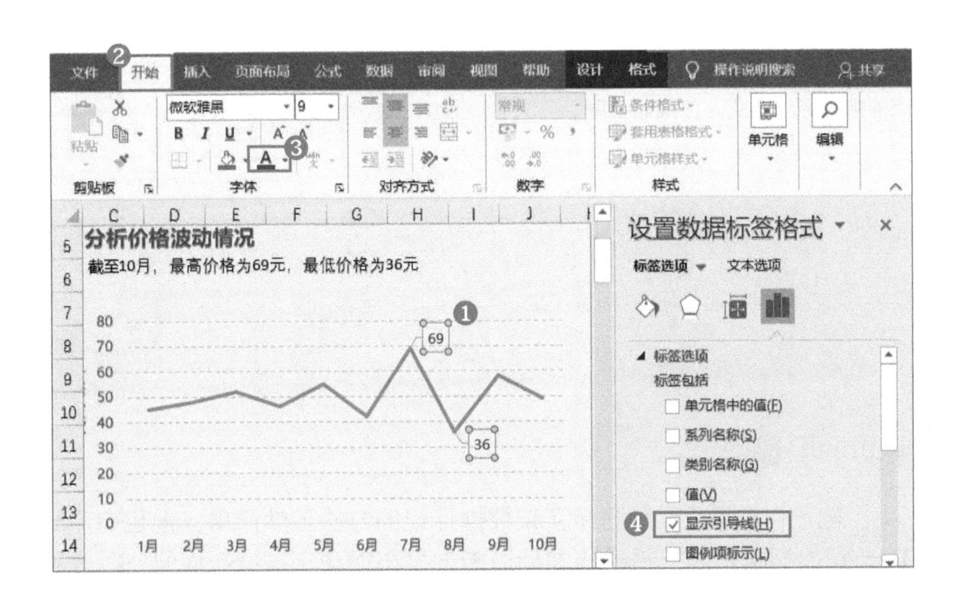

3. 设置数据标记格式

除了为重点数据添加数据标签外，还可以为重要的数据点设置数据标记格式，以便读者能够一眼看出重要的数据点。

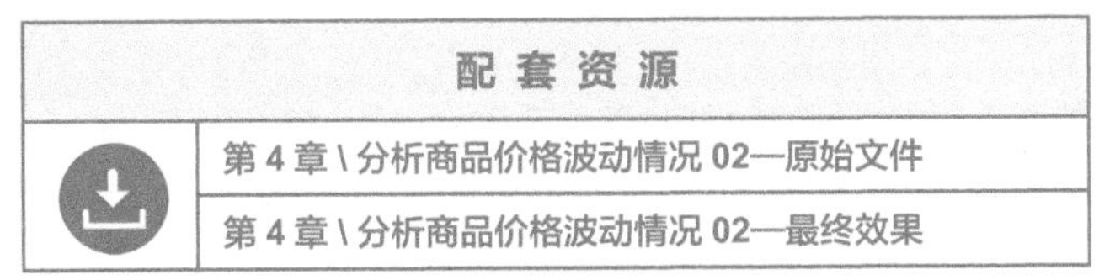

扫码看视频

STEP1» 打开本实例的原始文件，❶选中最高的数据点，打开【设置数据点格式】任务窗格，❷单击【填充】按钮，❸选择【标记】选项，❹在【标记选项】组中选中【内置】单选钮，❺在【类型】下拉列表框中选择一种合适的标记类型，❻将【大小】设置为【6】（读者可自行调整线条的粗细），❼在【填充】组中将【颜色】设置为红色。

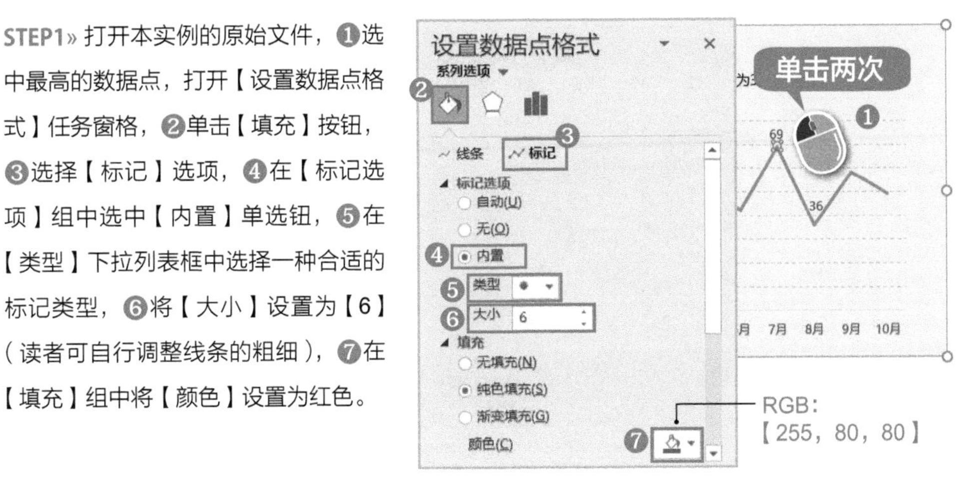

STEP2» 采用同样的方法，设置折线图最低点的数据标记格式，效果如右图所示。

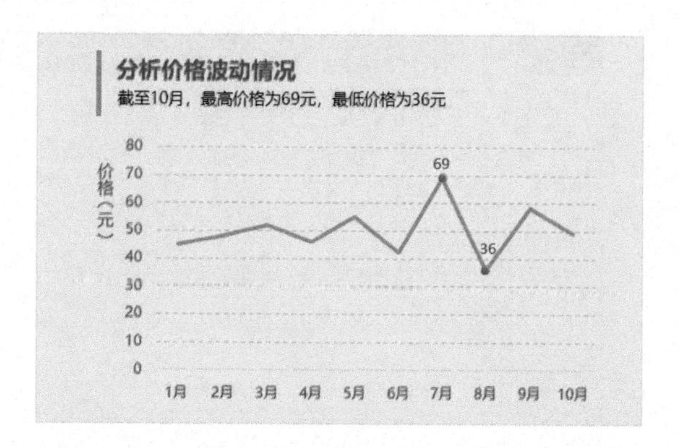

4. 自动标识最值

以上案例中直接设置数据标签和数据标记的方法虽然简单，但也有不足之处，因为它们是固定的，当折线图的源数据发生变化，最值改变时，就需要重新设置。下面介绍一种能够自动标识最值的方法。

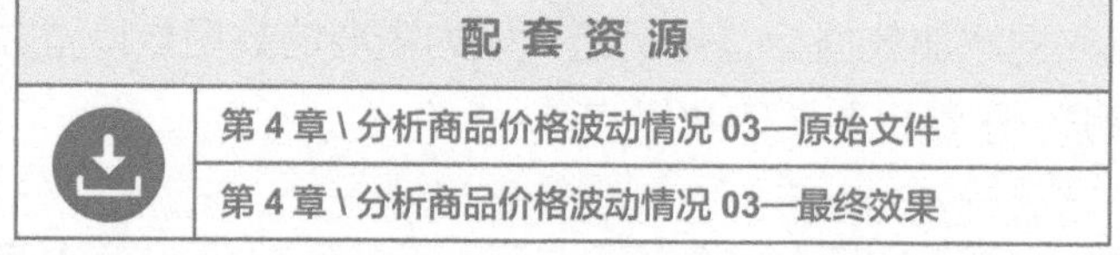

扫码看视频

STEP1» 打开本实例的原始文件，可以看到折线图中已设置好最大值和最小值，❶在数据区域增加 11 月和 12 月的价格数据，❷按【Ctrl】+【C】组合键复制，❸选中图表，❹按【Ctrl】+【V】组合键粘贴，即可将该区域添加到图表中，如下图所示。

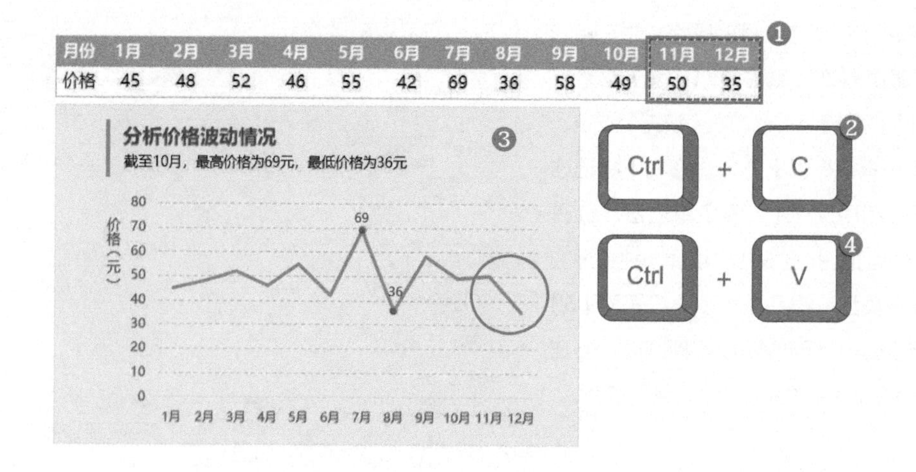

月份	1月	2月	3月	4月	5月	6月	7月	8月	9月	10月	11月	12月
价格	45	48	52	46	55	42	69	36	58	49	50	35

可以看到，当源数据增加时，最小值由 36 变成了 35，但是在图表中被强调的还是 36 所在的数据点，如何让 35 所在的数据点自动突出强调呢？

解决思路：首先在源数据中设置辅助系列，在辅助系列设置公式，使其只显示源数据区域中的最大值和最小值；然后将辅助系列添加到图表中，为其设置数据标记和数据标签，由于辅助系列只显示最大值和最小值，两个数据系列又是重叠的，因此最大值和最小值就被突出显示了，具体操作如下。

STEP2» 设置辅助系列。在源数据区域下方增加一个辅助行，在 C4 单元格中输入公式“=IF(OR(C3=MAX($C$3:$N$3),C3=MIN($C$3:$N$3)),C3,#N/A)”（公式表示，如果 C3 单元格中的值为最大值或最小值，就显示 C3 中的内容，否则显示 #N/A），然后将公式向右复制即可。

C4 =IF(OR(C3=MAX($C$3:$N$3),C3=MIN($C$3:$N$3)),C3,#N/A)

月份	1月	2月	3月	4月	5月	6月	7月	8月	9月	10月	11月	12月
价格	45	48	52	46	55	42	69	36	58	49	50	35
辅助	#N/A	#N/A	#N/A	#N/A	#N/A	#N/A	69	#N/A	#N/A	#N/A	#N/A	35

Tips

为什么辅助系列中除最值外的其他数据要显示为“#N/A”呢？

这里涉及一个知识点：在绘制折线图时，如果不想绘制某个数据点，可以使用错误值“#N/A”来代替。

STEP3» 将原有的数据标记和数据标签删除。选中数据标签后，按【Delete】键即可将其删除。取消数据标记的方法也很简单，选中数据标记，在【设置数据点格式】任务窗格中选中【标记选项】组中的【无】单选钮即可。

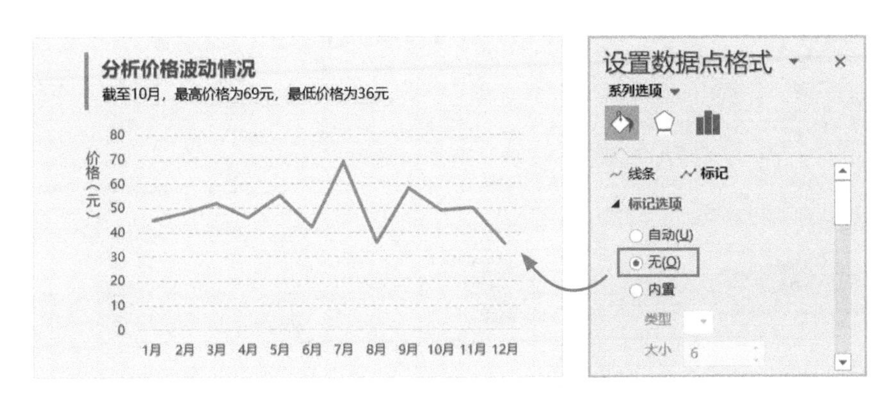

STEP4» 在图表中增加辅助系列。选中辅助系列 B4:N4，按【Ctrl】+【C】组合键复制，选中图表，按【Ctrl】+【V】组合键粘贴，即可将辅助系列添加到图表中。添加后效果如下图所示（图表中两个系列完全重叠在一起）。

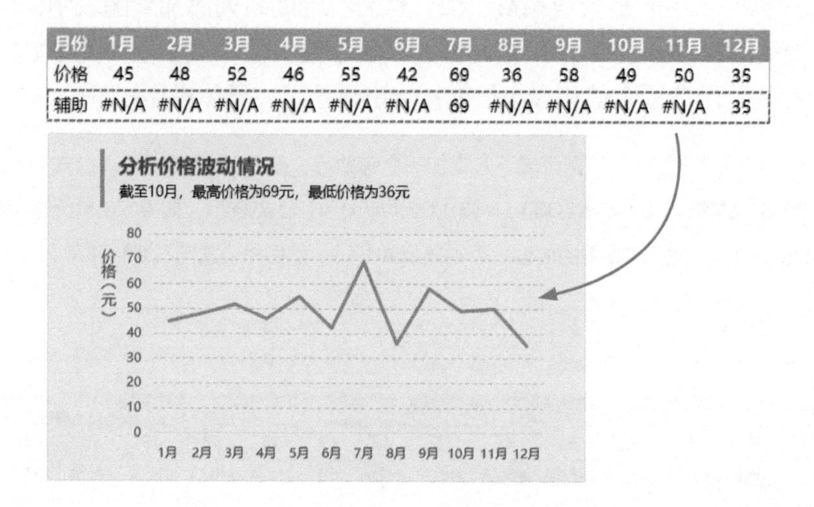

月份	1月	2月	3月	4月	5月	6月	7月	8月	9月	10月	11月	12月
价格	45	48	52	46	55	42	69	36	58	49	50	35
辅助	#N/A	#N/A	#N/A	#N/A	#N/A	#N/A	69	#N/A	#N/A	#N/A	#N/A	35

STEP5» 设置辅助系列的数据标记格式。将鼠标指针移动到折线的最高点上，提示该系列为辅助列，单击即可选中该系列（可以看到选中该系列后，只有两个数据点被选中，分别是折线的最高点和最低点），然后打开【设置数据系列格式】任务窗格，设置数据标记的格式，参数设置如下图所示。

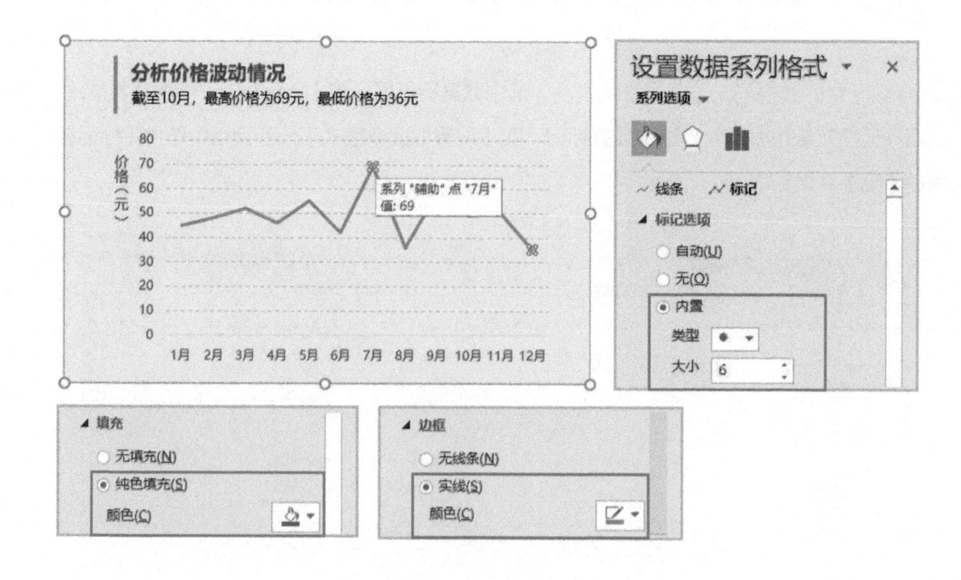

STEP6» 为辅助系列添加数据标签。设置数据标记格式后，❶单击图表右上角的【图表元素】按钮，❷单击【数据标签】右侧的三角按钮，❸选择【上方】选项。

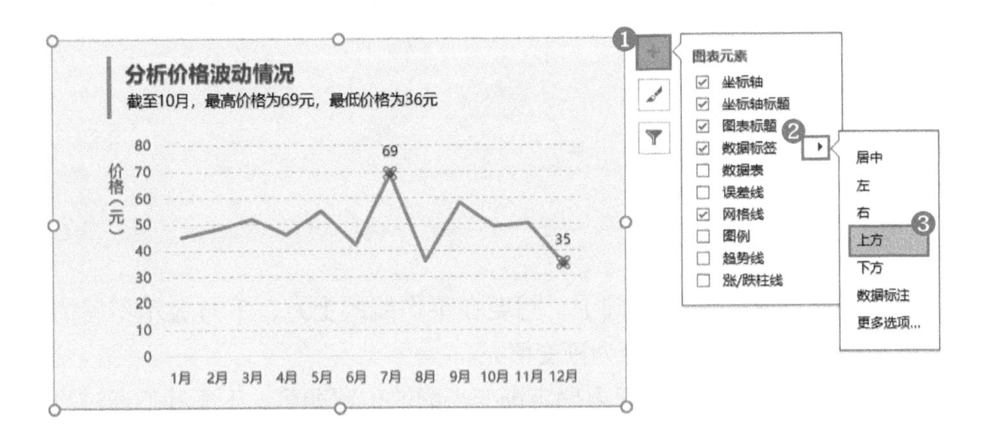

STEP7» 设置数据标签格式，更改副标题内容。为了突出数值，将标签文字设置为红色，同时由于最小值变化，需要同步更改副标题内容，最终效果如右图所示。

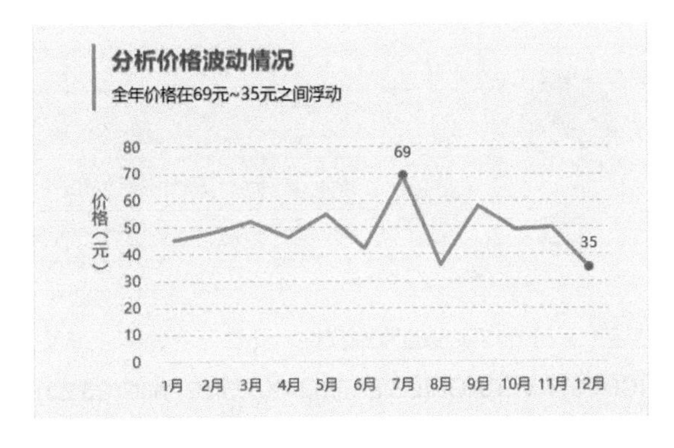

设置完成后，当数据区域中的数值大小改变时，图表会自动标识最大值和最小值；当数据增加时（增加月份和价格），只要将增加的数据和对应的辅助系列复制到图表中（操作参见 STEP1），也可自动标识最大值和最小值，无须单独设置。

5. 平均线上下方分色的折线图

折线图在体现数据变化趋势的同时，可能还需要体现数据的平均值，这时就需要在折线图中添加平均线。

平均线的添加方法很简单，只要添加辅助系列，再将其复制到图表中即可。添加平均线的具体操作可参见 3.2.1 小节中的相关内容，这里不赘述。折线图中添加平均线的效果如右图所示。

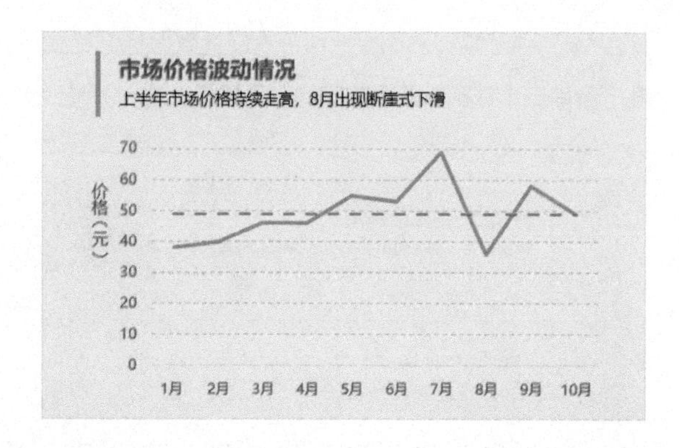

如果在添加平均线的基础上，想要在平均线的上方、下方显示不同的颜色，就需要设置折线的填充色为渐变填充。

设置渐变填充很简单，只要确定渐变光圈的位置即可。下面我们通过具体案例来演示操作方法。

配套资源

第 4 章 \ 分析商品价格波动情况 04—原始文件

第 4 章 \ 分析商品价格波动情况 04—最终效果

扫码看视频

STEP1» 打开本实例的原始文件，计算渐变光圈的位置。选中 M3 单元格后，输入公式“=(MAX(C3:L3)-AVERAGE(C3:L3))/(MAX(C3:L3)-MIN(C3:L3))”，如下图所示。

M3 =(MAX(C3:L3)-AVERAGE(C3:L3))/(MAX(C3:L3)-MIN(C3:L3))

	A	B	C	D	E	F	G	H	I	J	K	L	M	N
2		月份	1月	2月	3月	4月	5月	6月	7月	8月	9月	10月	渐变光圈位置	
3		价格	38	40	46	46	55	53	69	36	58	49	61%	
4		平均	49	49	49	49	49	49	49	49	49	49		

函数意义：
（最大值 - 平均值）/（最大值 - 最小值）

STEP2» 设置渐变填充。选中折线后，打开【设置数据系列格式】任务窗格，❶单击【填充】按钮，❷在【线条】组中选中【渐变线】单选钮，❸选中停止点 1，❹将【颜色】设置为【蓝色，个性色 1】，❺【位置】设置为【61%】，❻选中停止点 2，❼将【颜色】设置为【橙色，个性色 2】，❽【位置】设置为【61%】。

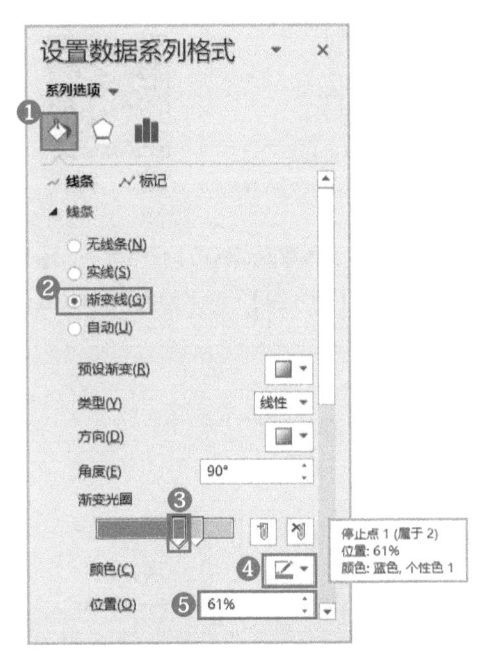

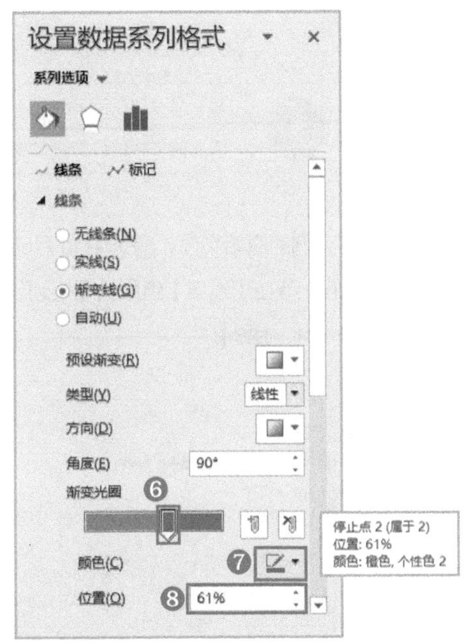

STEP3» 设置完成后，平均线上下方的颜色就不一样了，效果如右图所示。

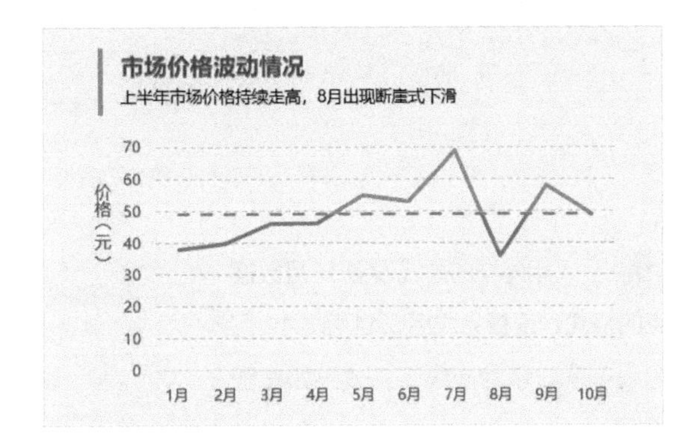

6. 用虚线表示预测值

在分析商品的价格变化趋势时，如果需要强调未来一段时间的预测值，可以对这段时间进行特殊的设置，即将实线变成虚线。具体的设置方法如下。

配套资源

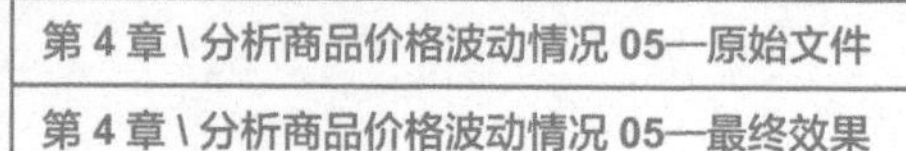

第 4 章 \ 分析商品价格波动情况 05—原始文件

第 4 章 \ 分析商品价格波动情况 05—最终效果

扫码看视频

STEP1» 打开本实例的原始文件，❶选中 11 月的数据点，打开【设置数据点格式】任务窗格，❷单击【填充】按钮，❸在【线条】组中将【短划线类型】设置为【短划线】，❹【颜色】的 RGB 值设置为【255，124，128】。

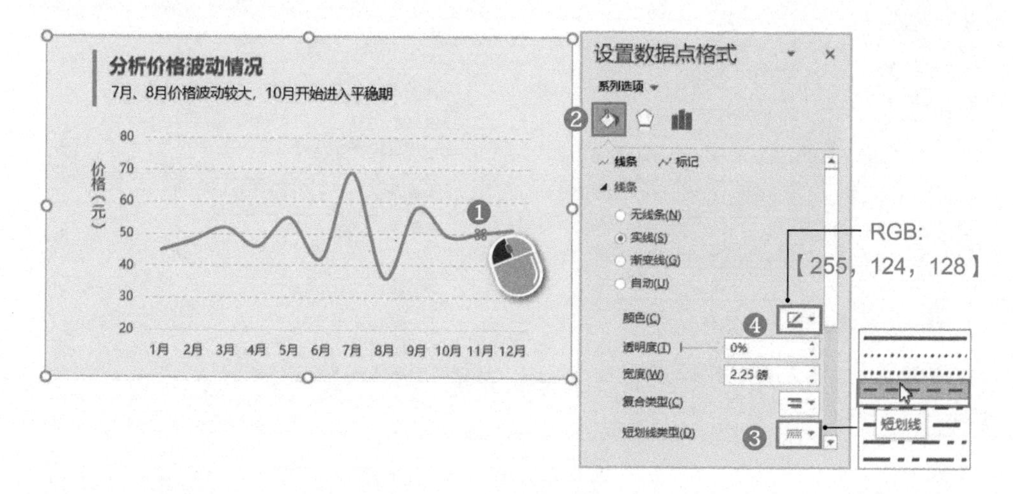

STEP2» 采用同样的方式设置 12 月数据点的格式，设置完成后，11 月、12 月的线条就显示为虚线了，效果如右图所示。

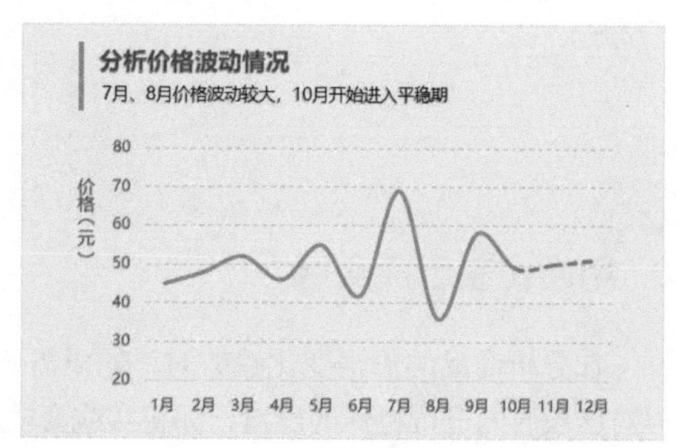

7. 强调特殊阶段

除了设置虚线来强调未来值或预测值外，还可以通过增加阴影的方式来强调某个特殊的阶段。

配 套 资 源
第 4 章 \ 分析商品价格波动情况 06—原始文件
第 4 章 \ 分析商品价格波动情况 06—最终效果

扫码看视频

右图所示是本案例的最终效果，关于阴影的设置方法我们在 3.2.1 小节强调多项数据的柱形图中已经介绍过，这里不赘述，读者可扫描右上方二维码观看本案例的制作步骤。

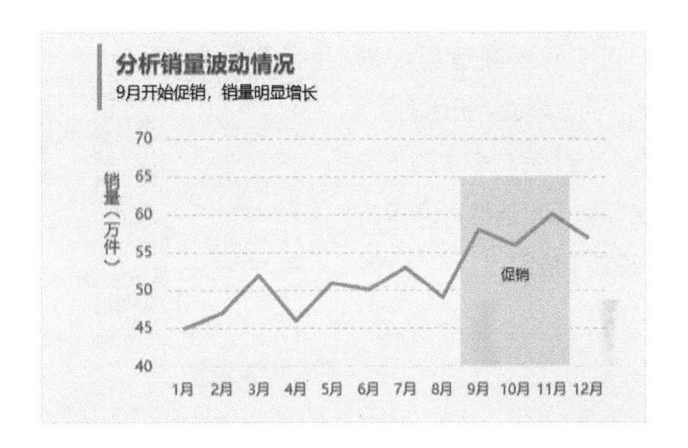

4.2.2 折线图与柱形图组合——分析销售额及完成率情况

在进行数据分析时，有时不仅要看数据的变动趋势，还需要看数据量的积累，此时就可以创建组合图表，在一张图表中同时体现以上信息。

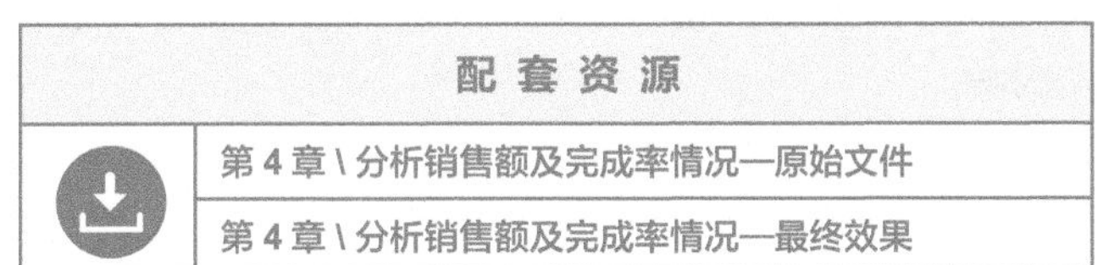

扫码看视频

STEP1 » 打开本实例的原始文件，❶选中 B2:H2 和 B4:H5 区域，❷切换到【插入】选项卡，❸单击【图表】组中的【推荐的图表】按钮。

月份	1月	2月	3月	4月	5月	6月
目标（万元）	50	52	55	65	60	50
销售额（万元）	45	48	52	50	55	56
完成率	90%	92%	95%	77%	92%	112%

STEP2» 弹出【插入图表】对话框，❶切换到【所有图表】选项卡，❷单击【组合图】选项，❸本案例使用默认的组合图类型即可（销售额适用柱形图，完成率适用折线图），❹勾选【完成率】的【次坐标轴】复选框，❺单击【确定】按钮。

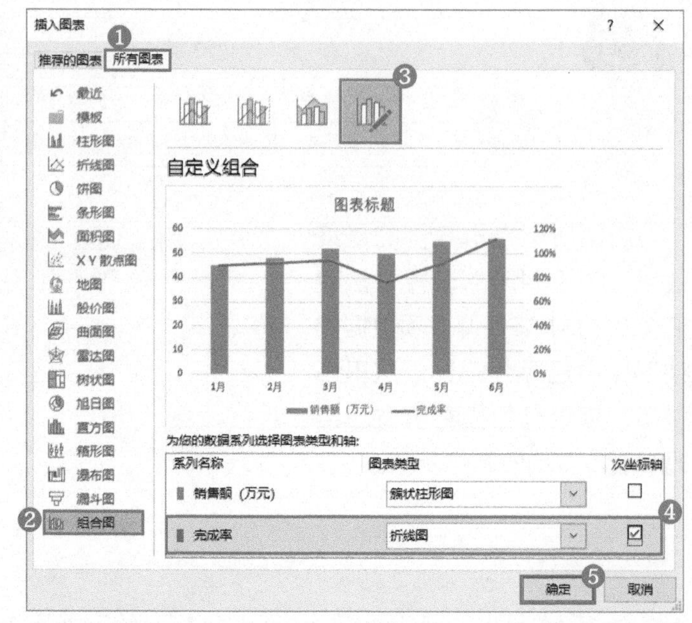

Tips

为什么要将完成率设置在次坐标轴上呢?

由于销售额的数值很大，完成率的数值很小，如果放在一个坐标轴上，完成率就显示不出来了，将其放在次坐标轴上，就可以进行单独设置，二者互不影响。

STEP3» 插入组合图表后，选中数据系列，打开【设置数据系列格式】任务窗格，❶将线条【颜色】设置为【橙色，个性色 2，淡色 40%】，❷【宽度】设置为【1.5 磅】。

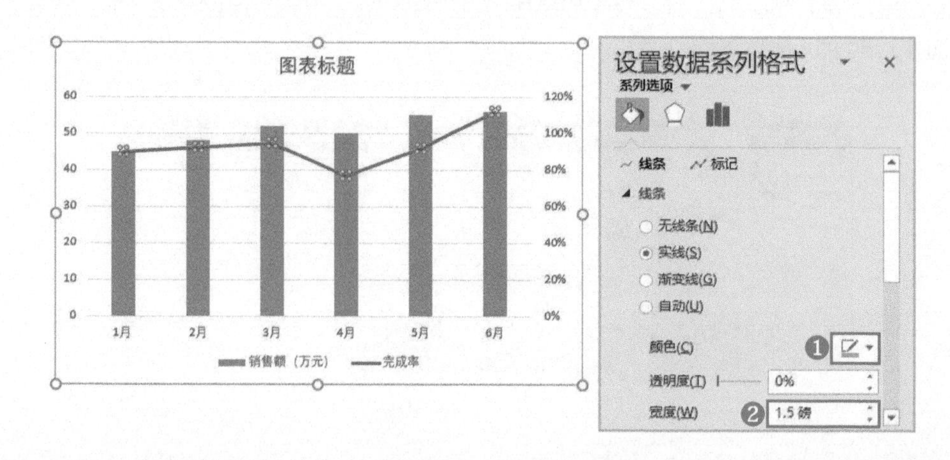

STEP4» 设置数据标记格式。❶单击【标记】，❷在【标记选项】组中选中【内置】单选钮，选择一种合适的类型，【大小】设置为【25】，❸在【填充】组中选中【纯色填充】单选钮，❹将【颜色】设置为【橙色，个性色 2，淡色 60%】，❺在【边框】组中选中【实线】单选钮，❻【颜色】设置为【橙色，个性色 2】，❼【宽度】设置为【1 磅】。

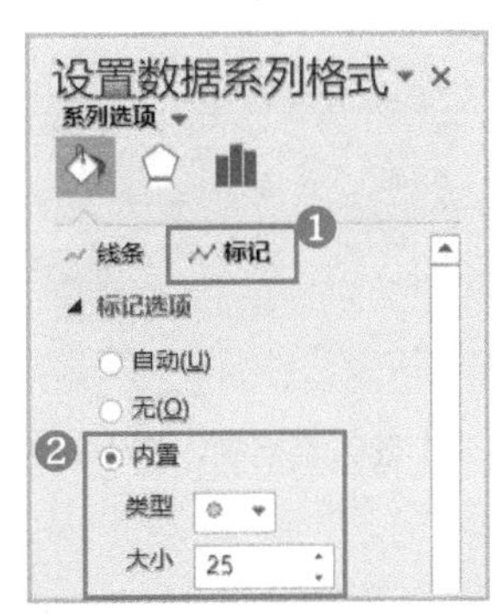

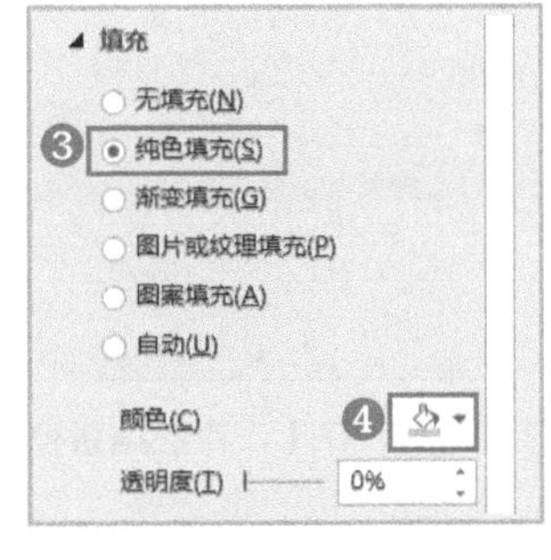

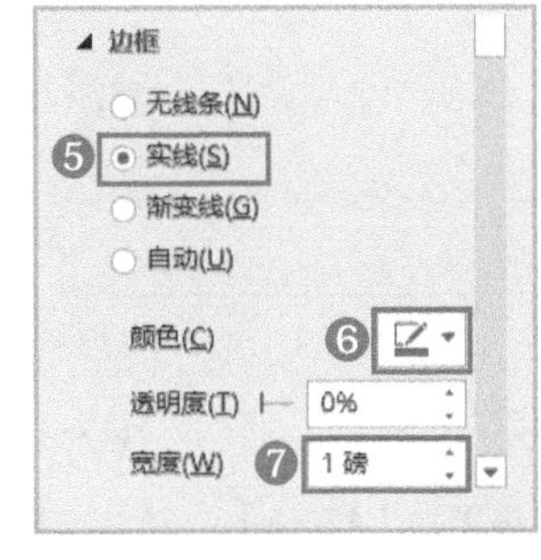

STEP5» 添加数据标签。❶选中折线图后，单击图表右上角的【图表元素】按钮，❷单击【数据标签】右侧的三角按钮，❸选择【居中】选项，即可在折线图的数据标记中间添加数据标签，如下图所示。

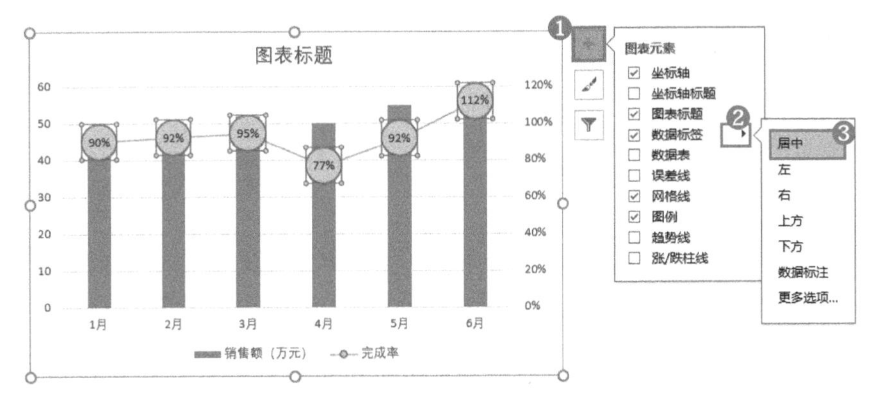

上图中的折线遮住了一部分柱形，无法准确读数，因此需要调整折线的位置。

STEP6» 设置次要纵坐标轴的起点。选中次要纵坐标轴后，在【设置坐标轴格式】任务窗格中，将【边界】的【最小值】设置为【0.5】(本案例中设置为 0.5 较为合适，读者可根据数据大小进行调整)。

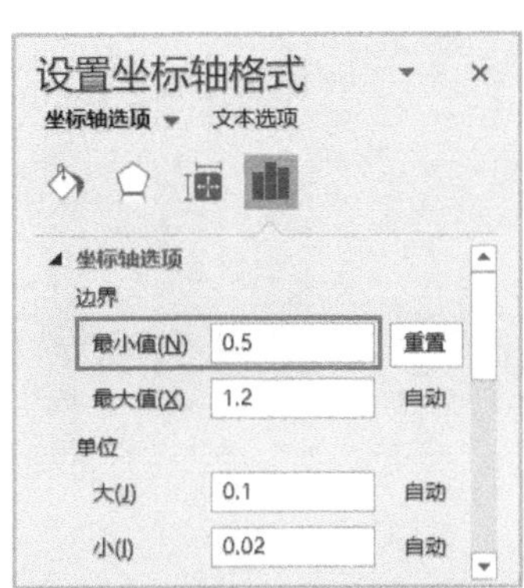

STEP7» 隐藏次要纵坐标轴。在【设置坐标轴格式】任务窗格的【标签】组中，将【标签位置】设置为【无】，即可将次要纵坐标轴隐藏。

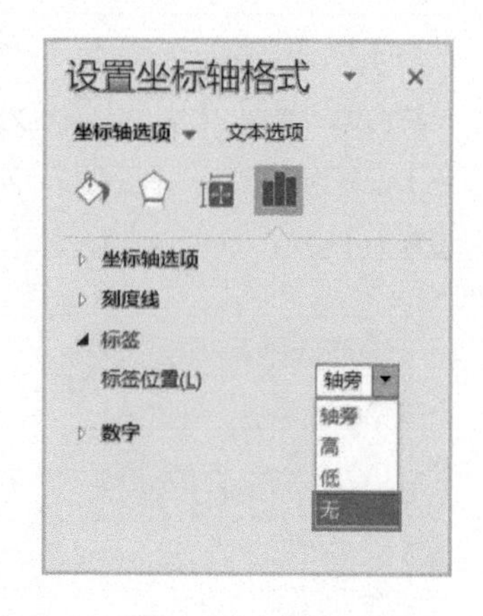

STEP8» 设置柱形的宽度。选中柱形系列后，在【设置数据系列格式】任务窗格中，将【间隙宽度】设置为【150%】。

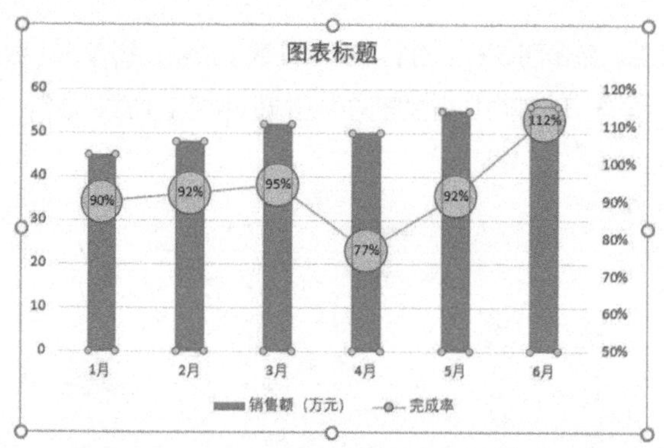

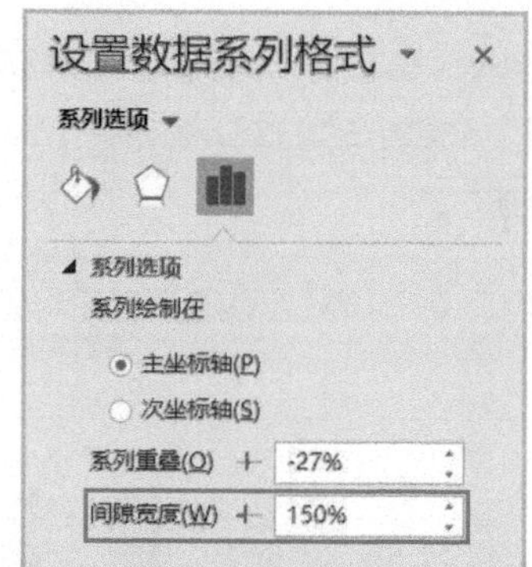

STEP9» 输入图表标题“分析销售额及完成率变化情况”，将图例移至绘图区右上角，添加纵坐标轴标题，设置网格线格式，设置图表区的颜色和字体格式等，最终效果如下图所示。

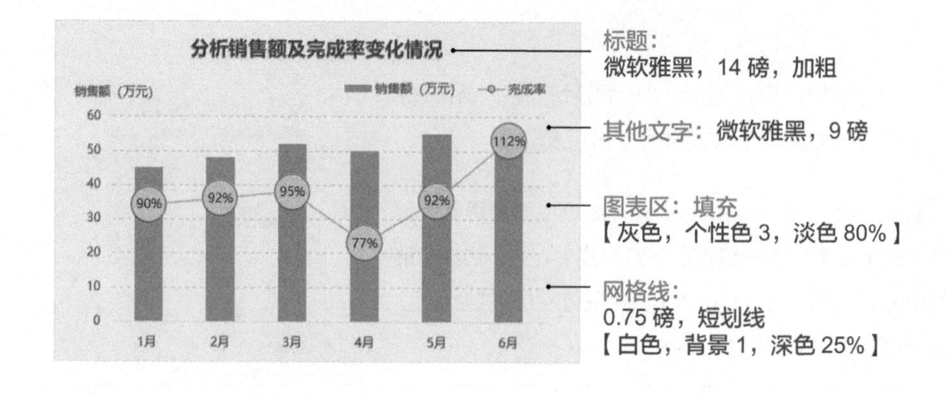

4.2.3 面积图——分析销售收入与成本变化情况

1. 制作面积图

在分析销售收入与销售成本的变化趋势时，如果要体现数量累积变化的趋势，此时面积图是首选。下面介绍面积图的具体应用。

分析目标：

①用图表展示上半年各月份销售收入与销售成本的变化趋势；②让人不仅能看到整体的变化趋势概况，还能看出各项目数据量的累积变化。

经过分析，结合数据特点和分析目标，我们可以选择右图所示的普通面积图来展示销售收入与销售成本的变化。

下面介绍具体的制作方法。

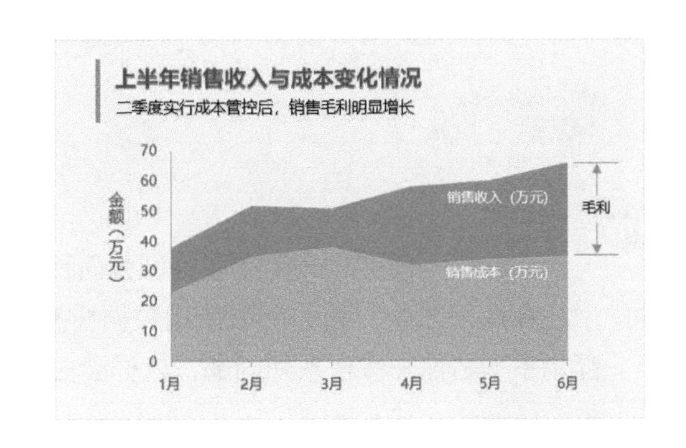

配套资源

第 4 章 \ 分析销售收入与成本变化情况—原始文件

第 4 章 \ 分析销售收入与成本变化情况—最终效果

扫码看视频

STEP1» 打开本实例的原始文件，❶选中 B2:H4 区域，❷切换到【插入】选项卡，❸单击【图表】组中的【插入折线图或面积图】按钮，❹在弹出的下拉列表中选择【面积图】，即可在工作表中插入面积图。

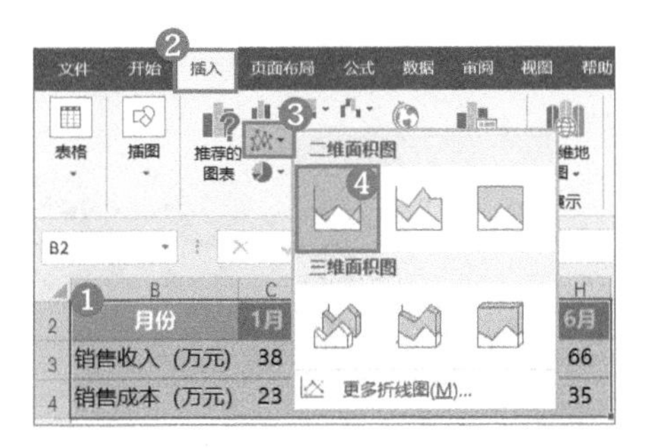

STEP2» 设置面积图的图表元素。首先将网格线和图例删除，❶编辑图表标题，❷添加副标题和蓝色提示色块，❸添加纵坐标轴标题，❹设置图表区的填充色，❺设置图表字体格式等，参数设置如下图所示。

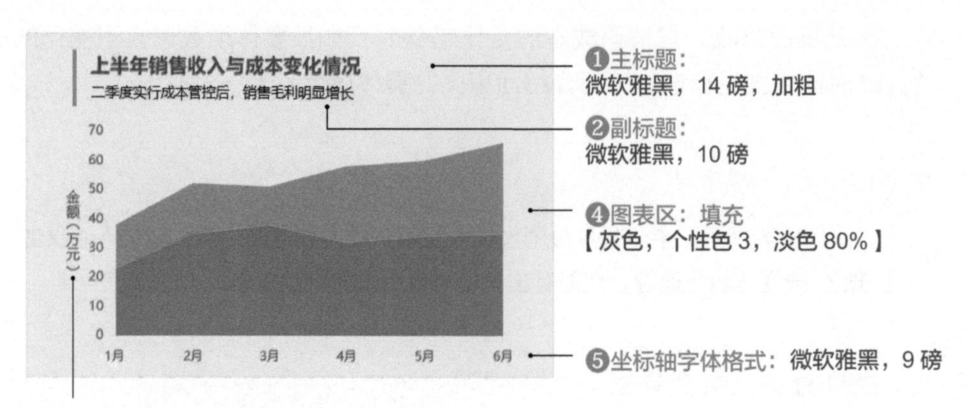

STEP2 中将图例删除，如何区分面积图中不同的系列呢？

在面积图中，我们可以使用数据标签来区分不同的系列，设置其只显示系列名称并移至系列内部，这样会更方便阅读，具体操作如下。

STEP3» 添加数据标签。❶选中图表后，单击图表右上角的【图表元素】按钮，❷勾选【数据标签】复选框，添加完成后，依次选中 1 月至 5 月的数据标签，将其删除，只保留 6 月的数据标签，如下图所示。

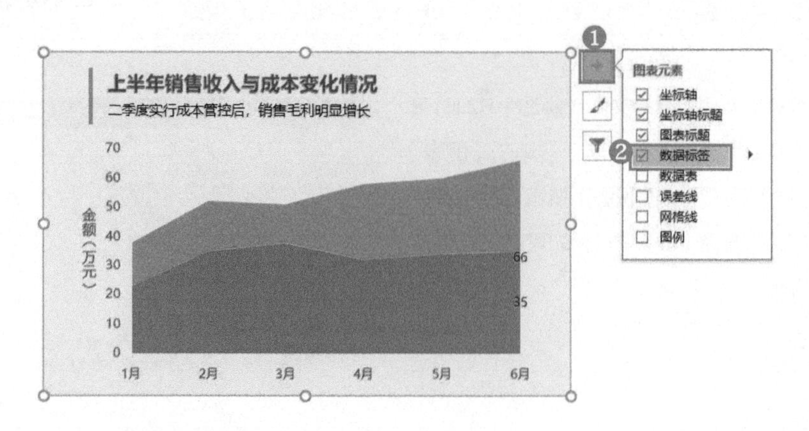

STEP4» 设置数据标签格式。选中数据标签，打开【设置数据标签格式】任务窗格，在【标签选项】组中只勾选【系列名称】复选框，移动数据标签到合适的位置，效果如下图所示。

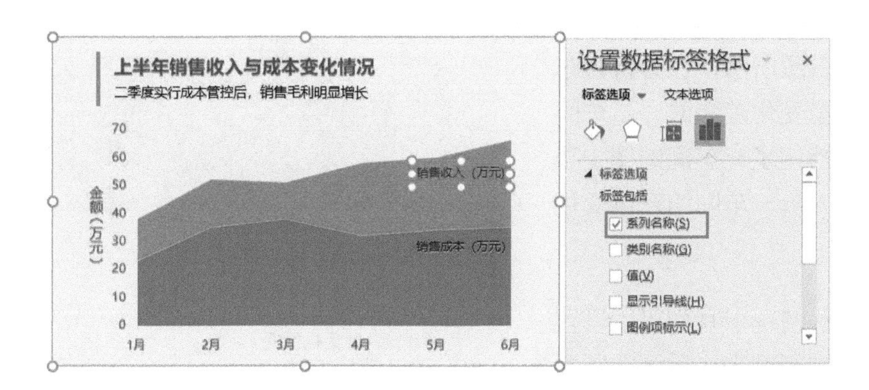

STEP5» 如果默认的系列颜色不合适，可以依次选中系列，单击【填充】按钮进行设置；在深色背景下建议将图表文字设置为浅色，本案例可以将数据标签的文字颜色设置为白色；纵坐标轴没有线条，设置为实线更直观；为了方便数据接收者理解，在区别不同系列名称的基础上，可以添加文本框和标记，标注毛利的范围，具体参数设置及最终效果如下图所示 。

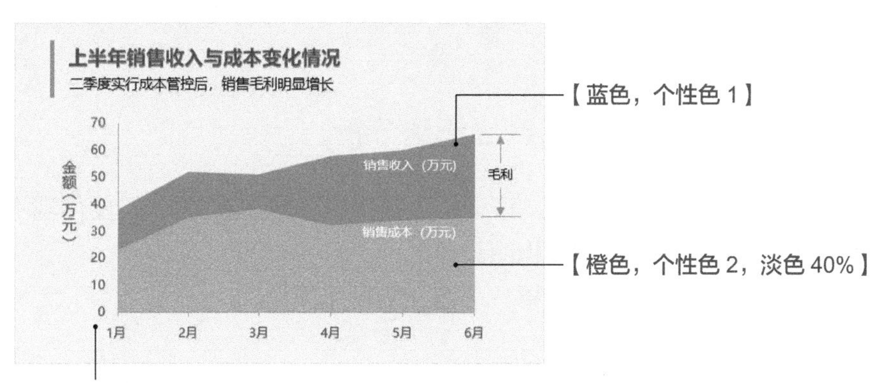

纵坐标轴：实线，0.75 磅，【白色，背景 1，深色 35%】

2. 具有透明度的面积图

配 套 资 源
第 4 章 \ 分析各车间产量变化情况—原始文件
第 4 章 \ 分析各车间产量变化情况—最终效果

扫码看视频

在制作常规面积图时，经常会遇到前面的图挡住了后面的图的情况。

如右图所示，在分析各车间的产量变化趋势时，二车间的图就挡住了一车间的图，导致无法分析一车间的产量变化趋势。

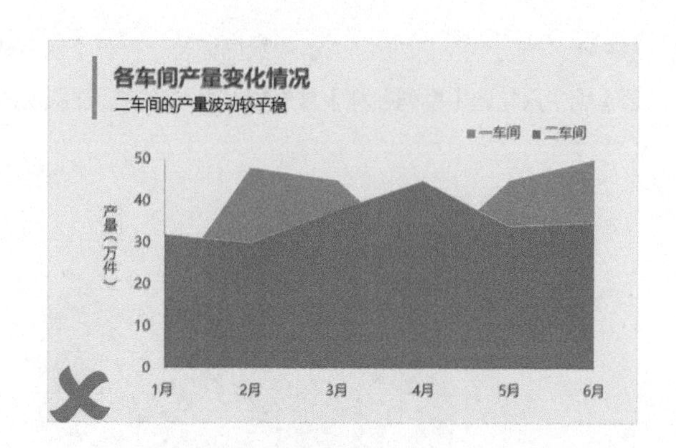

这种情况下我们可以设置填充色透明度来让后面的图显示出来。

选中二车间所在的数据系列，将填充颜色的透明度设置为 50%，即可实现右图所示效果（具体操作可扫描二维码观看）。

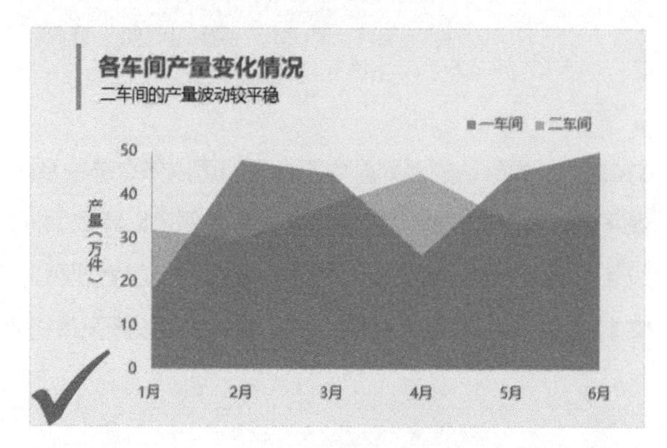

4.2.4 堆积面积图——商品产量趋势分析

在分析商品产量的累积变化趋势时，如果既要分析总产量，又要体现不同车间的产量，就需要制作堆积面积图。

制作堆积面积图的方法很简单，下面介绍具体操作。

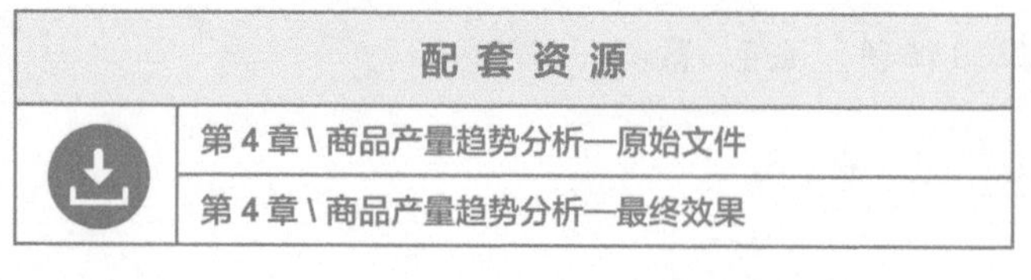

扫码看视频

STEP1» 打开本实例的原始文件，❶选中 B2:H5 区域，❷切换到【插入】选项卡，❸单击【图表】组中的【插入折线图或面积图】按钮，❹在弹出的下拉列表中选择【堆积面积图】，即可在工作表中插入堆积面积图。

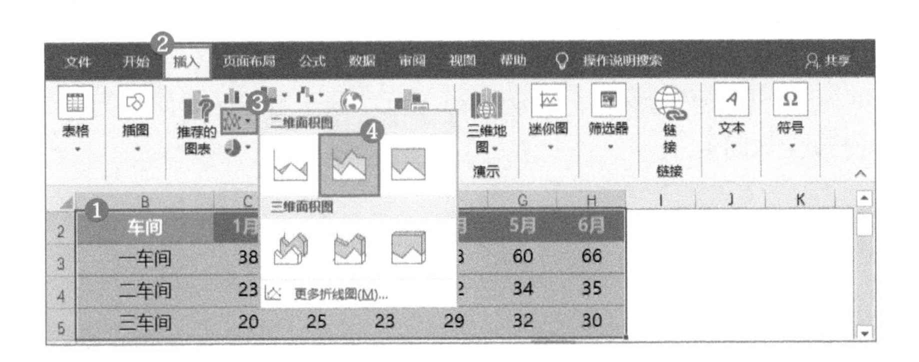

STEP2» 插入堆积面积图后，设置图表各元素的格式。具体操作可参见4.2.3小节，本案例的具体参数设置如下图所示。

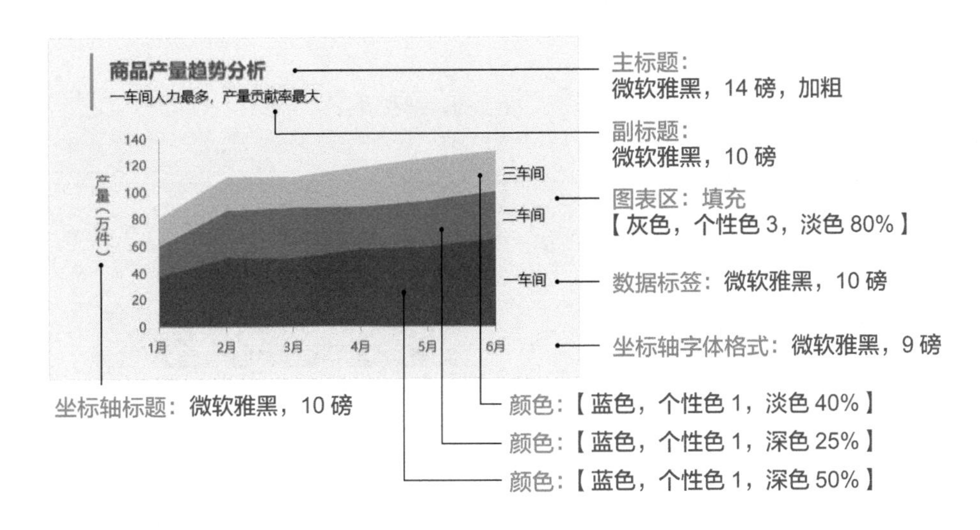

Tips

在堆积面积图中，设置各面积的填充色时，从上到下的颜色应属于同一色系且由浅入深，这样会给人层次分明、上下堆叠的感觉，避免“混乱”或“头重脚轻”，使读者阅读起来更直观。

4.2.5 面积图与折线图组合——分析销售毛利变化情况

除了单独使用折线图或面积图来体现数据变化趋势外，还可以将二者组合，制作出具有其他含义的趋势图表。

例如，下图是某公司 1 月至 12 月的销售毛利数据，现在需要制作一份有区间的毛利走势图，以便读者快速分析毛利是否处于理想状态（该公司的月毛利低于 40 万元，属于危险区间；40 万 ~80 万元，属于警告区间；80 万 ~120 万元，属于安全区间）。

月份	1月	2月	3月	4月	5月	6月	7月	8月	9月	10月	11月	12月
毛利（万元）	40	52	73	49	42	56	73	21	56	70	90	98

分析目标：

①用图表展示 1 月至 12 月的毛利变化趋势；②用不同的颜色区分“危险”“警告”“安全”区间，让读者一眼看出不同月份的毛利所处的状态。

经过分析，结合数据特点和分析目标，可以选择右图所示的分区间的折线图进行展示。

该图表是组合图表，将毛利数据制作成折线图，不同的区间用堆积面积图制作，然后设置各区间的颜色即可。下面介绍具体的制作方法。

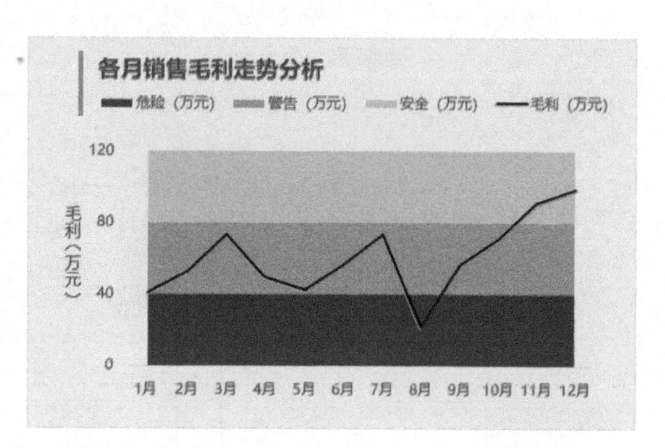

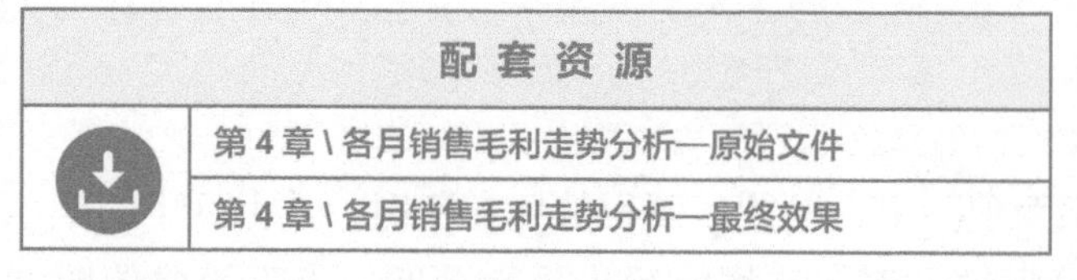

扫码看视频

STEP1» 打开本实例的原始文件，首先根据已知条件，设置“危险（万元）”“警告（万元）”“安全（万元）”区域的源数据，由于各区间的边界值间隔都是 40，所以制作成堆积面积图后，各面积的数值也都是 40，如下图所示。

月份	1月	2月	3月	4月	5月	6月	7月	8月	9月	10月	11月	12月
毛利（万元）	40	52	73	49	42	56	73	21	56	70	90	98
危险（万元）	40	40	40	40	40	40	40	40	40	40	40	40
警告（万元）	40	40	40	40	40	40	40	40	40	40	40	40
安全（万元）	40	40	40	40	40	40	40	40	40	40	40	40

STEP2» 插入组合图表。❶选中 B2:N6 区域，❷切换到【插入】选项卡，❸单击【图表】组中的【推荐的图表】按钮，弹出【插入图表】对话框，❹切换到【所有图表】选项卡，❺在左侧列表框中选择【组合图】选项，❻右侧出现所有系列名称和图表类型，将毛利（万元）系列的图表类型设置为【折线图】，“危险（万元）”“警告（万元）”“安全（万元）”系列的图表类型设置为【堆积面积图】，❼单击【确定】按钮，即可插入组合图。

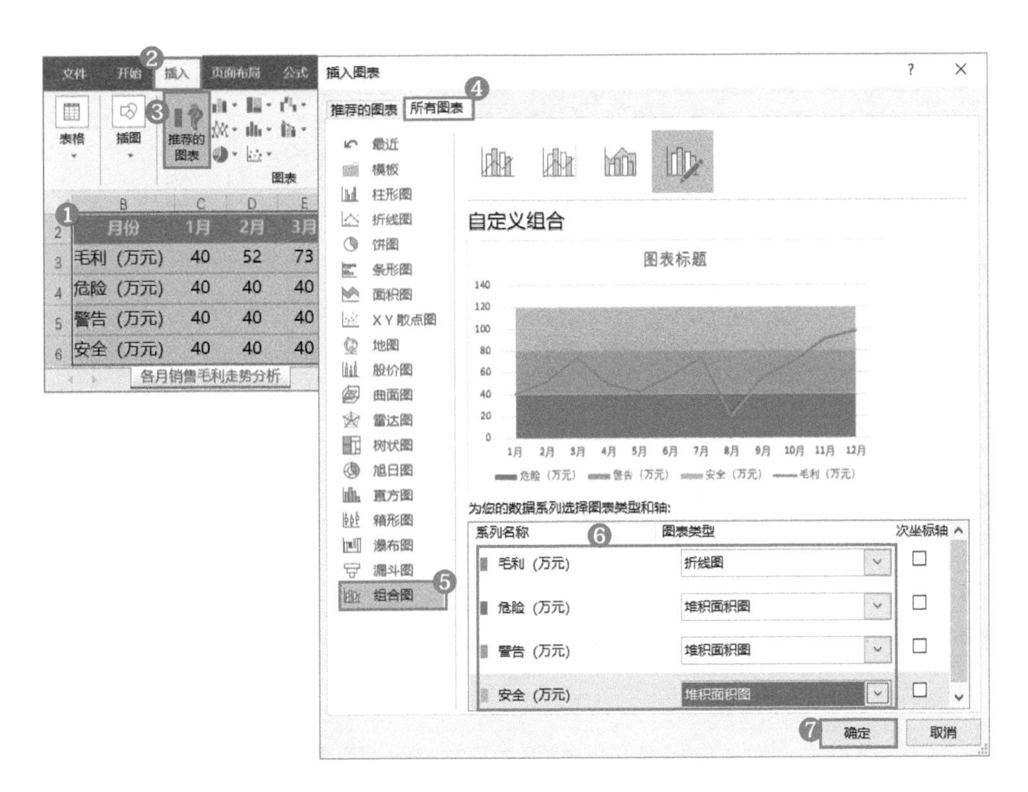

STEP3» 删除网格线，编辑图表标题内容为“各月销售毛利走势分析”，默认的图例位于图表下方，将其移动至标题下方，效果如右图所示。

可以看到在右图中，纵坐标轴的刻度较密，且最大值较大，需要对其进行设置。

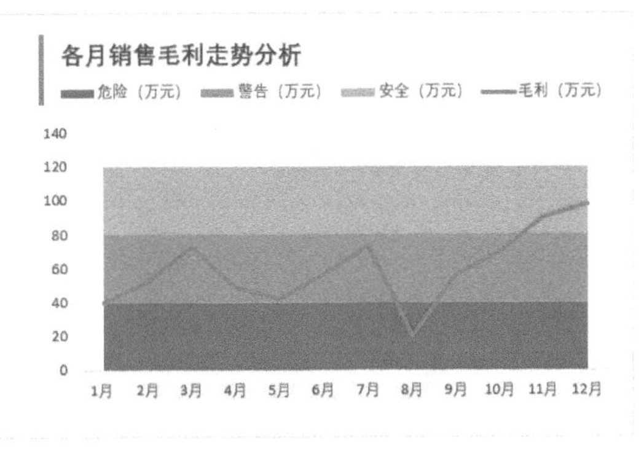

STEP4» 设置纵坐标轴格式。❶选中纵坐标轴后，在纵坐标轴上单击鼠标右键，❷在弹出的快捷菜单中选择【设置坐标轴格式】命令，打开【设置坐标轴格式】任务窗格，❸在【坐标轴选项】组中，将【边界】的【最大值】设置为【120.0】，❹将【单位】中的【大】设置为【40.0】。

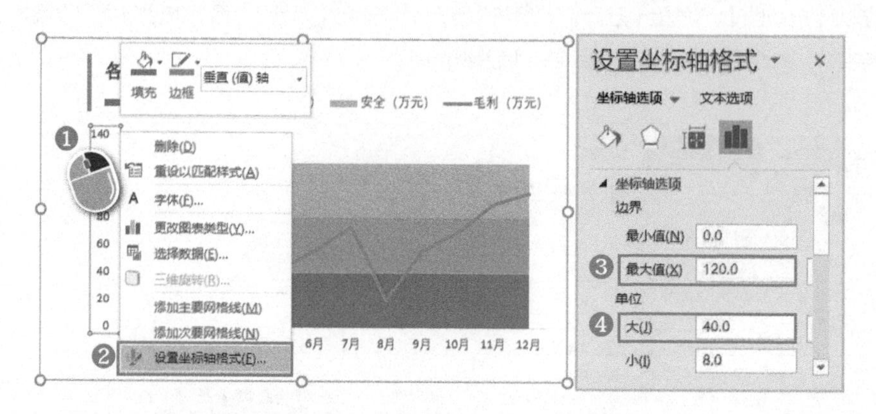

STEP5» 添加纵坐标轴标题。选中图表，单击图表右上角的【图表元素】按钮，单击【坐标轴标题】右侧的三角按钮，选择【主要纵坐标轴】选项，设置标题的文字方向为【竖排】，输入内容“毛利（万元）”，效果如右图所示。

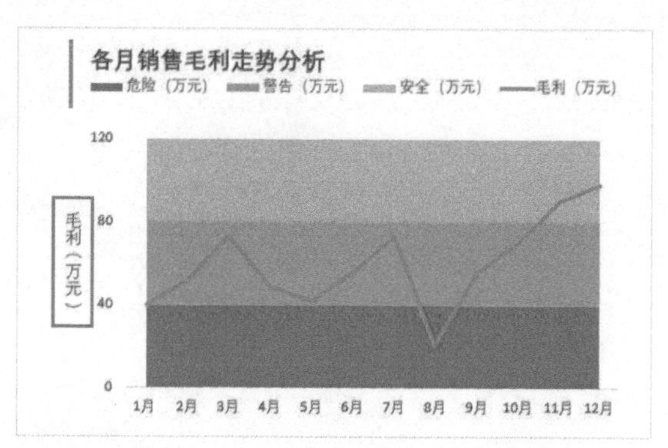

STEP6» 设置数据系列格式。由于默认的图表颜色都不太美观，可以重新设置合适的颜色。建议将折线设置为 2 磅、黑色，危险区设置为红色，警告区设置为黄色，安全期设置为绿色（符合常规的认识），其 RGB 值如下图所示。

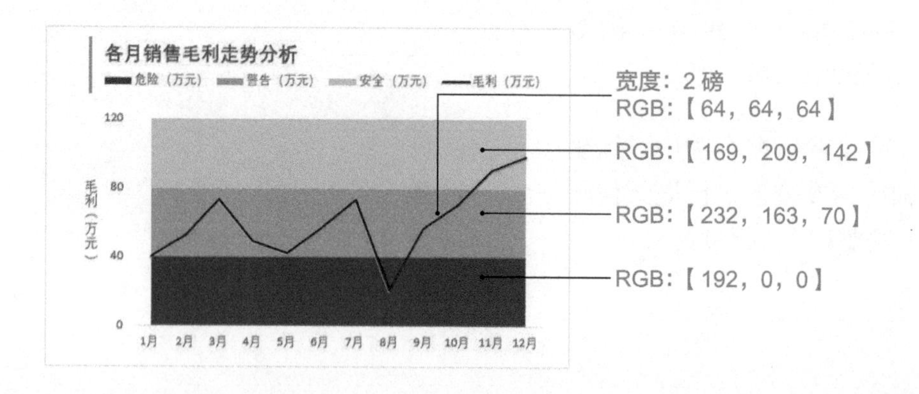

STEP7» 设置字体格式。选中图表，将字体设置为微软雅黑，各部分的字号设置如下图所示。

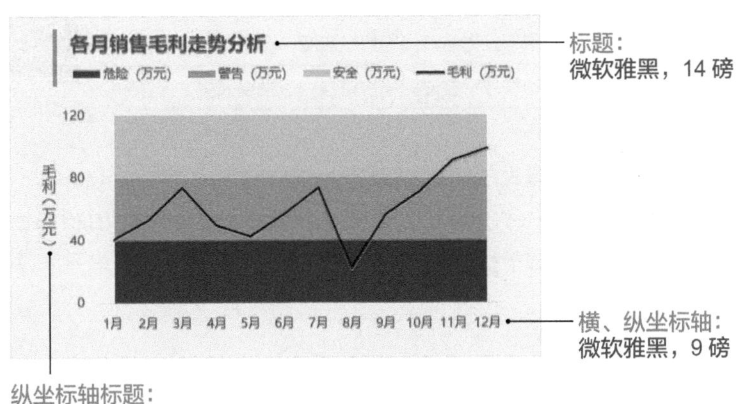

设置完成后，就可以让人从以上图表中轻松查看各月份毛利所处的状态。

4.2.6 用于分析各时间段价格走势的动态图表

在一个产品价格追踪图表中，如何展示历史最低价格和最高价格，以及价格的波动区间呢？下方的图表就可以实现这样的效果。

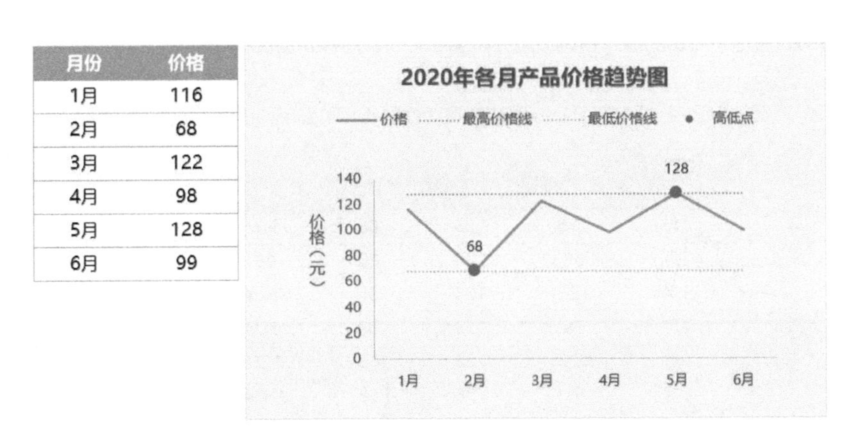

月份	价格
1月	116
2月	68
3月	122
4月	98
5月	128
6月	99

这个图表有以下两个特点：

①自动标识最低价格和最高价格在哪个月，以及价格是多少；

②自动绘制最高价格线和最低价格线，标识价格的波动区间。

制作这样的图表很简单，设置辅助列即可完成，具体操作如下。

配套资源
第 4 章 \ 动态分析各时间段价格走势—原始文件
第 4 章 \ 动态分析各时间段价格走势—最终效果

STEP1» 打开本实例的原始文件，首先在源数据区域增加两个辅助列“最高价格线”和“最低价格线”，辅助列的公式设置如下图所示（公式中数据区域设置为 C 列，是为了方便以后 C 列数据增加时，公式可自动更新），将公式向下复制。

	B	C	D	E
2	月份	价格	最高价格线	最低价格线
3	1月	116	128	68
4	2月	68	128	68
5	3月	122	128	68
6	4月	98	128	68
7	5月	128	128	68
8	6月	99	128	68

公式：=MIN(C:C)

公式：=MAX(C:C)

STEP2» 增加“高低点”辅助列，公式设置如下图所示（公式意义：如果 C3 的值是 C 列中的最大值或最小值时，就显示 C3 的值，否则就显示“#N/A”），同样将公式向下复制。

公式：=IF(OR(C3=MAX(C:C),C3=MIN(C:C)),C3,#N/A)

	B	C	D	E	F
2	月份	价格	最高价格线	最低价格线	高低点
3	1月	116	128	68	#N/A
4	2月	68	128	68	68
5	3月	122	128	68	#N/A
6	4月	98	128	68	#N/A
7	5月	128	128	68	128
8	6月	99	128	68	#N/A

Tips

以上辅助列公式中，将非最大值或最小值的数据显示为“#N/A”，目的是在折线图中不显示该数据点，原理可参见 4.2.1 小节的内容。

STEP3» 插入组合图表。❶选中整个数据区域，❷切换到【插入】选项卡，❸单击【图表】组中的【推荐的图表】按钮，弹出【插入图表】对话框，❹切换到【所有图表】选项卡，❺在左侧列表框中选择【组合图】选项，右侧出现所有系列名称和图表类型，❻将高低点系列的图表类型设置为【带数据标记的折线图】，其他系列的图表类型都设置为【折线图】，❼单击【确定】按钮，即可插入组合图。

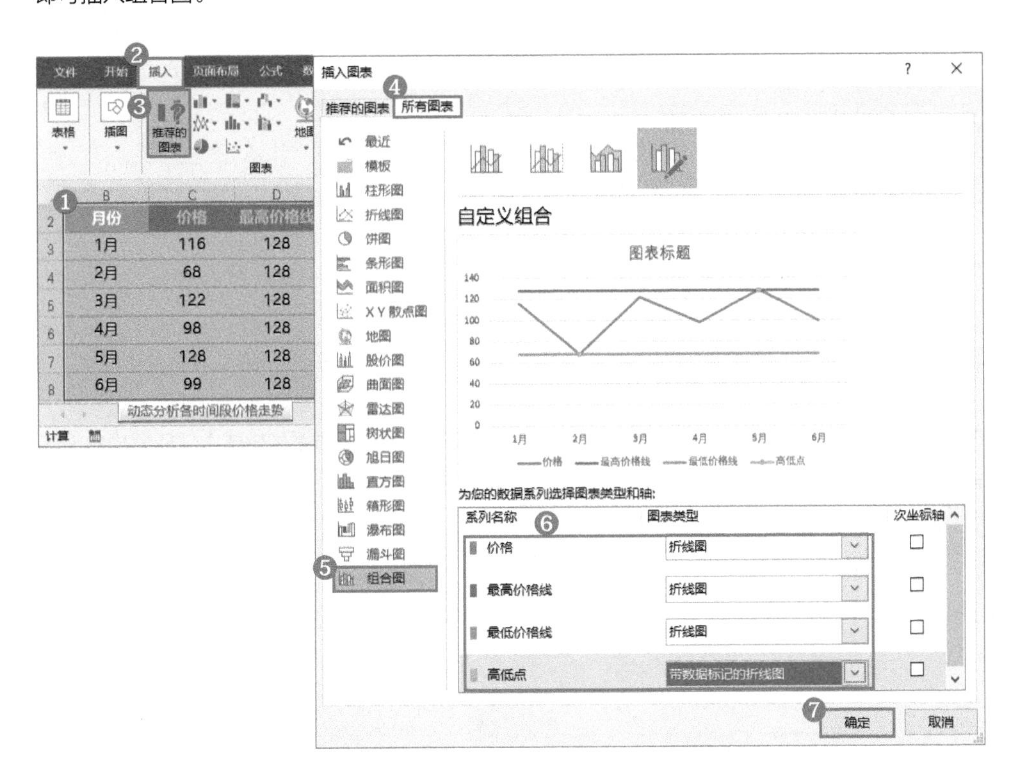

STEP4» 删除网格线，图表标题修改为“2020 年各月产品价格趋势图”，将图例移至标题下方，添加纵坐标轴标题“价格（元）”，将横纵坐标轴的线条设置为实线、0.75 磅，颜色保持默认，设置图表字体格式为微软雅黑，填充图表区颜色为【灰色，个性色 3，淡色 80%】，效果如右图所示。

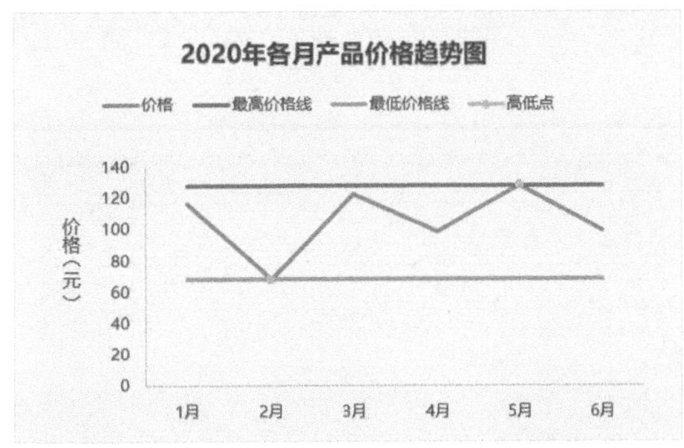

STEP5» 设置价格系列格式。选中价格系列，在【设置数据系列格式】任务窗格中，将线条【宽度】设置为【1.75 磅】。

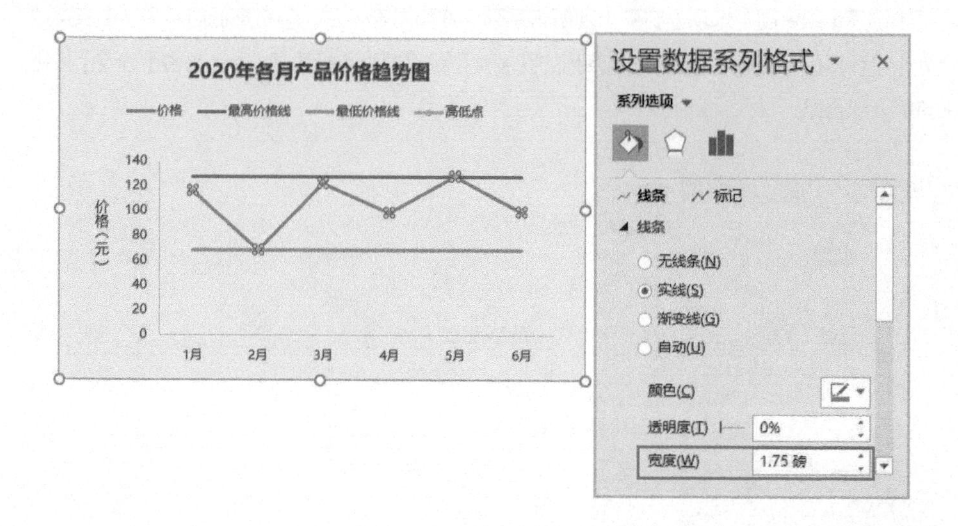

STEP6» 设置高低价格线格式。❶选中最高价格线，❷在【设置数据系列格式】任务窗格中将线条【宽度】设置为【1.25 磅】，❸将【短划线类型】设置为【圆点】，设置完成后，将最低价格线按同样的操作进行设置。

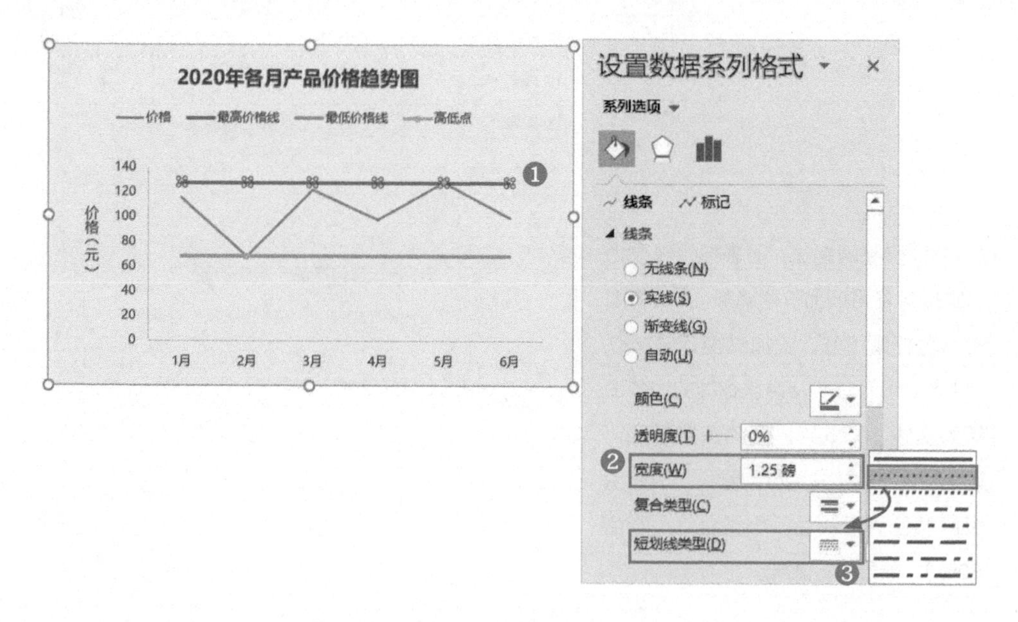

STEP7» 设置高低点格式。选中高低点系列（该系列只有最高点和最低点两个数据点），打开

【设置数据系列格式】任务窗格，❶选择【标记】选项，❷在【标记选项】组中选中【内置】单选钮，❸将【大小】设置为【8】，❹填充【颜色】的 RGB 值设置为【255，80，80】，边框设置为同样的颜色，❺单击【线条】，❻将线条设置为【无线条】。

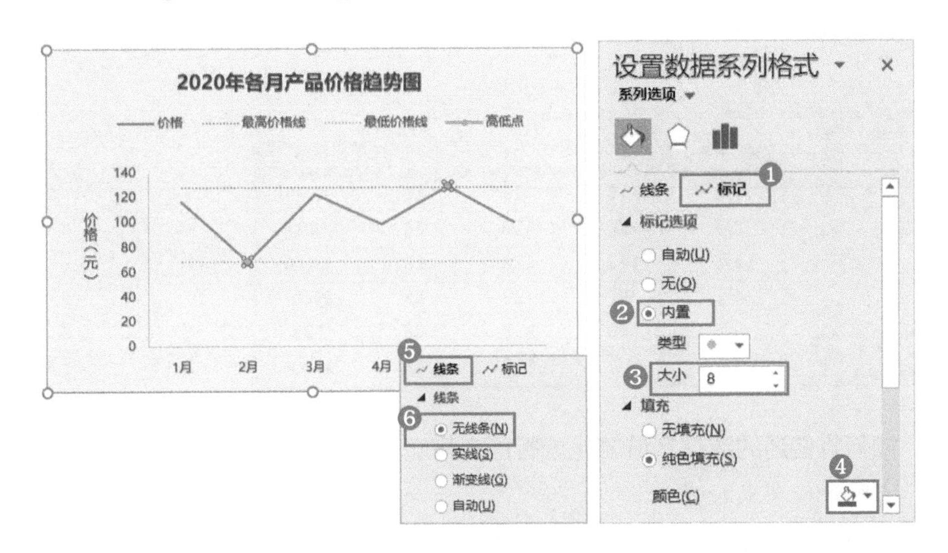

STEP8» 添加数据标签。选中高低点系列，❶单击图表右上角的【图表元素】按钮，❷勾选【数据标签】复选框，即可为高低点添加数据标签，效果如下图所示。

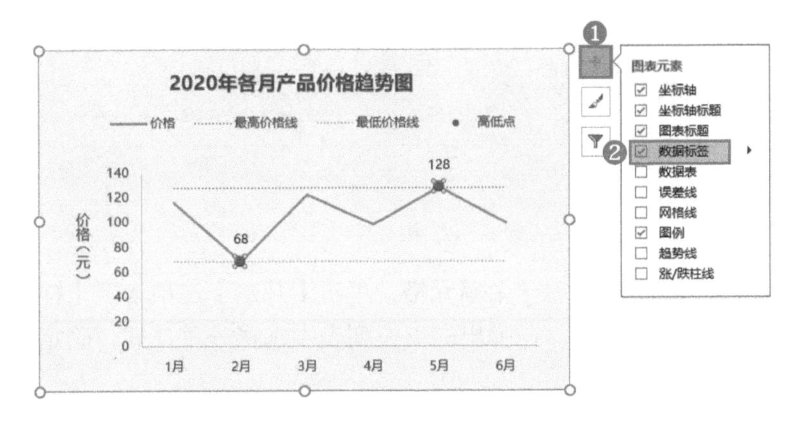

到这一步，图表就制作完成了，但是当在源数据区域中增加源数据时，要想将图表同步更新，还需要将辅助区域的公式向下复制，然后选中增加的区域，手动将其复制、粘贴到图表中，这是比较常规的操作，但是该操作比较烦琐，而且容易遗忘，造成图表更新不及时。

接下来介绍可以随源数据增加，自动更新图表的方法。

该方法的原理是利用智能表格。在介绍具体操作之前，我们先来认识智能表格。

在以上案例中，B2:F8 区域只是工作表中的一个数据区域，虽然设置了格式，让它看起来像一个表格，但本质依然是数据区域。

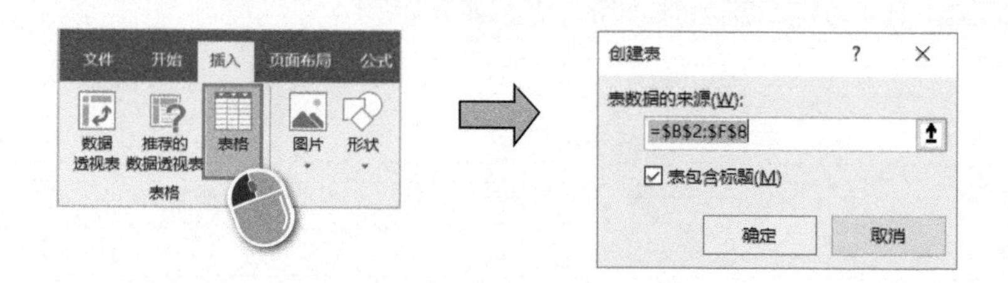

月份	价格	最高价格线	最低价格线	高低点
1月	116	128	68	#N/A
2月	68	128	68	68
3月	122	128	68	#N/A
4月	98	128	68	#N/A
5月	128	128	68	128
6月	99	128	68	#N/A

工作表中的数据区域

如何将普通的数据区域转化成智能表格呢？有以下两种方法。

方法一：插入表格

单击数据区域中的任意一个单元格，单击【插入】选项卡下【表格】组中的【表格】按钮，然后单击【确定】按钮（该操作的快捷键是【Ctrl】+【T】）。

方法二：套用表格格式

单击数据区域中的任意一个单元格，单击【开始】选项卡下【样式】组中的【套用表格格式】按钮，在弹出的下拉列表中选择一种样式，确定后即可转化为智能表格。

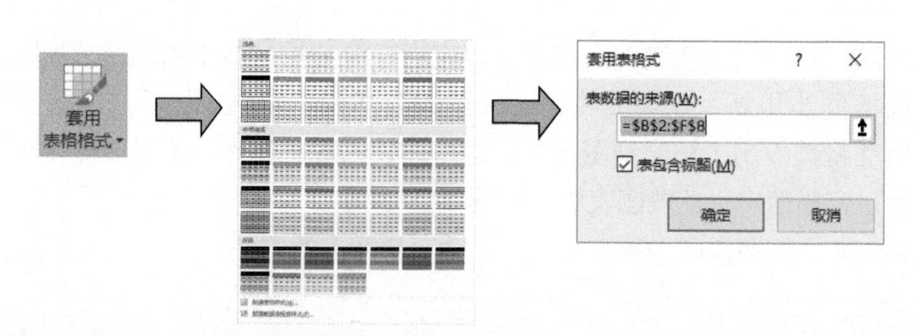

将普通区域转化成智能表格后，就可以利用智能表格的特性自动扩展表格区域，更新统计结果。

当在智能表格的下方一行或右侧一列中直接输入数据时，表格区域会自动扩展至新的一行或一列。以上案例中，如果为智能表格插入了图表，相应图表中的数据也会自动更新。利用智能表格的这一特性，我们就可以制作出随源数据增加而自动更新的动态图表。下面返回以上案例继续操作。

STEP9» 插入智能表格。在数据区域中直接插入表格，会改变现有的样式，所以我们直接采用套用表格格式的方法。❶选中数据区域中的任意一个单元格，❷单击【开始】选项卡下【样式】组中的【套用表格格式】按钮，❸在弹出的下拉列表中选择一种样式，本案例选择【白色，表样式浅色 11】，弹出【套用表格式】对话框，❹单击【确定】按钮。

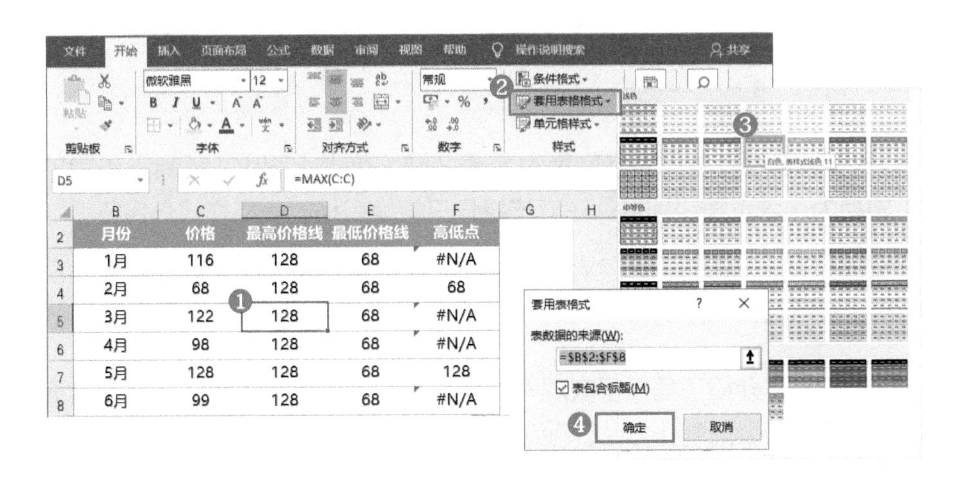

STEP10» 增加源数据。在B9:C9区域增加7月的价格数据后，D9~F9单元格中会自动填充公式并计算结果，图表也会自动更新到 7 月，如下图所示。

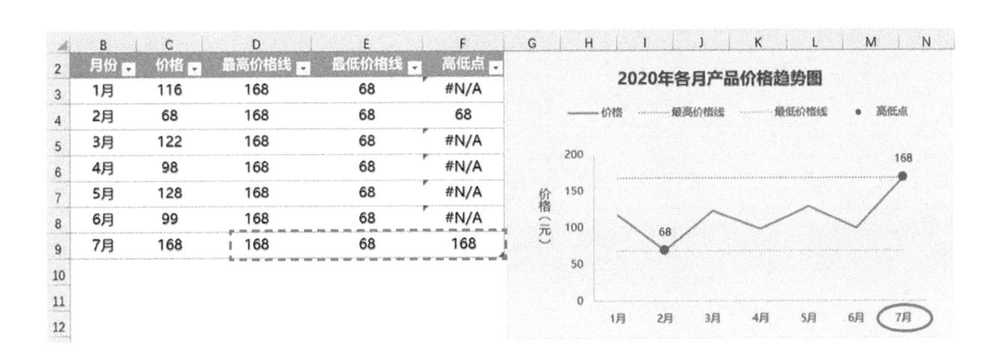

可以看到，本案例中原来的最高价格是 128，增加 7 月的数据后，最高价格变为 168，图表也自动将其标识了。转化成智能表格后，后续工作中只需要增加源数据，图表不需要再进行任何设置，十分方便。

Tips

普通区域转换成智能表格后，标题行会自动添加筛选按钮，如果想要将其去掉（不显示），单击智能表格的任意一个单元格，切换到【表格工具】的【设计】选项卡，取消勾选【表格样式选项】组中的【筛选按钮】复选框即可。

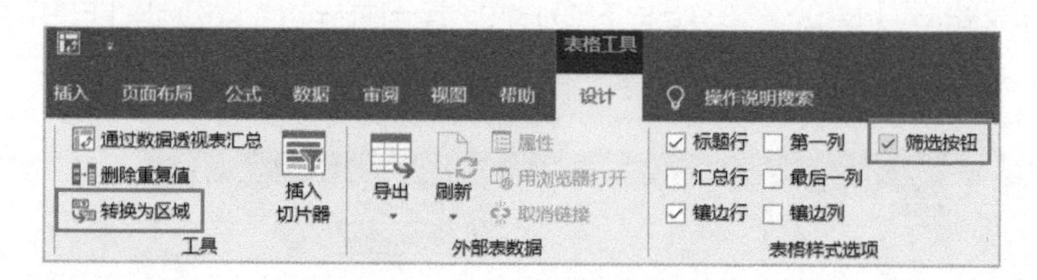

如果想要将智能表格转换为普通区域，单击上图中【工具】组中的【转换为区域】按钮即可，注意该操作只转换表格，表格样式仍保留。

本章内容小结

本章主要介绍了适用于表现不同情况下的数据变化趋势的折线图、面积图及组合图表的制作方法。除了常规趋势图，还可以通过添加数据标记和标签、设置平均线上下分色、改变线条形状、增加阴影等方法强调重点，以及通过组合图表、动态图表等，使趋势分析更直观，专业性更强。

万变不离其宗，只要掌握核心思路，对常规趋势图的形式稍加修改，就能够制作出高级的趋势分析图表。

第 5 章

结构分析

- 分析各销售渠道所占份额
- 分析各产品销售贡献率
- 分析不同产品销售额占比
- 分析各类产品结构
- 分析公司人员结构
- 动态分析不同渠道的产品结构

项目占比不简单，
结构分析找规律！

结构分析是实际数据分析中经常要做的分析之一，其目的是了解各项目所占的比重，进而分析出数据整体的特征和结构特征。本章通过具体实例来介绍结构分析的经典应用场景及适用的图表类型。

5.1 什么情况下适合做结构分析

当需要分析各项目数据的占比时，就需要对数据进行结构分析，如分析各销售渠道所占份额、各产品的销售贡献率、多系列中各项目占比、各类产品结构，以及公司人员结构等。下面我们先通过两个经典的应用场景来学习什么情况下适合做结构分析。

经典场景 1：各销售渠道所占份额分析

分析销售数据时，按销售渠道数据进行结构分析，从而了解各渠道的销售状况，对销售政策的制定十分重要。

右图所示是某公司上半年各销售渠道的销售额数据。

渠道	销售额（万元）
超市	1311.13
网店	559.12
批发市场	202.71
零售	75.94

要按销售渠道进行结构分析，需要计算各销售渠道的销售额占比，用图表呈现时首选饼图，它通过扇区的面积，显示各渠道销售额相对于整体销售额的比例，如右图所示。

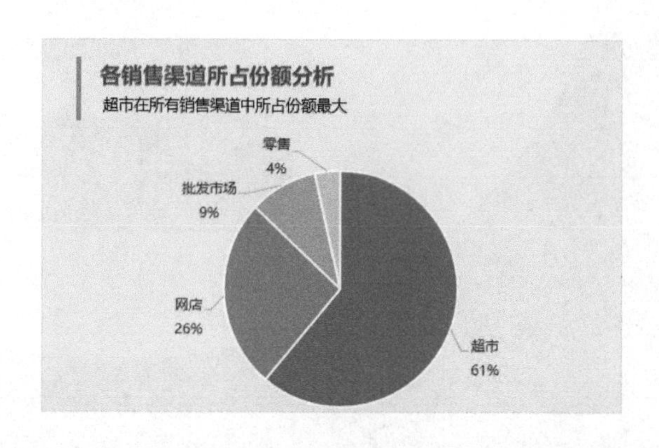

如果不仅要显示各项目的占比情况，还想要突出显示其中的某一个项目，就可以对饼图进行特别的设置，通过突出颜色或设置扇区分离来实现强调的目的。

右图中通过对网店所在的扇区设置不同的颜色来实现强调的目的。

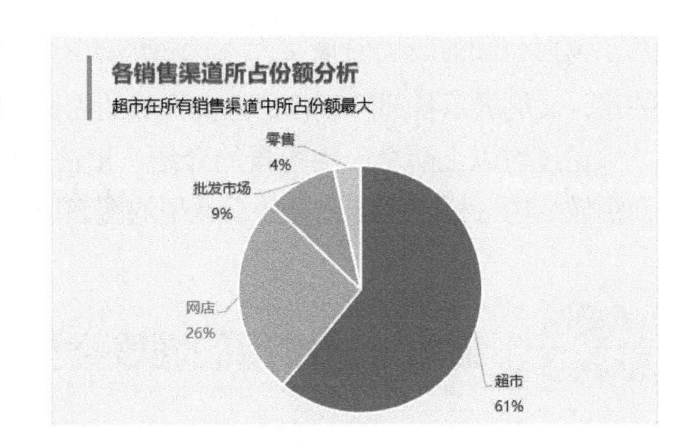

右图中通过对网店所在的扇区设置点分离来实现强调的目的。具体操作可参见 5.2.1 小节中的内容。

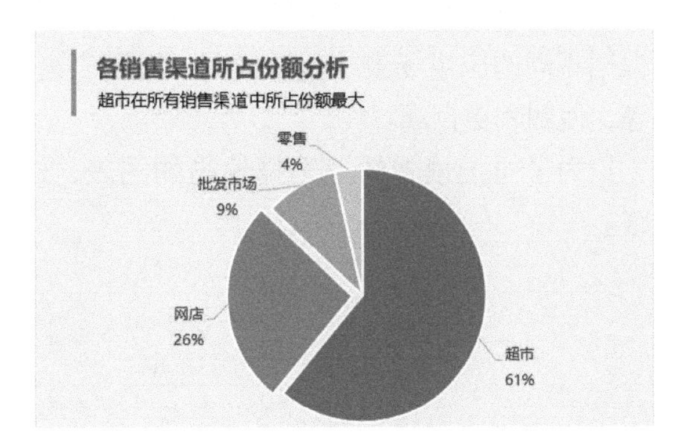

经典场景 2：各部门男女人数占比分析

在分析公司的人员结构时，对各部门的人员性别构成进行分析也是很常见的。由于该分析中存在层级关系，因此饼图就不适用了，可以选用旭日图。

下图所示是根据某公司各部门的男女人数制作的旭日图。

部门	性别	人数
办公室	男性	2
	女性	3
财务部	男性	0
	女性	3
人事部	男性	3
	女性	2
行政部	男性	2
	女性	1
业务部	男性	3
	女性	2

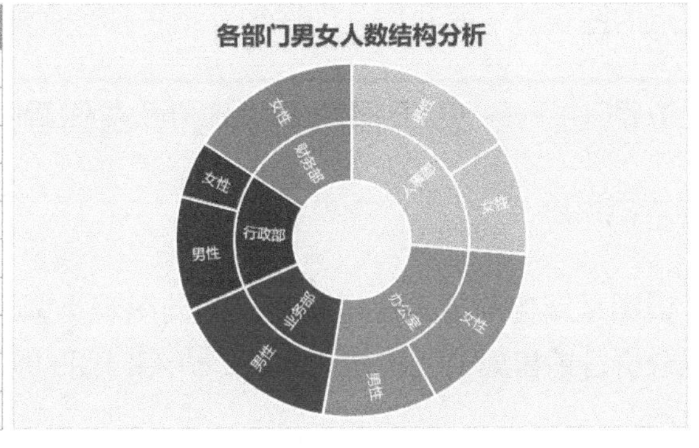

该旭日图能够同时展示两个层级的结构关系，既能展示公司各部门的结构关系，又能展示各部门下各自男女人数的占比。

通过对以上两个应用场景的介绍，相信你已经对结构分析有了认识，下面介绍做结构分析时应该选择什么类型的图表以及具体的制作方法。

5.2 结构分析常用的图表类型

结构分析常用的是饼图、复合饼图、圆环图、旭日图、树状图等，还可以根据不同的应用场景或数据类型，对图表进行特殊的设置，如制作趣味圆环图等，使图表更直观。

为了方便读者快速选择恰当的图表，以下提供了结构分析图表的选择思路。

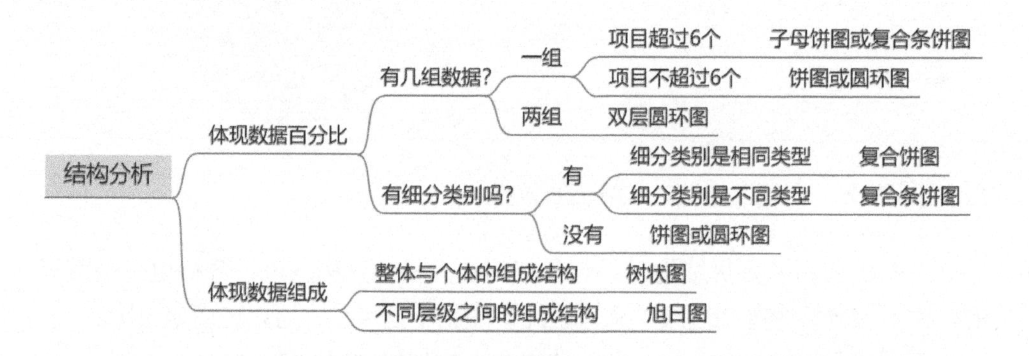

选择图表类型后，需要对它们进行灵活的设计，从而制作出更直观、更有侧重点的图表。下面我们分别详细介绍各种表现结构的图表的制作方法。

5.2.1 饼图——分析各销售渠道所占份额

1. 制作饼图

饼图是结构分析中使用频率最高的图表类型之一，其制作方法很简单。下面以分析各销售渠道所占份额为例，介绍饼图的应用及设计要点。

分析目标：

①用图表展示各销售渠道所占份额；②让人一目了然地看出哪些渠道所占份额较大，哪些渠道所占份额较小。

经过分析，结合数据特点和分析目标，我们可以选择右图所示的饼图来展示各销售渠道所占份额。

下面介绍具体的制作方法。

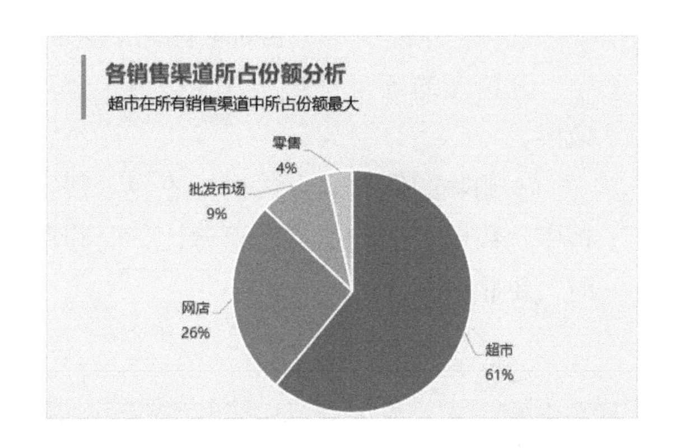

配套资源

第 5 章 \ 分析各销售渠道所占份额—原始文件

第 5 章 \ 分析各销售渠道所占份额—最终效果

扫码看视频

STEP1» 打开本实例的原始文件，❶选中 B2:C6 区域，❷切换到【插入】选项卡，❸单击【图表】组中的【插入饼图或圆环图】按钮，❹在弹出的下拉列表中选择【饼图】，即可在工作表中插入饼图。

STEP2» 增加图表标题和副标题，内容如图所示。❶主标题字体格式为微软雅黑、14 磅、加粗，❷副标题字体格式为微软雅黑、10 磅，❸增加蓝色提示色块（具体操作参见 3.2.1 小节中的内容），❹给图表区填充颜色【灰色，个性色 3，淡色 80%】。

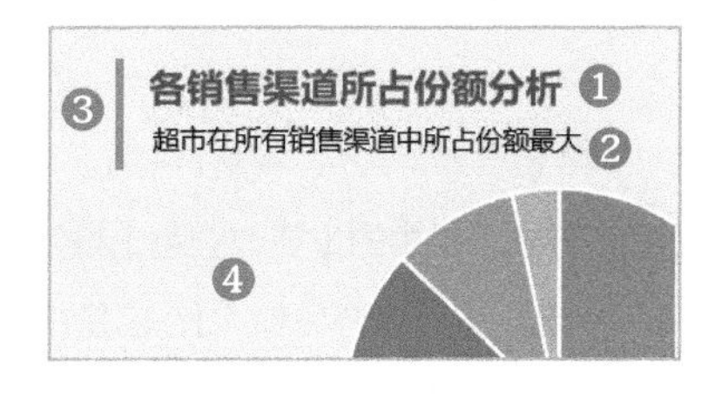

Tips

创建的默认饼图需要进行必要的设计才能更好地展示数据，我们可以从以下几个方面来优化饼图。

①数据按顺时针方向从大到小排列，并且第 1 个扇区最好从 0 点刻度开始，因此在创建饼图前可以对源数据进行降序排序。

②数据不能太小，否则会因为扇区面积太小而无法体现。

③饼图的项目数量最好不超过 6 个，扇区太多会弱化百分比的显示效果。

④删除图例，通过数据标签显示项目名称和百分比数据。在结构分析中，数据表达的重点是百分比，而非具体数值，因此在添加数据标签时，要显示百分比。

STEP3» 删除图例，添加数据标签。❶单击图表右上角的【图表元素】按钮，❷勾选【数据标签】复选框，即可为饼图添加数据标签，然后选中添加的数据标签，打开【设置数据标签格式】任务窗格，❸在【标签选项】组中勾选【类别名称】和【百分比】复选框，❹【分隔符】设置为【(新文本行)】。设置完成后，选中数据标签，调整至合适的位置即可。

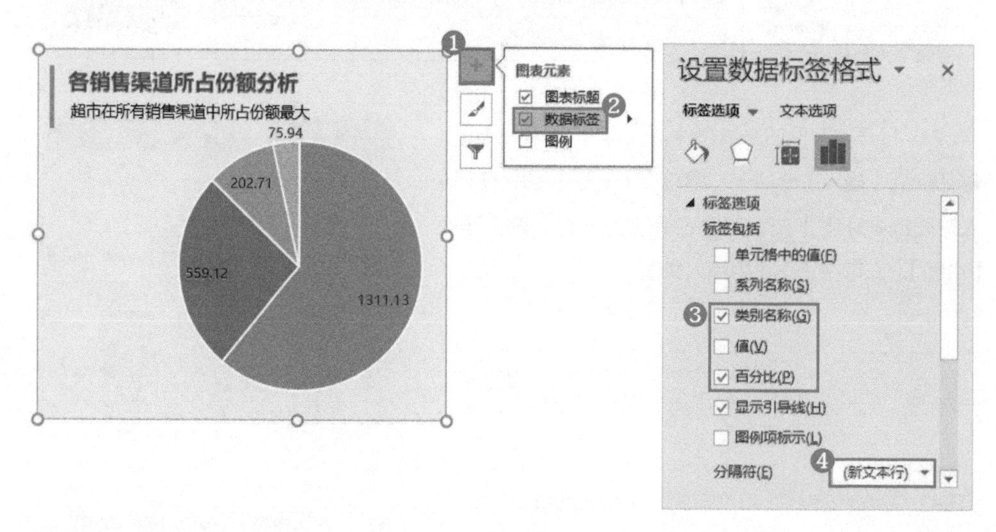

STEP4» 设置扇区颜色。❶在饼图上单击，选中整个系列，❷切换到【设计】选项卡，❸单击【图表样式】组中的【更改颜色】按钮，❹在弹出的下拉列表中可以选择一种合适的预设颜色，本案例选择【单色调色板 1】，它是由深蓝色到浅蓝色的渐变，可使整个饼图配色看上去比较协调，而且扇区颜色越深代表占比越大，也比较符合大多数人的视觉习惯，可使图表更直观。

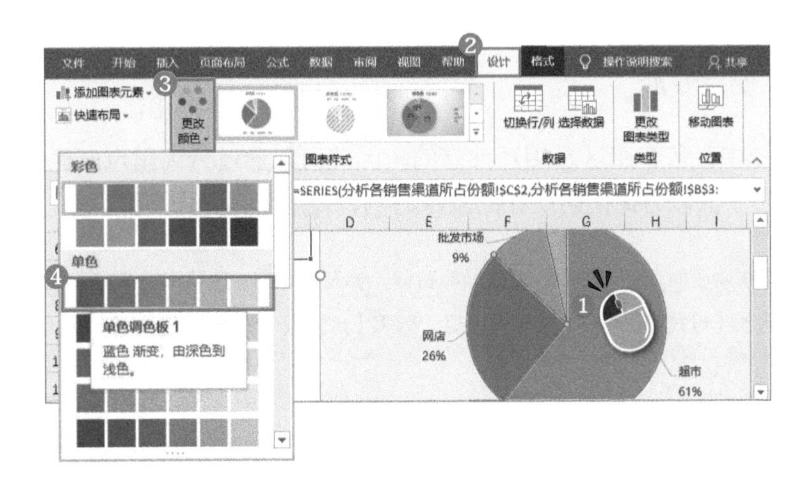

设置完成后，调整绘图区到合适的位置即可。具体操作可扫描案例开头的二维码观看视频内容。

2. 强调重点数据的饼图

在饼图中，要强调重要的数据点，主要有两种方式：一种是突出数据点颜色，另一种是设置数据点分离。

配 套 资 源
第 5 章 \ 分析各销售渠道所占份额 01—原始文件
第 5 章 \ 分析各销售渠道所占份额 01—最终效果

扫码看视频

突出数据点颜色

选中需要强调的数据点（扇区）后，设置其填充颜色即可，具体操作这里不赘述，读者可扫描上方二维码观看视频内容。

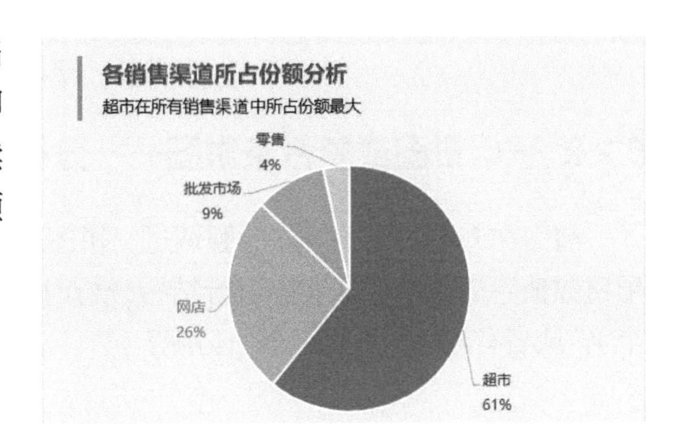

设置数据点分离

在饼图中，各个扇区是相互独立的，因此可以通过分离重点扇区来实现强调的目的。下面以分离网店所在的扇区为例，介绍具体操作步骤。

STEP1» ❶选中网店所在的扇区后，单击鼠标右键，❷在弹出的快捷菜单中选择【设置数据点格式】命令，弹出【设置数据点格式】任务窗格，❸将【点分离】的数值设置为【8%】(数值越大，分离得越远)。

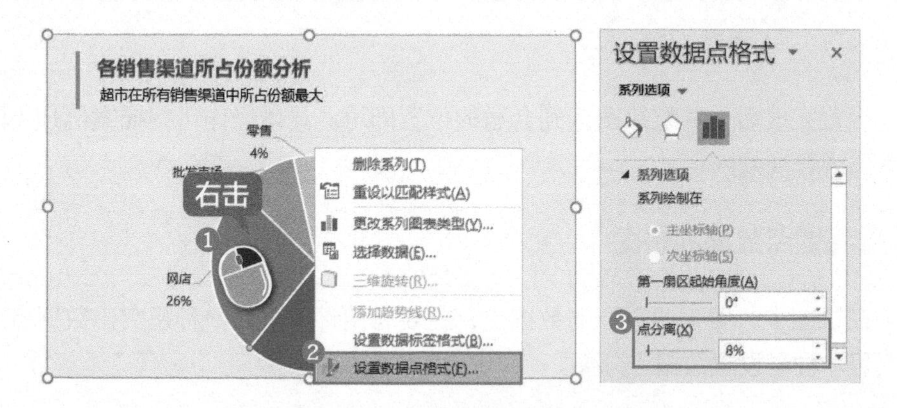

STEP2» 设置完成后，网店所在的扇区就被分离出来了，效果如右图所示。

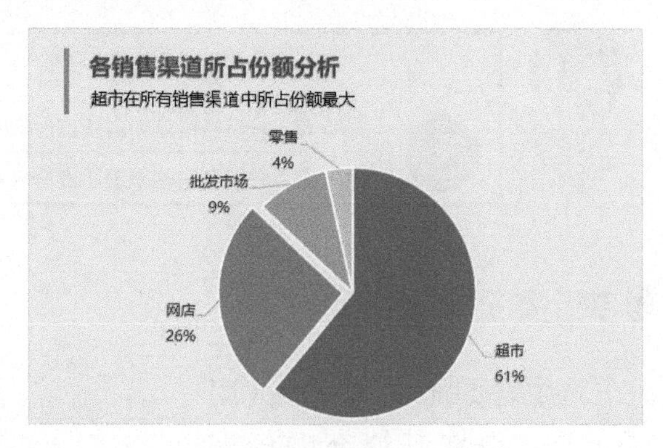

5.2.2 子母饼图或复合条饼图——分析各产品销售贡献率

前面在介绍饼图的制作时强调过，饼图的数据项目最好不要超过 6 个，且项目数值不能太小。在实际进行结构分析时，如果碰到数据项目较多（超过 6 个），或者有较小的数据，怎么办呢？

这时可以用子母饼图或复合条饼图。子母饼图就是把某些满足条件的项目绘制在一个小饼图里，构成一个大饼图和一个小饼图的结构。复合条饼图也是这样的处理，只是把小饼图换成了堆积的条形图。下面介绍具体应用。

1. 细分项目属于同一类别——子母饼图

当项目数据中有较小的数据存在，并且较小的数据与较大的数据是同类时，就可以选择子母饼图。

例如，右图所示为各产品的销售贡献率饼图，该饼图中有几个产品占比太小，看起来很不直观。

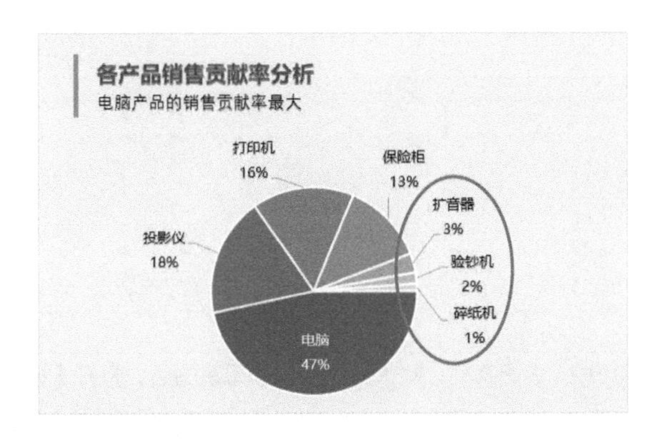

下面我们以该案例为例，介绍子母饼图的制作。

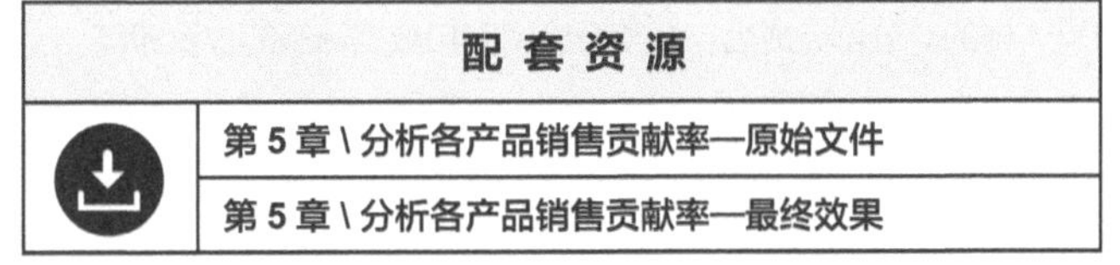

本案例由于已做好饼图，所以在饼图的基础上更改图表类型即可。

STEP1» 打开本实例的原始文件，选中图表后，❶切换到【设计】选项卡，❷单击【类型】组中的【更改图表类型】按钮。

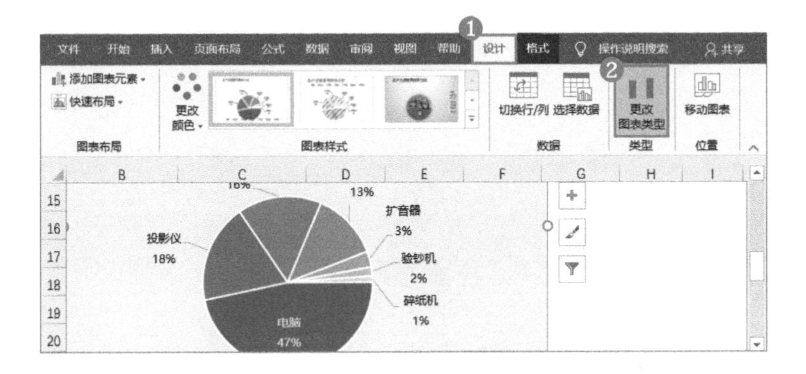

STEP2» 在【更改图表类型】对话框中选择【子母饼图】，单击【确定】按钮。

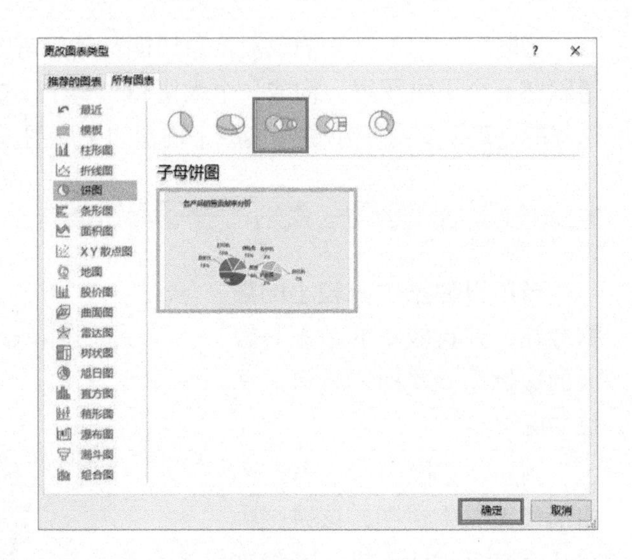

STEP3» 设置系列分割依据。插入子母饼图后，打开【设置数据系列格式】任务窗格，在【系列选项】组中设置【系列分割依据】。分割依据有 4 个选项，分别是【位置】【值】【百分比值】【自定义】。本案例要将数值较小的最后 3 个数据分割，❶因此可以设置【系列分割依据】为【位置】，【第二绘图区中的值】为【3】；❷也可以按照【百分比值】来分割，设置【值小于】为【10%】。两种方式分割的结果是一样的。分割完成后，调整好绘图区和数据标签的位置即可。

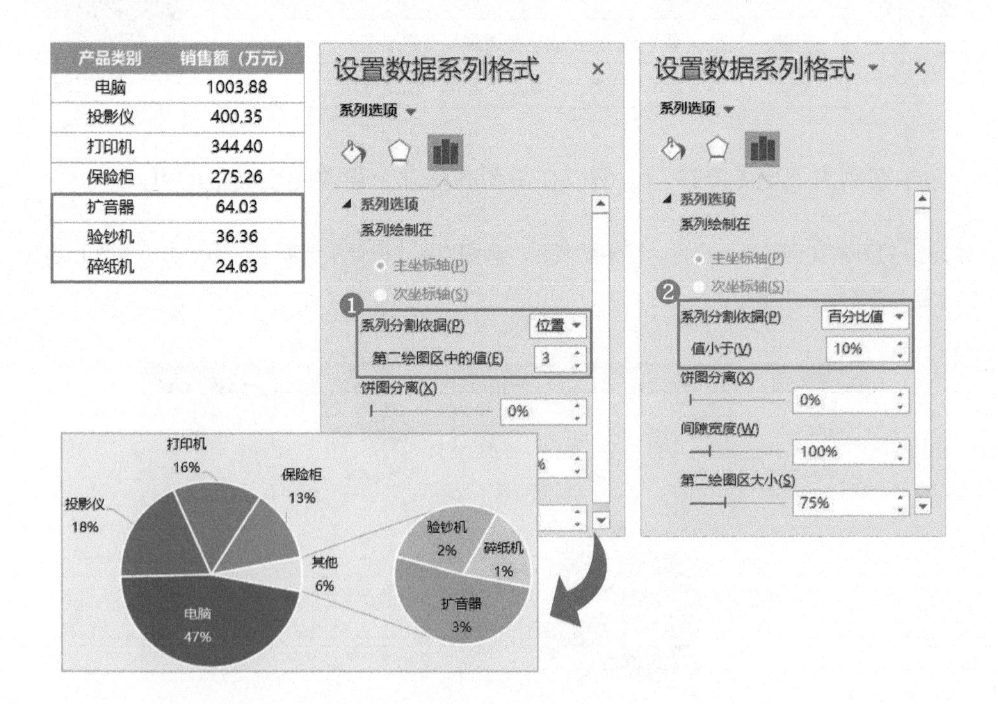

产品类别	销售额（万元）
电脑	1003.88
投影仪	400.35
打印机	344.40
保险柜	275.26
扩音器	64.03
验钞机	36.36
碎纸机	24.63

2. 细分项目属于不同类别——复合条饼图

配 套 资 源
第 5 章 \ 分析各产品销售贡献率 01—原始文件
第 5 章 \ 分析各产品销售贡献率 01—最终效果

扫码看视频

当数据较小的项目与数据较大的项目在类别上有区别时，我们可以选择复合条饼图。例如，当肉类所占的份额很小，其他产品都是蔬菜时，通过复合条饼图可以让二者有区别，从而体现差异。

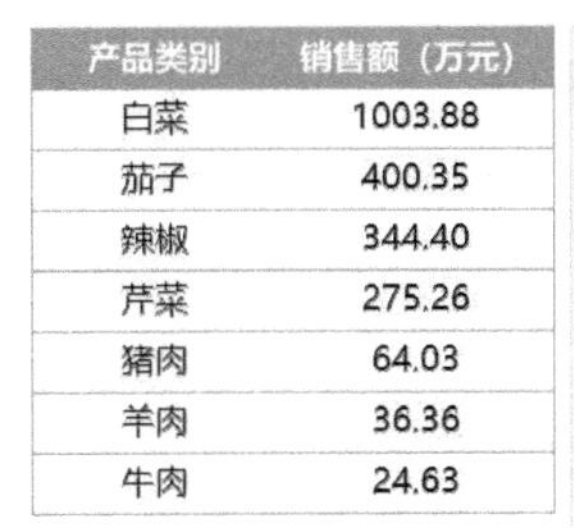

产品类别	销售额（万元）
白菜	1003.88
茄子	400.35
辣椒	344.40
芹菜	275.26
猪肉	64.03
羊肉	36.36
牛肉	24.63

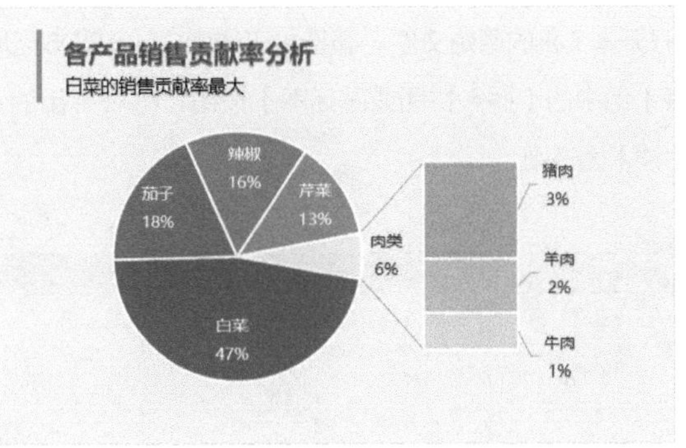

制作复合条饼图的具体操作这里不赘述，读者可扫描上方二维码观看。

5.2.3 圆环图——分析多系列中各项目占比

在分析各项目数据的占比情况时，除了可以使用饼图外，还可以使用圆环图，如下图所示分别是用饼图和圆环图制作的各月销售额占比分析。

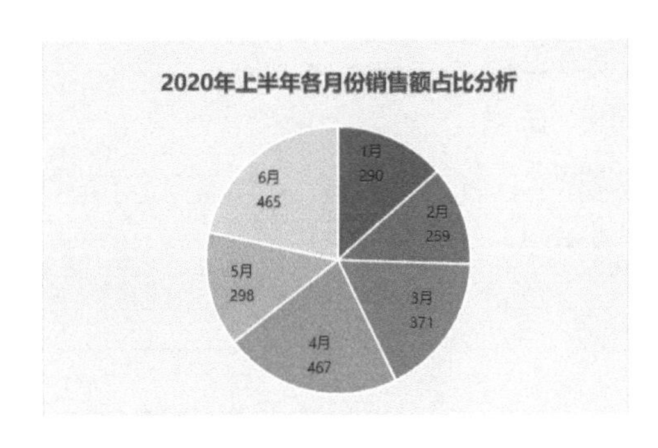

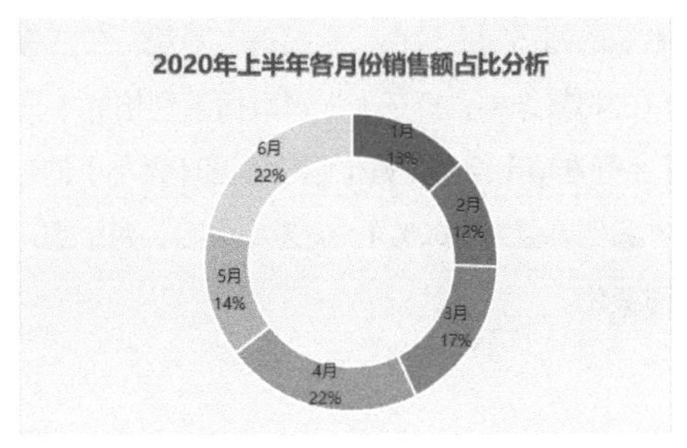

通过对比可以看出，在只有一个数据系列的情况下，圆环图和饼图都可以表达各项目的占比情况，只是圆环图看起来会更简洁一些（圆环图的制作很简单，可参考 5.2.1 小节饼图的制作步骤，这里不赘述）。

其实，与饼图相比，圆环图还有一个优势，就是它可以同时展示多系列中各项目的占比情况。下面我们具体介绍多层圆环图的制作。

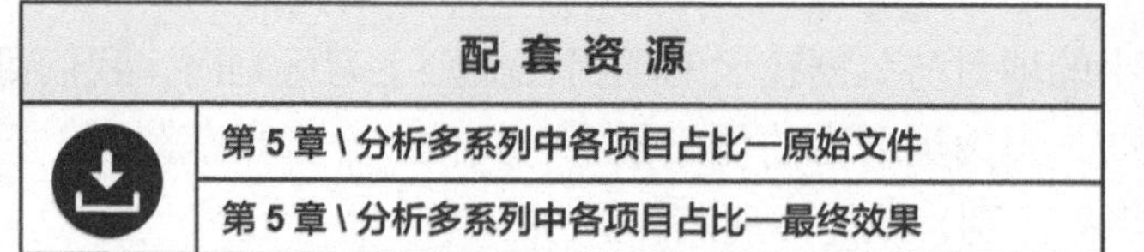

扫码看视频

STEP1» 打开本实例的原始文件，❶选中工作表中的 B2:D8 区域，❷切换到【插入】选项卡，❸单击【图表】组中的【插入饼图或圆环图】按钮，❹在弹出的下拉列表中选择【圆环图】，即可在工作表中插入圆环图。

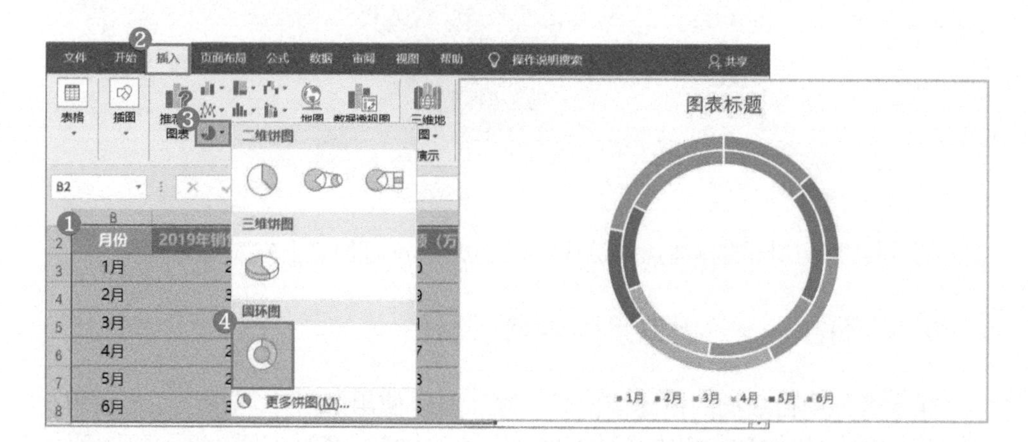

STEP2» 插入圆环图后的重点是设置圆环的内径大小，因为默认的圆环宽度较小，看起来不美观。在任意一个圆环上单击将其选中，打开【设置数据系列格式】任务窗格，在【系列选项】组中设置【圆环图圆环大小】的百分比即可，本案例设置为【60%】。设置完成后，两个圆环的大小会同时变化。

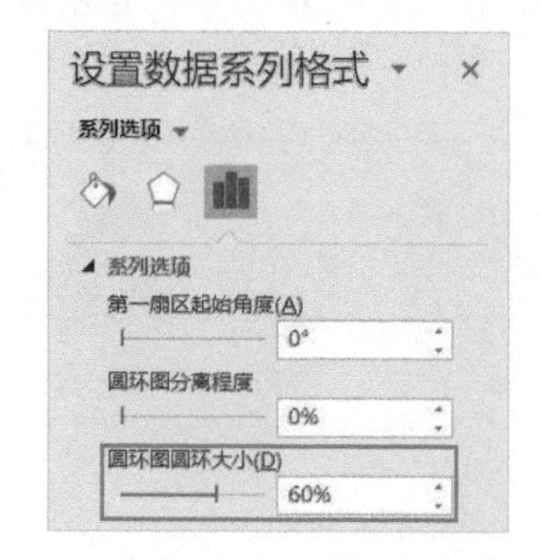

STEP3» 添加数据标签。❶选中图表，❷单击图表右上角的【图表元素】按钮，❸勾选【数据标签】复选框，即可为圆环图添加数据标签。

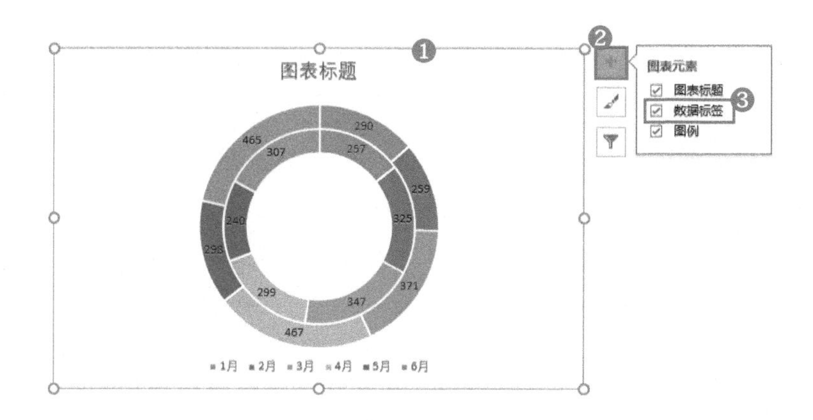

STEP4» 设置数据标签格式。选中任意一个圆环的数据标签，打开【设置数据标签格式】任务窗格，在【标签选项】组中，取消勾选【值】复选框，然后勾选【百分比】复选框，数据标签就显示为百分比了。对另一组数据标签也做同样的设置。

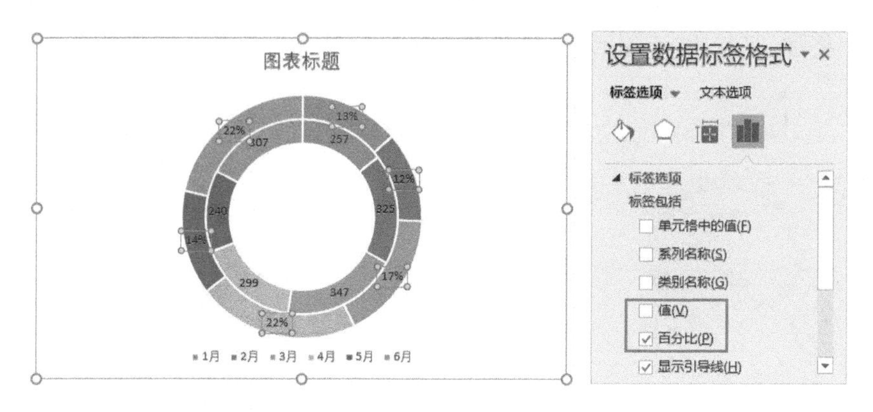

STEP5» 手动添加注释。由于从圆环图看不出来内圈和外圈分别代表哪个系列，为了让读者便于理解，可以添加文本框，注明两个圆环的内容；另外，默认添加的图例位于图表下方，可以将其移动到右侧或上方，本案例将其移动到右侧，效果如右图所示。

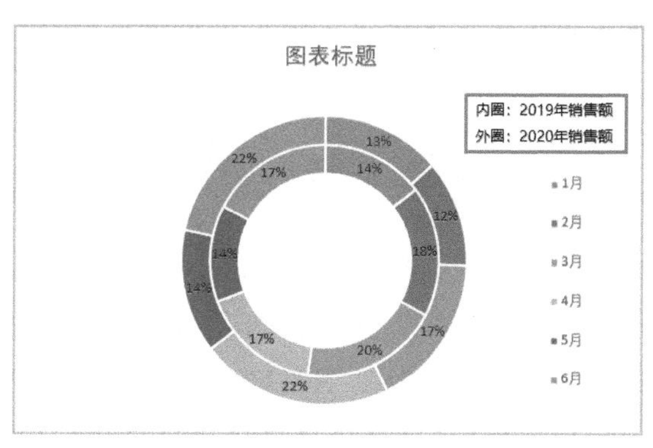

STEP6» 添加图表标题，设置图表字体格式和背景颜色，具体参数设置如下图所示。

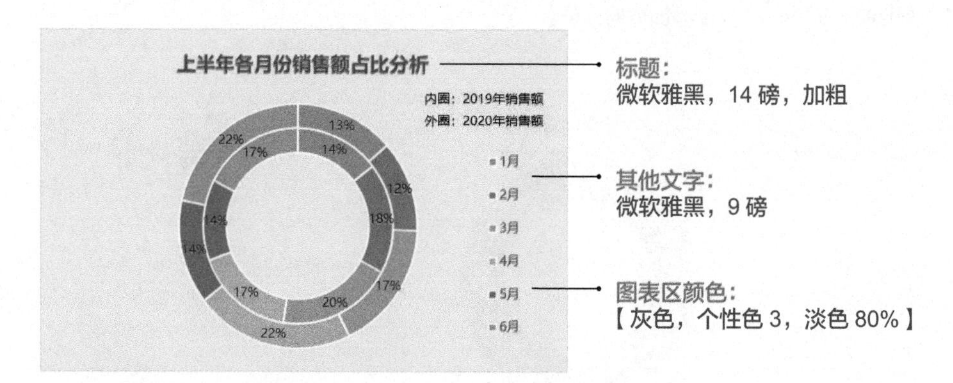

多层圆环图不仅可以同时展示 2019 年和 2020 年各月份的销售额占比情况，而且可以直观地展示相同月份的数据对比情况。

5.2.4 趣味圆环图——分析不同产品销售额占比

在分析项目占比时，如果想要强调单个项目的占比情况，可以绘制趣味圆环图，将圆环图与展示项目主题相关的图标进行搭配，效果如下图所示。

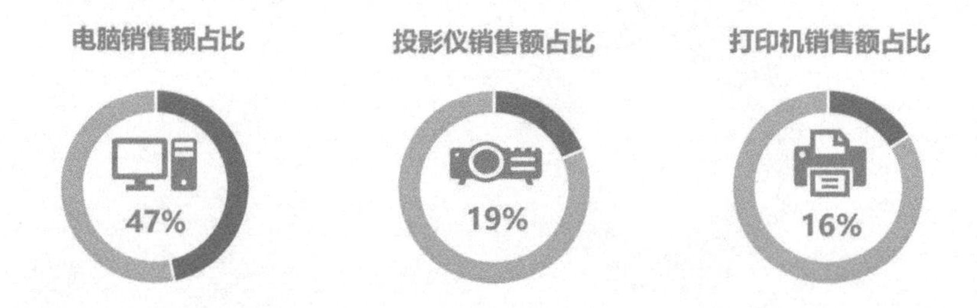

以上单项目趣味圆环图的制作很简单，下面介绍具体的操作方法。

配 套 资 源	
	第 5 章 \ 分析不同产品销售额占比—原始文件
	第 5 章 \ 分析不同产品销售额占比—最终效果

扫码看视频

STEP1» 增加辅助数据。打开本实例的原始文件，在“销售额占比”列后增加一个辅助列，公式内容为“=1 – 销售额占比”，即在 E3 单元格中输入公式“=1 – D3”，然后将公式向下复制。

右图所示为增加辅助列后的数据内容。

本案例中需要突出展示电脑、投影仪和打印机的销售额占比，就需要制作出 3 个圆环图。首先制作出电脑销售额占比对应的圆环图。

E3 =1-D3

产品类别	销售额（万元）	销售额占比	辅助
电脑	1003.88	47%	53%
投影仪	400.35	19%	81%
打印机	344.40	16%	84%
保险柜	275.26	13%	87%
扩音器	64.03	3%	97%
验钞机	36.36	2%	98%
碎纸机	24.63	1%	99%
总销售额	2148.89	100%	0

STEP2» 插入圆环图。❶选中 D3:E3 区域，❷切换到【插入】选项卡，❸单击【图表】组中的【插入饼图或圆环图】按钮，❹在弹出的下拉列表中选择【圆环图】，即可在工作表中插入圆环图。

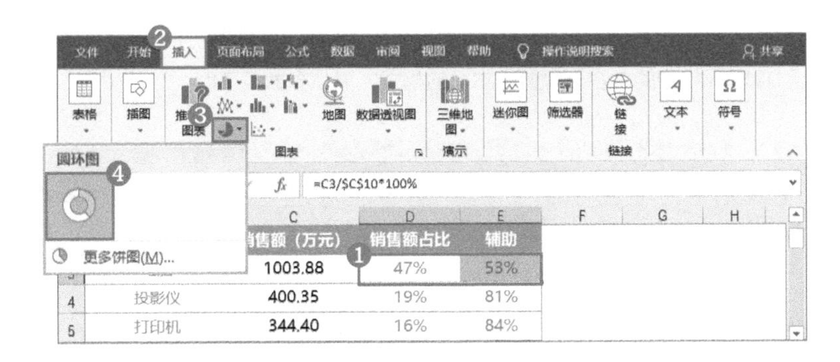

STEP3» 设置图表格式。删除图例，编辑标题内容为“电脑销售额占比”，将字体格式设置为微软雅黑、14 磅、加粗，设置辅助部分圆环颜色为【白色，背景 1，深色 25%】，效果如右图所示。

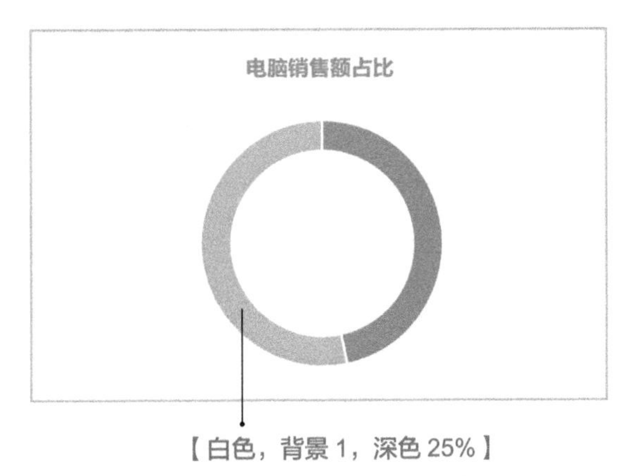

STEP4» 插入横排文本框。❶切换到【插入】选项卡，❷单击【文本】组中的【文本框】按钮，

❸在弹出的下拉列表中选择【绘制横排文本框】，❹然后在圆环图的中间靠下位置按住鼠标左键拖曳，即可绘制一个横排文本框，如下图所示。

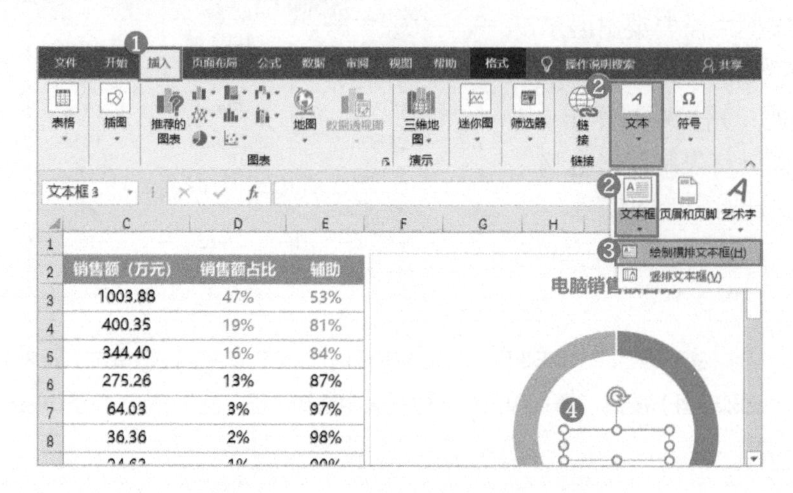

STEP5» 显示百分比数据。选中文本框，在编辑栏中输入公式“=$D$3”，按【Enter】键后文本框中即可显示 D3 单元格中的内容。设置文本框的格式，具体参数见下图。

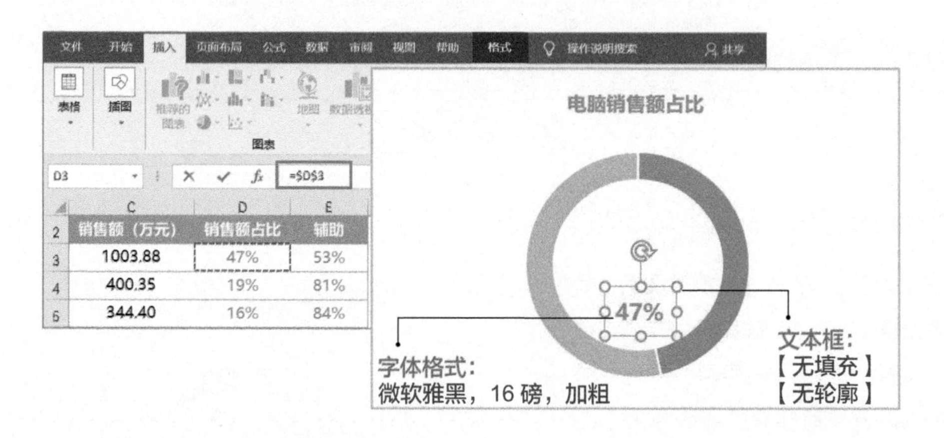

STEP6» 插入图标素材。❶切换到【插入】选项卡，❷单击【插图】组中的【图标】按钮，弹出【插入图标】对话框，❸选择需要的图标，这里选择电脑图标，❹单击【插入】按钮。

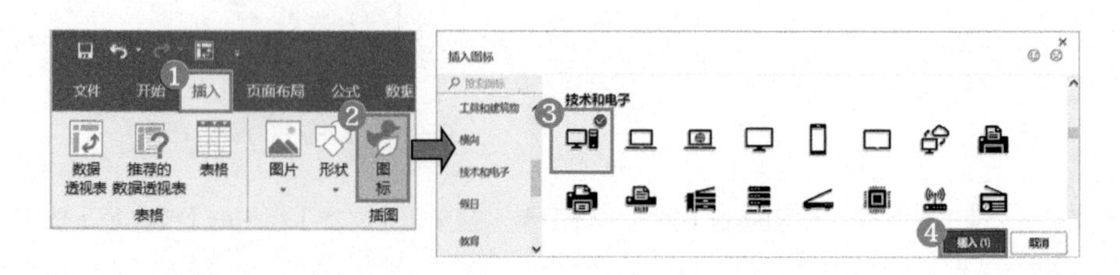

STEP7» 设置图标颜色。选中图标，将填充颜色设置为【蓝色，个性色 1】，然后调整大小，将其放在圆环图内即可，最终效果如右图所示。

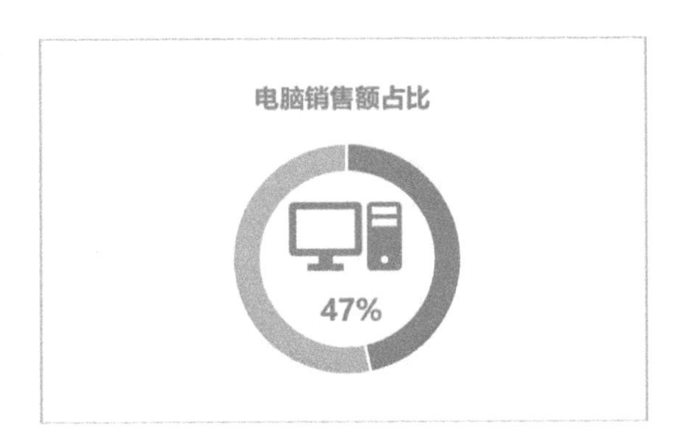

每个圆环图的制作都是类似的，学会一个，其他的就会了。具体操作这里不赘述，读者可以制作投影仪和打印机的销售额占比趣味圆环图。

5.2.5 旭日图——分析各类产品结构

在分析数据结构时，除了展示同一层级的不同项目之间的占比，有时还需要展示多个层级的项目结构，此时可以用旭日图。下面以分析各类产品结构为例，介绍旭日图的应用及制作。

分析目标：

①用图表展示各类产品的占比情况；②在展示各类产品占比的同时能够展示其子类产品的结构占比，即能够让人同时看到两个级别的产品结构；③让人能清晰地看出每种产品在整体中所占的份额。

经过分析，结合数据特点和分析目标，我们可以选择右图所示的旭日图来展示。

下面介绍旭日图的具体制作方法。

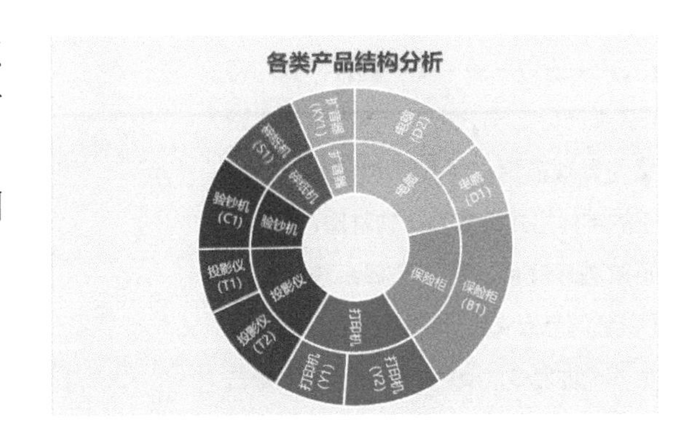

配 套 资 源

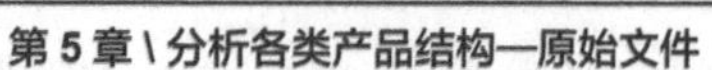
第 5 章 \ 分析各类产品结构—原始文件

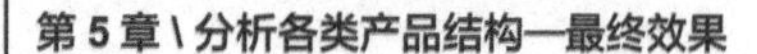
第 5 章 \ 分析各类产品结构—最终效果

扫码看视频

STEP1» 输入原始数据。旭日图的制作很简单，关键是原始数据的设置。在制图前首先需要在表格中输入图表的原始数据，从左到右，层次依次降低，最右列是具体数值，本案例输入的数据如右图所示。

产品类别	产品名称	订单金额(万元)
保险柜	保险柜（B1）	275.26
打印机	打印机（Y1）	101.92
	打印机（Y2）	142.48
电脑	电脑（D1）	109.18
	电脑（D2）	194.70
投影仪	投影仪（T1）	92.97
	投影仪（T2）	137.37
验钞机	验钞机（C1）	136.36
碎纸机	碎纸机（S1）	124.63
扩音器	扩音器（KY1）	94.03

STEP2» 插入旭日图。❶选中 B2:D12 区域，❷切换到【插入】选项卡，❸单击【图表】组中的【插入层次结构图表】按钮，❹在弹出的下拉列表中选择【旭日图】，即可插入旭日图。

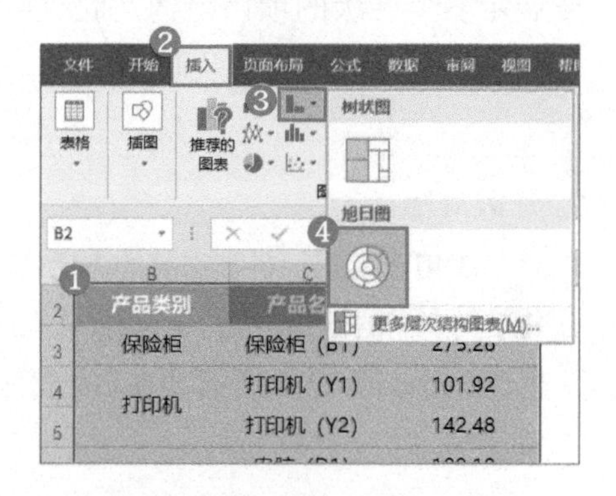

STEP3» 设置图表格式。输入标题内容“各类产品结构分析”，将字体格式设置为微软雅黑、14 磅、加粗，数据标签的字体格式设置为微软雅黑、8 磅，更改圆环颜色，这里选择系统预设的【彩色调色板 4】，图表区填充颜色【灰色，个性色 3，淡色 80%】，效果如右图所示。

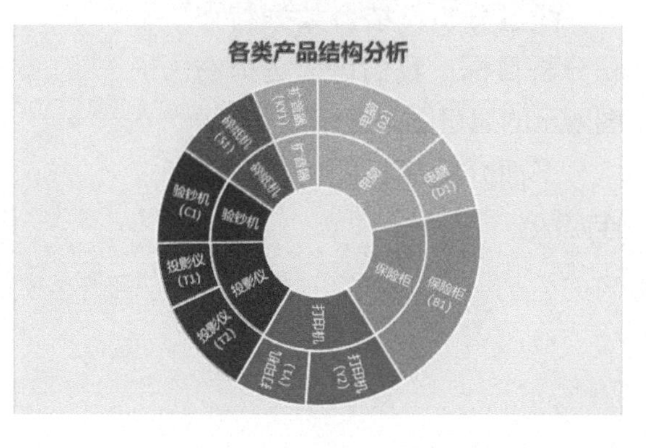

Tips

①在旭日图中，越靠近圆心的位置圆环的层级越高，越外层的圆环层级越低。

②旭日图的绘图区大小无法设置，因此只能通过调整整个图表的大小来控制圆环的大小。

5.2.6 树状图——分析公司人员结构

在比较数据结构内的数据比例时，除了可以用旭日图，树状图也是一种非常实用的图表。

在树状图中，树的分支表示为矩形，每个子分支表示为更小的矩形。树状图按颜色和距离来显示类别，可以轻松地展示哪种类别的数据占比最大。下面以分析公司人员结构为例，介绍树状图的制作。

配套资源
第 5 章 \ 分析公司人员结构—原始文件
第 5 章 \ 分析公司人员结构—最终效果

扫码看视频

STEP1» 输入原始数据。树状图的制作也很简单，与旭日图类似，关键是原始数据的设置。在制图前首先需要在表格中输入图表的原始数据，从左到右，层次依次降低，最右列是具体数值，本案例输入的数据如右图所示。

部门	岗位	人数
办公室	主任	1
	文员	3
财务部	财务经理	1
	出纳	1
	会计	1
人事部	人事经理	1
	人事主管	2
	人事专员	2
行政部	行政经理	1
	行政专员	2
业务部	业务经理	1
	业务主管	2
	业务组长	6
	业务员	30

STEP2» 插入树状图。选中数据区域，按照下图所示的步骤插入树状图。

STEP3» 设置图表格式。输入标题内容“公司人员结构分析”，将字体格式设置为微软雅黑、14 磅、加粗，由于有数据标签了，所以将图例删除，数据标签的字体格式设置为微软雅黑、7 磅，更改各项目区域的颜色，RGB 值如图所示，图表区填充颜色【灰色，个性色 3，淡色 80%】，效果如下图所示。

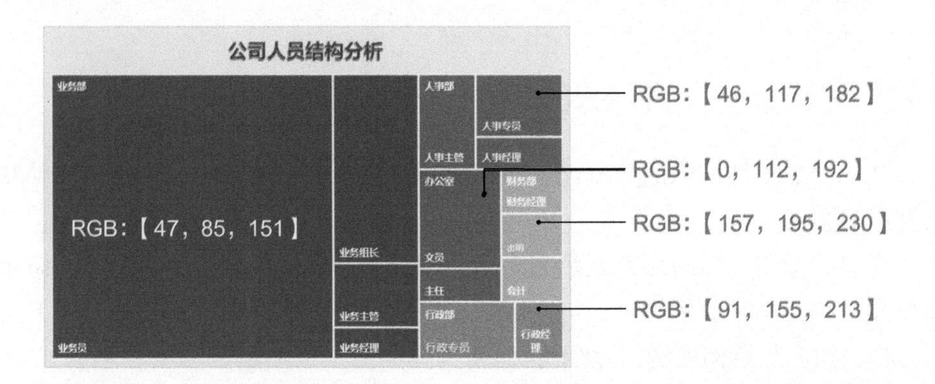

树状图的标签有两种显示方式，默认的是【重叠】形式，选中数据系列后，打开【设置数据系列格式】任务窗格，在【系列选项】组中可以看到，效果如 STEP3 的结果。

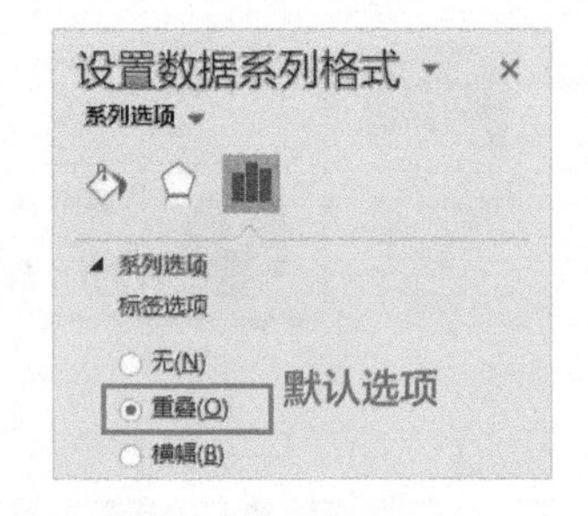

如果想要显示为横幅形式，选中【横幅】单选钮即可，效果如下图所示。

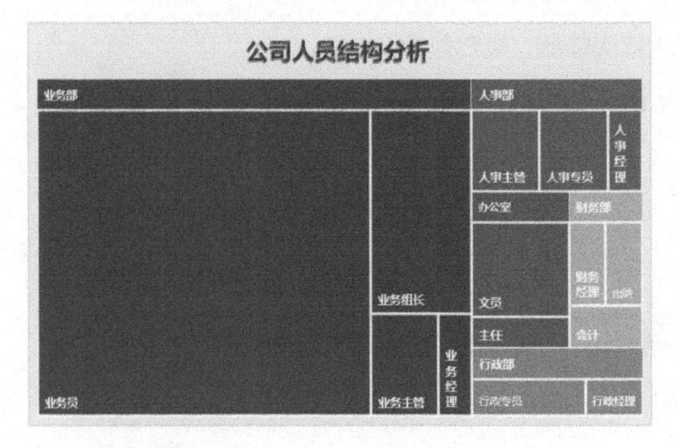

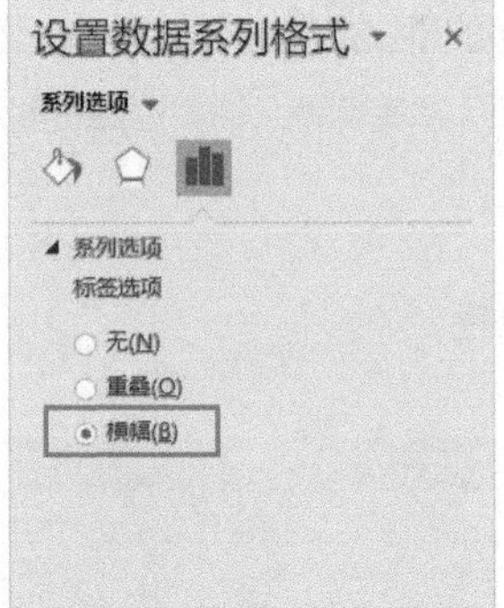

Tips

与旭日图相似，树状图的绘图区大小也无法设置，因此只能通过调整整个图表的大小来控制绘图区的大小。

5.2.7 用于分析不同渠道产品结构的动态图表

当大类的数目较多，不同大类下面的小类数目也不同时，想要分析不同大类下面的小类结构，如分析多个不同渠道的产品结构时，同时制作多个图表会很麻烦，此时就可以制作动态的分析图表。

制作动态图表的方式有很多，最简单的就是制作数据透视表和数据透视图，联合使用切片器，下面介绍具体的操作步骤。

配 套 资 源

第 5 章 \ 动态分析不同渠道的产品结构—原始文件

第 5 章 \ 动态分析不同渠道的产品结构—最终效果

扫码看视频

STEP1» 创建数据透视表。打开本实例的原始文件，❶选中数据区域中的任意一个单元格，❷切换到【插入】选项卡，❸单击【表格】组中的【数据透视表】按钮，弹出【创建数据透视表】对话框，保持默认设置，❹单击【确定】按钮，即可插入一个空的数据透视表。

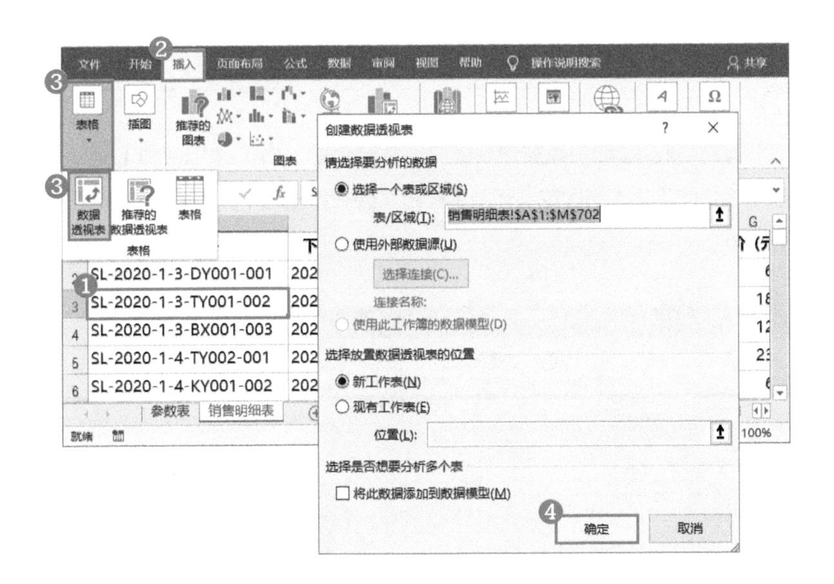

STEP2» 布局数据透视表。在【数据透视表字段】任务窗格中，❶选中【产品类别】字段，按住鼠标左键，将其拖曳至【行】字段区域，❷以同样的方式，将【订单金额（元）】字段拖曳至【值】字段区域，即可汇总出不同类别的产品对应的订单金额，如下页图所示。

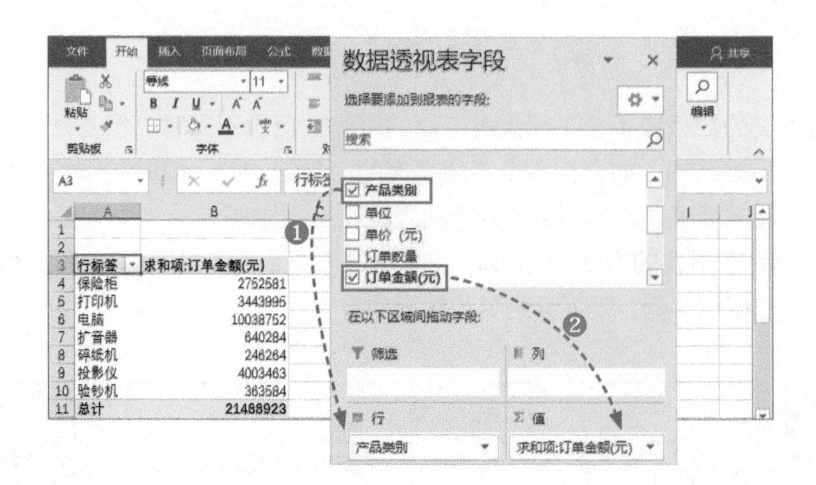

STEP3» 格式化数据透视表。为数据透视表设置一种样式，本案例选择【白色，数据透视表样式中等深浅 8】，字体格式设置为微软雅黑、12 磅、居中，将【报表布局】设置为【以表格形式显示】，效果如右图所示。

产品类别	求和项:订单金额(元)
保险柜	2752581
打印机	3443995
电脑	10038752
扩音器	640284
碎纸机	246264
投影仪	4003463
验钞机	363584
总计	**21488923**

STEP4» 插入数据透视图。❶选中数据透视表中任意一个单元格，❷切换到【插入】选项卡，❸单击【图表】组中的【插入饼图或圆环图】按钮，❹在弹出的下拉列表中选择【饼图】，即可插入一个饼图。

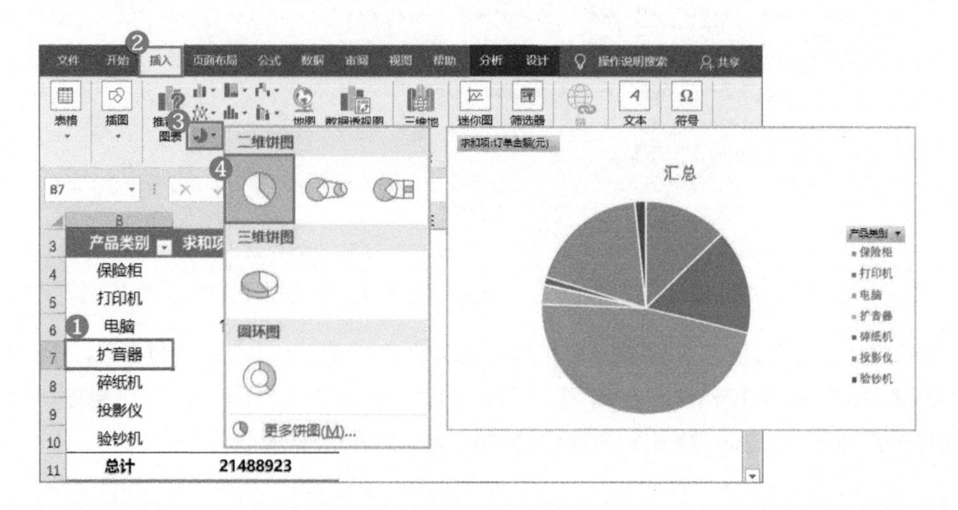

STEP5» 格式化图表。隐藏图表上的所有字段按钮，在任意一个按钮上单击鼠标右键，在弹出的快捷菜单中选择【隐藏图表上的所有字段按钮】命令，删除图例，编辑图表标题为“各类产品销售额占比分析”，字体格式设置为微软雅黑、14 磅、加粗，添加数据标签，显示【类别名称】和【百分比】，字体格式设置为微软雅黑、9 磅，选中饼图系列，设置系列颜色为系统预设的【单色调色板 8】，设置图表区的填充色为 RGB【237，237，237】，效果如下图所示。

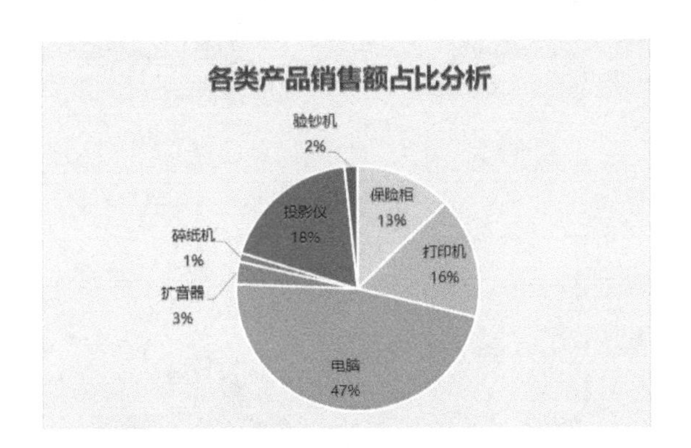

在数据透视表的基础上插入的图表本身就是动态图表，会随源数据的变化自动变化，但是要想在此基础上随时切换渠道，展示不同渠道的数据，还需要插入切片器，具体操作如下。

STEP6» 插入切片器。❶选中数据透视表的任意一个单元格，❷切换到【插入】选项卡，❸单击【筛选器】组中的【切片器】按钮，弹出【插入切片器】对话框，❹勾选【渠道】复选框，❺单击【确定】按钮，即可插入切片器。

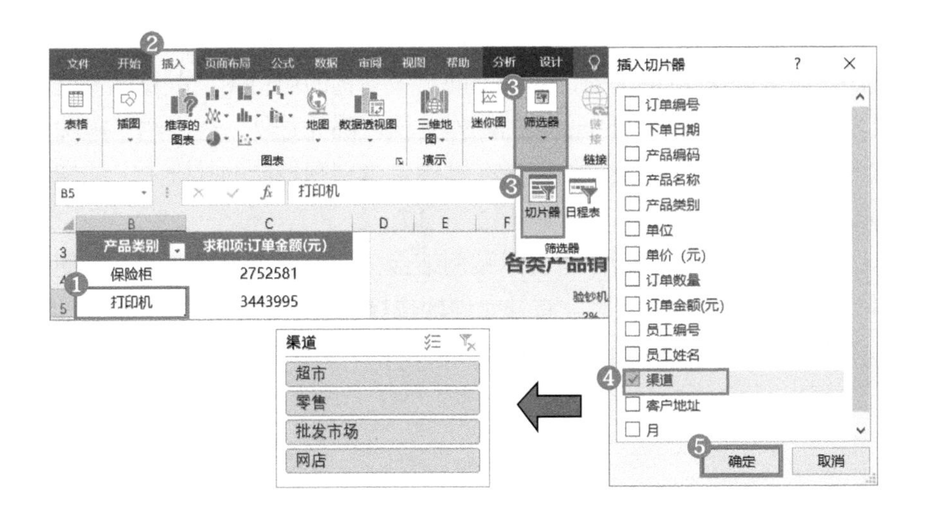

STEP7» 格式化切片器。选中切片器，❶切换到【切片器工具】的【选项】选项卡，❷在【按钮】组中将【列】设置为【2】（由于本案例有 4 个渠道按钮，因此设置为 2 列，排版更美观），❸将鼠标指针移动到切片器边缘的小圆圈上拖曳鼠标，调整切片器的大小，使其与数据透视表同宽，效果如下图所示。

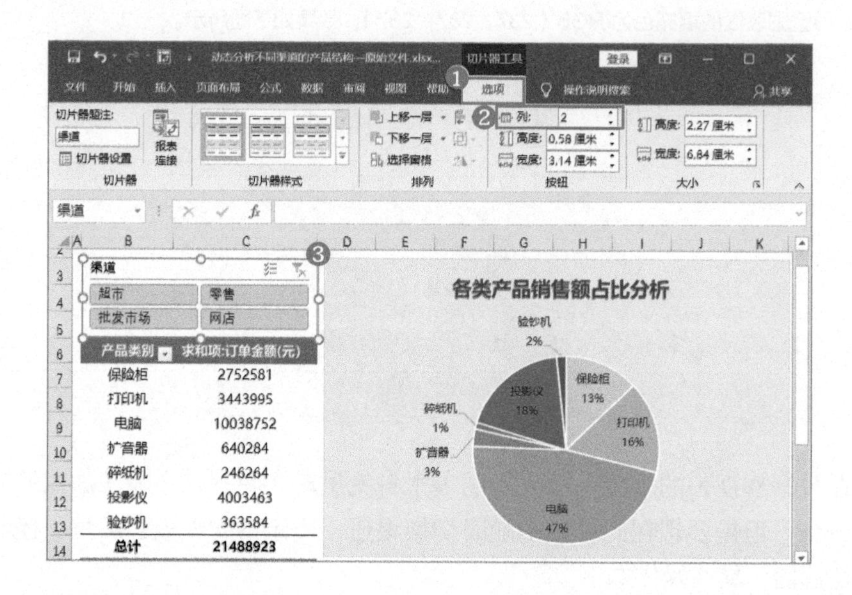

这样，动态图表就制作好了，只要单击切片器的任意一个渠道按钮，就可以查看该渠道对应的数据透视表及图表数据，具体效果这里不再展示。

本章内容小结

本章主要介绍了数据结构分析中最常用的饼图、圆环图，体现细分数据的子母饼图、复合条饼图，体现不同层级结构的旭日图，以及体现整体与个体结构关系的树状图等图表的制作方法。除此之外，还介绍了趣味图表、动态图表的制作方法，使读者在掌握基本制图技能的基础上，能增加图表的生动性和专业性。

介绍过程中将图表制作与实际案例结合，使读者更容易掌握，以便在日常工作中分析数据结构时，有针对性地选择和设计合适的结构图表。

第 6 章

分布分析

- 分析不同年龄段的用户量
- 分析两种产品在不同地区的销售情况
- 分析培训效果满意度分布情况
- 分析两个指标的产品销售情况
- 分析 3 个指标的产品销售情况
- 员工综合能力分布分析
- 两位候选人能力分布分析

分析数据分布规律，
发现问题与机会！

在很多情况下，需要观察数据的分布特征，通过分析数据分布来确定数据集中的范围，可以找到现象背后的原因和规律。本章通过具体实例来介绍分布分析的经典应用场景及适用的图表类型。

什么情况下适合做分布分析

如果将数值型数据进行分组，研究各组数据的分布规律，或者确定分析对象所处的位置，就是通常意义上的分布分析。如分析不同年龄段的用户量、同时用多个指标分析产品销售情况、分析员工的综合能力等，都适合做分布分析。

分布分析主要包括定量分布和位置分布两种分析方法。下面我们先通过两个经典的应用场景来学习分布分析的适用情况。

经典场景 1：不同年龄段的用户量分析

分析商品销售中不同年龄段的用户量，就属于定量分布分析。需要先对用户数据按照年龄进行分组，然后对统计出的各年龄组的用户量进行分析。

该分析中要将用户数据可视化，首选的是直方图。直方图会自动对原始数据进行统计，然后按照设定的标准进行分组。下图所示就是一个统计用户年龄的直方图，用来分析不同年龄段内的用户量。

用户编号	用户年龄
0001	15
0002	38
0003	16
0004	40
0005	28
0006	13
0007	8
0008	9
0009	17
0010	8

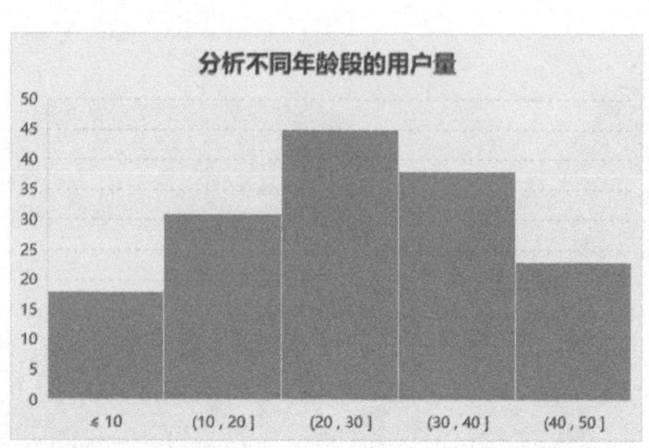

经典场景 2：多指标产品销售情况分析

在分析数据分布时，还有一种常见的分析方法就是位置分布分析，即通过不同数据维度来确定分析对象的位置。如要通过“市场份额”和“增长率”分析产品在业务组合中的地位，可以制作右图所示的矩阵图（矩阵图的具体制作方法参见 6.2.4 小节的内容），通过各产品所处的位置来分析当前的产品结构，从而制定不同的产品策略。

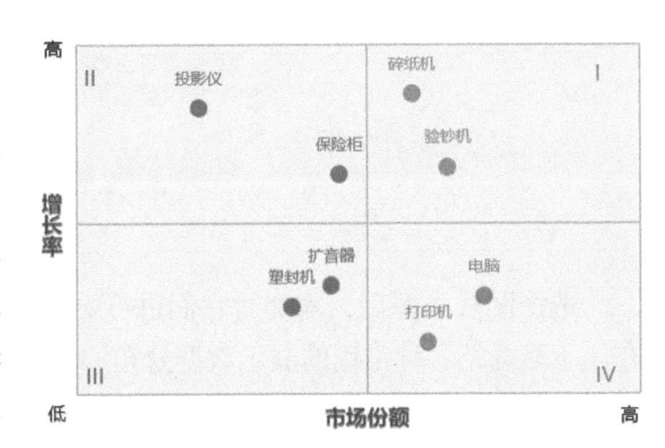

如果想要再增加一个分析维度“销售额”，就需要制作右图所示的气泡矩阵图（气泡矩阵图的具体制作方法参见 6.2.5 小节的内容）。在矩阵图的基础上增加第 3 个变量，即气泡的面积，即可得到气泡矩阵图，气泡越大，表示产品的销售额越大。

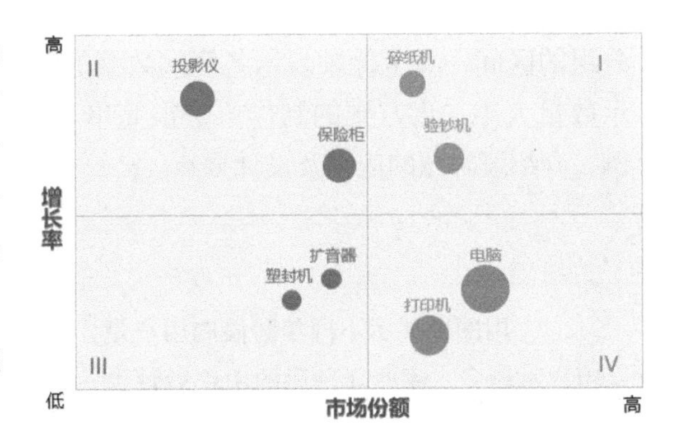

通过以上两个应用场景的介绍，相信你已经对分布分析有了认识，下面介绍做分布分析时应该选择什么类型的图表以及具体的制作方法。

6.2 分布分析常用的图表类型

在 Excel 中对数据进行分布分析时，最常用的是直方图、散点图、气泡图和雷达图，根据数据分布的特点，有时还需要在基础图表的基础上进行特殊的设置，从而制作出满足分析需求的图表。

选择图表类型，要根据应用场景和数据信息，以及分析目标决定。为了方便读者快速选择合适的图表，以下提供了选择思路。

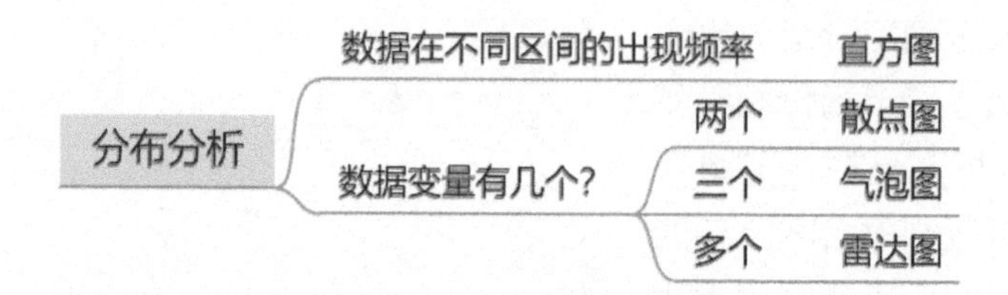

选择图表类型后，需要对它们进行灵活的设计，从而更直观地展示数据分布。下面介绍各种常用的展示数据分布的图表的详细制作方法。

6.2.1 直方图——分析不同年龄段的用户量

直方图由一系列高度不等的柱形表示数据的分布情况，横坐标轴表示数据分组的区间，纵坐标轴表示各区间数据的频数（出现的次数），柱形的高度表示数量大小。直方图的制作方法很简单。下面以分析不同年龄段的用户量为例，介绍直方图的应用及设计要点。

分析目标：

①用图表展示不同年龄段的用户量；②让人一目了然地看出哪些年龄段的用户量较多，哪些年龄段的用户量较少；③让人能清楚地把握用户年龄的分布情况。

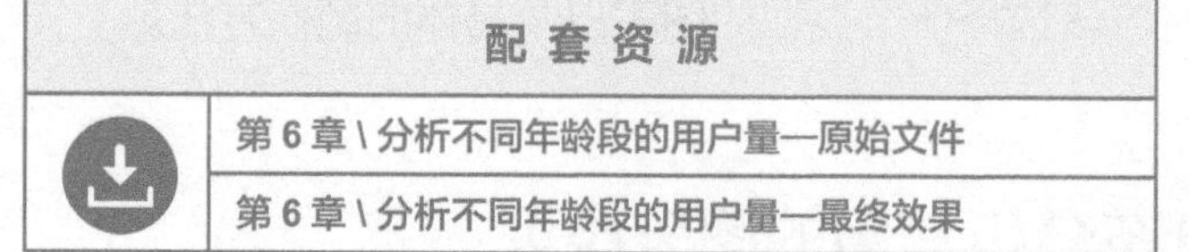

扫码看视频

STEP1» 插入直方图。打开本实例的原始文件，❶选中 B3:C157 区域，❷切换到【插入】选项卡，❸单击【图表】组中的【插入统计图表】按钮，❹在弹出的下拉列表中选择【直方图】，即可在工作表中插入直方图。

STEP2» 设置横坐标轴分组间距。❶选中横坐标轴，打开【设置坐标轴格式】任务窗格，❷在【坐标轴选项】组中选中【箱宽度】单选钮，在其右侧的文本框中输入【10.0】(表示横坐标轴的分组间距是 10)，❸勾选【下溢箱】复选框，在其右侧的文本框中输入【10.0】(表示横坐标轴的最小值是 10，即第一个分组区间为“≤ 10”)。

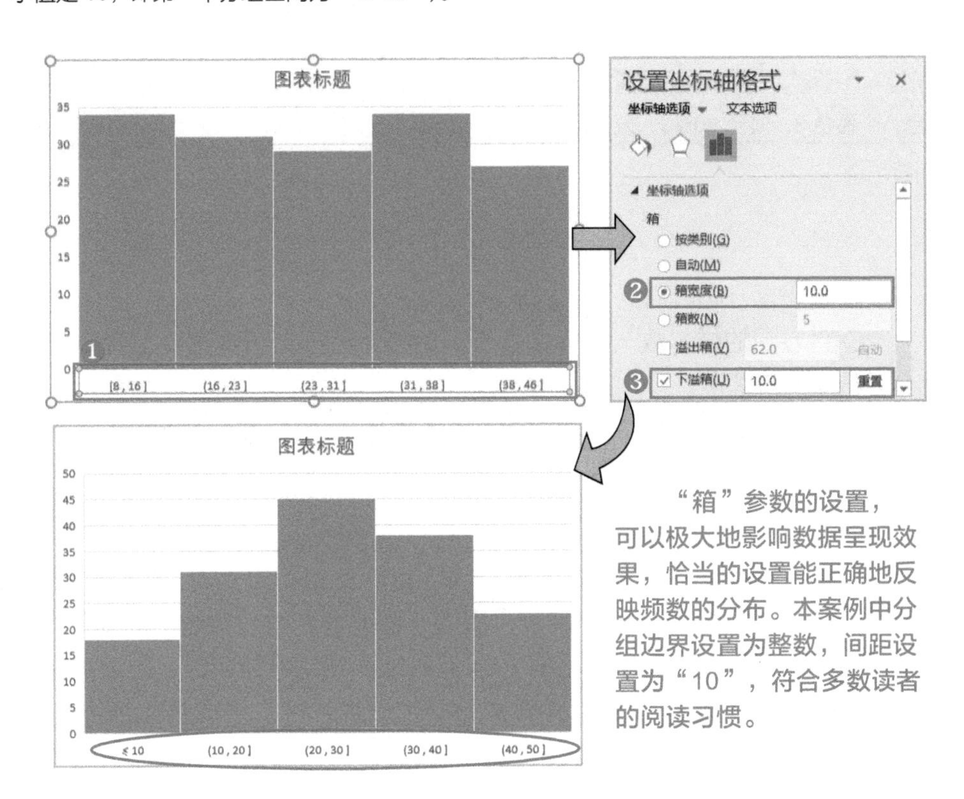

Tips

【坐标轴选项】中的【溢出箱】和【下溢箱】是什么意思?

【溢出箱】表示横坐标轴的最大值，【下溢箱】表示横坐标轴的最小值，在分组时，它们都表示一个开放的范围。例如，【溢出箱】设置为 50，表示最大的数据分组为“>50”；【下溢箱】设置为 10，表示最小的数据分组为“≤ 10”。

通过设置不同的【溢出箱】【下溢箱】，以及【箱宽度】或【箱数】，如 STEP2 中的设置，可以得到不一样的结果。

STEP3» 格式化图表。编辑图表标题为“分析不同年龄段的用户量”，将字体格式设置为微软雅黑、14 磅、加粗，网格线的【短划线类型】设置为【短划线】，颜色设置为【白色，背景 1，深色 15%】，图表区填充颜色设置为【灰色，个性色 3，淡色 80%】，效果如右图所示。

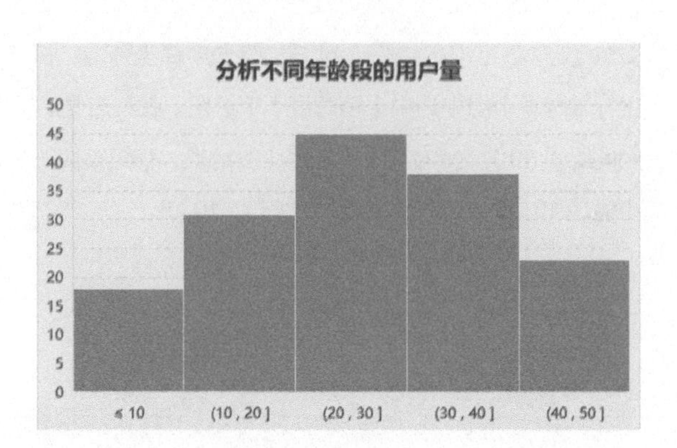

在创建直方图时需要注意以下两点。

①直方图的样本数一般不少于 50，否则不利于分析数据，也会降低分析结果的可信度。

②数据不需要进行排序或分组，可直接选中数据，插入直方图。

6.2.2 旋风图——分析两种产品在不同地区的销售情况

在分布分析中，旋风图也是比较常用的一种图表类型，它是在条形图的基础上，经过特殊的设置形成的。由于外形看起来像舞动着的旋风，所以被称为旋风图。下面以分析两种产品在不同地区的销售情况为例，介绍旋风图的应用及设计要点。

分析目标：

①用图表展示两种产品在不同地区的销售情况；②让人一目了然地看出两种产品销售的地区分布。

配套资源

第 6 章 \ 分析两种产品在不同地区的销售情况—原始文件

第 6 章 \ 分析两种产品在不同地区的销售情况—最终效果

扫码看视频

STEP1» 插入条形图。打开本实例的原始文件，❶选中 B3:D9 区域，❷切换到【插入】选项卡，❸单击【图表】组中的【插入柱形图或条形图】按钮，❹在弹出的下拉列表中选择【簇状条形图】，即可在工作表中插入条形图。

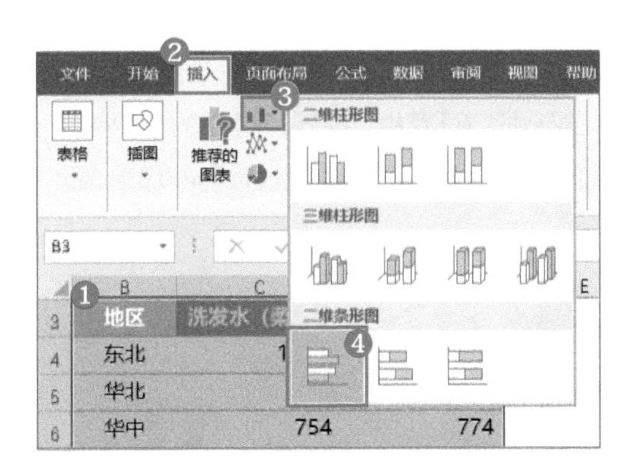

STEP2» 设置次坐标轴。❶单击选中其中一个数据系列，这里选择橙色系列，打开【设置数据系列格式】任务窗格，❷在【系列选项】组中选中【次坐标轴】单选钮，即可添加次坐标轴。

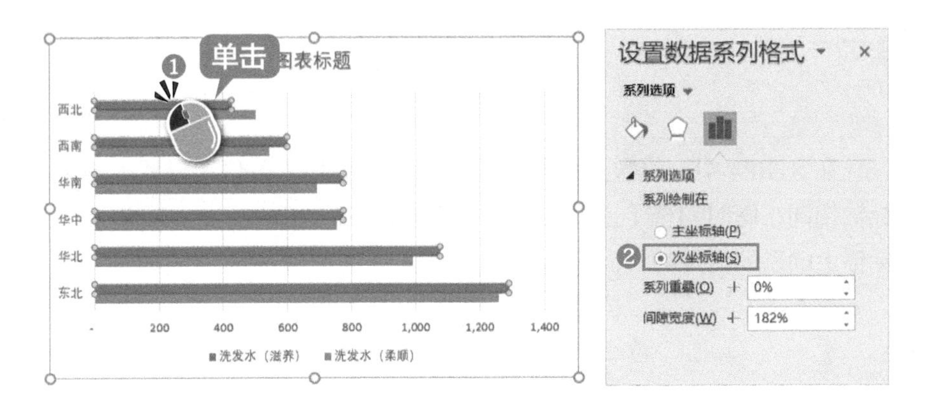

STEP3» 设置主要横坐标轴格式。❶单击选中主要横坐标轴，打开【设置坐标轴格式】任务窗格，❷在【坐标轴选项】组中，将【边界】中的【最小值】设置为【-1400.0】,【最大值】设置为【1400.0】，❸将【单位】中的【大】设置为【400.0】。

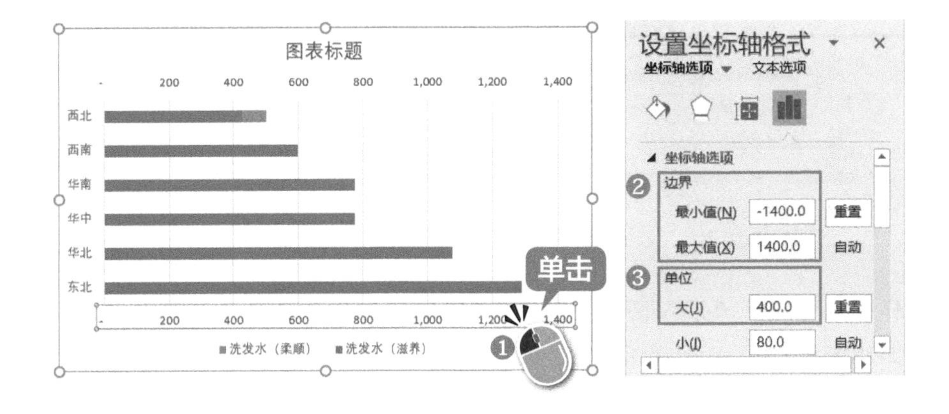

STEP4» 设置次要横坐标轴格式。选中次要横坐标轴，打开【设置坐标轴格式】任务窗格，❶在【坐标轴选项】组中，将【边界】中的【最小值】设置为【-1400.0】，【最大值】设置为【1400.0】，❷将【单位】中的【大】设置为【400.0】，❸勾选【逆序刻度值】复选框，如下图所示。

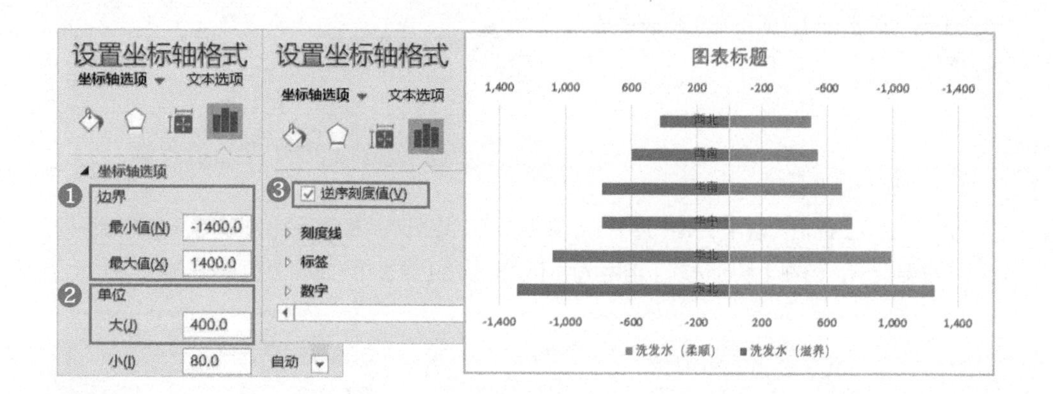

Tips

在 STEP4 中，将次坐标轴的刻度【边界】和【单位】设置为与主坐标轴相同，同时勾选【逆序刻度值】，可以使次坐标轴上的系列朝与主坐标轴上的系列相反的方向分布。

STEP5» 设置纵坐标轴格式。❶单击选中纵坐标轴，打开【设置坐标轴格式】任务窗格，❷在【标签】组中将【标签位置】设置为【低】，❸单击【填充】按钮，❹将【线条】设置为【无线条】。

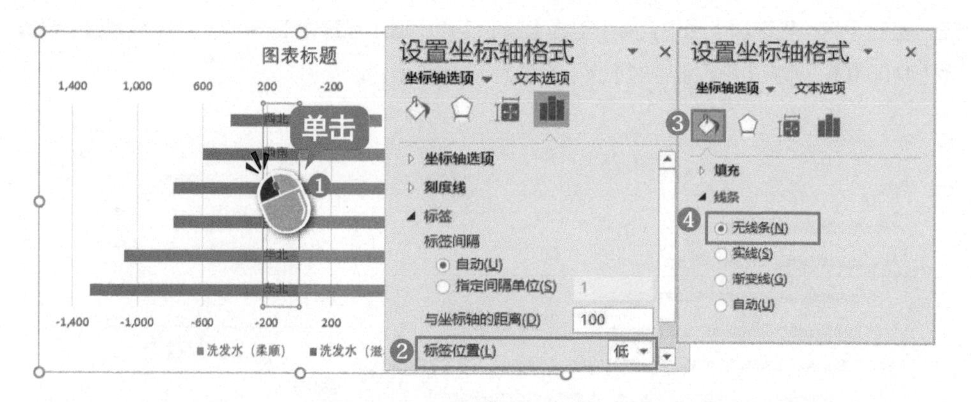

STEP6» 格式化图表元素。编辑图表标题为“分析两种产品在不同地区的销售情况”，删除次要横坐标轴和网格线，将图例移至标题下方，设置图表字体格式并设置图表区颜色，具体参数及效果如下。

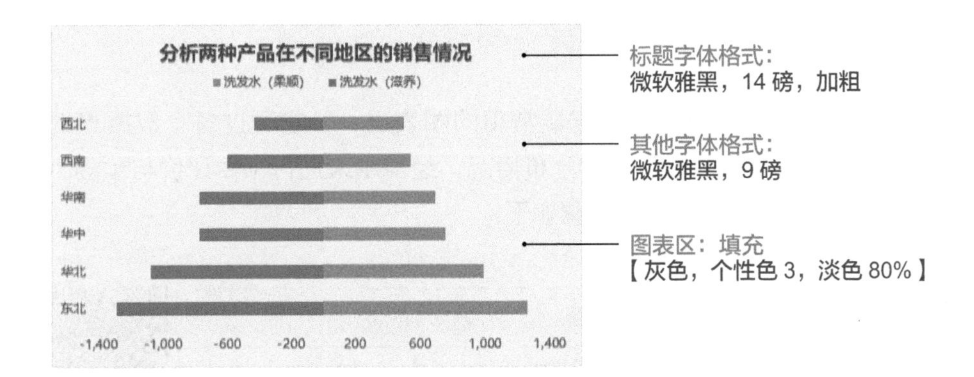

STEP7» 设置坐标轴数字格式，使其全部显示为正数。选中横坐标轴，在【设置坐标轴格式】任务窗格中可以看到当前横坐标轴默认的格式代码，在其基础上修改即可。❶将【格式代码】文本框中的第二部分的“-”删除（表示将负数部分显示为正数），❷单击【添加】按钮。设置完成后，坐标轴的刻度值都显示为正数了，如下图所示。

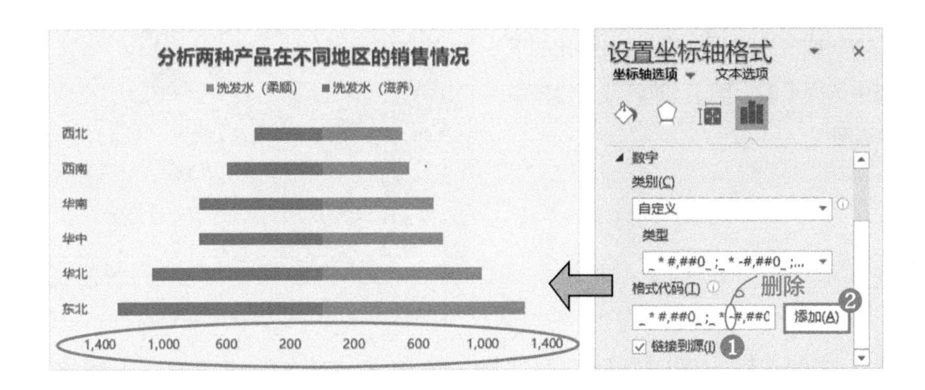

STEP8» 设置数据系列间隙。默认的间隙宽度是 182%，如果想要条形变宽一些，将该数值调小即可，本案例将【间隙宽度】设置为【130%】，如下图所示。

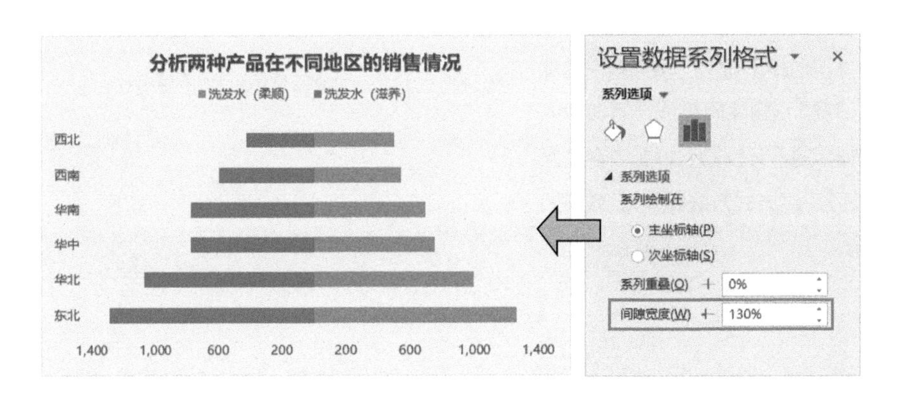

6.2.3 散点图——分析培训效果满意度分布情况

散点图是分析数据分布情况最常用的图表之一，它通过各个数据点的分布，可以直观地展示数据整体的分布情况，经常用来进行项目评价与预测。散点图的制作很简单，具体操作步骤如下。

第 6 章 \ 分析培训效果满意度分布情况—原始文件

第 6 章 \ 分析培训效果满意度分布情况—最终效果

扫码看视频

STEP1» 插入散点图。打开本实例的原始文件，❶选中 C3:D30 区域，❷切换到【插入】选项卡，❸单击【图表】组中的【插入散点图（X、Y）或气泡图】按钮，❹在弹出的下拉列表中选择【散点图】，即可在工作表中插入散点图。

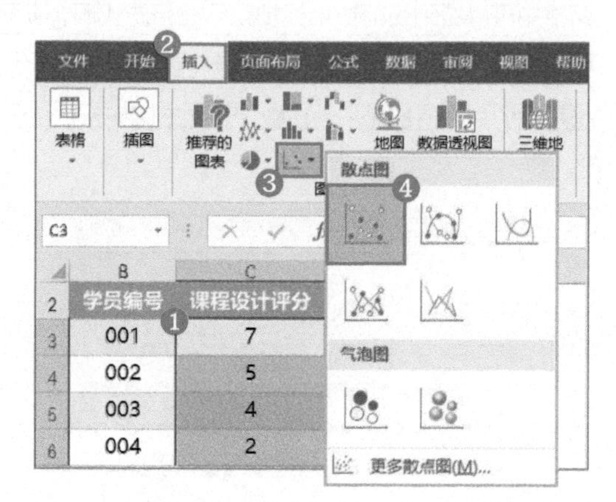

Tips

在创建散点图时，只需要选择 x 轴和 y 轴对应的值即可，无须将字段名称、平均值、汇总值也选入绘图数据的范围，否则将无法创建所需的散点图。因此在 STEP1 中只选中 C3:D30 区域即可。

STEP2» 编辑图表标题为“培训效果满意度分布情况”，删除网格线，添加横、纵坐标轴标题，分别输入标题内容“课程设计评分”“方式方法评分”，效果如右图所示。

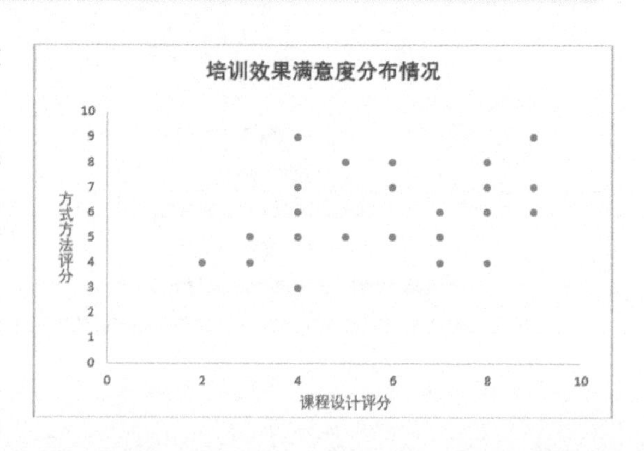

STEP3» 设置散点大小。创建的默认散点较小，如果影响观看效果，可以将散点调大。选中任意一个散点，打开【设置数据系列格式】任务窗格，❶单击【填充】按钮，❷选择【标记】选项，❸在【标记选项】组中选中【内置】单选钮，❹将【大小】调大即可，本案例调为【6】。

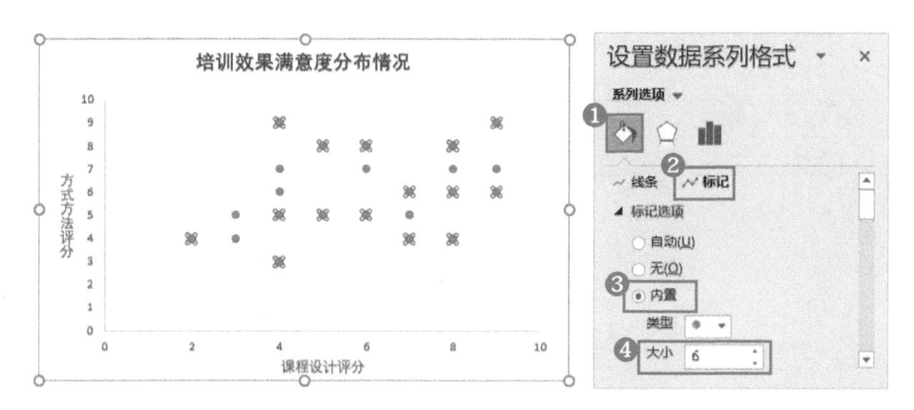

STEP4» 设置图表标题字体格式为微软雅黑、14 磅，坐标轴标题字体格式为微软雅黑、10 磅，图标区填充颜色及效果如右图所示。

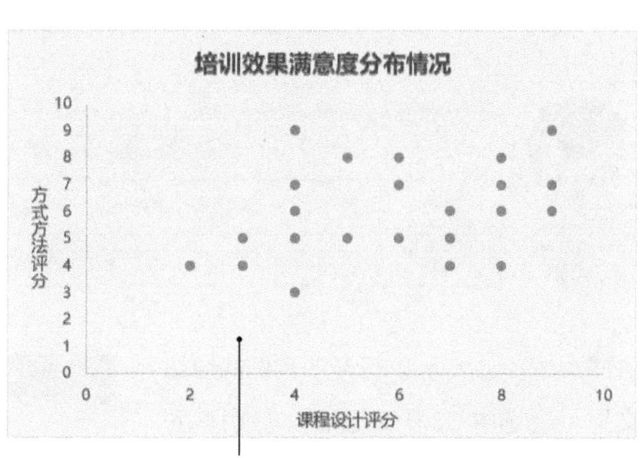

图表区：填充
【灰色，个性色 3，淡色 80%】

通过散点的分布特征来看，课程设计和方式方法的评分集中分布在 5~10 分，说明二者对培训效果的影响都很大，管理者应该发挥二者的优势，争取实现更大的效用。

6.2.4 矩阵图——分析两个指标的产品销售情况

在分布分析中，矩阵图是常用的一种图表。它是以事物的两个重要指标作为分析依据，将绘图区划分为 4 个象限，根据数据点分布的位置进行关联分析，从而找出解决问题的对策。

在下页图所示的矩阵图中，是以“市场份额”和“增长率”为关键指标，以“市场份额”和“增长率”的平均值为参考线划分为 4 个象限。该矩阵是典型的波士顿矩阵，位于第一象限中的产品市场份额和增长率均较高，属于明星产品；第二象限中的产品市场份额较低，但增长率较高，属于问题产品；第三象限中的产品市场份额和增长率都较低，属于瘦狗产品；第四象限中的产品市场份额较高，但增长率较低，属于金牛产品。

通过分析不同产品分布的象限，企业可以了解现有的产品结构，从而针对不同的产品制定不同的营销对策。

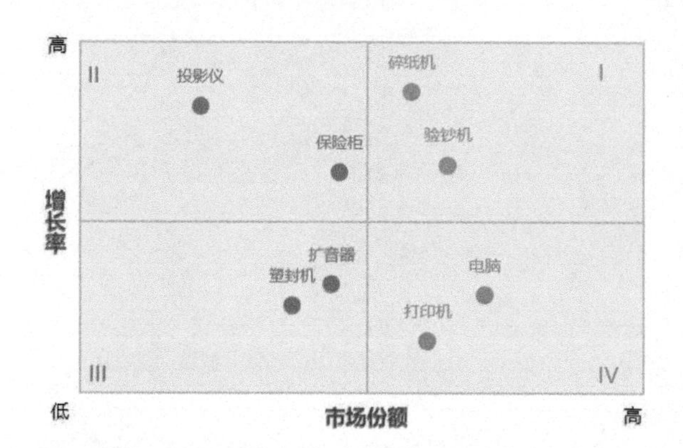

矩阵图的制作并不难，它是在散点图的基础上，通过设置坐标轴的位置以实现象限划分，并稍加编辑创建而成的。

下面介绍创建矩阵图的具体操作。

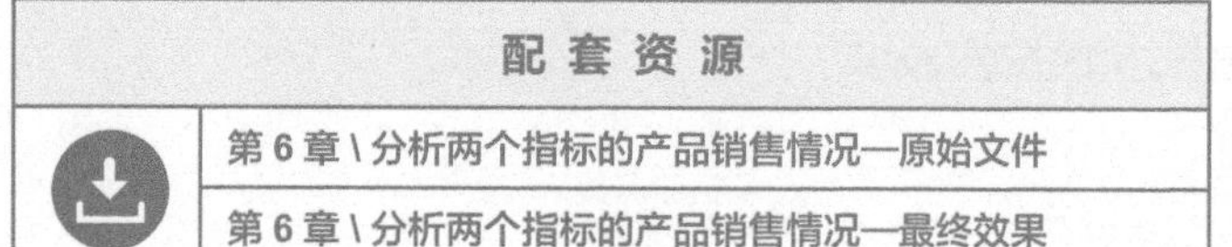

扫码看视频

STEP1» 插入散点图。打开本实例的原始文件，❶选中 C3:D10 区域，❷切换到【插入】选项卡，❸单击【图表】组中的【插入散点图（X、Y）或气泡图】按钮，❹在弹出的下拉列表中选择【散点图】，即可在工作表中插入散点图。

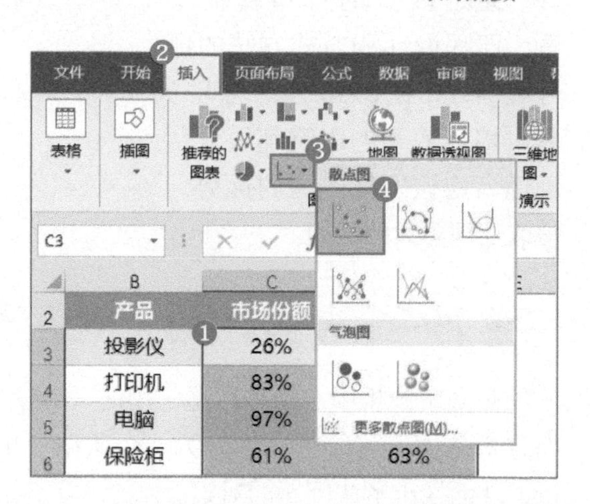

STEP2» 删除图表中多余的元素，即标题和网格线。选中横坐标轴，打开【设置坐标轴格式】任务窗格，在【坐标轴选项】组中选中【纵坐标轴交叉】中的【坐标轴值】单选钮，在其右侧文本框中输入【0.68】（表示横坐标轴上与纵坐标轴交叉位置的值是 0.68，即市场份额的平均值）。

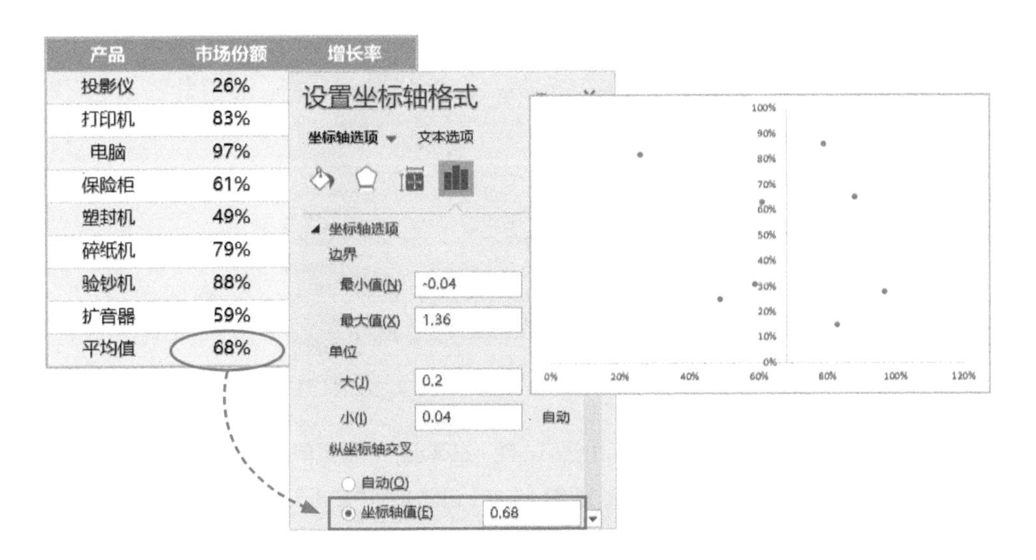

STEP3» 选中纵坐标轴，打开【设置坐标轴格式】任务窗格，在【坐标轴选项】组中选中【横坐标轴交叉】中的【坐标轴值】单选钮，在其右侧文本框中输入【0.49】（表示纵坐标轴上与横坐标轴交叉位置的值是 0.49，即增长率的平均值）。

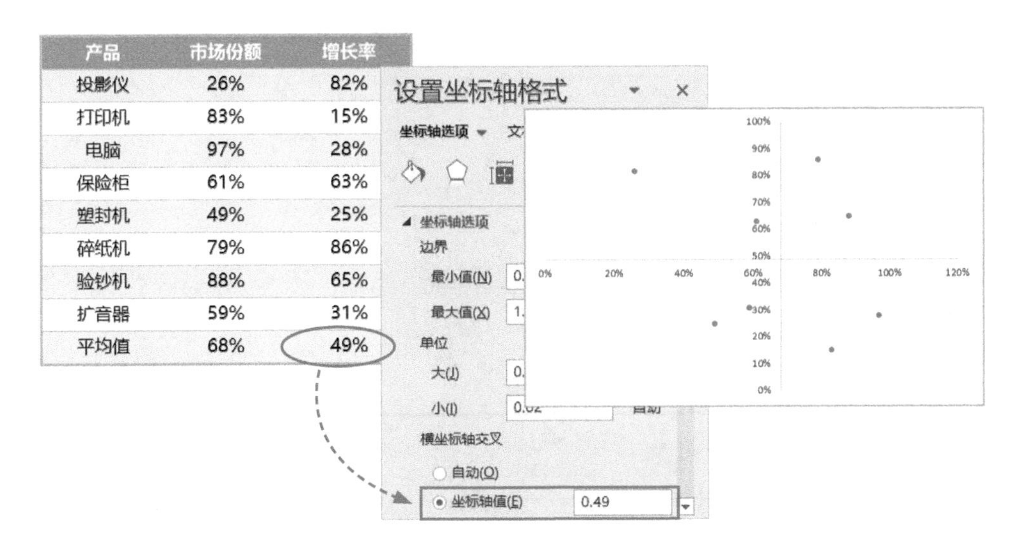

STEP4» 增加矩阵图外框。可通过设置绘图区的边框实现。在绘图区上单击鼠标右键，在弹出的快捷菜单中选择【设置绘图区格式】命令，打开【设置绘图区格式】任务窗格，❶单击【填充】按钮，❷在【边框】组中选中【实线】单选钮，❸将【颜色】设置为【白色，背景 1，深色 25%】，❹【宽度】设置为【1 磅】。

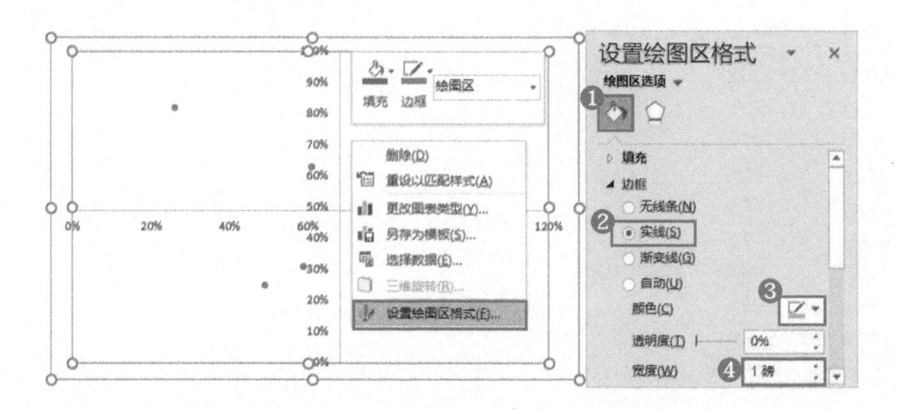

STEP5» 取消图表边框。在图表边框上单击鼠标右键，在弹出的快捷菜单中选择【设置图表区域格式】命令，打开【设置图表区格式】任务窗格，选中【边框】组中的【无线条】单选钮。

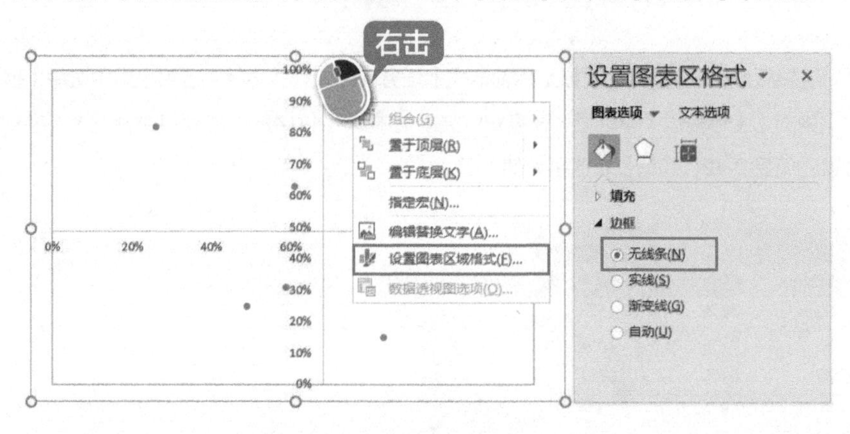

STEP6» 设置坐标轴格式。选中横坐标轴，打开【设置坐标轴格式】任务窗格，❶选中【线条】组中的【实线】单选钮，❷颜色设置为【白色，背景 1，深色 25%】，❸【宽度】设置为【1 磅】，❹单击【坐标轴选项】按钮，❺在【标签】组中将【标签位置】设置为【无】。设置完成后，采用同样的方式设置纵坐标轴的格式。

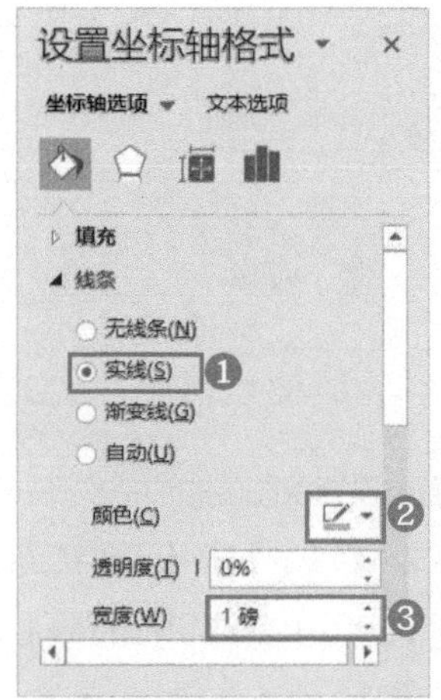

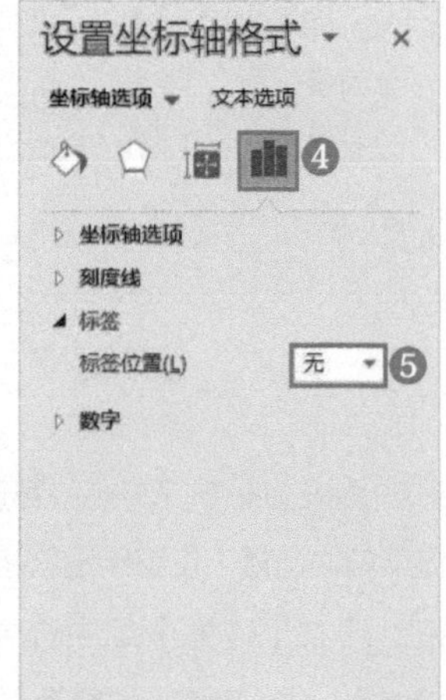

STEP7» 调整矩阵图布局，使 4 个象限面积相同。选中横坐标轴，打开【设置坐标轴格式】任务窗格，在【坐标轴选项】组中，将【边界】中的【最小值】设置为【0.0】，【最大值】设置为【1.36】（即市场份额平均值的两倍）。采用同样的方式，将纵坐标轴的最小值设置为【0.0】，最大值设置为【0.98】（即增长率平均值的两倍）。

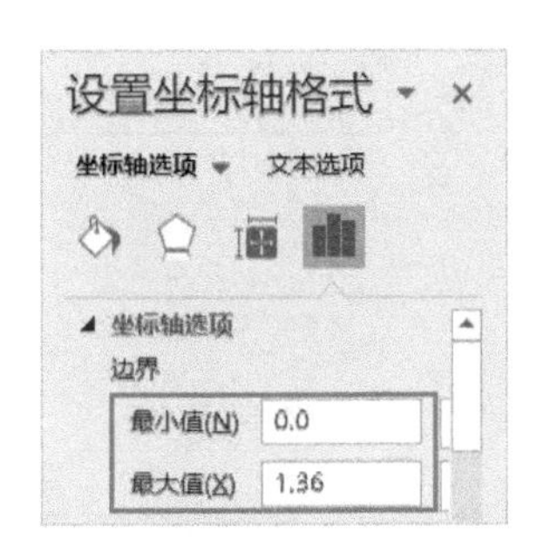

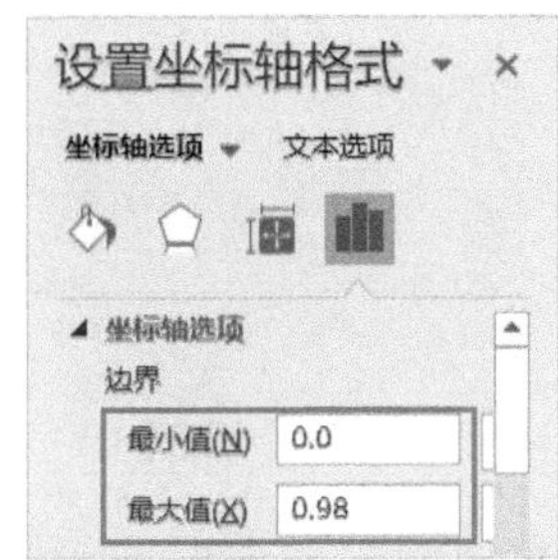

STEP8» 添加并设置数据标签。❶单击图表右上角的【图表元素】按钮，❷勾选【数据标签】复选框为图表添加数据标签，然后选中任意一个数据标签，打开【设置数据标签格式】任务窗格，❸在【标签选项】组中取消勾选默认的复选框，勾选【单元格中的值】复选框，弹出【数据标签区域】对话框，❹将光标定位在文本框中，选中工作表中的 B3:B10 区域，❺单击【确定】按钮。

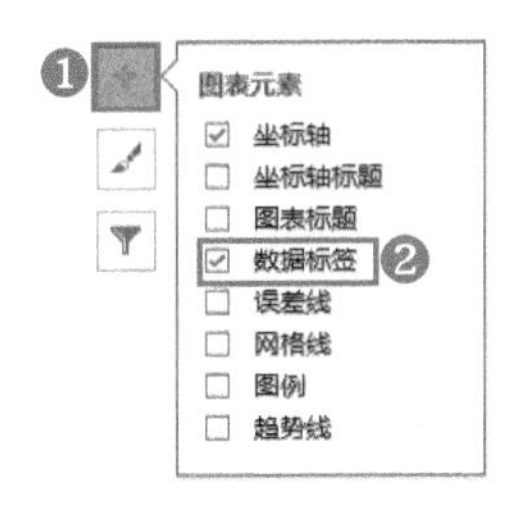

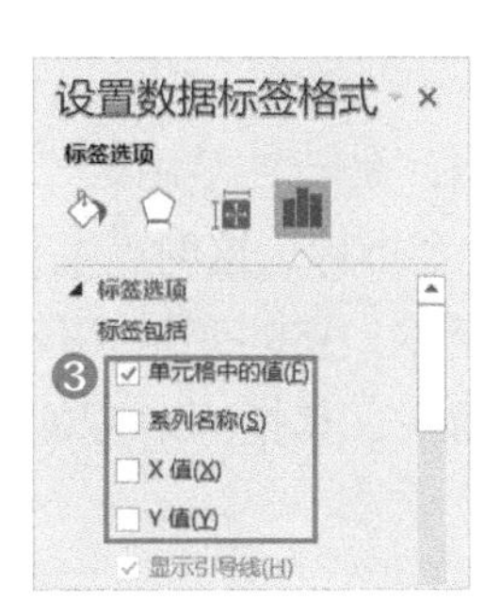

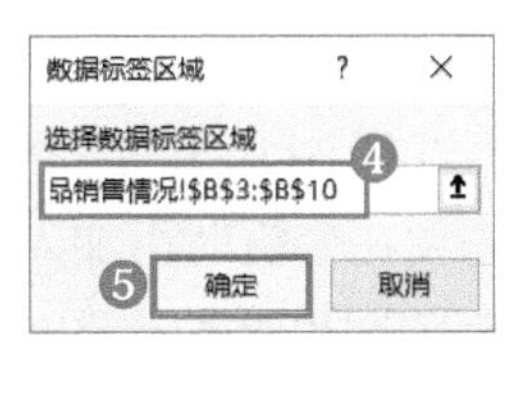

STEP9» 添加横、纵坐标轴，分别输入标题内容“市场份额”和“增长率”，然后插入透明文本框，分别标记象限序号“I”“II”“III”“IV”和坐标轴位置的“高”“低”，如右图所示。

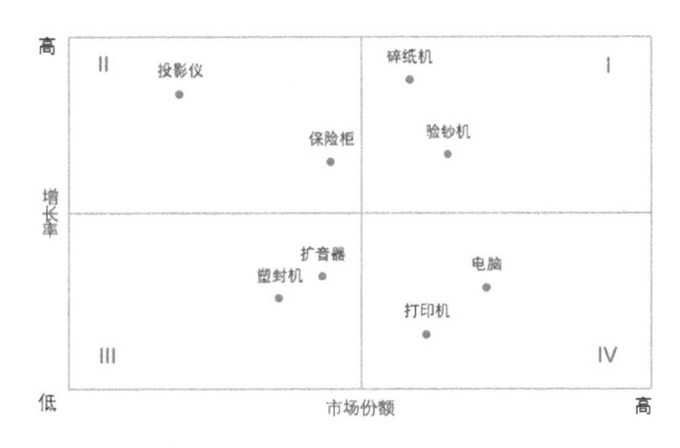

STEP10» 设置图表格式。选中图表中任意一个散点，将标记大小设置为【10】，4 个象限内显示的内容（序号、标记和数据标签）分别设置 4 种不同的颜色，图表字体设置为【微软雅黑】，具体参数设置及最终效果如下图所示。

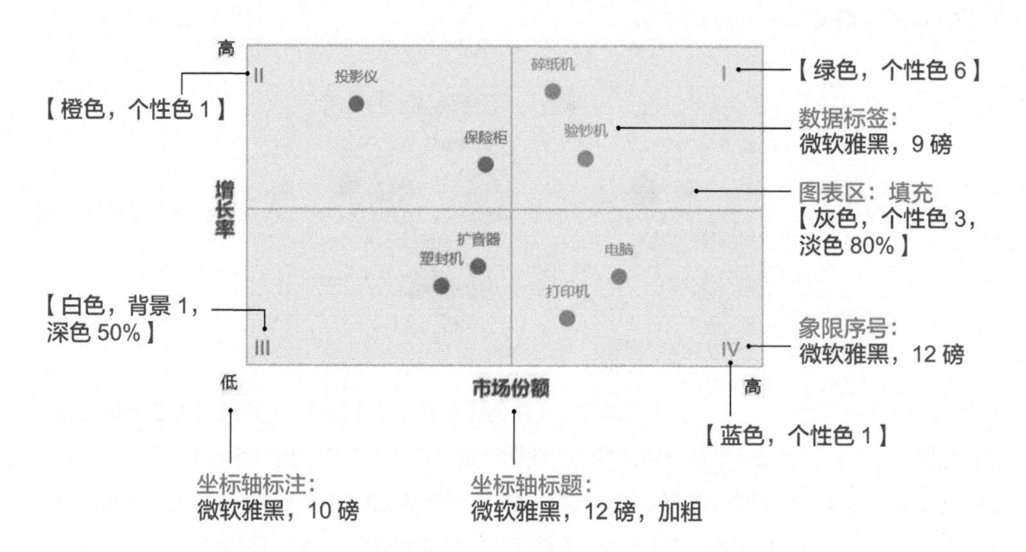

6.2.5 气泡矩阵图——分析 3 个指标的产品销售情况

在上一小节中介绍的矩阵图，是一种常用的二维数据分析图，它有两个指标。如果想要在分析时再加入一个指标，这时就需要用到气泡矩阵图。

气泡矩阵图也是散点图的变体，它的变量不仅有 x 轴和 y 轴的值，还有气泡的大小这一变量，即气泡的面积，其指标对应的数值越大，则气泡越大；相反，数值越小，则气泡越小。

如右图所示，在该案例中，除了市场份额和增长率两个指标外，还有非常重要的一个指标“销售额”，它通过气泡的大小来展示，气泡越大，说明销售额越高，反之，销售额越低。

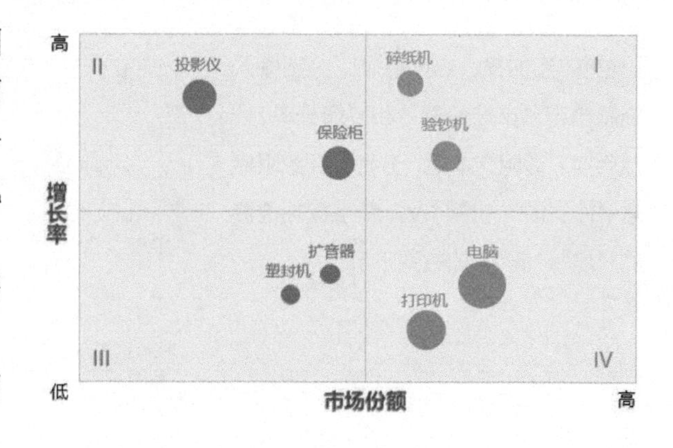

下面介绍气泡矩阵图的具体制作。

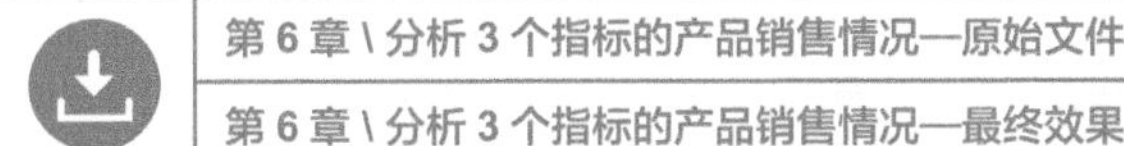

扫码看视频

STEP1» 插入气泡图。打开本实例的原始文件，❶选中 C3:E10 区域，❷切换到【插入】选项卡，❸单击【图表】组中的【插入散点图（X、Y）或气泡图】按钮，❹在弹出的下拉列表中选择【气泡图】，即可在工作表中插入气泡图。

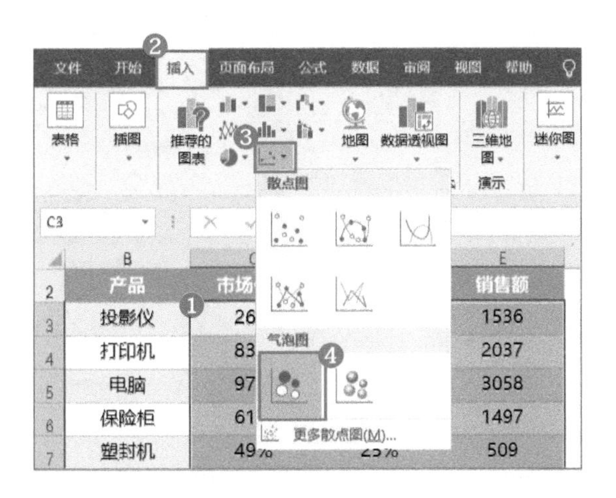

STEP2» 删除图表中多余的元素，即标题和网格线；移动横、纵坐标轴的位置，使 4 个象限的面积相等；设置矩阵图的边框格式及背景颜色；添加坐标轴标题、数据标签、象限序号和坐标轴高、低标注；设置图表字体格式（具体操作可参见 6.2.4 小节的内容）。效果如下图所示。

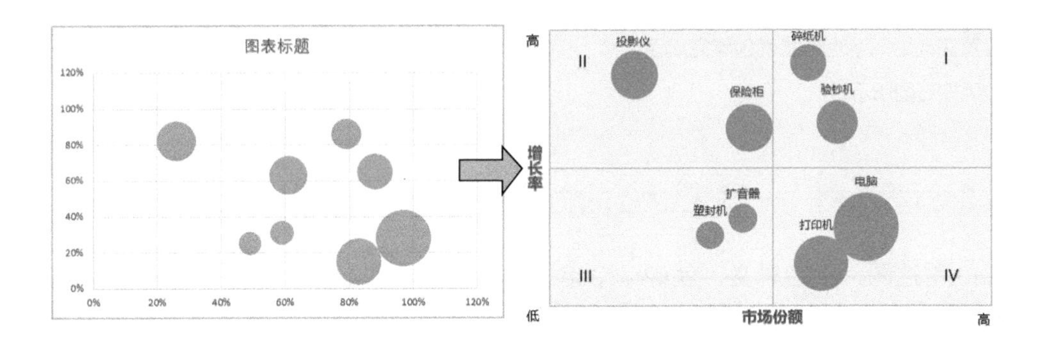

Tips

在制作气泡矩阵图时，只需要选择 x 轴、y 轴和气泡对应的值即可，无须将字段名称、平均值等选入绘图数据范围。

应避免气泡太大、太多，否则面积太大的气泡挤在一起，会影响图表信息的表达。

STEP3» 调整气泡大小。❶在任意一个气泡上单击鼠标右键，❷在弹出的快捷菜单中选择【设置数据系列格式】命令，在弹出的【设置数据系列格式】任务窗格中，❸将【缩放气泡大小为】设置为【45】(读者可根据数据情况进行设置)。

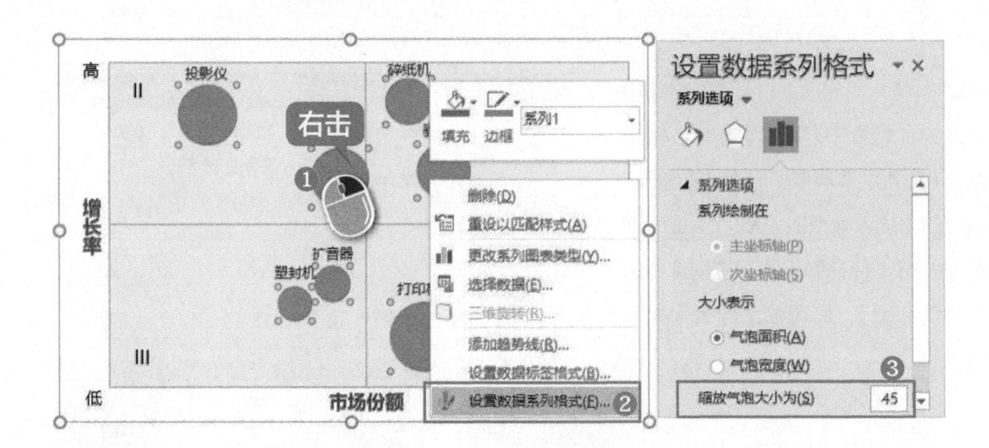

STEP4» 设置象限颜色。为了区分不同产品所在的象限，可以对不同象限设置不同的颜色。与矩阵图相同，每个气泡或标签的颜色需要一个个单独设置（具体参数设置可参见 6.2.4 小节 STEP10），设置完成后气泡矩阵图就创建完成了，效果如右图所示。

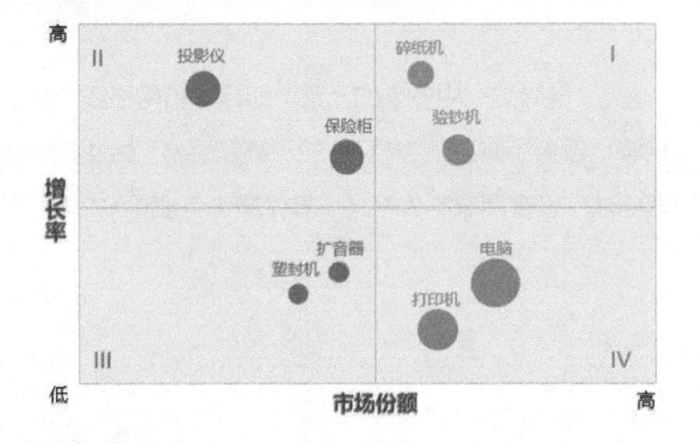

6.2.6 雷达图——员工综合能力分布分析

雷达图，顾名思义，就像一个雷达，所有数据的起点都是同一个圆心，数据点的位置离圆心越远表示数值越大，读者可通过数据点向外扩张的程度来分析指标的大小；同时，属于同一系列的各数据点相连，形成一个封闭的区域，还可以通过该区域的面积进行综合指标分析。

雷达图多用于多指标、多对象的综合分析，如对员工综合能力的分析、候选人能力分析等。它的制作很简单，下面以对员工综合能力的分析为例，介绍雷达图的具体制作方法。

分析目标：

①用图表展示员工的能力评分情况；②让人一目了然地看出员工哪些能力较强，哪些能力较弱；③让人能对员工能力做出综合评价。

配套资源
第 6 章 \ 员工综合能力分布分析—原始文件
第 6 章 \ 员工综合能力分布分析—最终效果

扫码看视频

STEP1» 插入雷达图。打开本实例的原始文件，❶选中 B2:H3 区域，❷切换到【插入】选项卡，❸单击【图表】组中的【插入瀑布图、漏斗图、股价图、曲面图或雷达图】按钮，❹在弹出的下拉列表中选择【雷达图】，即可在工作表中插入雷达图。

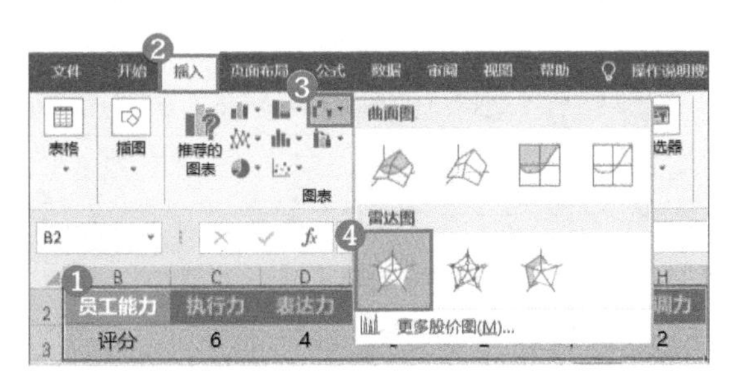

STEP2» 格式化图表。编辑图表标题，设置网格线格式，设置图表区背景颜色，设置字体格式，具体参数设置及最终效果如下图所示。

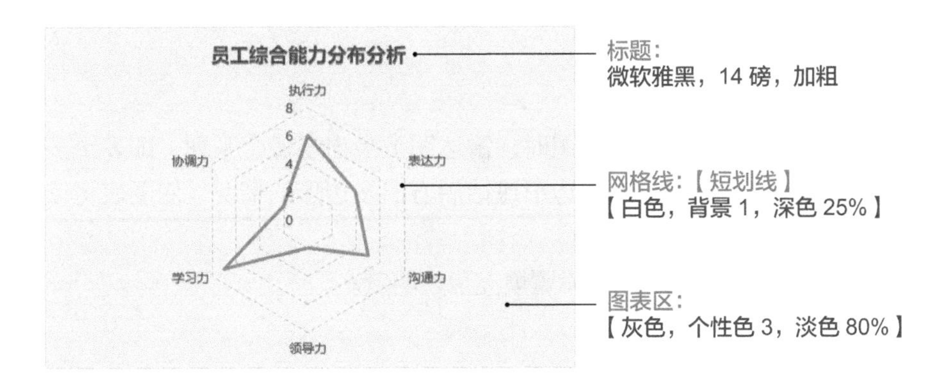

Tips

制作雷达图时，要注意指标不要太多，否则会给人很复杂的感觉，让人难以发现重点，降低图表的可读性。

6.2.7 填充雷达图——两位候选人能力分布分析

除了 6.2.6 小节中介绍的普通雷达图外，还有一种常用的雷达图，就是填充雷达图。与普通雷达图相比，填充雷达图更强调面积的大小，通过颜色突出面积来展示数据的分布情况，因此填充雷达图更适合多对象的分布分析。

填充雷达图的制作也很简单，下面以两位候选人能力分布分析为例，介绍填充雷达图的制作。

配 套 资 源	
	第 6 章 \ 两位候选人能力分布分析—原始文件
	第 6 章 \ 两位候选人能力分布分析—最终效果

扫码看视频

STEP1» 插入填充雷达图。打开本实例的原始文件，❶选中 B2:H4 区域，❷切换到【插入】选项卡，❸单击【图表】组中的【插入瀑布图、漏斗图、股价图、曲面图或雷达图】按钮，❹在弹出的下拉列表中选择【填充雷达图】，即可在工作表中插入填充雷达图。

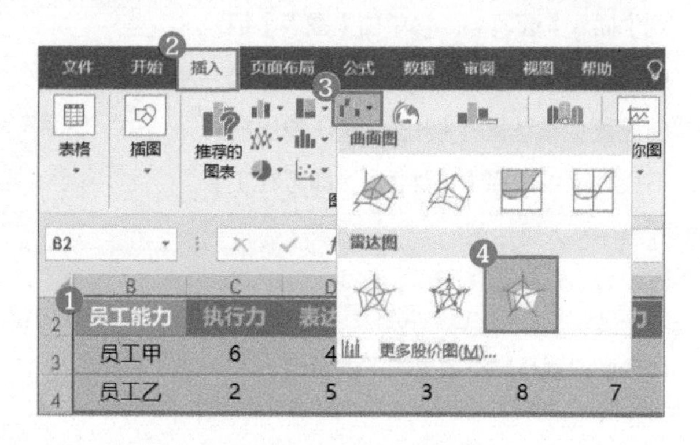

Tips

制作多对象的填充雷达图时，雷达图上会出现多个系列，即多个多边形，因此会出现前方的多边形遮挡后方的多边形的情况，使图表可读性下降，从而影响数据分析。

此时，最重要的操作是设置填充色透明度。

STEP2» 调整填充雷达图填充颜色。选中前方的系列，即“员工乙”系列，打开【设置数据系列格式】任务窗格，❶单击【填充与线条】按钮，❷在【线条】组中选中【实线】单选钮，❸将【颜色】设置为【金色，个性色 4】，❹单击【标记】，❺在【填充】组中选中【纯色填充】单选钮，❻将【颜色】设置为【金色，个性色 4】，❼【透明度】设置为【50%】，如下页图所示。

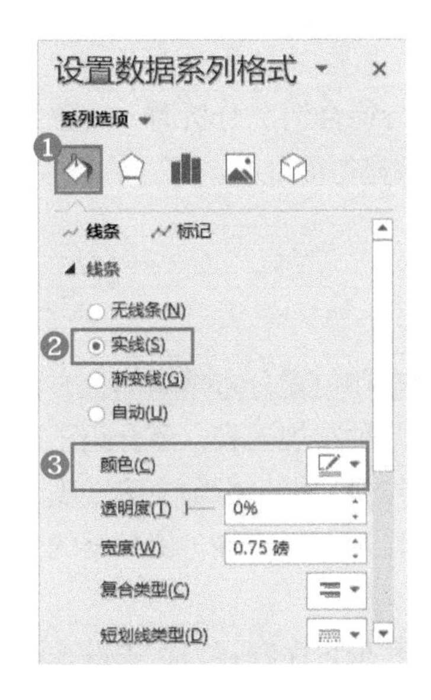

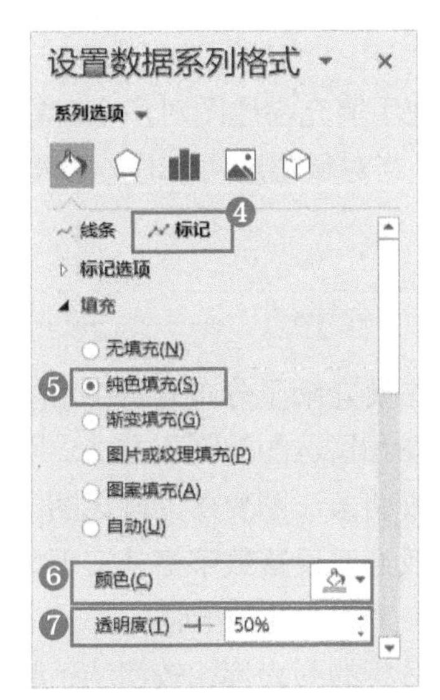

STEP3» 使用同样的操作设置“员工甲”系列的颜色，线条的填充颜色设置为【绿色，个性色 6】，标记的填充颜色设置为【绿色，个性色 6】，【透明度】设置为【50%】，设置完成后效果如右图所示。从图中可以清楚地看到两个系列的指标分布，并且不会出现遮挡的情况。

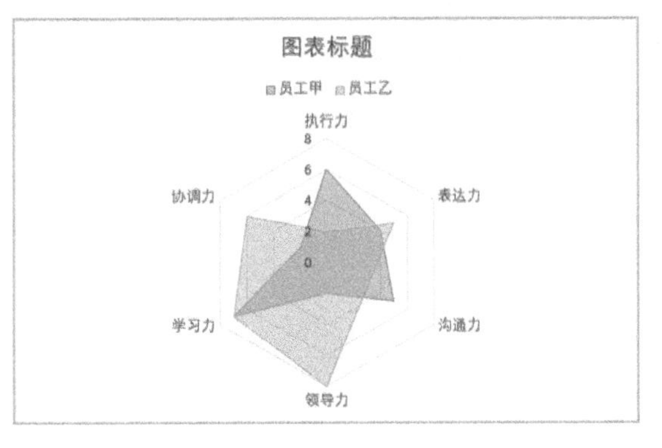

STEP4» 格式化图表元素。编辑图表标题，将图例移至图表右上角，设置网格线格式，设置图表区背景颜色，设置字体格式，具体参数设置及最终效果如下图所示。

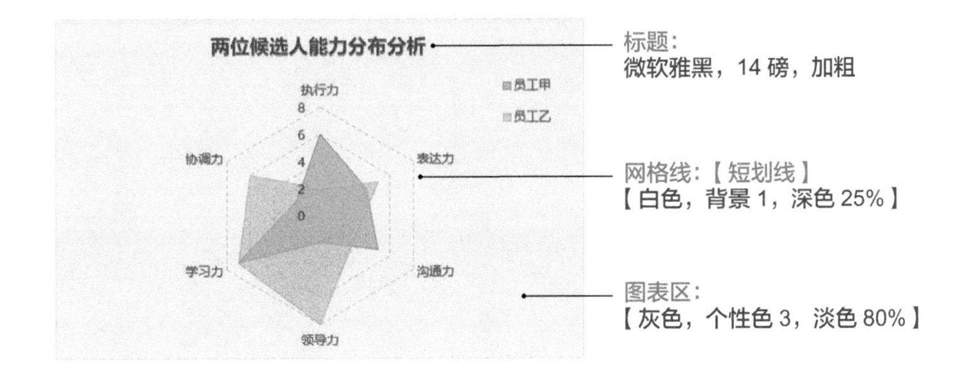

在使用填充雷达图对多个对象进行综合情况分析时，对象为两个比较合适，当对象超过两个时，图表就会显得很混乱。

本章内容小结

本章主要介绍了分布分析中定量分布和位置分布常用的直方图、散点图、气泡图和雷达图的制作方法。除了几种常规图表，还介绍了通过逆序刻度值实现将条形图变形为旋风图，通过横、纵坐标轴交叉实现分象限矩阵图，以及通过设置数字格式实现负值显示为正值等，使数据的分布特征更具象化、图表专业性更强。

分布分析的图表都比较简洁，制作起来也比较容易，关键在于一些细节的设置和美化。读者只要掌握好本章介绍的内容，足以满足专业化分布分析图表的制作需求。

第 7 章

达成分析

- 分析销售达成率
- 分析预算执行情况
- 分析各项目完成进度
- 分析各门店销售指标完成进度
- 分析客户满意度情况

指标完成是重点，
达成分析来追踪！

达成分析是实际数据分析中经常要做的分析之一，其目的是通过分析达成情况或完成进度，抓住问题、寻找偏差，进而分析原因，及时更正。本章将通过具体实例来介绍达成分析的经典应用场景及适用的图表类型。

7.1 什么情况下适合做达成分析

当需要分析对象的完成进度时，就需要进行达成分析。如分析销售达成率、全年预算执行情况、各项目的完成进度、各门店销售指标完成进度，以及客户的满意度情况等，都适合做达成分析。下面我们先通过两个经典的应用场景来学习什么情况下适合做达成分析。

经典场景 1：销售目标达成分析

在企业经营分析中，分析销售目标达成情况是十分重要的内容。要显示目标达成率，仪表盘是比较直观的图表类型，如右图所示。

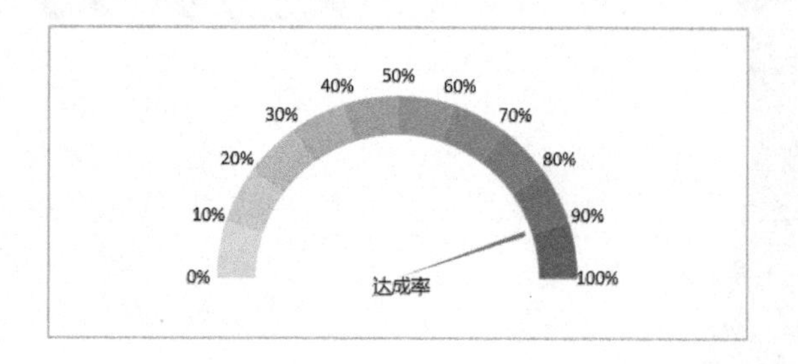

在实际分析中，可能会出现超额达成的情况，即达成率高于 100%， 使用右上图的仪表盘就会出现“爆表”的情况，因为它无法显示超过 100% 的数值。这时，可以设置最大刻度为 150%（甚至更高刻度）的仪表盘，如右图所示。

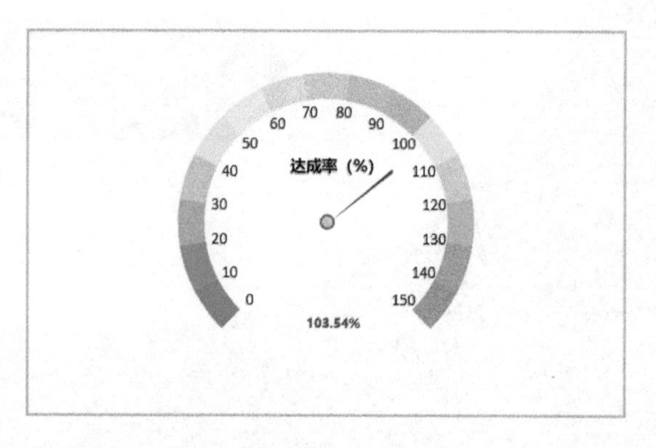

仪表盘的类型或具体刻度设置，需要根据分析需求或数据特征来选择，关于以上两种仪表盘的制作方法，在 7.2.1 小节中会详细介绍。

经典场景 2：年度预算执行情况分析

公司对预算的执行情况进行监控，可使用圆环图直观地展示。如右图所示，整个圆环代表 100%，蓝色部分圆环代表已经实现的预算，看起来既清晰又易理解。

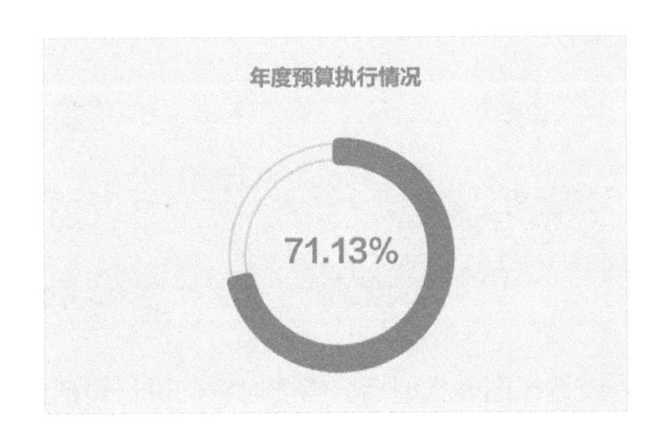

当需要同时分析多个项目的指标完成进度时，如要同时分析多个门店的销售指标完成情况，使用电池图就是一个不错的选择。如右图所示，电池的电量表示实际达成率，当电量充满时，表示达成率为 100%，既直观又有趣。

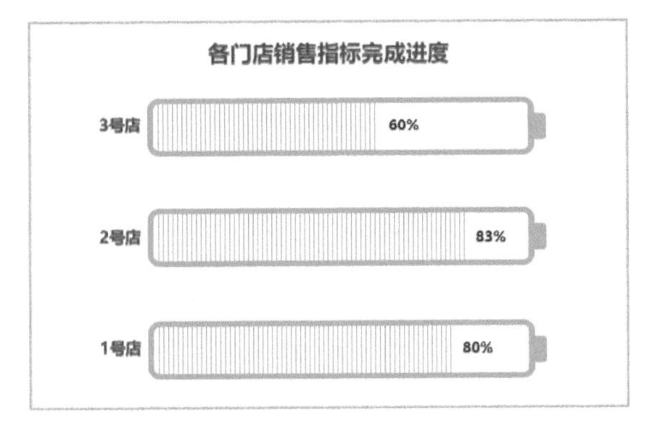

关于以上两个图表的具体制作方法在 7.2.2 小节和 7.2.4 小节中会详细介绍。通过以上两个应用场景的介绍，相信你已经对达成分析有了认识，下面介绍做达成分析时应该选择什么类型的图表以及具体的制作方法。

7.2 达成分析常用的图表类型

Excel 自带的图表类型中没有专门用来体现达成率或完成进度的图表，这就需要我们在基本图表的基础上，通过精心的设计或变形，从而实现展示达成率或完成进度的效果。常用的达成分析类图表主要有仪表盘、圆环图、跑道图、电池图，以及五星评分图等。

为了方便读者快速选择需要的图表，以下提供了达成分析图表的选择思路供读者参照。

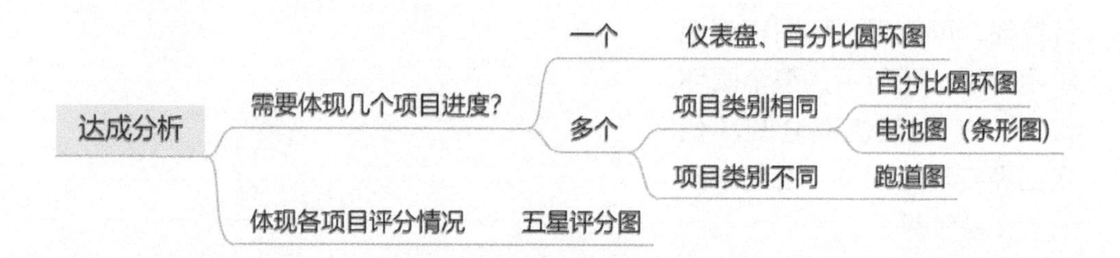

选择图表类型后，需要对它们进行灵活的设计，从而制作出更直观、可视化效果更好的达成分析图表。下面分别介绍几种达成分析图表的具体制作方法。

7.2.1 仪表盘——分析销售达成率

1. 百分百仪表盘

说起仪表盘，首先会让人想到的可能就是汽车仪表盘，它主要用来显示汽车的行驶数据等，方便随时监控各项指标的变化。我们要做的仪表盘就是模仿汽车仪表盘，主要用来显示达成率数据，如右图所示。

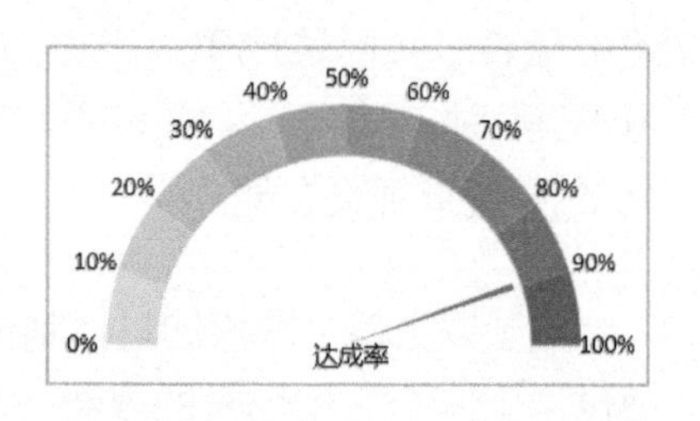

该仪表盘的制作很简单，在介绍具体操作之前，需要先来了解仪表盘是由什么构成的，把结构弄明白后，再来制作图表就简单多了。

仪表盘主要由 3 部分组成：表盘（圆环图）、刻度（圆环图）、指针（饼图）。

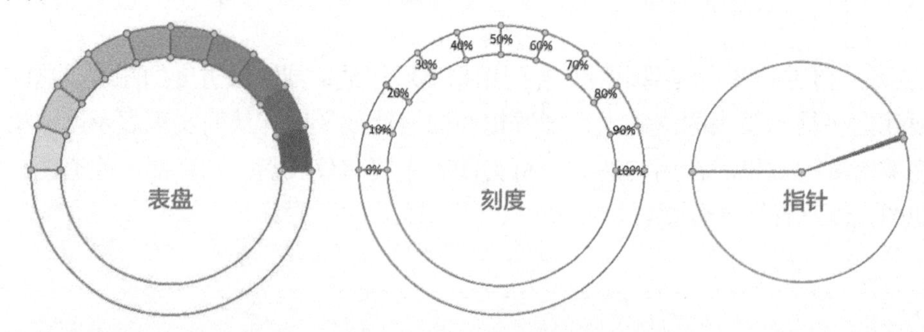

配套资源

第 7 章 \ 分析销售达成率—原始文件

第 7 章 \ 分析销售达成率—最终效果

扫码看视频

STEP1» 分析仪表盘。本案例仪表盘的最小刻度是 0%，最大刻度是 100%，刻度单位是 10%。

STEP2» 准备表盘的源数据。由于表盘是半圆形的，占了 180 度，平均分成 10 份，每份就是 18 度，整个表盘的下半部分也是 180 度。刻度是 0%~100%，间隔为 10% 的数值。最终编辑好的源数据区域如右图所示。

表盘	刻度
0	0%
18	
0	10%
18	
0	20%
18	
0	30%
18	
0	40%
18	
0	50%
18	
0	60%
18	
0	70%
18	
0	80%
18	
0	90%
18	
0	100%
180	

Tips

可以看到，在数据区域的每两个数值中间都输入了一个占位符“0”，它在圆环图中会正好显示为两部分圆环之间的交界线，将刻度值与占位符“0”的位置对应（如右图所示），添加到数据标签上，就会正好显示到每部分圆环的起始位置了，效果如上页图所示。

STEP3» 插入圆环图。❶选中表盘的源数据区域 B6:B27，❷切换到【插入】选项卡，❸单击【图表】组中的【插入饼图或圆环图】按钮，❹在弹出的下拉列表中选择【圆环图】，即可在工作表中插入圆环图。

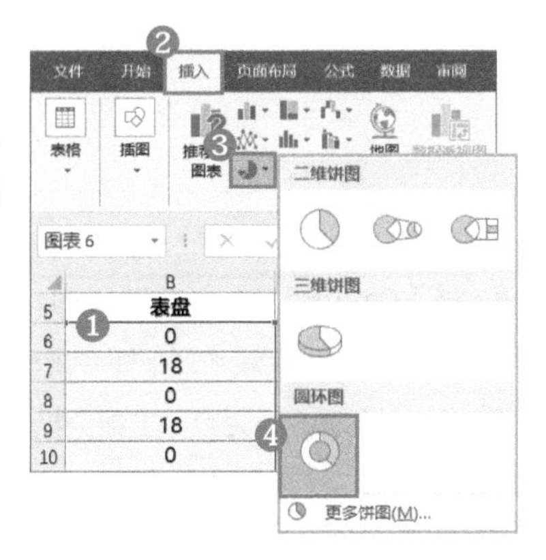

STEP4» 设置圆环图起始角度。删除多余的图表元素，即图表标题和图例，在圆环图上单击鼠标右键，在弹出的快捷菜单中选择【设置数据系列格式】命令，在弹出的【设置数据系列格式】任务窗格中，将【第一扇区起始角度】设置为【270°】。

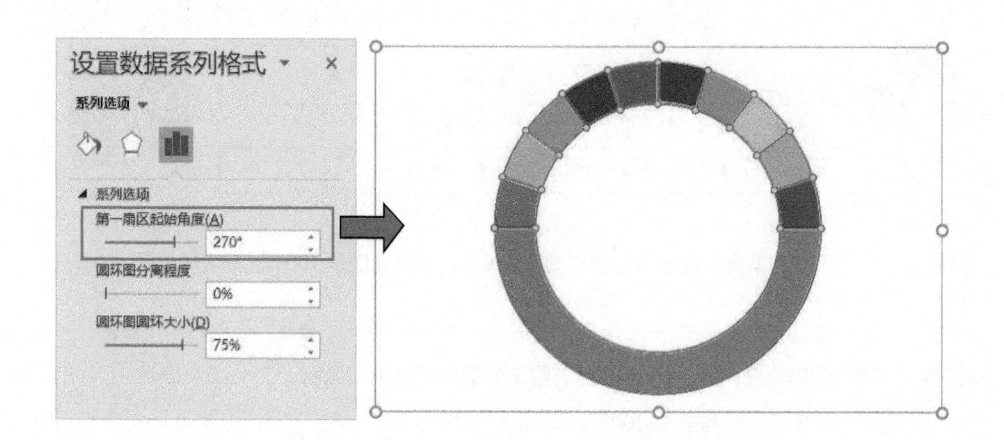

STEP5» 设置圆环图颜色。❶选中圆环，切换到【设计】选项卡，❷单击【图表样式】组中的【更改颜色】按钮，❸在弹出的下拉列表中选择【单色调色板 10】，❹在圆环的下半部分单击两次将其选中，设置为【无填充】【无轮廓】，表盘就设计完成了，效果如下图所示。

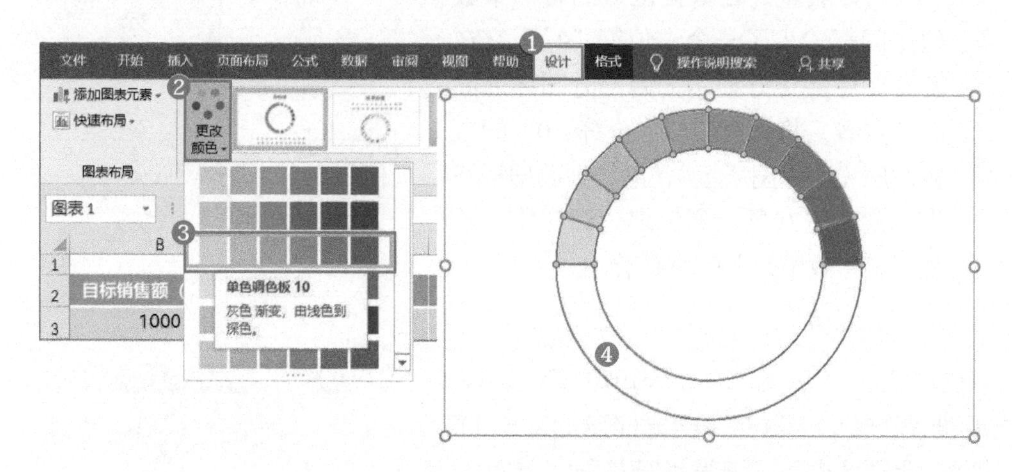

STEP6» 复制圆环图，插入数据标签。首先选中圆环，按【Ctrl】+【C】组合键复制，然后直接按【Ctrl】+【V】组合键粘贴，即会出现一个新的圆环。选中外层圆环，为其添加数据标签，选中添加的数据标签，打开【设置数据标签格式】任务窗格，❶勾选【单元格中的值】复选框，弹出【数据标签区域】对话框，❷选择工作表中的 C6:C26 区域，❸单击【确定】按钮，取消勾选【值】和【显示引导线】复选框。

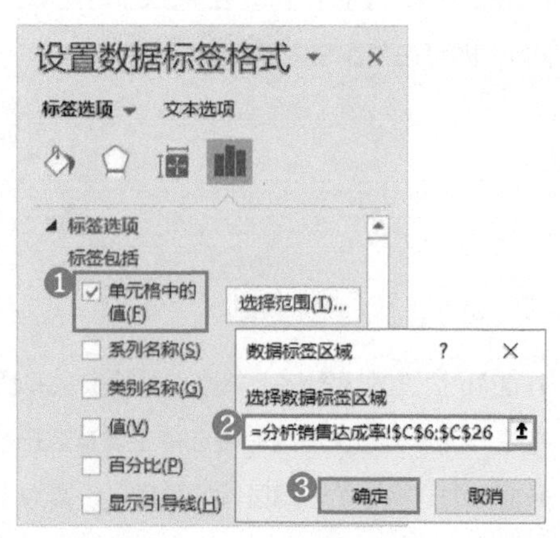

STEP7» ❶选中外层圆环，设置为【无填充】【无轮廓】，❷打开【设置数据系列格式】任务窗格，将【圆环图圆环大小】设置为【65%】，这样圆环会变粗一些，效果如下图所示（注：在组合圆环图中，设置任意一个圆环的大小，另外一个圆环也会跟着变化）。

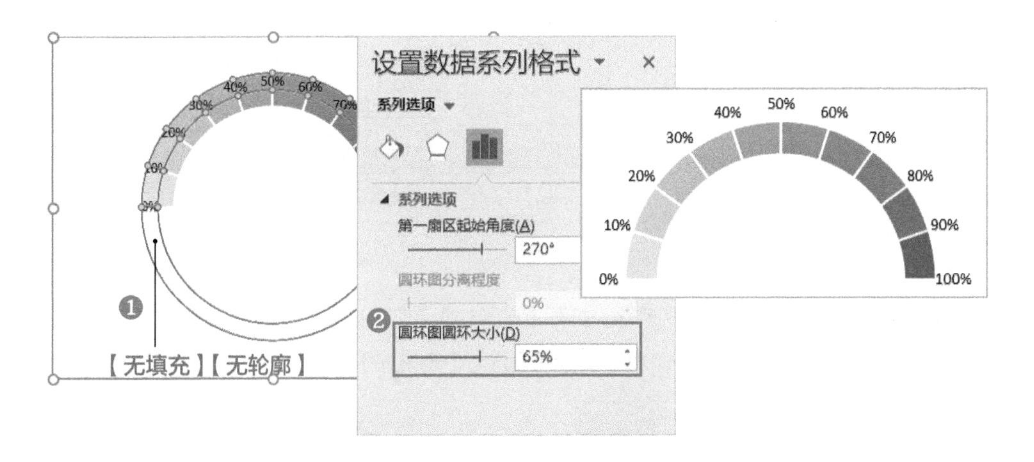

STEP8» 准备指针的源数据。指针是通过一个弧度较小的扇形来表示的，因此需要划分3个扇区，第二扇区代表指针的大小，这里输入一个较小的固定值“2”即可；第一扇区的大小等于“表盘的角度 × 销售达成率 / 表盘的最大刻度 − 指针大小 /2”，即“180*D3 − E7/2”；第三扇区的大小等于“360 − 第一扇区 − 第二扇区”，即“360 − E6 − E7”，如下图所示。

E6 =180*D3-E7/2

	D	E
2	销售达成率	
3	89.54%	
4		
5	扇区	角度
6	第一扇区	160.16
7	第二扇区	2
8	第三扇区	197.84

=180*D3 − E7/2

=360 − E6 − E7

Tips

①在设置指针大小，即第二扇区的角度时，数值不宜太大，若太大，指针太粗，会导致读数不准；但也不能太小，若太小，指针太细，显示不清。具体数值根据图表的大小进行调整即可。

②由于指针的中间位置指向的刻度才是精准的，为了指针指示的位置更准确，在计算第一扇区的角度大小时，需要减去指针（第二扇区的角度）的一半。

STEP9» 插入饼图。❶选中源数据区域 E6:E8，❷切换到【插入】选项卡，❸单击【图表】组中的【插入饼图或圆环图】按钮，❹在弹出的下拉列表中选择【饼图】，即可在工作表中插入饼图。

STEP10» 选中饼图，将标题和图例删除，打开【设置数据系列格式】任务窗格，将【第一扇区起始角度】设置为【270°】，将第一、第三扇区都设置为【无填充】【无轮廓】，第二扇区即指针设置为【无轮廓】，如下图所示。

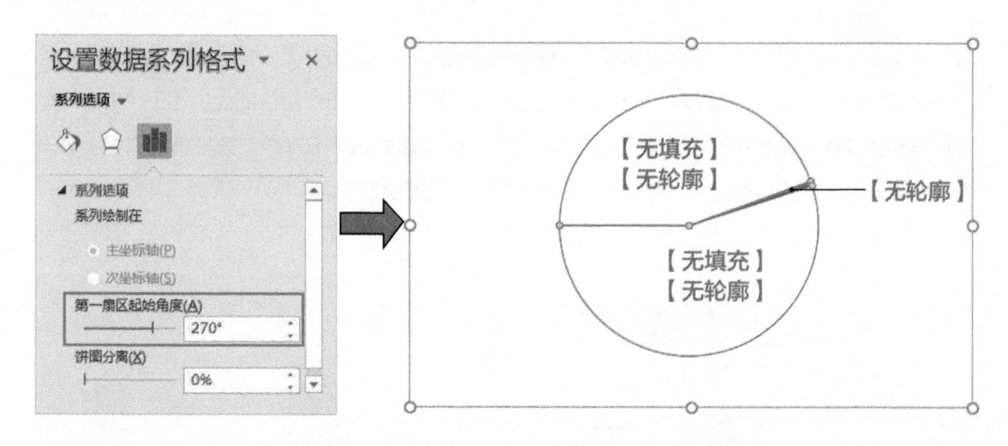

STEP11» 将两个图表组合。饼图的图表区设置为【无填充】【无轮廓】后，叠放在圆环图上，调整饼图绘图区的大小，使其与圆环图的圆心重合，然后插入横排文本框，输入内容“达成率”，组合在一起的效果如右图所示。

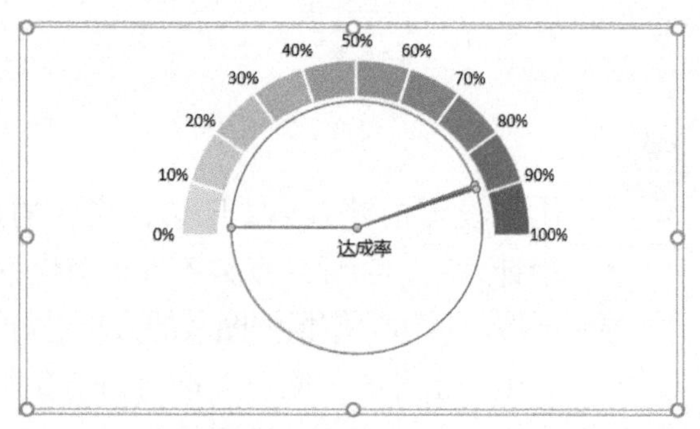

设置完成后，当 D3 单元格中的销售达成率变化时，指针就会自动变化。

2. 防“爆表”仪表盘

在使用仪表盘展示百分比数据时，如果需要显示的数值超过表盘的最大刻度，就会出现“爆表”的情况。如右图所示，指针已经超过表盘的最大刻度，无法读数了。

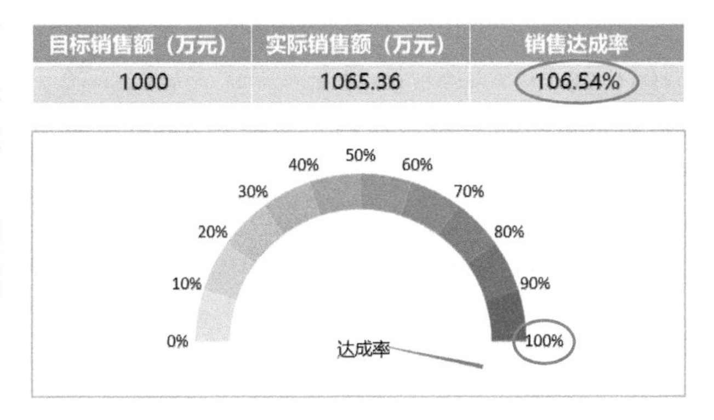

目标销售额（万元）	实际销售额（万元）	销售达成率
1000	1065.36	106.54%

这时就需要一个防“爆表”的仪表盘，如右图所示。之所以称之为防“爆表”仪表盘，是因为即使数值超过了 100%，它也可以正常显示。当然这个最大刻度需要根据要显示数值的大小适当调整。

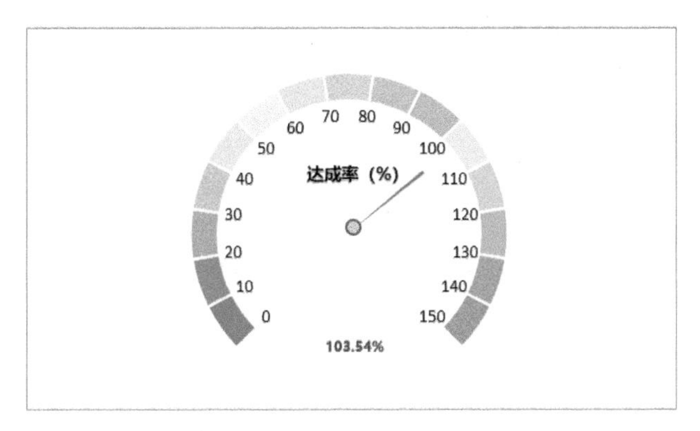

该仪表盘的组成结构及操作方法与上一仪表盘的相同，只是源数据的设置有所不同，具体的制作方法如下。

配 套 资 源
第 7 章 \ 分析销售达成率 01—原始文件
第 7 章 \ 分析销售达成率 01—最终效果

扫码看视频

STEP1» 分析仪表盘。本案例仪表盘的最小刻度是 0%，最大刻度是 150%，刻度单位是 10%。

STEP2» 准备表盘的源数据。本案例要制作一个 270 度的仪表盘，表盘平均分成 15 份，每份就是 18 度，第 16 份圆环是 90 度。刻度是 0%~150%，间隔为 10%。最终编辑好的源数据区域如下页图所示（注意本案例的刻度在表盘内部，为了避免拥挤，所以设置的刻度单位是“%”）。

STEP3» 插入圆环图。选中表盘的源数据区域 B6:B37，插入圆环图（可参考上一案例的 STEP3）。

STEP4» 设置圆环图起始角度。删除多余的图表元素，即图表标题和图例，由于该案例表盘占了 270 度，所以第一扇区的起始角度应该变成 180+90/2（圆环除表盘部分后，剩余部分的一半），即 225 度。因此，需要在【设置数据系列格式】任务窗格中，将【第一扇区起始角度】设置为【225】，如下图所示。

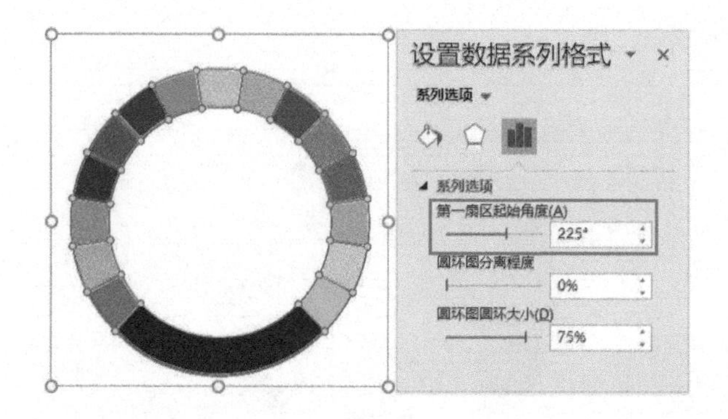

表盘	刻度（%）
0	0
18	
0	10
18	
0	20
18	
0	30
18	
0	40
18	
0	50
18	
0	60
18	
0	70
18	
0	80
18	
0	90
18	
0	100
18	
0	110
18	
0	120
18	
0	130
18	
0	140
18	
0	150
90	

STEP5» 设置圆环图颜色。除表盘外的底部圆环设置为【无填充】，表盘的每 5 部分圆环设置为同一个颜色，分别为橙色、黄色和绿色，各部分圆环通过设置透明度实现渐变效果，3 种颜色的 RGB 值以及透明度百分比如下图所示。

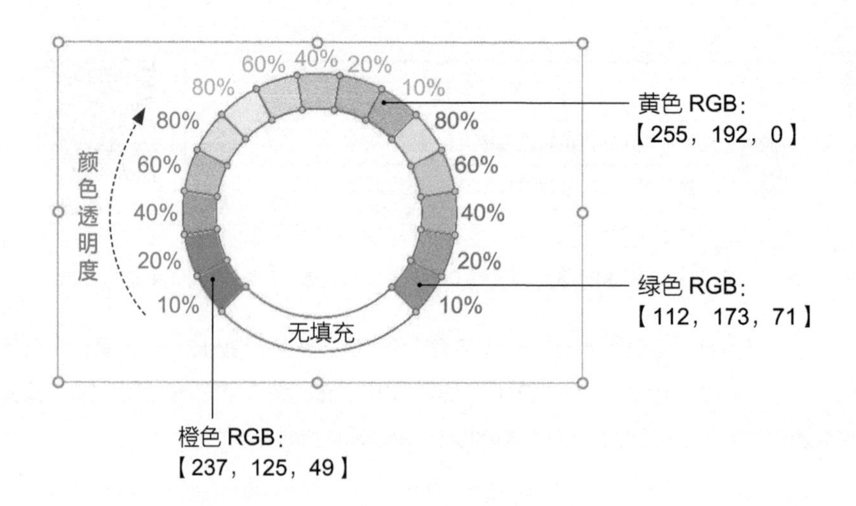

STEP6» 复制圆环图，插入数据标签。选中圆环，按【Ctrl】+【C】组合键复制，然后按【Ctrl】+【V】组合键粘贴，即出现一个新的圆环；选中内层圆环，为其添加数据标签，标签内容选择 C6:C36 区域中的内容；将内层圆环设置为【无填充】【无轮廓】；打开【设置数据系列格式】任务窗格，将【圆环图圆环大小】设置为【65%】，具体操作可参见上一案例中的 STEP6、STEP7，效果如右图所示。

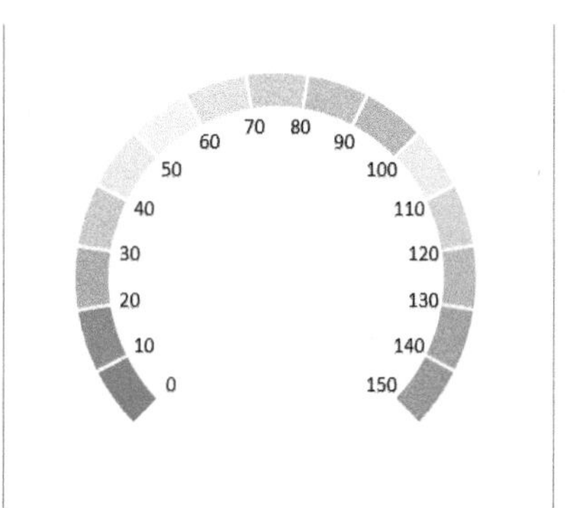

STEP7» 准备指针的源数据区域。该操作可参见上一案例中的 STEP8，只是需要修改一下公式，如下图所示。

E6　=270*D3/1.5-E7/2

	D	E
2	销售达成率	
3	103.54%	
4		
5	扇区	角度
6	第一扇区	185.36
7	第二扇区	2
8	第三扇区	172.64

=270*D3/1.5－E7/2

=360－E6－E7

STEP8» 选中 STEP7 中指针的源数据区域 E6:E8，插入饼图，将标题和图例删除，将【第一扇区起始角度】设置为【225°】，然后将第一、第三扇区都设置为【无填充】【无轮廓】，第二扇区即指针设置为【无轮廓】，效果如右图所示。

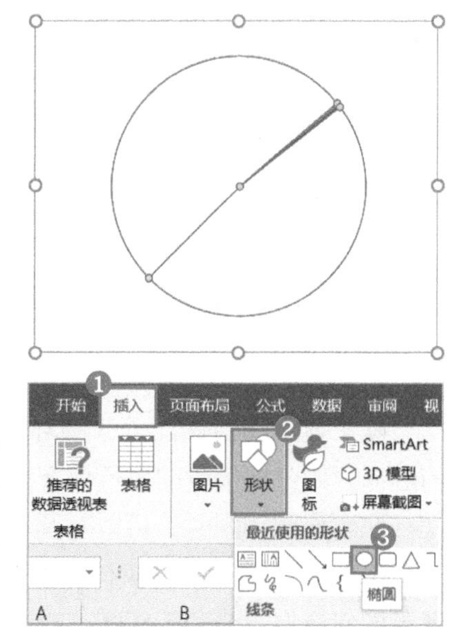

STEP9» 插入圆形形状。❶切换到【插入】选项卡，❷单击【插图】组中的【形状】按钮，❸在弹出的下拉列表中选中【椭圆】形状，返回工作表，按【Shift】键的同时按住鼠标左键拖曳，即可绘制一个圆形。将圆形填充为【橙色，个性色 2，淡色 60%】，轮廓设置为【橙色，个性色 2，深色 25%】。

STEP10» 将 3 部分组合在一起。饼图的图表区设置为【无填充】【无轮廓】后，叠放在圆环图上，调整饼图绘图区的大小，使其与圆环图的圆心重合，调整圆形的大小，放在饼图的圆心位置，效果如右图所示。

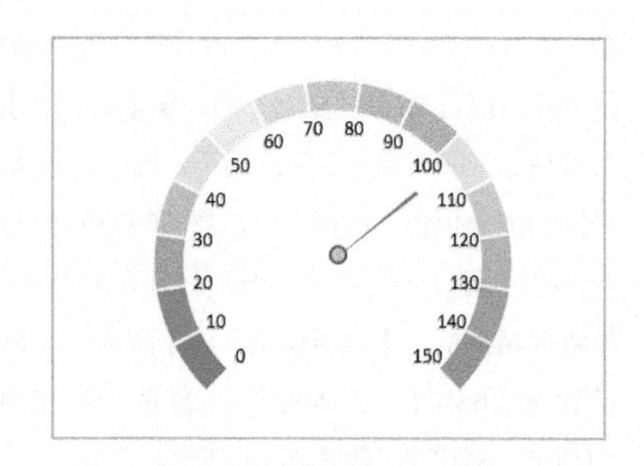

STEP11» 插入两个横排文本框。其中一个文本框直接输入内容“达成率（%）”，另一个文本框选中后，在编辑栏中输入“=$D$3”，表示显示 D3 单元格中的内容，当 D3 单元格中的数值变化时，图表指针会跟着变化，该文本框中的内容也会相应变化。这样该仪表盘就制作完成了，最终效果如右图所示。

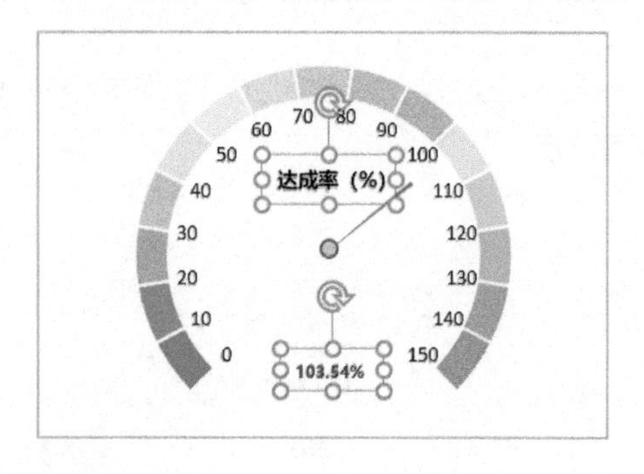

7.2.2 百分比圆环图——分析预算执行情况

关于圆环图，在本书 5.2.4 小节中已经介绍过趣味圆环图的制作方法，该圆环图是在普通圆环图的基础上加入项目图标组成的，如下图所示。

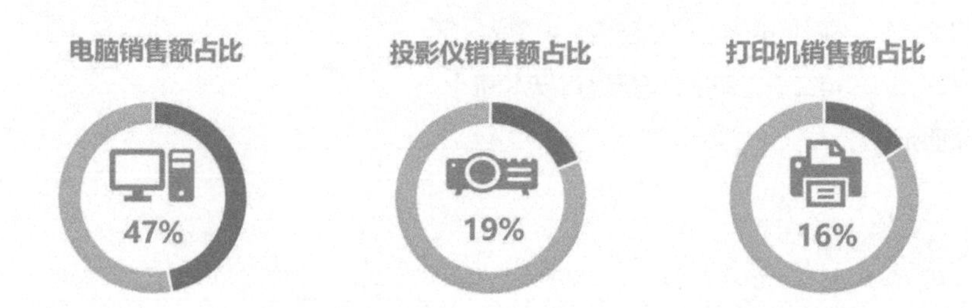

除了显示项目占比外，圆环图在要显示项目完成率或执行情况时也是不错的选择，如分析预算的执行情况等。

在制作圆环图时，可以对圆环做很多变形，增加圆环的美观性和直观性。

下面以分析预算的执行情况为例，再介绍两种圆环图的做法，看看它们究竟是如何让你的普通圆环图“变高级”的。

1. 超细圆环图

圆环图的圆环大小是可以设置的，在【设置数据系列格式】任务窗格中，通过调整【圆环图圆环大小】就可以实现。但是，在调整时，最大可以调到【90%】，即单个圆环的最细效果，如下面左图所示。如果在此基础上想要实现更细的效果，就需要进行其他操作，效果如下面右图所示。

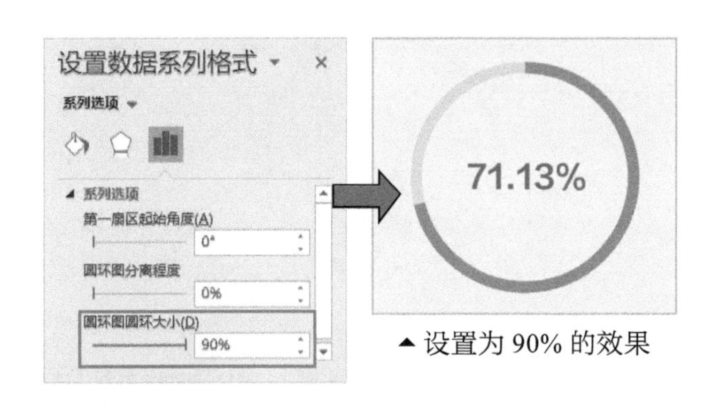

▲ 设置为 90% 的效果

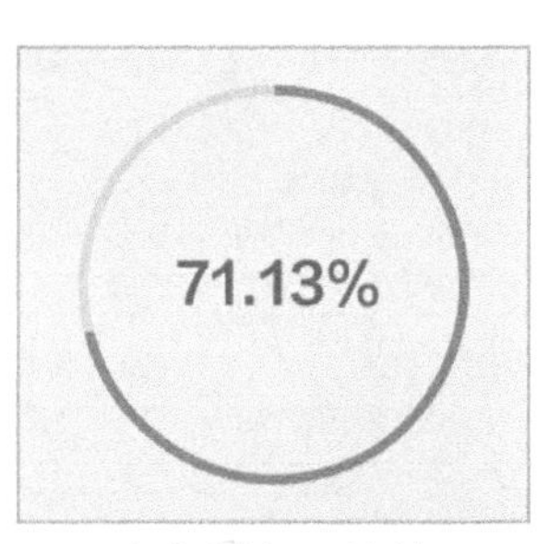

▲ 本案例实现的效果

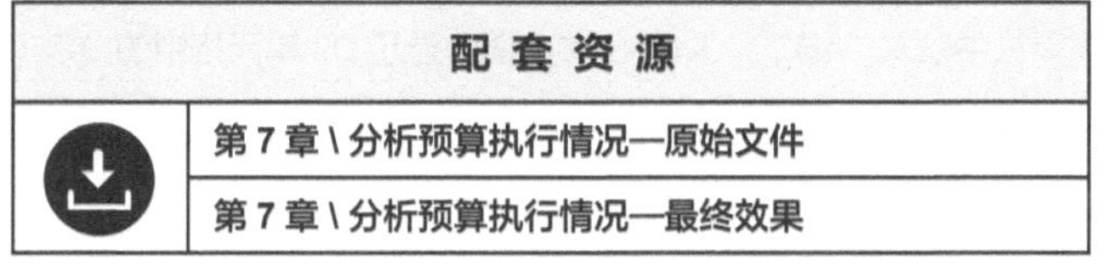

配 套 资 源

第 7 章 \ 分析预算执行情况—原始文件

第 7 章 \ 分析预算执行情况—最终效果

扫码看视频

STEP1» 添加辅助列。要显示预算执行率，需要添加一个辅助列，公式为“1 – 预算执行率”。

E3　=1-D3

	B	C	D	E
2	预算指标（万元）	实际预算（万元）	预算执行率	辅助
3	800	569	71.13%	28.88%

STEP2» 插入圆环图。选中 D3:E3 区域，插入圆环图，删除图例，输入标题“分析预算执行情况”，字体格式设置为微软雅黑、14 磅、加粗，文字颜色设置为【蓝色，个性色 1，深色 25%】，效果如右图所示。

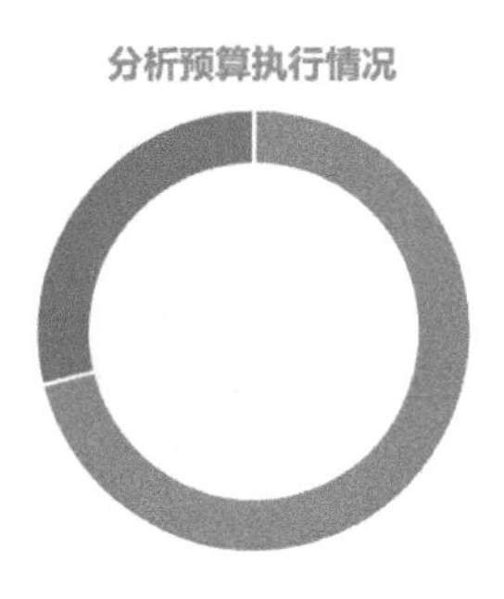

STEP3» 设置圆环大小并复制。选中圆环，打开【设置数据系列格式】任务窗格，将【圆环图圆环大小】设置为【90%】，选中圆环，按【Ctrl】+【C】组合键复制，再直接按【Ctrl】+【V】组合键粘贴，即可出现一个新的圆环，同时圆环变得更细了（如果想要圆环变得更细，可以在此基础上增加圆环的层数），如下图所示。

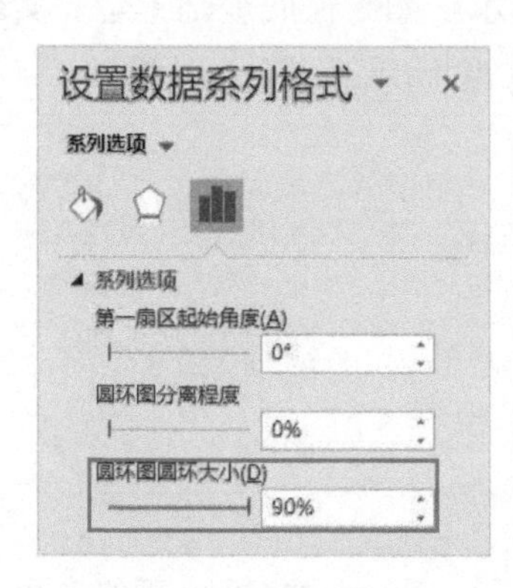

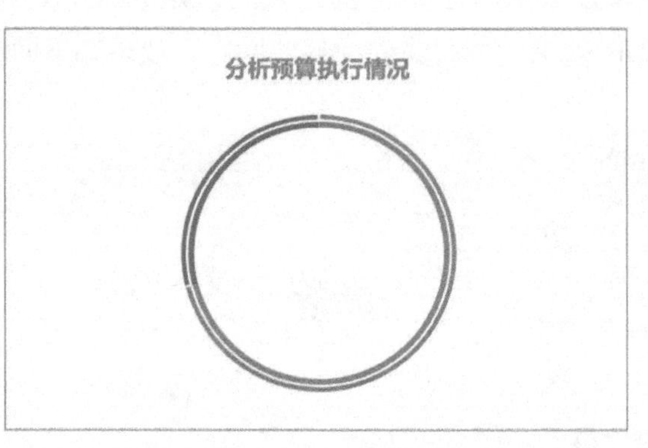

STEP4» 设置圆环图格式。选中内层圆环，将其设置为【无填充】【无轮廓】，外层圆环设置为【无轮廓】，辅助数据部分填充色设置为【蓝色，个性色 1，淡色 60%】，透明度为【20%】，然后插入横排文本框，在编辑栏中输入“=D3”，即可在文本框中显示 D3 单元格中的内容（预算执行率）了，文本框内字体格式及图表区的背景色参数如下图所示。

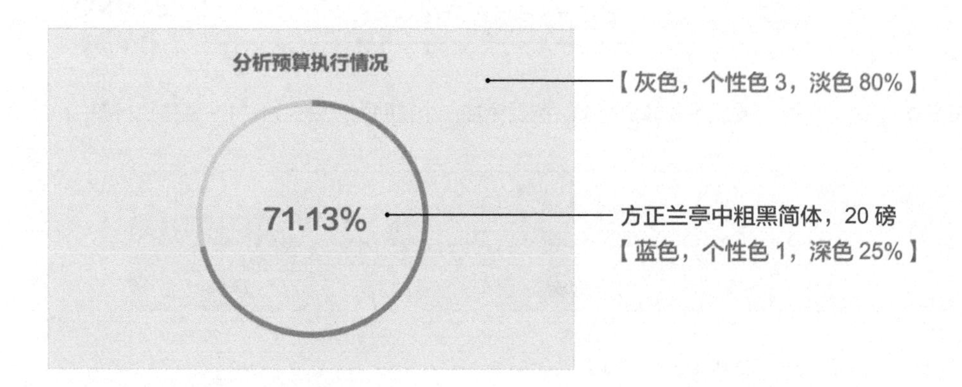

2. 轨道圆环图

在设计圆环图时，除了直接改变圆环粗细外，还可以通过设置填充格式和边框来制作带轨道的圆环图，在体现项目进度的同时，利用剩余轨道体现可用时间。下面仍以分析预算执行情况为例，介绍轨道圆环图的制作。

配套资源
第 7 章 \ 分析预算执行情况 01—原始文件
第 7 章 \ 分析预算执行情况 01—最终效果

STEP1» 添加辅助列，插入圆环图。添加辅助列后，选中 D3:E3 区域，插入圆环图，删除图例，输入标题内容“分析预算执行情况”，设置字体格式和图表区背景颜色，具体参数及效果如下图所示。

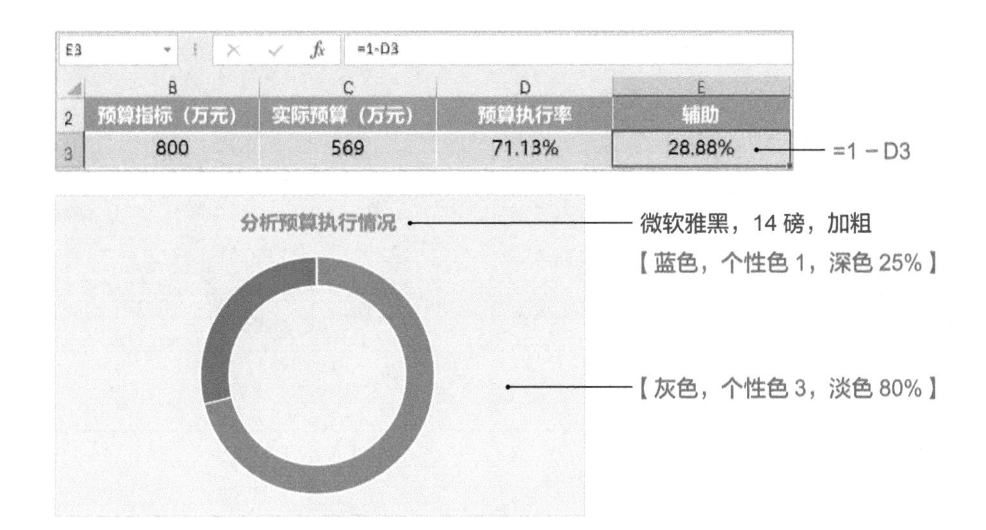

STEP2» 设置圆环大小并复制。选中圆环，打开【设置数据系列格式】任务窗格，将【圆环图圆环大小】设置为【86%】(圆环大小可根据具体需求来设置)，选中圆环，按【Ctrl】+【C】组合键复制，再直接按【Ctrl】+【V】组合键粘贴，即可出现一个新的圆环，如下图所示。

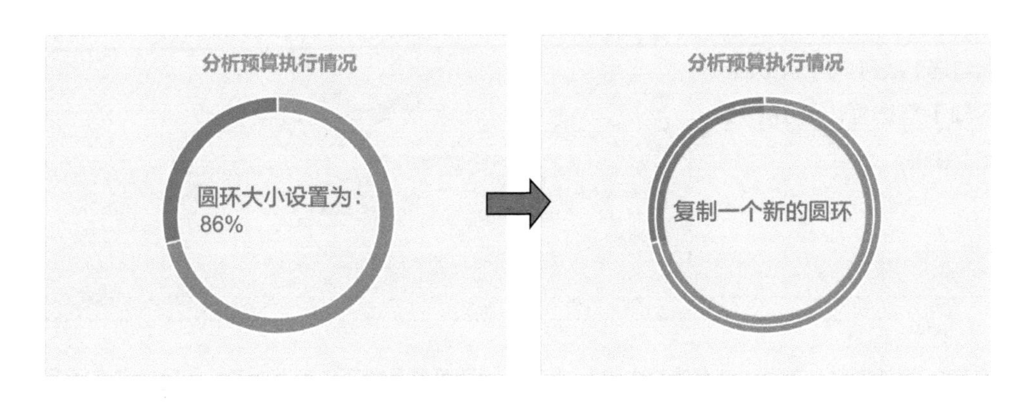

STEP3» 设置外层圆环格式。选中外层圆环，将填充颜色设置为【无填充】，边框设置为【1.5 磅】【蓝色，个性色 1，淡色 60%】，效果如右图所示。

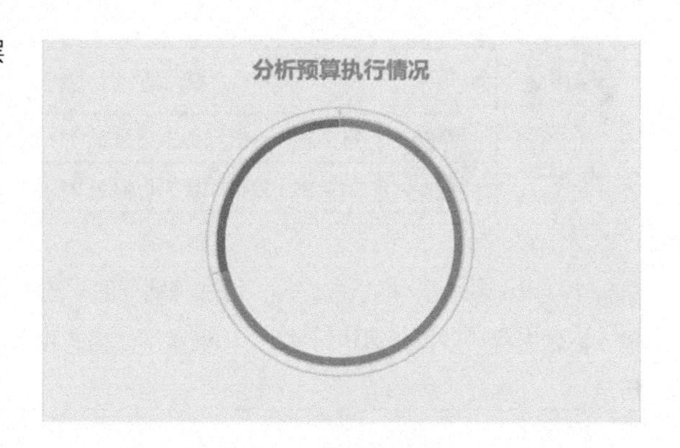

STEP4» 设置内层圆环格式。选中内层圆环，将辅助部分圆环设置为【无填充】【无轮廓】，将预算执行率部分圆环的边框设置为【8 磅】【蓝色，个性色 1】，效果如右图所示。

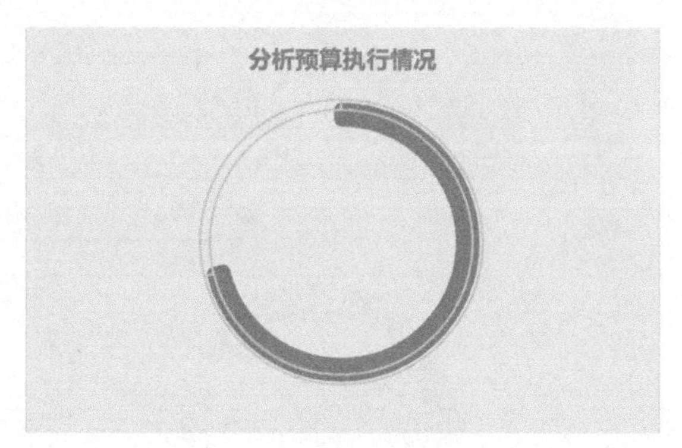

STEP5» 将内层圆环设置在次坐标轴上。要想将内层圆环显示在上层，需要将其设置在次坐标轴上。选中内层圆环，打开【更改图表类型】对话框，本案例内层圆环的系列名称是系列 2，因此勾选【系列 2】的【次坐标轴】复选框，单击【确定】按钮。

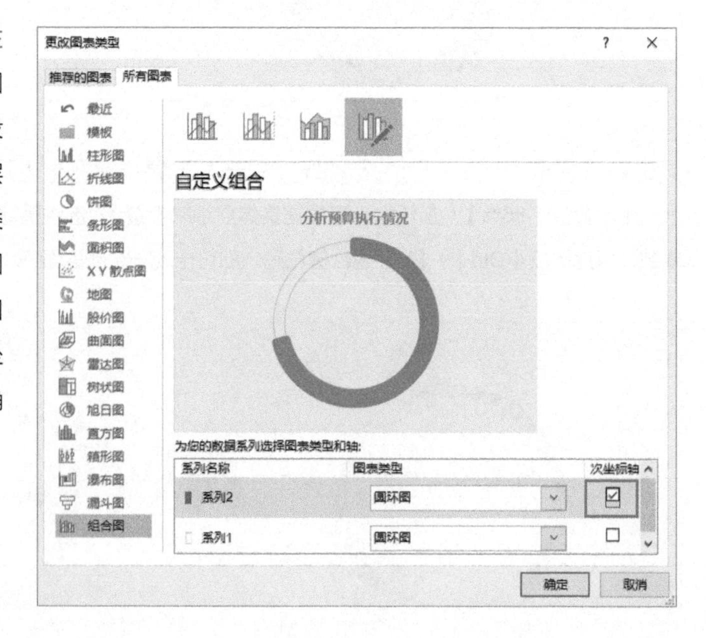

STEP6» 添加横排文本框，在编辑栏中输入“=D3”，即可显示预算执行率数值。然后将文本框设

置为【无填充】【无轮廓】，放在圆环图的中心位置，字体格式及最终效果如下图所示。

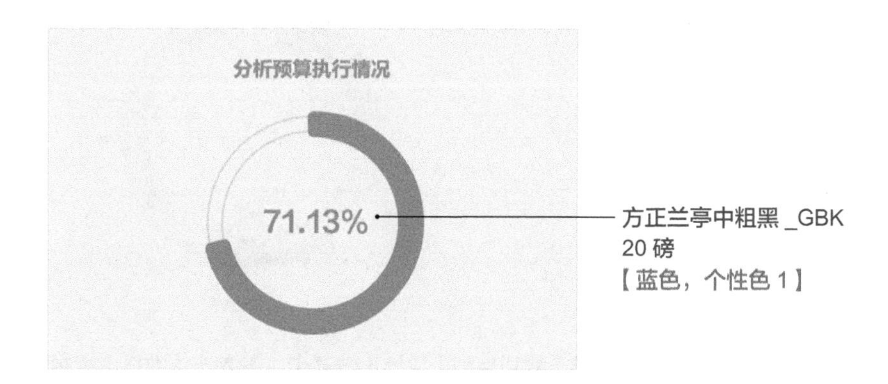

7.2.3 跑道图——分析各项目完成进度

上一小节中介绍的两种圆环图，都只适合展示单个项目的完成进度，如果想要同时体现多个项目的进度，可以制作多层圆环图，如右图所示。

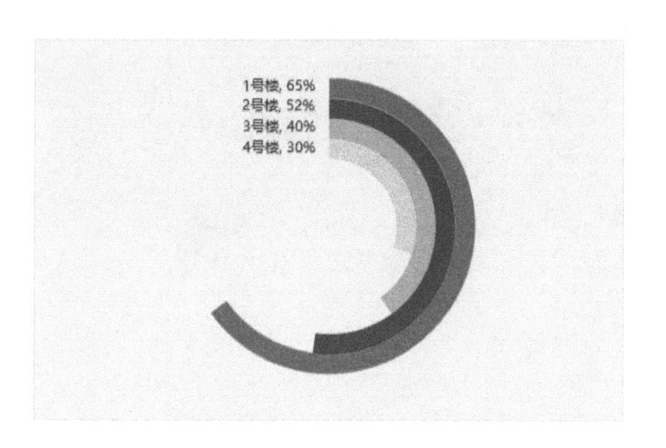

由于该图看起来像一个圆形的跑道，所以将其称为“跑道图”。

下面以分析各项目完成进度为例，介绍跑道图的具体制作方法。

配 套 资 源

第 7 章 \ 分析各项目完成进度—原始文件

第 7 章 \ 分析各项目完成进度—最终效果

扫码看视频

STEP1» 添加辅助列。在完成进度列的右侧增加一个辅助列，公式内容为“=1-C3”，将公式向下复制，如右图所示（本案例为了图表展示效果，将完成进度按升序排列）。

D3 =1-C3

	B	C	D
2	项目	完成进度	辅助
3	4号楼	30%	70%
4	3号楼	40%	60%
5	2号楼	52%	48%
6	1号楼	65%	35%

STEP2» 插入圆环图。选中 B2:D6 区域，插入圆环图，将图表标题和图例删除，效果如右图所示。

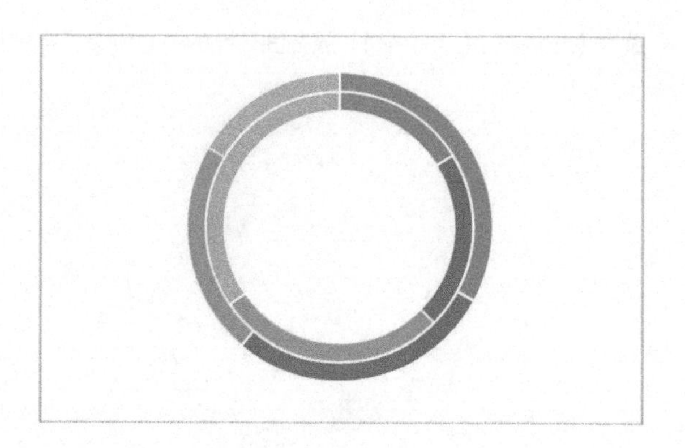

STEP3» 切换行列位置。选中圆环图，❶切换到【设计】选项卡，❷单击【数据】组中的【切换行 / 列】按钮，效果如下图所示。

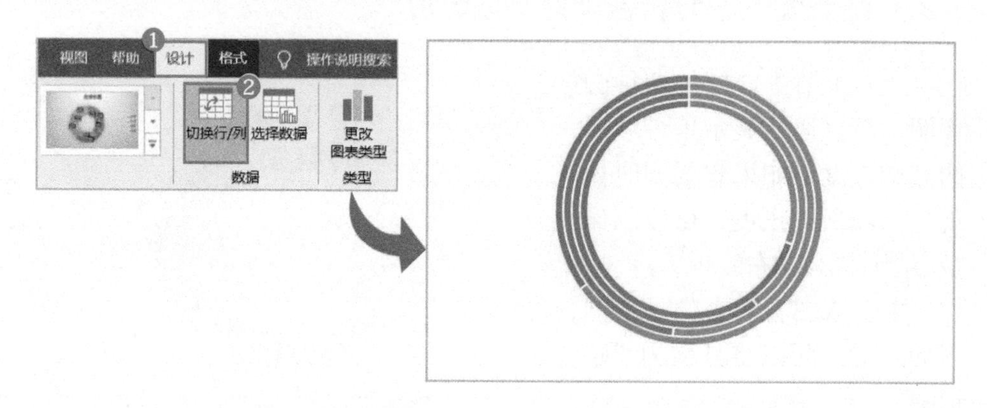

STEP4» 设置圆环格式。将圆环大小设置为【46%】，依次选中 4 个圆环，设置为【无轮廓】，将辅助部分设置为【无填充】，然后依次为 4 个圆环的完成进度部分填充颜色，效果如下图所示。

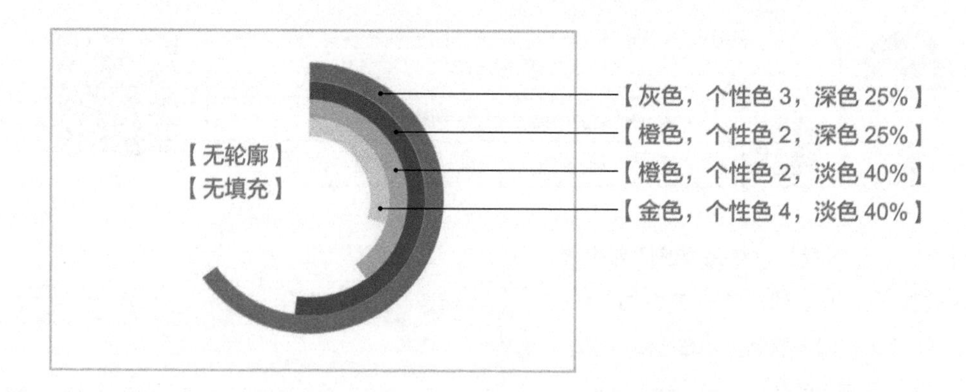

STEP5» 添加数据标签。默认显示的是【值】，❶勾选【系列名称】复选框，❷取消勾选【显示

引导线】复选框，如下图所示。

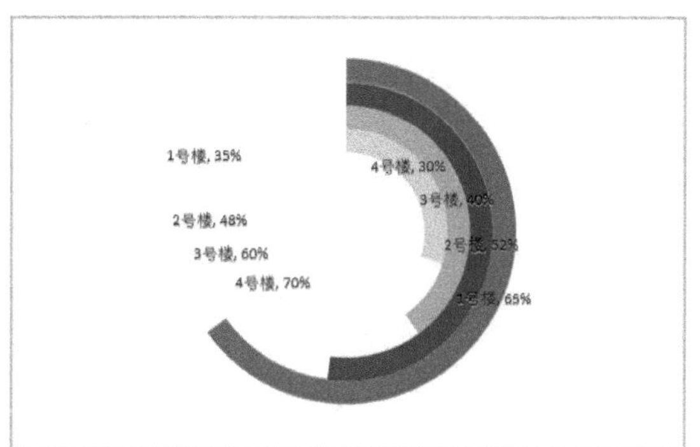

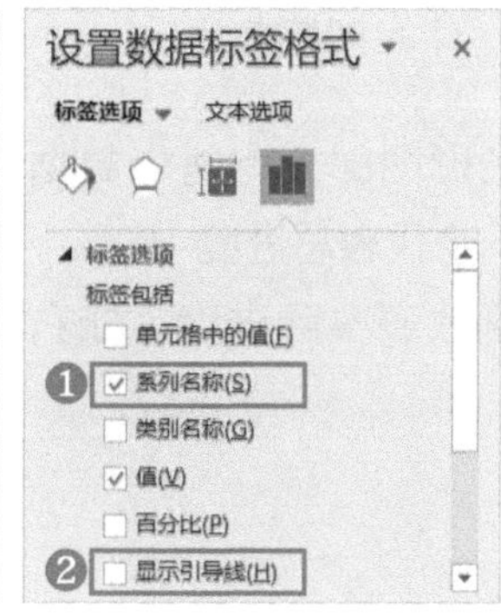

STEP6» 将辅助部分圆环的数据标签删除，移动完成进度部分的数据标签至圆环的起始位置，字体格式设置为微软雅黑、9 磅，然后设置图表区背景颜色为【灰色，个性色 3，淡色 80%】，最终效果如右图所示。

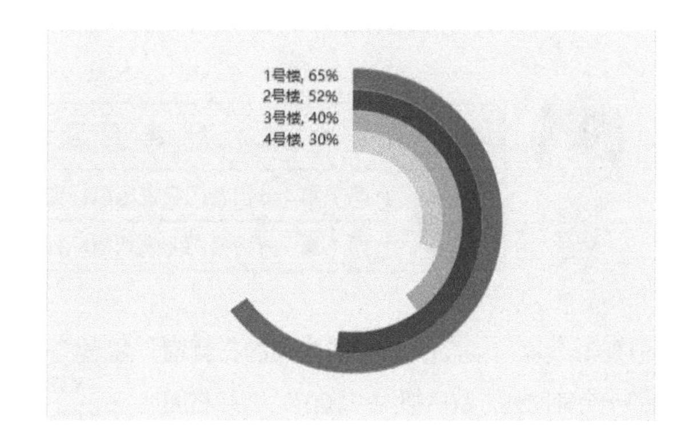

7.2.4 电池图——分析各门店销售指标完成进度

在同时分析多个项目的完成进度时，我们可以选择 7.2.3 小节的跑道图来展示数据，该图表适用于对比多个不同类别的项目。

如果要对比的项目属于同一类别，就可以选择右图所示的电池图。

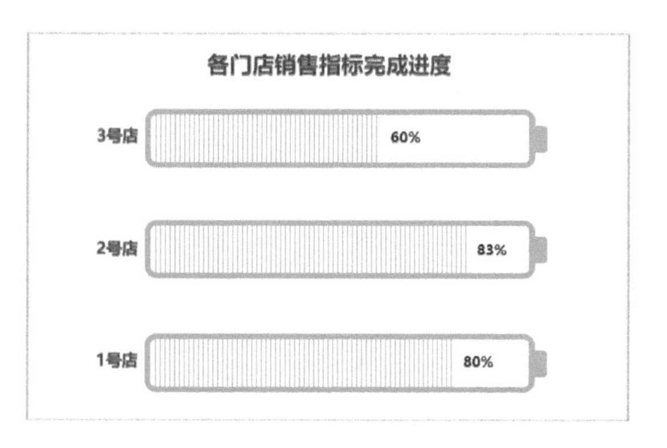

该电池图的制作并不难，它主要由两部分组成，一部分是代表电池外壳的图标素材；另一部分也是最重要的部分，就是代表完成率的条形图。

▲ 图标素材

条形图部分有两个数据系列，一个代表总进度 100%，另一个则代表实际进度，如右图所示。

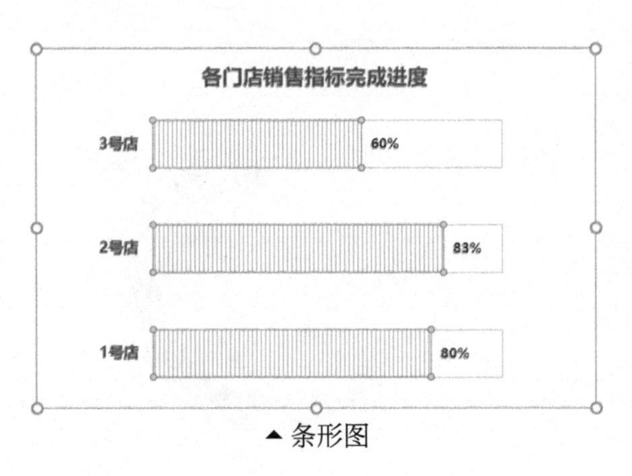

▲ 条形图

下面以分析各门店的销售指标完成进度为例，介绍电池图的制作。

配 套 资 源

第 7 章 \ 分析各门店销售指标完成进度—原始文件

第 7 章 \ 分析各门店销售指标完成进度—最终效果

扫码看视频

STEP1» 添加辅助列。在完成率列的右侧增加一个辅助列，数值都为“100%”，如右图所示。

门店	销售指标	销售额	完成率	辅助
1号店	500	398	80%	100%
2号店	500	416	83%	100%
3号店	500	299	60%	100%

STEP2» 插入条形图。选中门店、完成率和辅助 3 列内容，插入簇状条形图，将图表横坐标轴、网格线和图例删除，如右图所示。

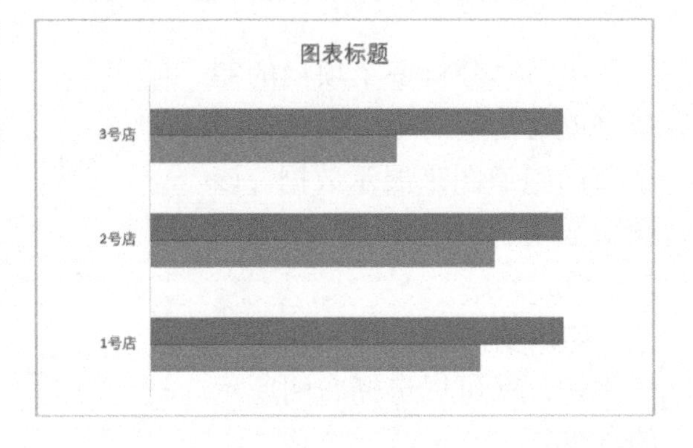

STEP3» 编辑标题内容为“各门店销售指标完成进度”，字体格式设置为微软雅黑、14 磅、加粗，纵坐标轴标题字体格式设置为微软雅黑、10 磅、加粗，在【设置坐标轴格式】任务窗格中将纵坐标轴线条设置为【无线条】。

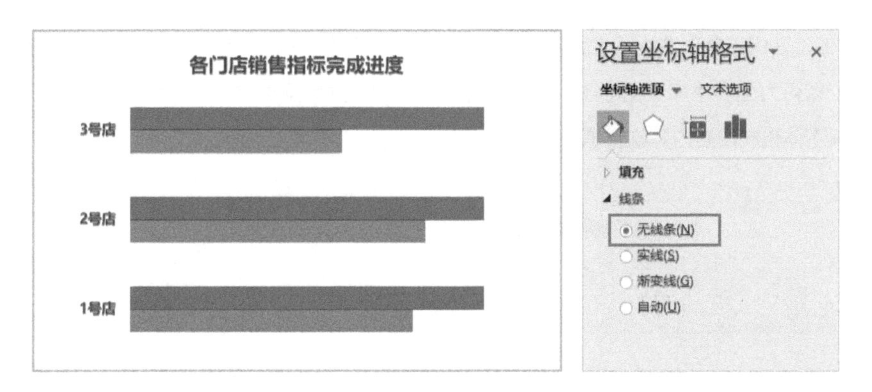

STEP4» 设置系列格式。选中辅助系列，设置为【无填充】，【线条】设置为【实线】【0.75 磅】【白色，背景 1，深色 25%】；再选中完成率系列，设置为【图案填充】【竖条：浅色】，前景色设置为 RGB【90，202，183】。效果如下图所示。

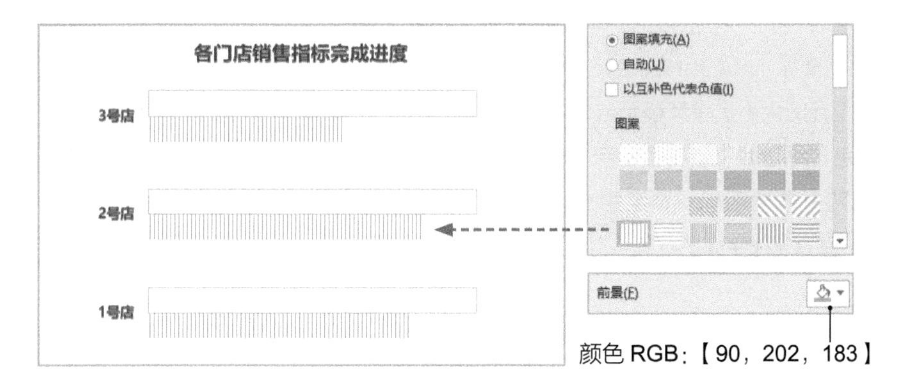

STEP5» 设置系列重叠和间隙宽度。选中其中一个数据系列，打开【设置数据系列格式】任务窗格，将【系列重叠】设置为【100%】，【间隙宽度】设置为【122%】（读者可根据图表大小自行调整），如下图所示。

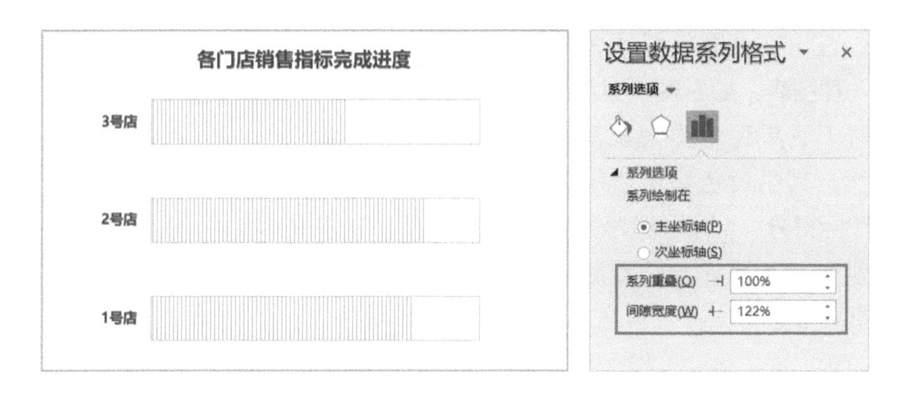

STEP6» 添加数据标签。选中图表后，❶单击图表右上角的【图表元素】按钮，❷勾选【数据标签】复选框，即可为图表添加数据标签。然后将辅助系列的数据标签删除，只保留完成率系列数据标签，将其字体格式设置为微软雅黑、9 磅、加粗。

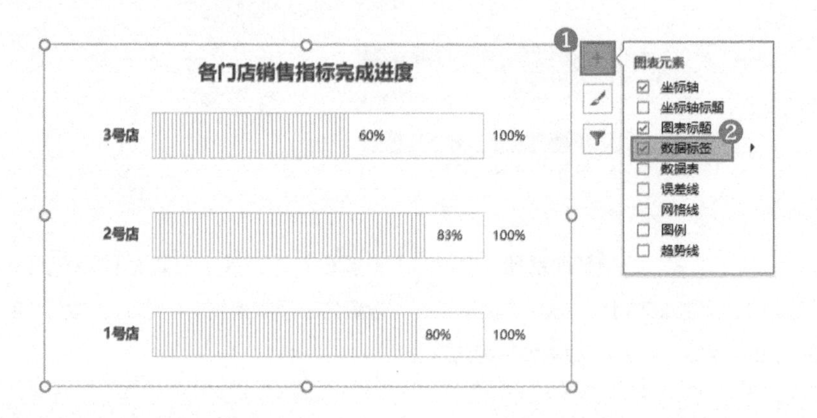

STEP7» 将图标元素与条形图组合。调整电池图标的大小，将其移至与条形图的灰色边框重叠，如右图所示。然后复制两个电池图标，移至相应位置，电池图就制作完成了。

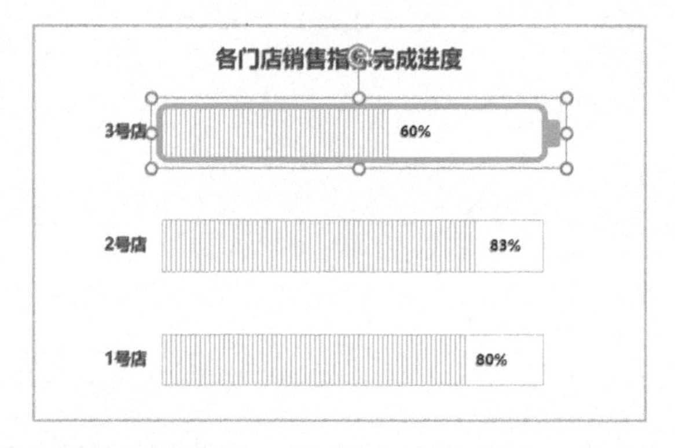

7.2.5 五星评分图——分析客户满意度情况

在对比不同项目的得分情况时，五星评分图就是比较常用的一种图表，如右图所示。

对于五星评分图大家都比较熟悉，其中黄色星星表示项目的实际得分，5 颗星都为黄色表示满分。五星评分图看起来非常直观形象。

五星评分图的制作并不复杂，它是在条形图的基础上，通过填充五角星图标素材完成的。

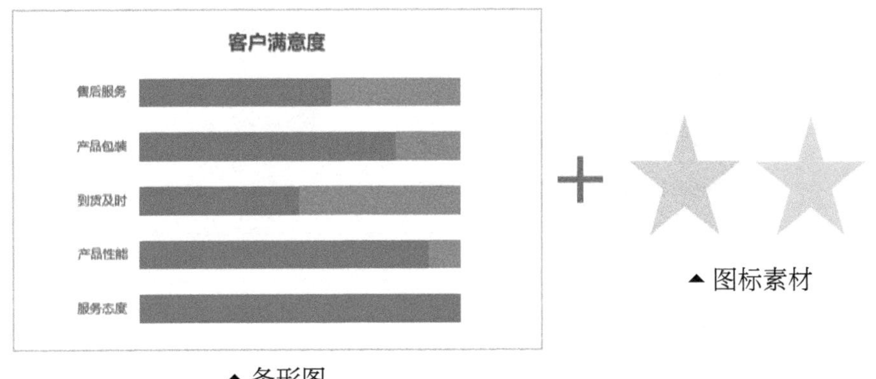

▲ 条形图

▲ 图标素材

下面介绍五星评分图的具体制作步骤。

配 套 资 源
第 7 章 \ 分析客户满意度情况—原始文件
第 7 章 \ 分析客户满意度情况—最终效果

扫码看视频

STEP1» 插入条形图。打开本实例的原始文件，选中 B2:D7 区域，插入簇状条形图，然后将图表横坐标轴、图例和网格线删除，如右图所示。

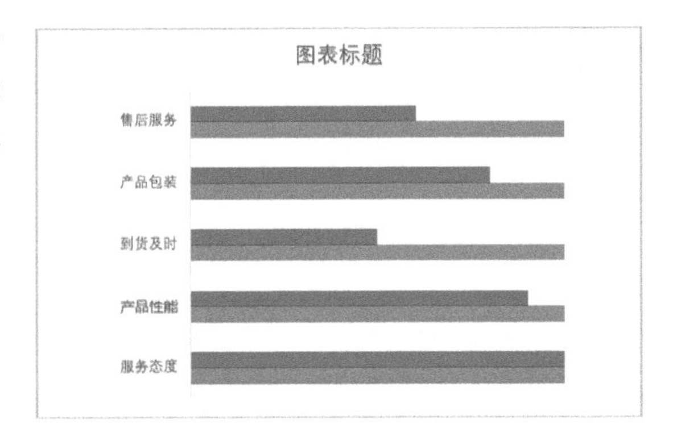

STEP2» 设置图表格式。输入图表标题“客户满意度”，字体格式设置为微软雅黑、14 磅、加粗；纵坐标轴的填充线条设置为【无线条】，字体格式设置为微软雅黑、9 磅；数据系列的【系列重叠】设置为【100%】，【间隙宽度】设置为【89%】；适当缩小绘图区并调整位置，使其位于图表中心，如下页图所示。

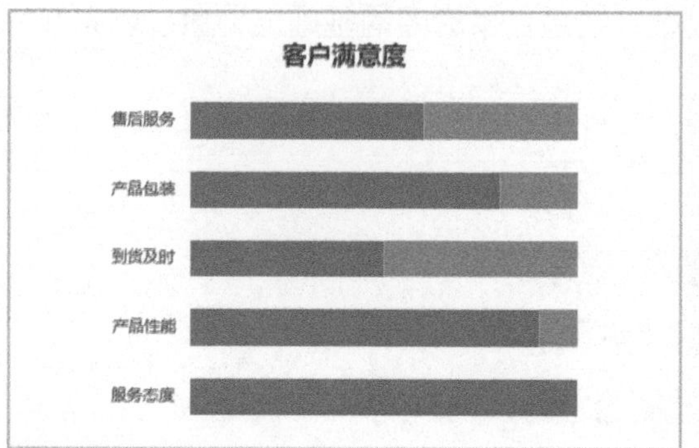

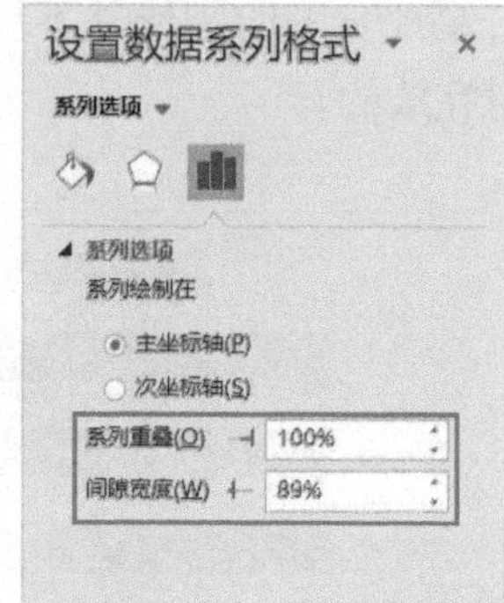

STEP3» 填充图标素材。选中黄色五角星图标素材，按【Ctrl】+【C】组合键复制，再选中评分结果所在的系列，按【Ctrl】+【V】组合键粘贴，即可将黄色五角星图标复制到该系列中。然后采用同样的方式，将灰色的五角星图标复制到总分所在的系列中，效果如右图所示。

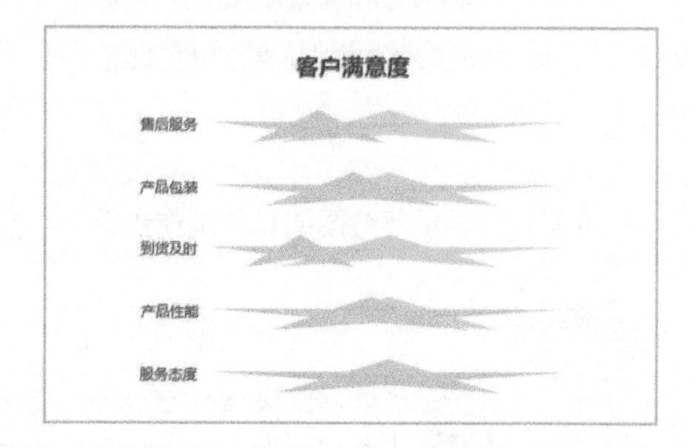

STEP4» 设置填充图标的格式。选中任意一个数据系列，打开【设置数据系列格式】任务窗格，❶在【填充】组中选中【层叠并缩放】单选钮，❷在【单位 / 图片】右侧的文本框中输入【1】，即每个五角星的单位都是“1”（本案例中每个项目的评价总分是 5 分，因此这里设置每个五角星代表 1 分，正好是 5 个五角星）。

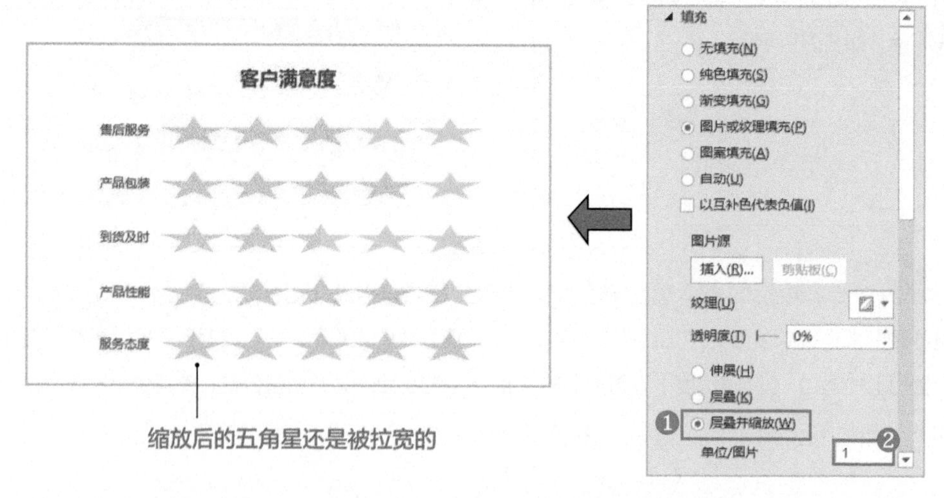

STEP5» 调整绘图区大小。选中图表的绘图区，当其四周出现 8 个小圆圈时，将鼠标指针移至任意一个小圆圈上，按住鼠标左键拖曳，即可调整其大小，直至五角星形状正常，最终效果如右图所示。

本章内容小结

本章主要介绍了数据达成分析中常用的仪表盘、圆环图、跑道图、电池图和五星评分图的制作方法。这些图表都是以饼图、圆环图和条形图为基础图表，通过设置部分区域为无填充，巧用重叠、数据标签等技巧，以及组合图标素材制作而成的。

达成分析类图表一般通过使用与应用场景相关的图标元素来增加图表的趣味性，看起来赏心悦目。本章介绍的制作方法也都很简单，虽然简单，但是要想轻松绘制这些图表，还需要反复练习，熟能生巧后就可以绘制出符合需求的图表了。

第 8 章

转化分析

- 分析招聘流程转化率
- 分析网店客户订单转化率
- 分析软件会员转化过程

下降明显找原因，
转化分析来搞定！

在公司运营或互联网产品运营中，对业务流程进行转化分析是比较核心的一种工作。通过对关键业务转化率进行分析，可以很快了解业务流程中存在的问题，从而找到解决办法。本章将通过具体实例来介绍转化分析的经典应用场景及适用的图表类型。

8.1 什么情况下适合做转化分析

当需要分析业务流程中各个阶段的转化率时，就需要对数据进行转化分析。如分析公司的招聘转化率、网店的订单转化率，以及软件会员转化过程等，都适合做转化分析。下面先介绍转化分析的适用场景。

经典场景 1：公司年度招聘流程数据分析

在分析人力资源数据时，招聘模块中有一个很重要的指标，叫招聘转化率，通过对这个转化率的分析，可以找到招聘流程的各个阶段中存在的问题。在具体分析时，可以使用右图所示的漏斗图，让分析结果更加具体、形象。

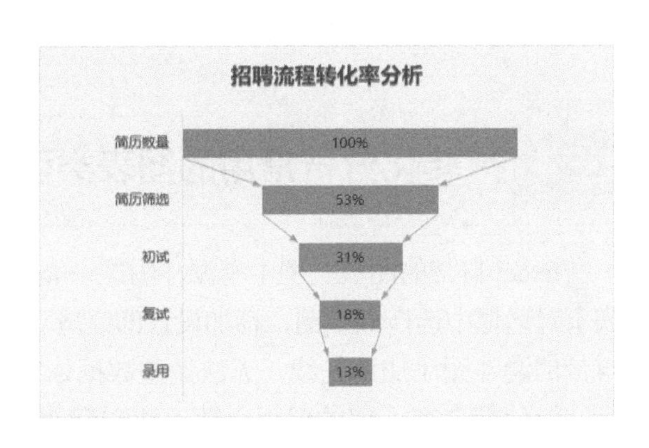

经典场景 2：网店客户订单转化率分析

订单转化率是网店运营中考核的主要指标，转化率越高，说明网店的运营水平越高。右图所示的趣味漏斗图，清楚地展示了订单生成过程中各个阶段的转化率，并且与人形图标组合来显示客户人数，形象而生动。

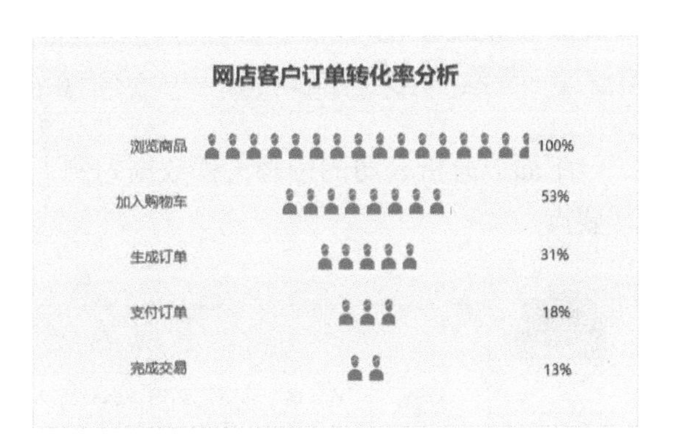

经典场景 3：软件会员转化过程分析

在分析软件的运营状况时，对会员转化率的分析是很重要的内容，分析转化率可以为以后的会员精准营销做准备。右图所示的 Wi-Fi 图就适合做会员转化率分析，由于 Wi-Fi 本身与网络有关，用来分析软件会员转化过程，既形象又高级。

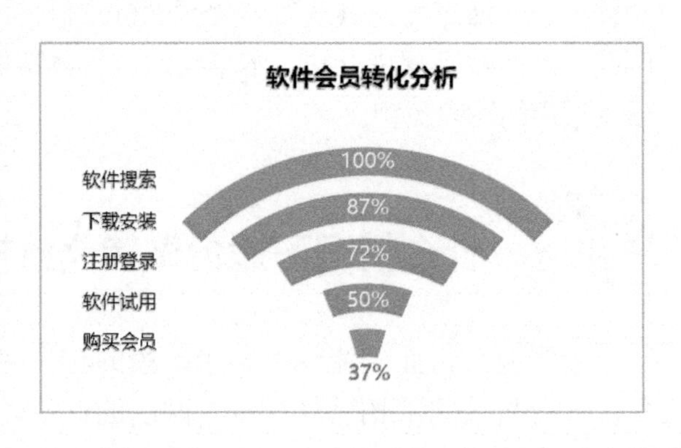

通过以上几个场景的介绍，相信你已经对转化分析有了认识，下面介绍以上几种图表的具体制作方法。

8.2 转化分析常用的图表类型

Excel 自带的图表类型中有漏斗图这一类型，选择数据区域后，在【插入图表】对话框中选择漏斗图，稍加设置即完成了图表制作。但是我们无法为 Excel 自带的漏斗图添加系列线，无法调整数据标签的位置，也无法调整绘图区的大小，设计起来有一定的局限，即无法实现 8.1 节中场景 1 和场景 2 的效果。因此，我们需要在其他基础图表的基础上，通过变形设计出漏斗图。

下面我们分别介绍几种转化分析图表的具体制作方法。

8.2.1 带系列线的漏斗图——分析招聘流程转化率

下面以分析公司的招聘流程数据为例，介绍带系列线的漏斗图的应用及设计要点。

配套资源

第 8 章 \ 分析招聘流程转化率—原始文件

第 8 章 \ 分析招聘流程转化率—最终效果

扫码看视频

STEP1» 添加辅助列。本案例条形图的源数据是各阶段的人数，根据最终效果可以看到各阶段的条形都位于中间位置，要想实现这一效果，需要在其左侧增加一个辅助系列，该系列的源数据称为“占位数据”，即我们需要增加的辅助列，其公式为“=（第一阶段的人数－当前阶段的人数）/ 2”，如下图所示。

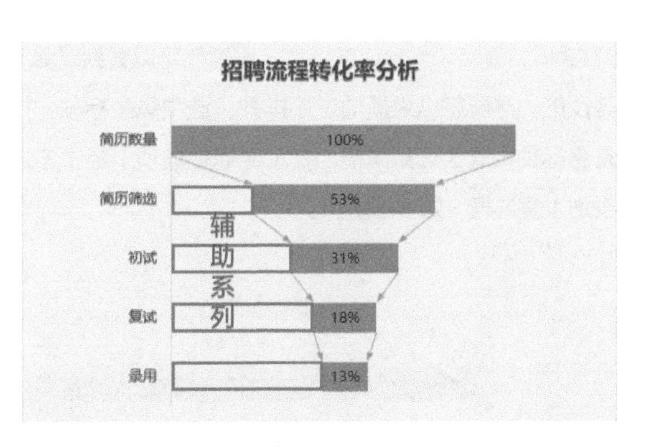

招聘流程	占位数据	人数	转化率
简历数量	0	156	100%
简历筛选	37	82	53%
初试	54	48	31%
复试	64	28	18%
录用	68	20	13%

公式：=(156-156)/2

公式：=(156-20)/2

STEP2» 插入堆积条形图。选中 B2:D7 区域，插入堆积条形图，将多余的图表元素（图例和网格线）删除，效果如右图所示。

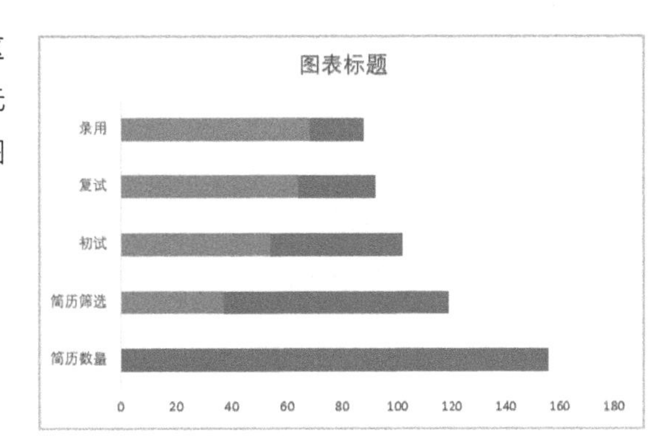

STEP3» 设置辅助系列格式。选中辅助系列，打开【设置数据系列格式】任务窗格，将填充设置为【无填充】，如右图所示。

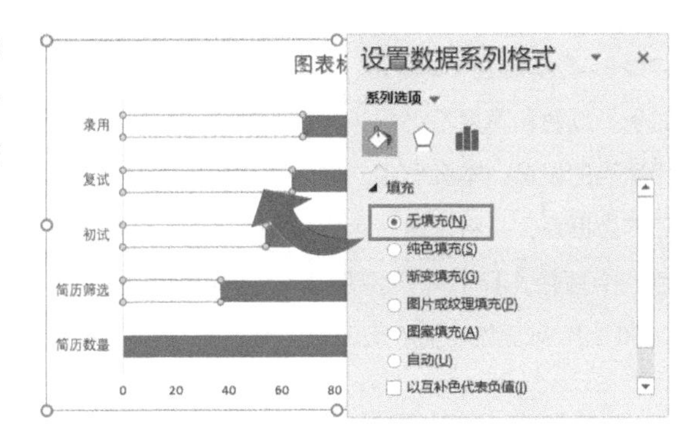

STEP4» 设置纵坐标轴项目顺序。设置后可以看到，漏斗的方向是反的，需要将纵坐标轴逆序排列。选中纵坐标轴，打开【设置坐标轴格式】任务窗格，在【坐标轴选项】组中勾选【逆序类别】复选框，如下图所示。

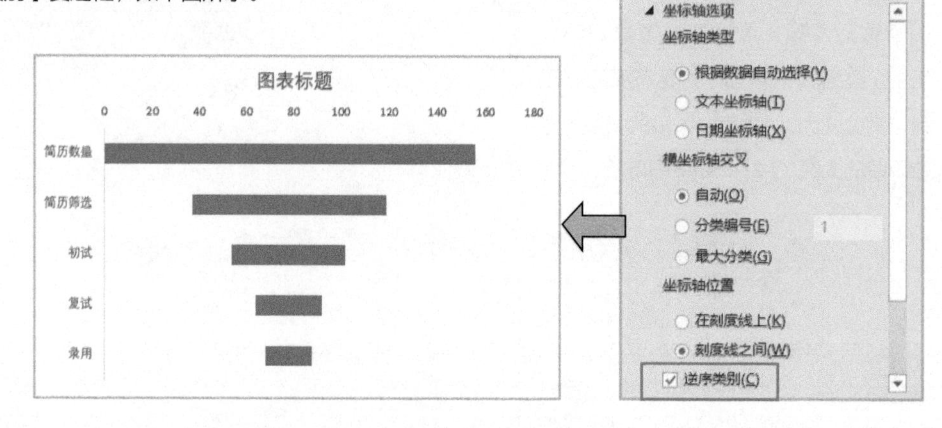

STEP5» 将横坐标轴隐藏。❶选中横坐标轴，打开【设置坐标轴格式】任务窗格，❷单击【坐标轴选项】按钮，❸在【标签】组中将【标签位置】设置为【无】。

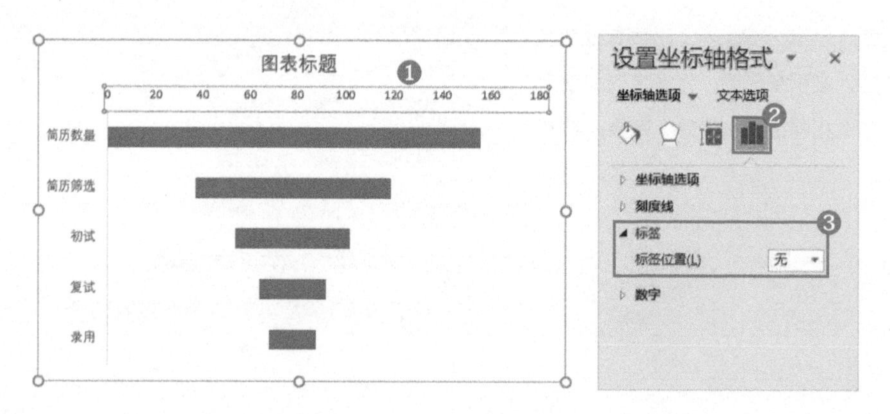

STEP6» 设置数据系列格式。如果对默认的条形颜色和宽度不满意，可以对其进行适当的设置。本案例中，选中人数所在的数据系列，将其填充色设置为【蓝色，个性色 1】，【间隙宽度】设置为【100%】，效果如右图所示。

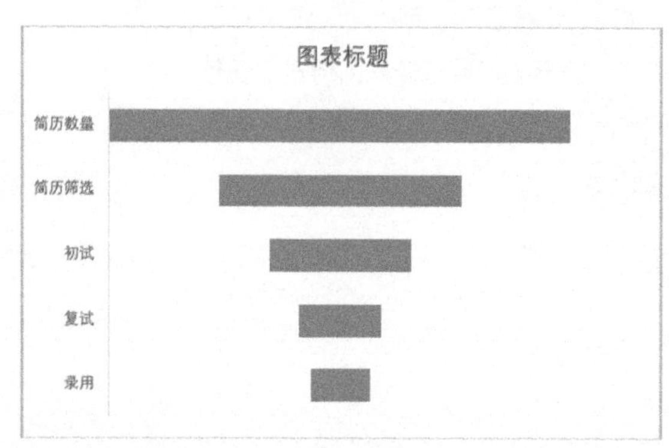

STEP7» 添加数据标签。选中人数所在的数据系列，为其添加数据标签，然后打开【设置数据标签格式】任务窗格，❶在【标签选项】组中勾选【单元格中的值】复选框，❷单击其右侧的【选择范围】按钮，弹出【数据标签区域】对话框，❸然后选中工作表中的 E3:E7 区域，❹单击【确定】按钮，即可将各阶段的转化率显示在数据标签中了，❺取消勾选【设置数据标签格式】任务窗格中的【值】和【显示引导线】复选框。

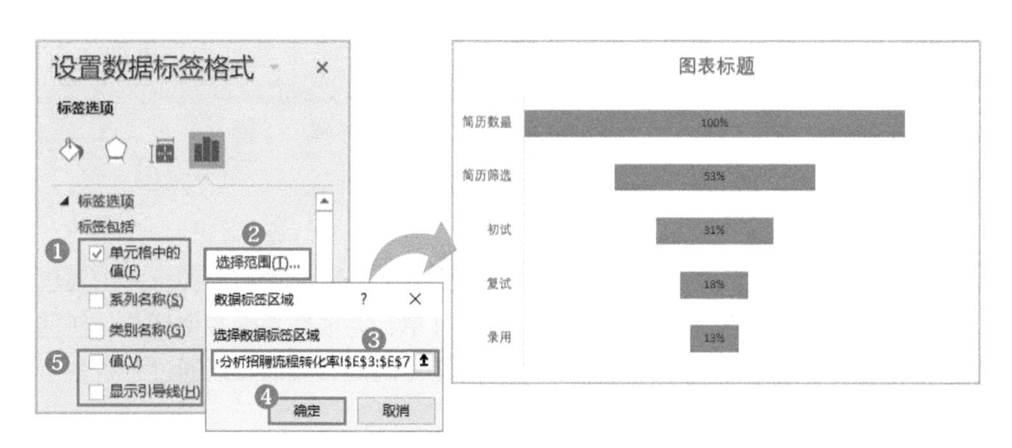

STEP8» 添加系列线。选中人数所在的数据系列，❶切换到【设计】选项卡，❷单击【图表布局】组中的【添加图表元素】按钮，❸在弹出的下拉列表中选择【线条】→【系列线】选项，即可添加系列线，❹选中系列线，打开【设置系列线格式】任务窗格，❺单击【开始箭头类型】右侧的下拉按钮，❻在弹出的下拉列表中选择一种箭头类型，如下图所示。

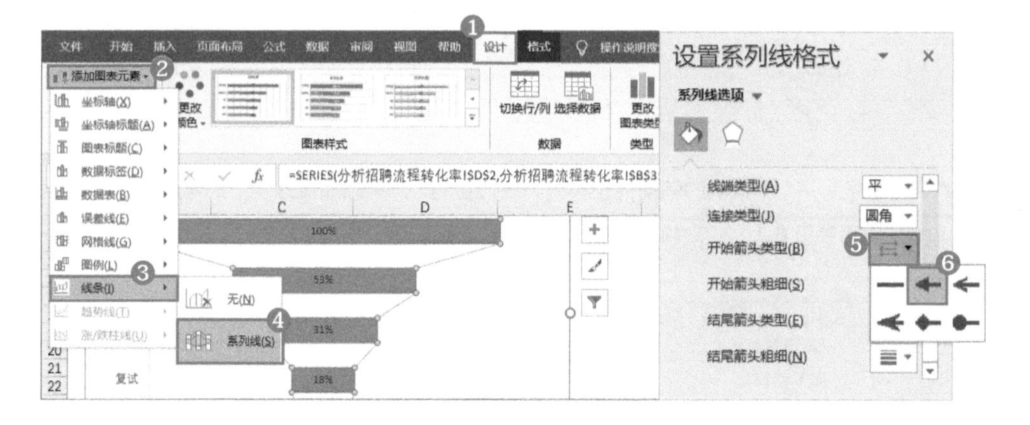

STEP9» 设置图表格式。编辑图表标题内容为“招聘流程转化率分析”，字体格式设置为微软雅黑、14 磅、加粗，纵坐标轴和数据标签的字体格式设置为微软雅黑、9 磅，图表区背景设置为【灰色，个性色 3，淡色 80%】，参数设置及最终效果如下页图所示。

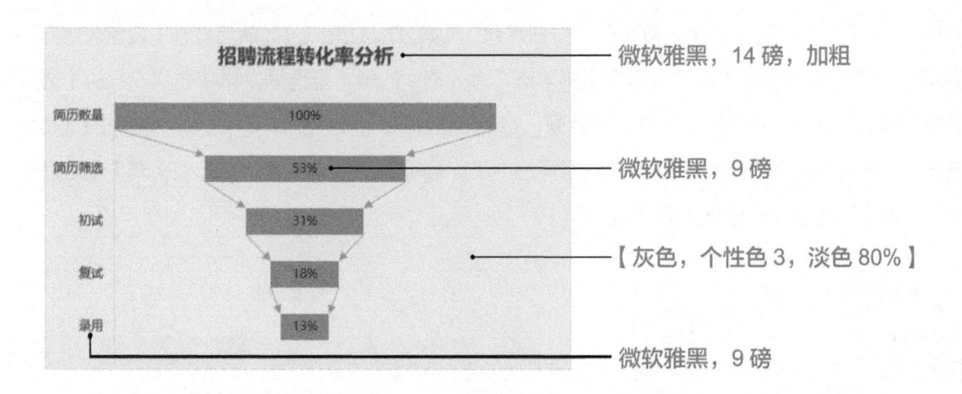

8.2.2 趣味漏斗图——分析网店客户订单转化率

在网站购物是当今社会大多数人的购物方式，一次成功的购买行为主要包括浏览商品、加入购物车、生成订单、支付订单、完成交易等多个环节，任何一个环节出现问题都有可能导致客户放弃购买。因此，我们可以通过分析各个阶段的转化率来发现问题并及时解决。

在进行转化分析时，除了使用上一小节中介绍的普通漏斗图外，还可以在其基础上添加图标素材，从而增加图表的生动性。下面以分析网店客户订单转化率为例，介绍趣味漏斗图的应用及设计要点。

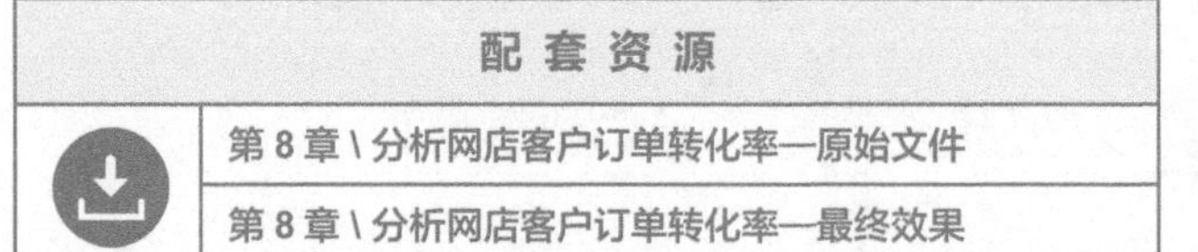

扫码看视频

STEP1» 添加辅助列。本案例的辅助列也称为“占位数据”，其添加原理及方法与普通漏斗图相同，具体内容可参见 8.2.1 小节中的 STEP1，结果如下图所示。

购物流程	占位数据	人数	转化率
浏览商品	0	156	100%
加入购物车	37	82	53%
生成订单	54	48	31%
支付订单	64	28	18%
完成交易	68	20	13%

=(第一阶段人数 – 本阶段人数) / 2

STEP2» 插入堆积条形图。选中 B2:D7 区域，插入堆积条形图，将多余的图表元素（图例和网格线）删除，效果如右图所示。

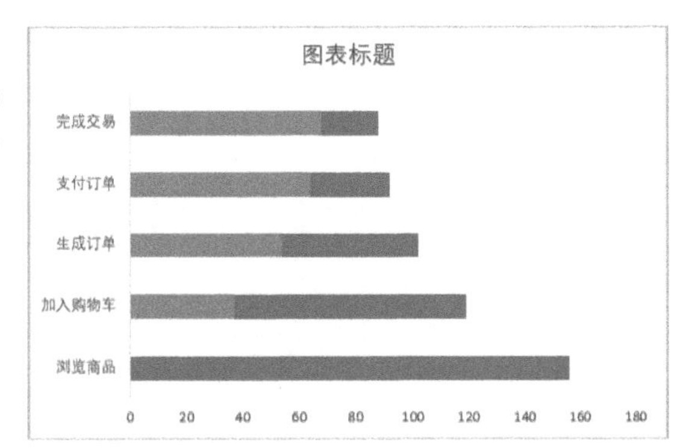

STEP3» 将辅助系列的填充颜色设置为【无填充】，纵坐标轴设置为【逆序类别】，横坐标轴标签设置为【无】，数据系列的【间隙宽度】设置为【60%】（这只是本案例合适的值，也可以根据填充图标素材后的效果来调整），效果如右图所示（具体操作可参见 8.2.1 小节中的 STEP3~STEP6）。

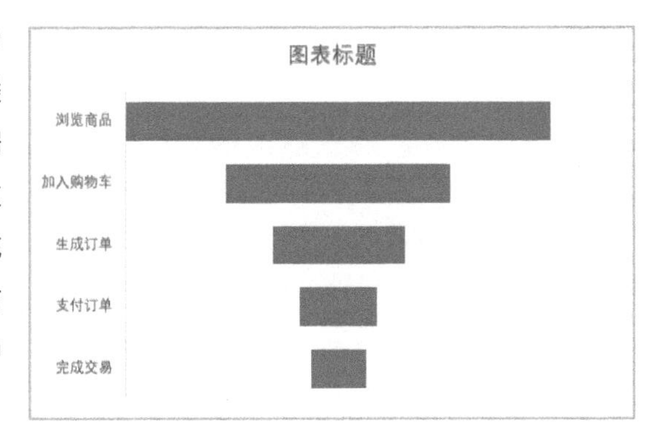

STEP4» 填充图标。准备一个人形图标，填充颜色，将其复制到人数所在的数据系列中，打开【设置数据系列格式】任务窗格，在【填充】组中选中【层叠并缩放】单选钮，在【单位 / 图片】右侧的文本框中输入【10】（表示每个人形图标代表 10），如下图所示。

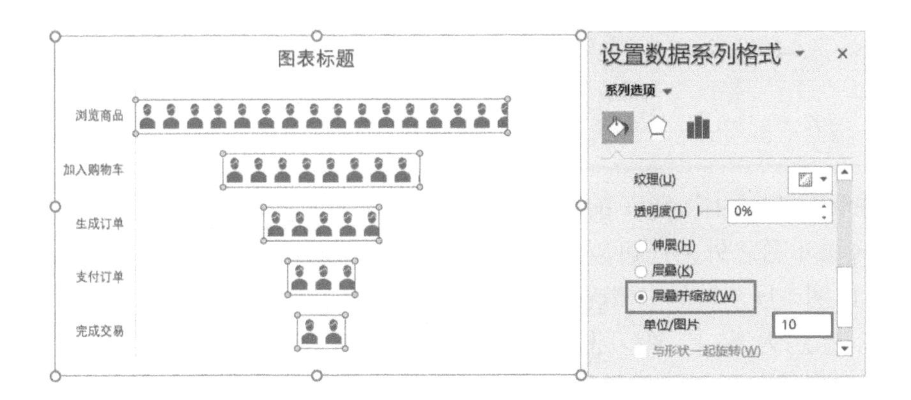

STEP5» 添加数据标签。选中人数所在的数据系列，为其添加数据标签，使其显示各阶段的转化率（具体操作可参见 8.2.1 小节中的 STEP7），设置完成后，选中数据标签，依次将其移至条形图右

侧，如下图所示。

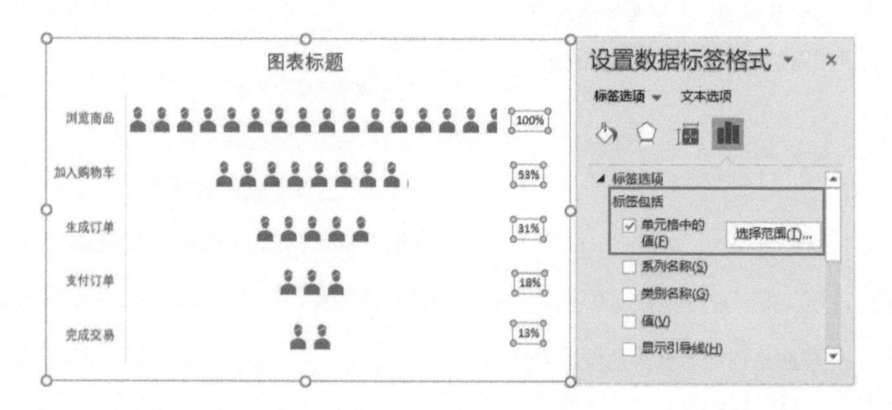

STEP6» 设置图表格式。编辑图表标题内容为“网店客户订单转化率分析”，字体格式设置为微软雅黑、14 磅、加粗，纵坐标轴和数据标签的字体格式设置为微软雅黑、9 磅，图表区背景设置为【灰色，个性色 3，淡色 80%】，参数设置及最终效果如下图所示。

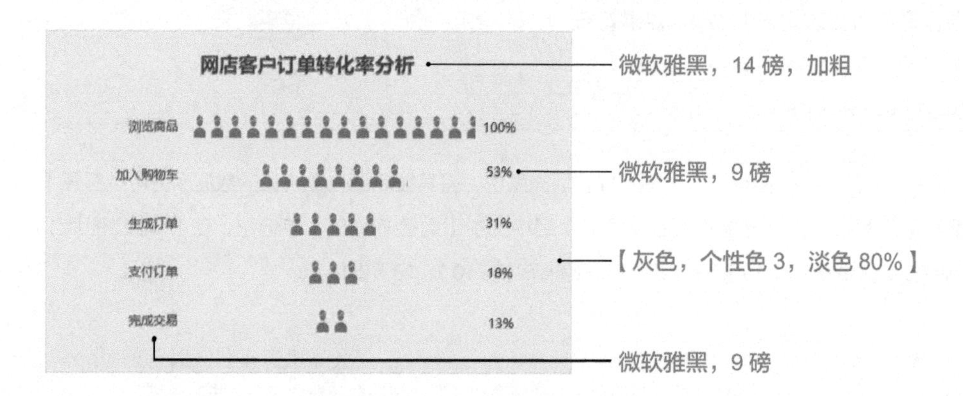

8.2.3 Wi-Fi 图——分析软件会员转化过程

在转化分析中，除了前面介绍的漏斗图之外，还可以使用 Wi-Fi 图来展示转化率情况。之所以称之为 Wi-Fi 图，是因为它的形状像 Wi-Fi 信号标志一样，如右图所示，非常直观、形象。

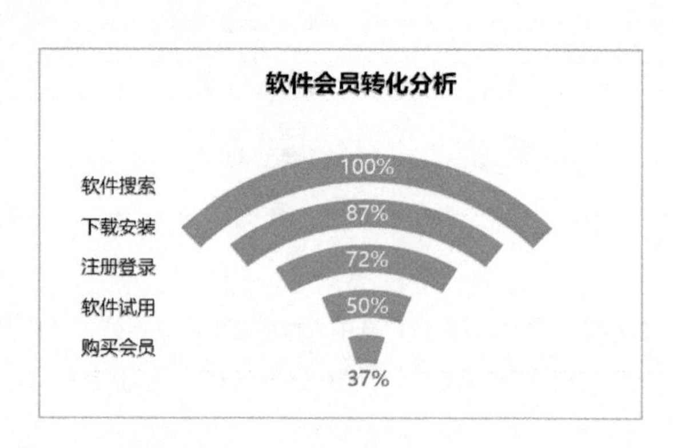

由于 Wi-Fi 图的线条是圆弧形的，因此很容易让人联想到它的基础图表是圆环图，接下来我们就以分析软件会员转化过程为例，介绍 Wi-Fi 图的制作方法。

配 套 资 源

第 8 章 \ 分析软件会员转化过程—原始文件

第 8 章 \ 分析软件会员转化过程—最终效果

扫码看视频

STEP1» 添加辅助列。本案例需要将圆环分为 3 个部分（即右图中的蓝色、橙色和灰色 3 个部分），因此需要添加 3 个辅助列。

	B	C	D	E	F	G
2	使用流程	人数	转化率	蓝色	橙色	灰色
3	软件搜索	8690	100%	0%	25%	75%
4	下载安装	7542	87%	2%	22%	77%
5	注册登录	6276	72%	3%	18%	78%
6	软件试用	4368	50%	6%	13%	81%
7	购买会员	3210	37%	8%	9%	83%

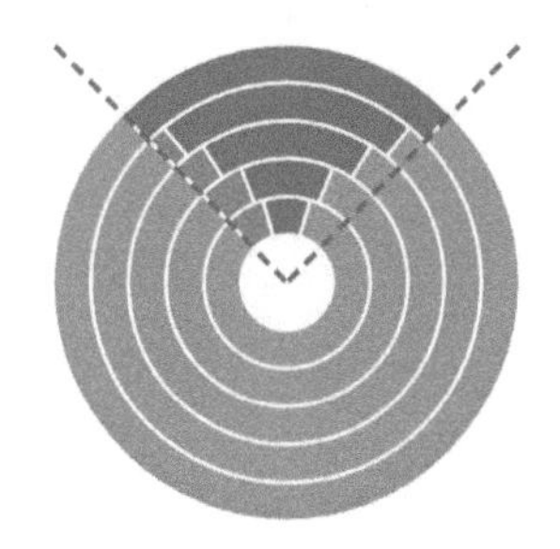

解释几个不太好理解的地方。

（1）这里我们用圆环的四分之一（25%）代表转化率为 100% 时的图形。当然这个值你可以随意设置，数值越大，Wi-Fi 图形呈现的扇区越大。就本例的数据而言，设置为 25%~30% 较为理想。

（2）当转化率为 87% 时，橙色部分在圆环图上应该表现为圆环的 21.75%（即 25%×87%=21.75%），四舍五入为 22%。依此类推，当转化率为 72% 时，橙色部分在圆环图上应该表现为圆环的 18%（即 25%×72%=18%）。由此得出橙色列的数值分别为 25%、22%、18%、13%、9%。

（3）再来计算蓝色列的数值。蓝色列的值 =(25% －橙色列的值)/2。当转化率为 87% 时，蓝色列的值 =(25% －22%)/2=1.5%，四舍五入为 2%。由此得出蓝色列的数值分别为 0%、2%、3%、6%、8%。

（4）灰色列的值很好计算，灰色列的值 =1 －橙色列的值－蓝色列的值。

STEP2» 插入圆环图。选中 3 个辅助列，即 E2:G7 区域，插入圆环图，将图例删除，效果如右图所示。

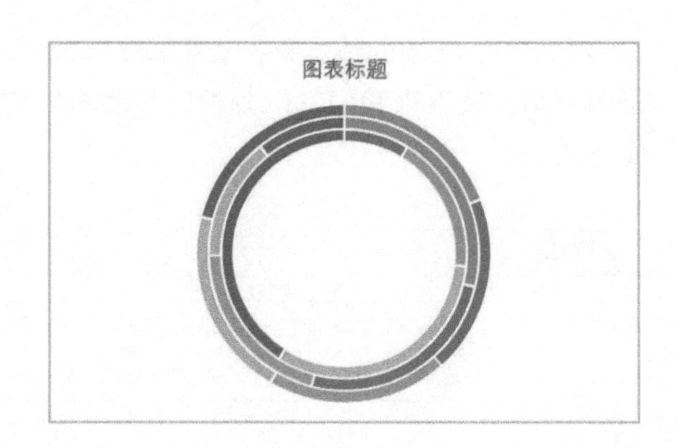

可以看到，插入的默认圆环图不是我们想要的效果，这时可以切换行列，具体操作如下。

STEP3» 切换行/列。选中图表，单击鼠标右键，在弹出的快捷菜单中选择【选择数据】命令，弹出【选择数据源】对话框，单击【切换行/列】按钮即可。

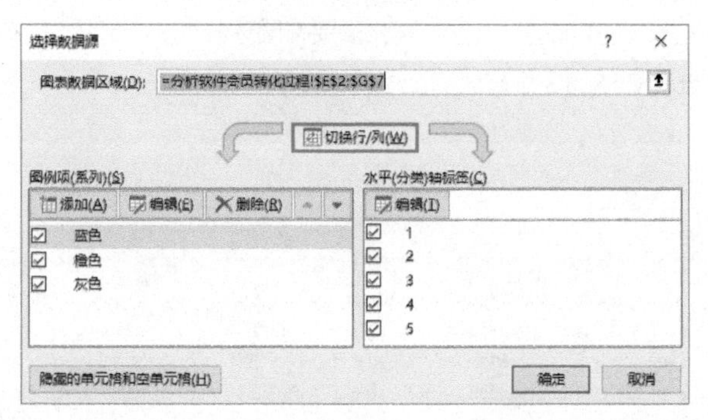

STEP4» 调整圆环顺序。在【选择数据源】对话框中，选中【图例项（系列）】列表框中的“系列 1”，单击【下移】按钮，将其调整至最下方，然后选中“系列 2”，单击【下移】按钮，将其调整至倒数第二位，即“系列 1”的上方，其余系列按此方法依次调整，如下图所示。

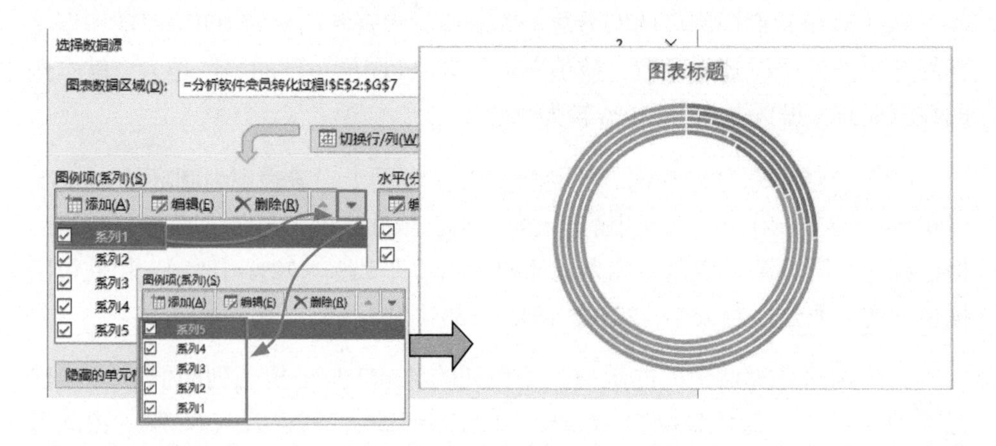

STEP5» 调整第一扇区角度和圆环大小。由于橙色部分的最大值正好为整个圆环的四分之一，要想让橙色部分的中心线与圆形的垂直中心线重合，需要逆时针转 45°，即【第一扇区起始角度】设

置为【315°】(即 360° - 45°)，然后将【圆环图圆环大小】设置为【20%】，如下图所示。

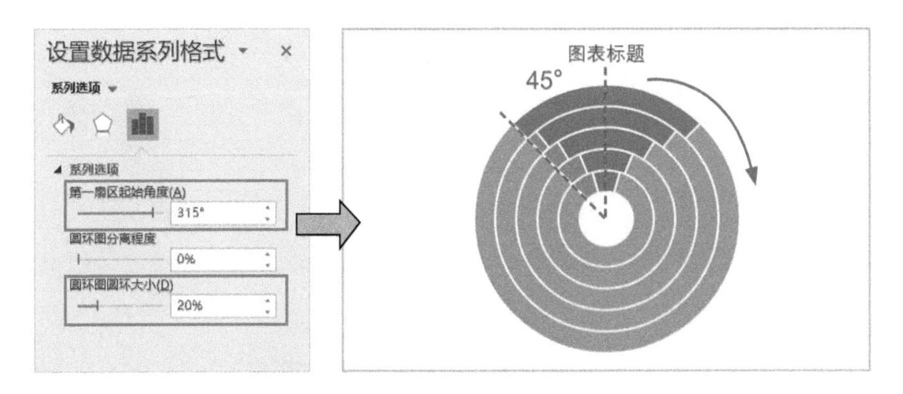

STEP6» 设置数据系列颜色。将辅助 1 和辅助 3 系列的颜色都设置为【无填充】，辅助 2 系列的填充色设置为【绿色，个性色 6】，边框颜色设置为【白色】，【宽度】设置为【10 磅】，设置完成后，适当将图表调大，即可出现右图所示的效果。

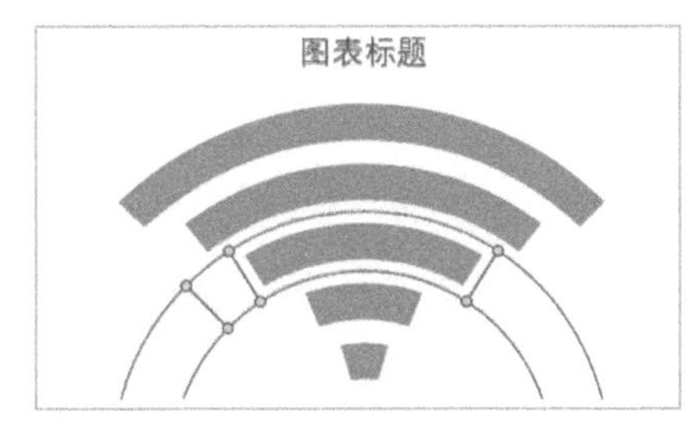

STEP7» 设置图表格式。编辑标题为“软件会员转化分析”，字体格式设置为微软雅黑、14 磅、加粗；添加横排文本框并在其中输入各阶段名称和转化率，字体格式设置为微软雅黑、9 磅，并移至合适位置；为了更好地呈现数据，将转化率文字设置为白色，最终转化率文字设置为绿色，效果如右图所示。

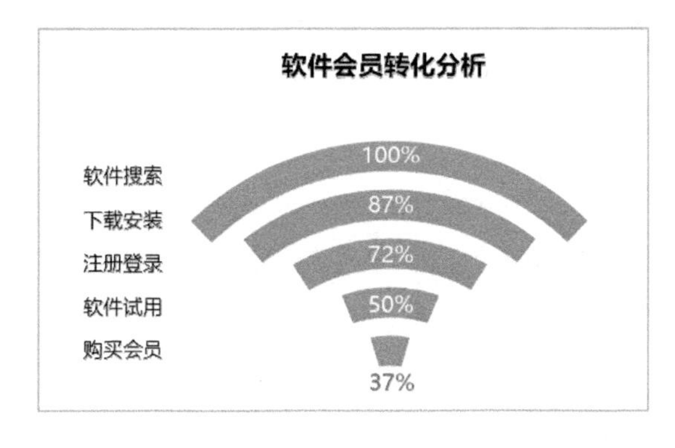

本章内容小结

本章主要介绍了转化分析中的两种图表类型，一种是在堆积条形图基础上绘制的漏斗图，另一种是在圆环图基础上绘制的 Wi-Fi 图。两种图表的绘制关键都在于对源数据的处理，即添加占位数据。

只要掌握了窍门，绘制出专业的转化分析图表不是难事。

多指标分析篇

制作智能数据看板

第 9 章

实战案例——公司人力数据分析看板

- 公司总体人数、人员流动、年龄层分布分析
- 各部门男女占比、学历分布、工龄分布分析

切片器实现多报表连接，制作各部门动态看板！

通过前面两篇的学习，相信读者对 Excel 数据看板的制作思路、各类分析方法适用什么图表类型，以及各种图表的制作方法已经基本掌握了。

本章我们以公司人力数据分析看板为例，详细介绍数据看板的制作流程，主要目的在于通过带领读者动手实操，真正将掌握的技能应用到实际工作中。

9.1 案例背景

人力资源是企业发展的重要依托，也是企业发展的重要保障。因此，对企业的人力数据进行分析是一项极为重要的工作。

作为人力资源部的工作人员，在进行工作汇报时，需要从多角度多层次分析企业的人员结构，从而为人力资源战略规划提供依据，以实现各岗位人员的合理配置。

本案例的数据源是一份员工基本信息表，其中记录了员工的基本信息、部门岗位信息，以及入职、离职信息等，如下图所示。

	A	B	C	D	E	F	G	H	I	J	K	L	M	N	O	P	Q	R
1	员工编号	姓名	手机号码	身份证号	性别	生日	年龄	户籍	现住址	婚姻状况	学历	入职时间	部门	岗位	工龄	是否在职	离职时间	离职原因
2	SL00001	赵欢	138****1921	51****1976	男	1976-04-09	44	四川省	上海市南汇	已婚已育	博士研究生	2017/8/18	总经办	总经理	3	是		
3	SL00002	孔烨华	156****7892	41****1978	女	1978-05-21	42	河南省	上海市普陀	已婚未育	硕士研究生	2017/8/18	总经办	常务副总	3	是		
4	SL00003	冯影	132****8996	43****1973	女	1973-02-24	47	湖南省	上海市嘉定	已婚已育	博士研究生	2017/8/18	总经办	生产副总	3	是		
5	SL00004	许远琴	133****6398	23****1971	女	1971-03-06	49	黑龙江	上海市闵行	已婚已育	硕士研究生	2017/8/18	总经办	总工程师	3	是		
6	SL00005	葛慧	134****5986	36****1961	女	1961-07-24	59	江西省	上海市青浦	离异已育	大学本科	2017/8/18	财务部	经理	3	是		
7	SL00006	伍援朝	137****2568	41****1978	男	1978-04-21	42	河南省	上海市南汇	已婚未育	大学本科	2017/8/18	财务部	总账会计	3	是		
8	SL00007	苏慧	139****0407	13****1979	女	1979-01-06	42	河北省	上海市松江	离异未育	大学本科	2017/8/18	财务部	成本会计	3	否	2019/9/12	缺少晋升机会
9	SL00008	鹿枫	189****9846	41****1961	男	1961-05-06	59	河南省	上海市南汇	未婚未育	大学本科	2017/8/18	财务部	应收会计	3	否	2018/12/28	死亡
10	SL00009	钱盛林	159****0820	34****1975	男	1975-06-22	45	安徽省	上海市普陀	已婚已育	大学专科	2017/8/18	财务部	应付会计	3	否	2020/3/2	福利待遇不满意
11	SL00010	魏珊	186****7839	61****1995	女	1995-01-13	25	陕西省	上海市金山	未婚未育	大学专科	2017/8/18	财务部	出纳	3	否	2018/6/12	家庭原因
12	SL00011	许欣淼	156****7896	21****1995	女	1995-11-24	25	辽宁省	上海市黄浦	未婚未育	大学专科	2017/8/18	人事部	招聘专员	3	否	2019/10/30	回校深造
13	SL00012	褚婵	138****7698	36****1989	女	1989-02-01	31	江西省	上海市浦东	已婚未育	大学本科	2017/8/18	人事部	经理	3	是		
14	SL00013	蒋谷山	131****0855	37****1982	男	1982-03-17	38	山东省	上海市杨浦	已婚已育	大学本科	2017/8/18	人事部	薪酬专员	3	否	2019/10/29	不能一展所长
15	SL00014	季丹	152****4959	23****1978	女	1978-07-12	42	黑龙江	上海市虹口	已婚已育	硕士研究生	2017/8/18	人事部	培训专员	3	是		
16	SL00015	邹政群	152****7896	23****1989	女	1989-06-16	31	黑龙江	上海市奉贤	已婚已育	大学本科	2017/8/18	人事部	人事助理	3	否	2019/1/5	福利待遇不满意
17	SL00016	傅缘双	187****1449	23****1961	男	1961-03-05	59	黑龙江	上海市南汇	已婚已育	大学本科	2017/8/18	销售部	总监	3	是		
18	SL00017	陈力	156****0852	35****1980	男	1980-10-13	40	福建省	上海市黄浦	已婚已育	大学本科	2017/8/18	销售部	高级经理	3	是		
19	SL00018	严海燕	157****5446	23****1969	女	1969-02-10	51	黑龙江	上海市虹口	已婚已育	大学专科	2017/8/18	销售部	销售经理	3	否	2019/1/4	薪资低
20	SL00019	金姣	136****4899	51****1978	女	1978-02-17	42	四川省	上海市南汇	已婚已育	大学本科	2017/8/18	销售部	销售专员	3	是		
21	SL00020	朱茜	137****1251	41****1975	女	1975-07-10	45	河南省	上海市黄浦	已婚已育	大专以下	2017/8/18	销售部	销售专员	3	否	2018/4/16	福利待遇不满意
22	SL00021	魏仪	156****2263	37****1985	女	1985-11-12	35	山东省	上海市金山	已婚已育	大学本科	2017/8/18	销售部	销售专员	3	否	2018/5/26	缺少晋升机会

在该数据源的基础上，可以从多个维度对公司的人力数据进行分析，并最终以数据看板的形式将分析结果呈现出来。

以下是本案例数据看板的最终效果。

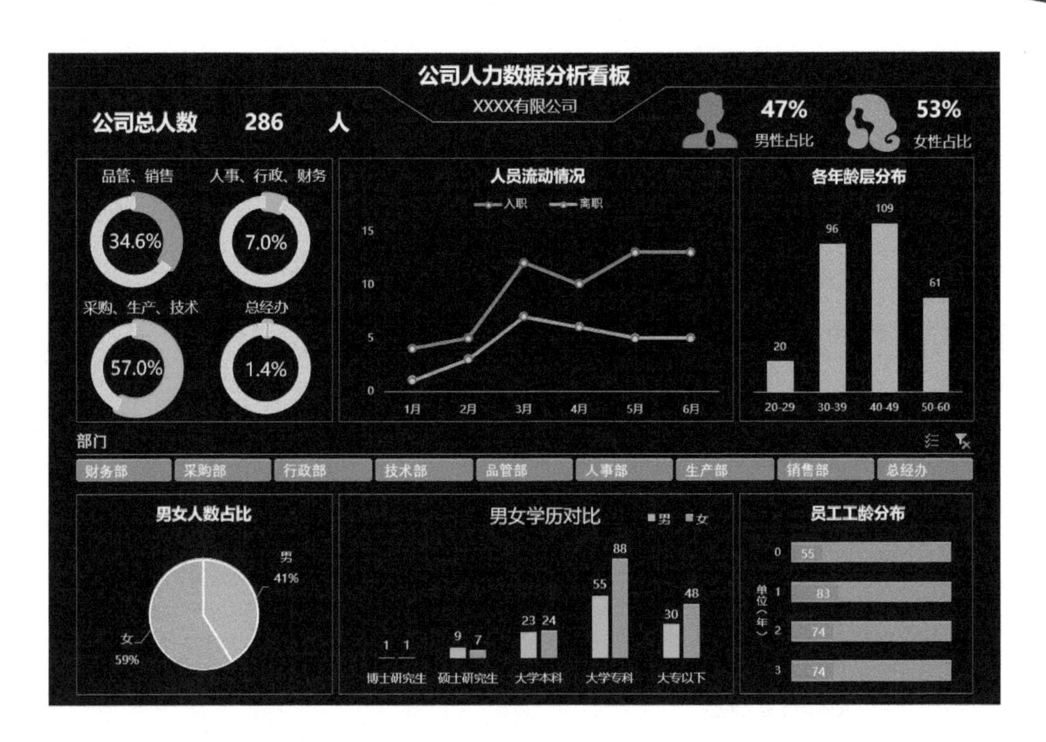

下面我们以 1.2.2 小节中介绍的数据看板的制作流程来介绍本案例人力数据分析看板的制作过程。

9.2 需求分析

制作数据看板的第一步是分析用户的需求，本案例我们可以根据 5W 模型首先弄明白用户对数据分析的需求是什么。

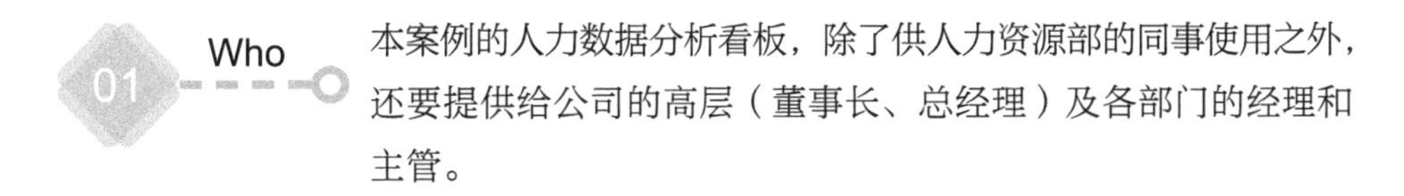

01 Who

本案例的人力数据分析看板，除了供人力资源部的同事使用之外，还要提供给公司的高层（董事长、总经理）及各部门的经理和主管。

02 What

公司领导通过数据看板，希望了解公司的总人数、男女比例、各类岗位的人员占比、人员流动情况，以及整体的员工年龄结构等信息。各个部门的领导，可能会更关注本部门的人员结构情况，如男女结构、男女学历情况、员工工龄分布情况等。

通过对公司整体人员结构的了解，领导可以分析现有人力资源管理机制的执行情况，以及是否符合公司的人员战略发展要求，发现问题，加以解决。各部门可以对比公司的整体情况，分析本部门的人员结构是否合理，并根据本部门的工作性质和特点，对人员管理加以完善和改进。

为了便于领导或各部门经理使用电脑查看，数据看板应尽量在一屏内展示；如果想要分部门打印到 A4 纸上，要使整个版面控制在一页 A4 纸的大小内。本案例应满足以上两个要求。

本案例的数据看板是给领导和各部门经理查看的，使用或分析的时间较长，因此它的内容应尽可能全面，以满足不同层次领导的需求。

9.3 思路整理

分析完用户需求后，接下来就要对分析思路进行整理。

首先对整个分析的过程进行层次划分，本案例主要分为两个层次：公司整体和各部门。各层次的具体分析内容，以及使用的分析方法和图表类型如下所示。

公司整体

- ▶公司总人数、男女比例：直接展示数据
- ▶岗位类别的人数占比：结构分析（百分比圆环图）
- ▶人员流动情况：趋势分析（折线图）
- ▶各年龄层分布：分布分析（柱形图）

各部门

- ▶男女人数占比：结构分析（饼图）
- ▶男女学历对比：对比分析（柱形图）
- ▶员工工龄分布：分布分析（条形图）

9.4 框架设计

思路整理好后，就可以设置数据看板的框架了。本案例分析的是人力数据，因此整个数据看板的类型可以选择商务风，底色设置为灰色（■ RGB 值为【37，37，37】），通过给单元格填充颜色实现；标题和各个子区域的边框颜色设置为橘粉色（■ RGB 值为【244，158，134】），通过插入形状，设置形状的边框颜色或直接设置图表的边框颜色实现。

框架设置好后，通过插入文本框，标注主副标题的内容，以及各子区域的分析内容和图表类型，以便后续可视化组件的设计和组装。接下来，调整整个数据看板的大小和各子区域的位置和大小，使各子区域之间既保证上下对齐，又保证左右对齐，看起来结构分明。设置好的框架效果如下图所示。

公司人力数据分析看板
XXXX有限公司
公司总人数　?　人
? %
男性占比
? %
女性占比
各岗位人数占比
百分比圆环图（4个）
人员流动情况
带数据标记的折线图
（入职、离职）
各年龄层分布
柱形图
切片器（部门）
男女人数占比
饼图
男女学历占比
柱形图（两个系列）
员工工龄分布
条形图

本案例数据看板虽然要求整个页面既能一屏播放，又能打印到一页 A4 纸上。但是其大小也不是一成不变的，在设计和添加各个组件时，可以对各区域进行微调，只是要求调整后的效果仍能满足以上要求即可。

可视化组件的设计和组装

数据看板的框架设计完成后，就可以在员工基本信息表的基础上，动手制作各个可视化组件了，下面以各个子区域为模块分别介绍。

9.5.1 公司总人数及男女比例展示

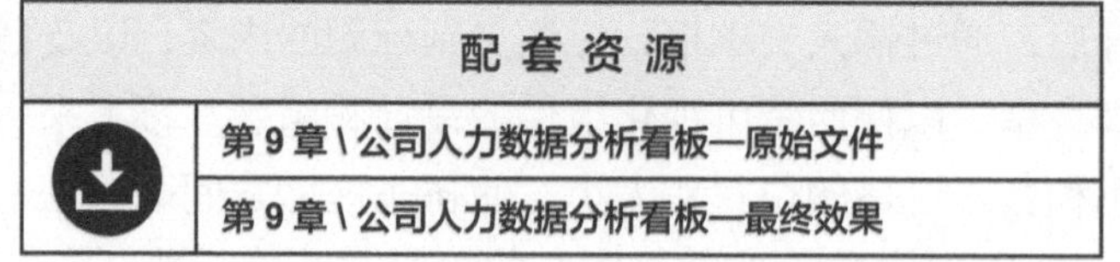

扫码看视频

STEP1» 在员工基本信息表的基础上，创建一个数据透视表，汇总出在职员工中的男、女人数及总人数，汇总方式如下图所示。

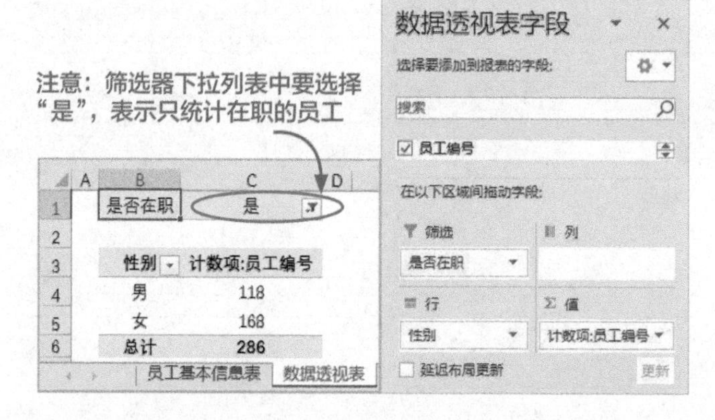

STEP2» 新建一个辅助表，设置好 B2:D5 区域，其中 C3 和 C4 单元格中的数据分别来源于数据透视表 C4 和 C5 单元格中的数据（这里直接用“=”引用过来即可）。其他数据按下图所示公式计算出来。

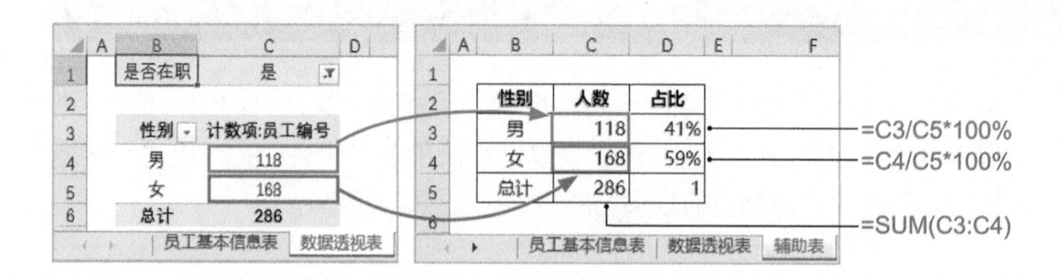

STEP3» 在设计好的数据看板框架工作表中，切换到【插入】选项卡，单击【文本】组中的【文本框】按钮，在弹出的下拉列表中选择【绘制横排文本框】选项，然后在工作表中按住鼠标左键拖曳，即可绘制一个文本框，然后复制两个，放在下图所示的位置。

STEP4» 将添加的 3 个文本框设置为无填充、无轮廓。在第 1 个文本框中输入“公司总人数”；选中第 2 个文本框，在编辑栏中输入“=”，然后选中辅助表中的 C5 单元格，这样第 2 个文本框中就会显示 C5 单元格中的数据了；在第 3 个文本框中输入“人”。按下图所示设置 3 个文本框中的字体格式。

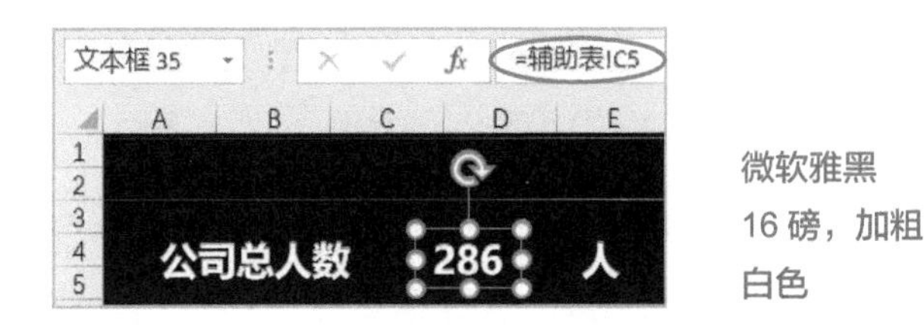

STEP5» 插入两个分别代表男、女的图标和 4 个文本框，输入下图所示的内容，百分比数值的引用步骤可参考 STEP4，然后按照下图所示参数设置文本框中的字体格式。

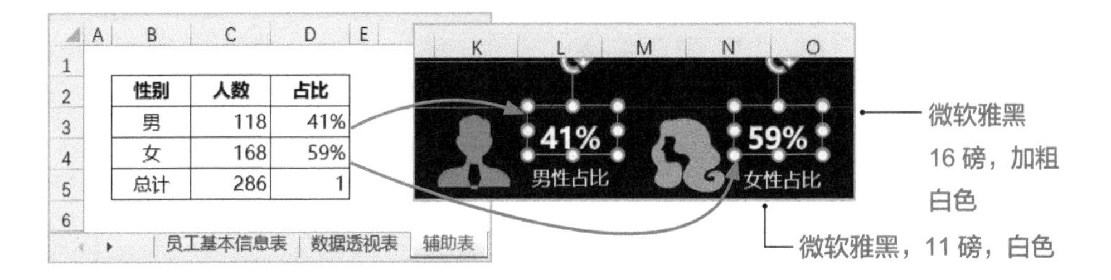

这样数据看板的第一部分——公司总人数及男女比例就直接展示出来了，数据看板的用户一眼就能看到关键数据，直观而醒目。

9.5.2 各岗位类别人数占比分析

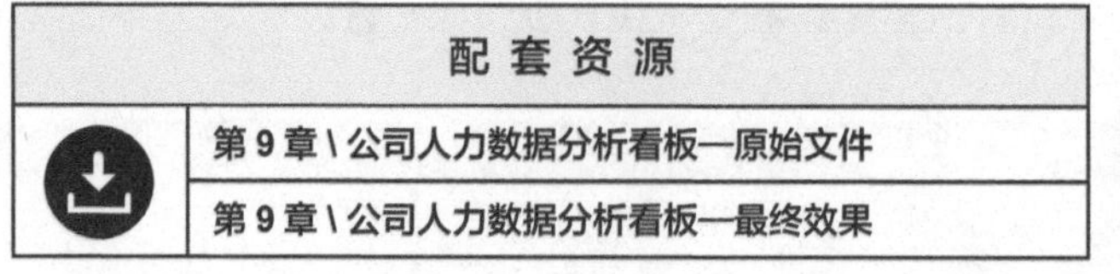

STEP1» 创建一个数据透视表，放在数据透视表工作表中，汇总出在职员工中的各部门人数。然后在辅助表中设置好 F2:I6 区域，其中各岗位类别的总人数来源于数据透视表中的数据，占比列和辅助列的数据通过公式计算出，公式内容如下。

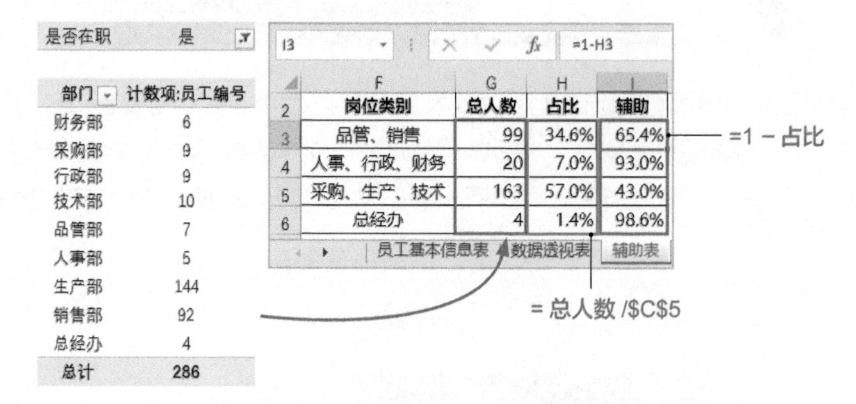

是否在职	是
部门	计数项:员工编号
财务部	6
采购部	9
行政部	9
技术部	10
品管部	7
人事部	5
生产部	144
销售部	92
总经办	4
总计	286

I3 =1-H3

	F	G	H	I
2	岗位类别	总人数	占比	辅助
3	品管、销售	99	34.6%	65.4%
4	人事、行政、财务	20	7.0%	93.0%
5	采购、生产、技术	163	57.0%	43.0%
6	总经办	4	1.4%	98.6%

STEP2» 接下来根据占比和辅助数据，分别制作出 4 个岗位类别对应的圆环图，先做第一个。选中辅助表中 H3:I3 区域，插入圆环图，将图例删除，标题改为“品管、销售”，字体格式设置为微软雅黑、11 磅。

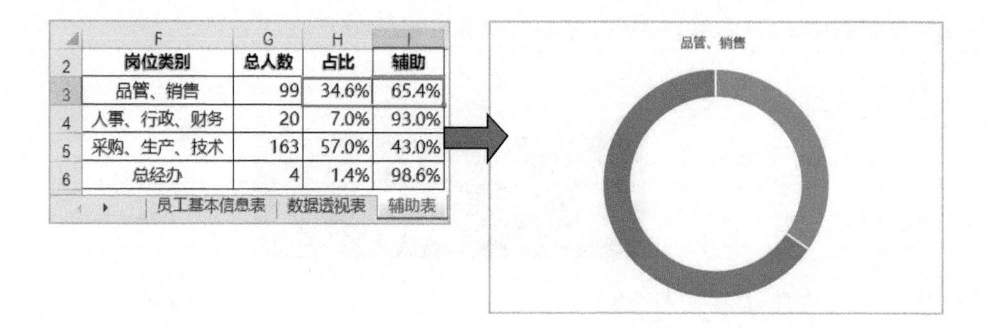

	F	G	H	I
2	岗位类别	总人数	占比	辅助
3	品管、销售	99	34.6%	65.4%
4	人事、行政、财务	20	7.0%	93.0%
5	采购、生产、技术	163	57.0%	43.0%
6	总经办	4	1.4%	98.6%

STEP3» 选中圆环中的辅助区域，打开【设置数据点格式】任务窗格，❶在【填充】组中将颜色的 RGB 值设置为【217，217，217】，❷在【边框】组中将【宽度】设置为【0.5 磅】。

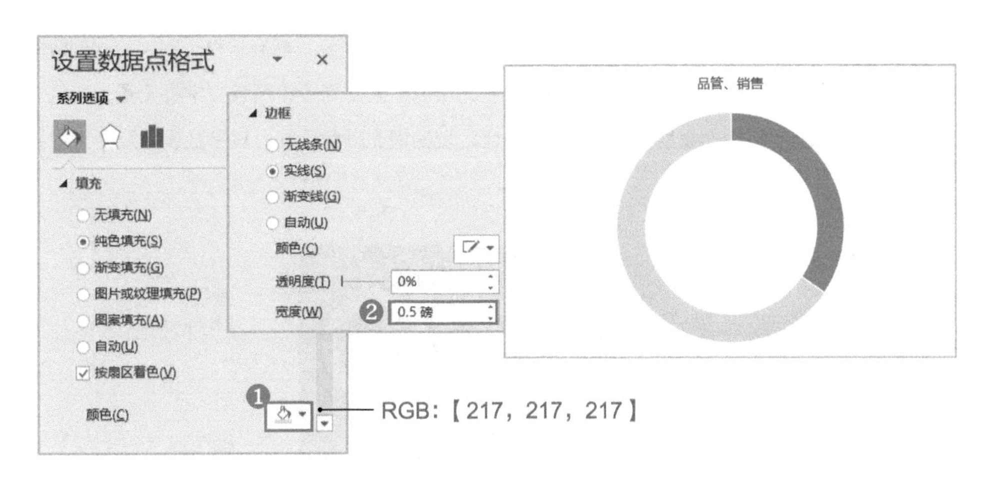

STEP4» 选中圆环中的占比区域，单击【填充】按钮，❶在【填充】组中将颜色的 RGB 值设置为【244，158，134】，❷在【边框】组中将边框颜色的 RGB 值设置为【244，158，134】，❸将【宽度】设置为【6.5 磅】。

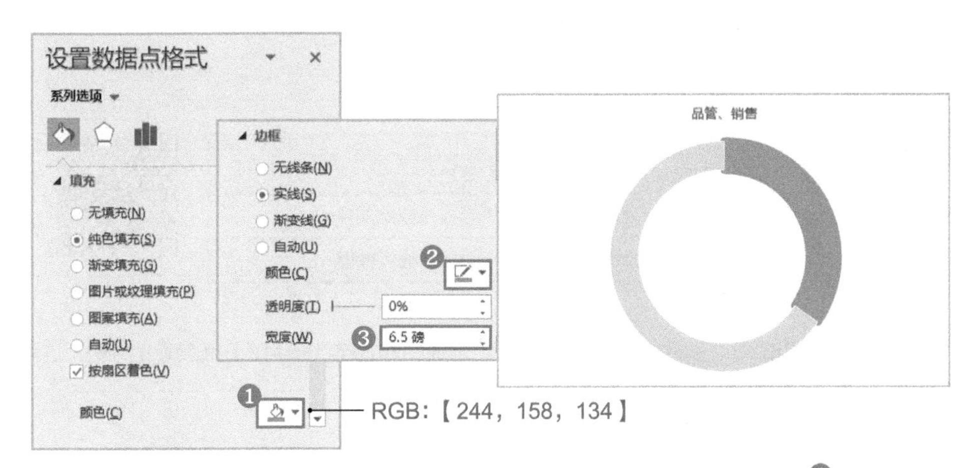

STEP5» 选中圆环中的占比区域，❶单击图表右上角的【图表元素】按钮，❷勾选【数据标签】复选框，添加数据标签后，将其引导线删除并移至圆环中心，标签字体格式设置为微软雅黑、14 磅。

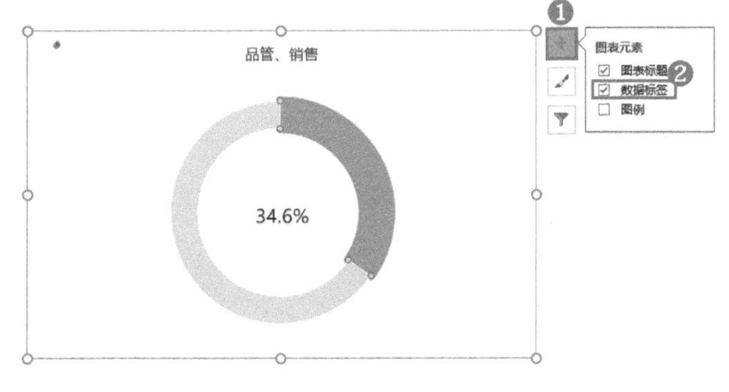

STEP6» 设置完成后，选中图表，将整个图表设置为无填充、无轮廓，然后将整个图表复制到数据看板中，调整到合适的大小。由于数据看板的底色为灰色，因此需要将图表文字都设置为白色。其他 3 个圆环图的制作方法与上述相同，只是占比区域的填充颜色不同，其参数设置及最终效果如下图所示。

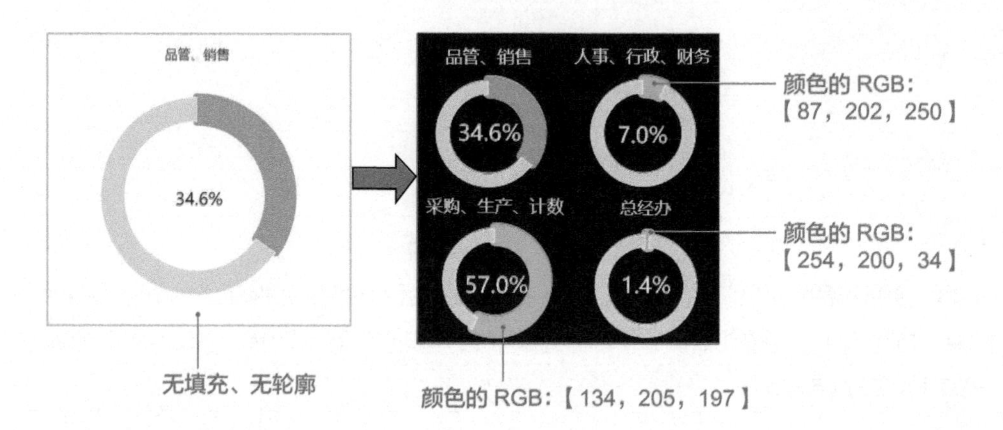

9.5.3 人员流动情况分析

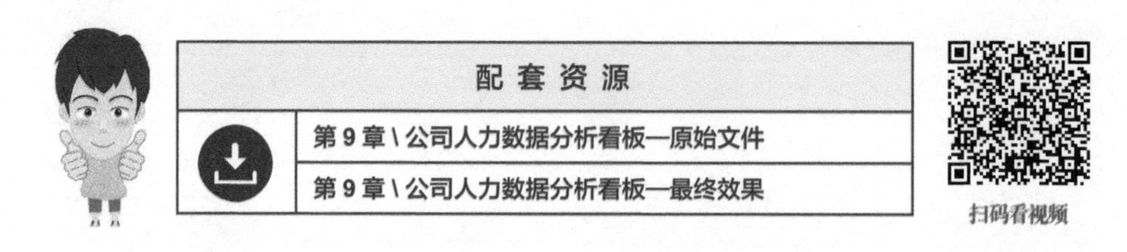

STEP1» 在辅助表的 K2:Q4 区域中创建如下内容，用来统计 2020 年 1~6 月入职和离职的人数，这里可以运用 SUMPRODUCT 函数的多条件计数功能，公式内容如下。

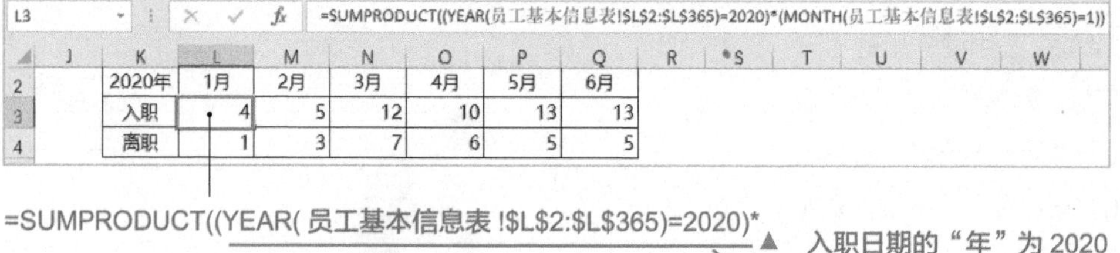

2020年	1月	2月	3月	4月	5月	6月
入职	4	5	12	10	13	13
离职	1	3	7	6	5	5

以上公式内容统计的是 2020 年 1 月入职的人数，其他月份入职人数的统

计，只要将公式中最后一个数值改为对应的月份即可；离职人数的统计，只要将公式中的 L 列改为离职日期所在的列 Q 列即可。具体公式内容可参见本案例素材文件。

STEP2» 选中辅助表的 K2:Q4 区域，插入带数据标记的折线图，将标题内容改为“人员流动情况”，字体格式设置为微软雅黑、12 磅、加粗，图例移至标题下方，删除网格线，坐标轴字体格式设置为微软雅黑、9 磅，效果如右图所示。

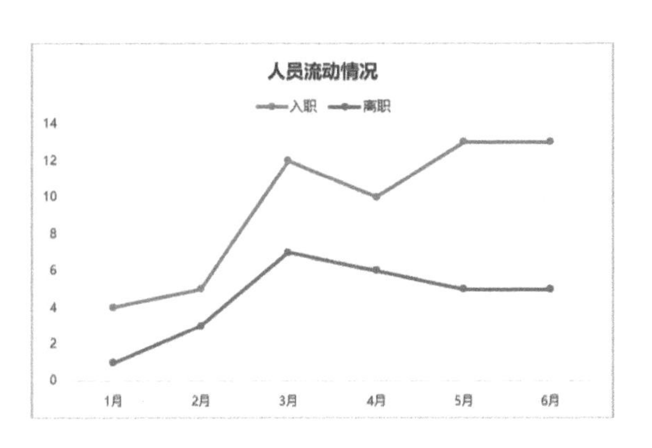

STEP3» 选中入职的数据系列，打开【设置数据系列格式】任务窗格，❶单击【填充与线条】按钮，❷单击【标记】，❸在【标记选项】组中选中【内置】单选钮，❹将【大小】设置为【6】，❺在【填充】组中将【颜色】的 RGB 值设置为【217，217，217】，❻在【边框】组中将【颜色】的 RGB 值设置为【46，117，182】，❼【宽度】设置为【1.5 磅】。

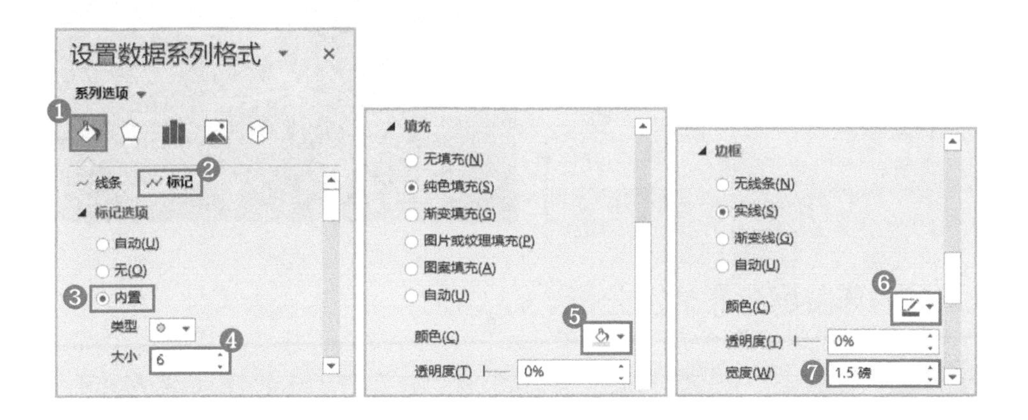

STEP4» 选中离职的数据系列，打开【设置数据系列格式】任务窗格，❶在【线条】组中将【颜色】的 RGB 值设置为【244，177，131】，❷单击【标记】，❸在【标记选项】组中选中【内置】单选钮，❹将【大小】设置为【6】，❺在【填充】组中将【颜色】的 RGB 值设置为【217，217，217】，❻在【边框】组中将【颜色】的 RGB 值设置为【237，125，49】，❼【宽度】设置为【1.5 磅】。

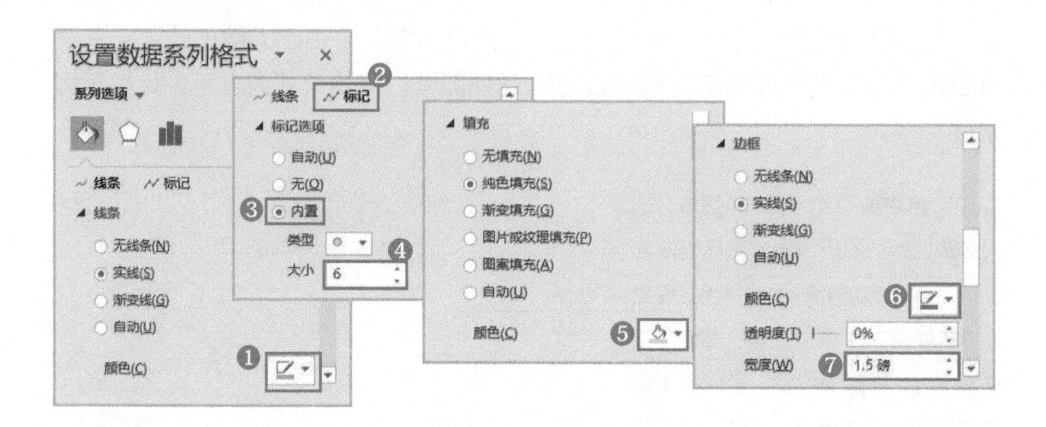

STEP5» 设置完成后选中图表，打开【设置图表区格式】任务窗格，❶在【填充】组中选中【无填充】单选钮，❷在【边框】组中将【颜色】的 RGB 值设置为【244，158，134】，❸【透明度】设置为【50%】，❹【宽度】设置为【0.75 磅】。然后将整个图表复制到数据看板中，调整到合适的大小。由于数据看板的底色为灰色，因此需要将图表文字都设置为白色。

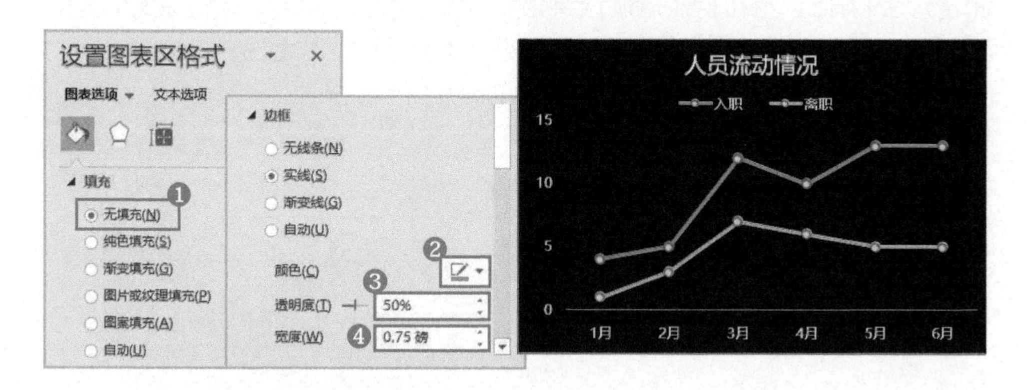

9.5.4 各年龄层分布情况分析

配 套 资 源
第 9 章 \ 公司人力数据分析看板—原始文件
第 9 章 \ 公司人力数据分析看板—最终效果

扫码看视频

STEP1» 创建一个数据透视表，放在数据透视表工作表中，汇总出在职员工中的各年龄的人数，然后在数据透视表年龄列任意一个单元格上单击鼠标右键，在弹出的快捷菜单中选择【组合】命令，打开【组合】对话框，按下图所示进行设置，设置完成后数据透视表的结果如下图所示。

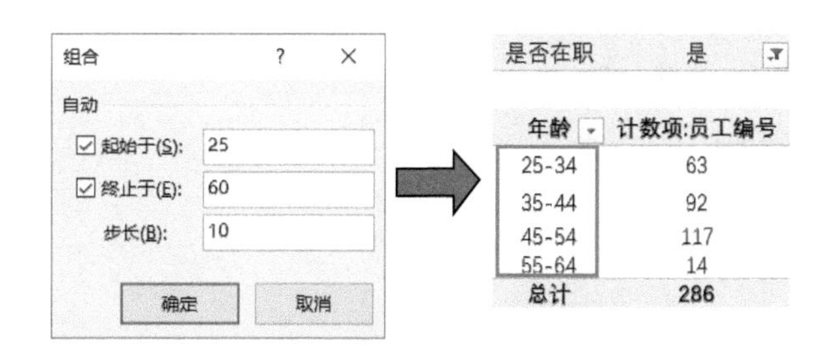

STEP2» 选中数据透视表的H4:I7区域，插入簇状柱形图。由于是在数据透视表基础上创建的数据透视图，因此图表上会有多个字段按钮，为了美观性，将其隐藏，具体操作：选中图表，❶切换到【数据透视图工具】的【分析】选项卡，❷单击【显示/隐藏】组中的【字段按钮】按钮，❸在弹出的下拉列表中选择【全部隐藏】选项。然后将图表标题改为“各年龄层分布”，删除图例、纵坐标轴和网格线。

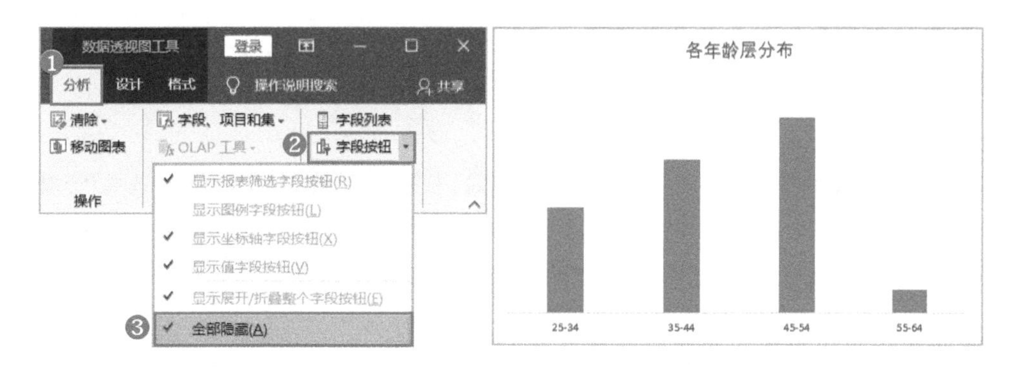

STEP3» 设置间隙宽度。选中数据系列，打开【设置数据系列格式】任务窗格，将【间隙宽度】设置为【100%】。

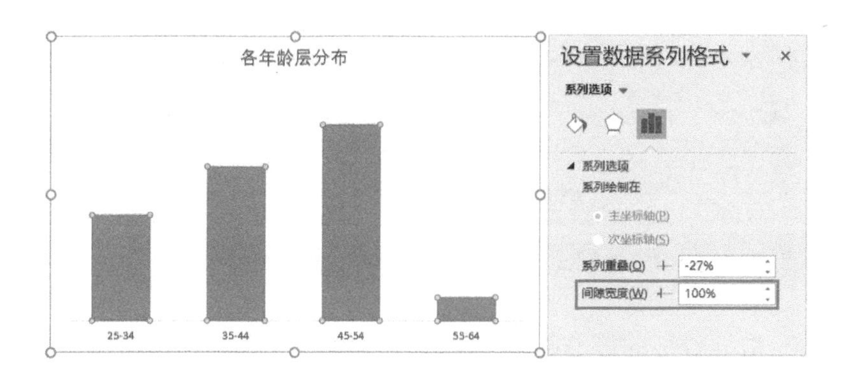

STEP4» 设置数据系列颜色。选中数据系列，在【设置数据系列格式】任务窗格中，将【颜色】的 RGB 值设置为【157，195，230】，效果如右图所示。

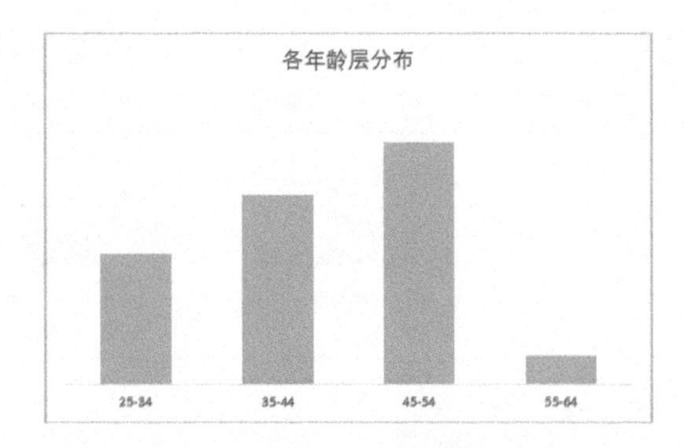

STEP5» 添加数据标签。选中图表，❶单击图表右上角的【图表元素】按钮，❷勾选【数据标签】复选框，即可为数据系列添加数据标签。

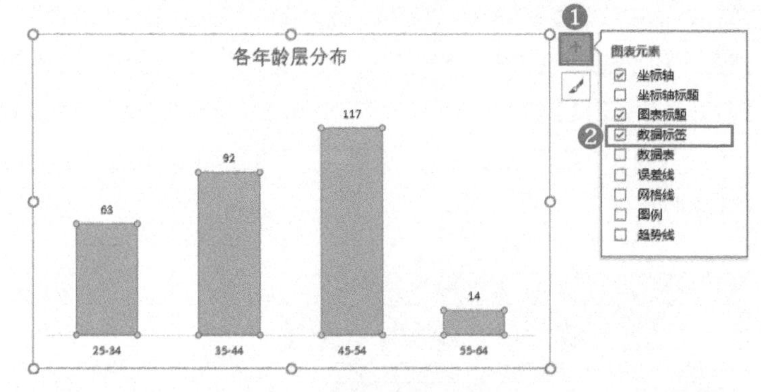

STEP6» 设置完成后选中图表，打开【设置图表区格式】任务窗格，❶在【填充】组中选中【无填充】单选钮，❷在【边框】组中将【颜色】的 RGB 值设置为【244，158，134】，❸【透明度】设置为【50%】，❹【宽度】设置为【0.75 磅】。然后将整个图表复制到数据看板中，调整到合适的大小。由于数据看板的底色为灰色，因此需要将图表文字都设置为白色。图表字体格式设置的具体参数及最终效果如下图所示。

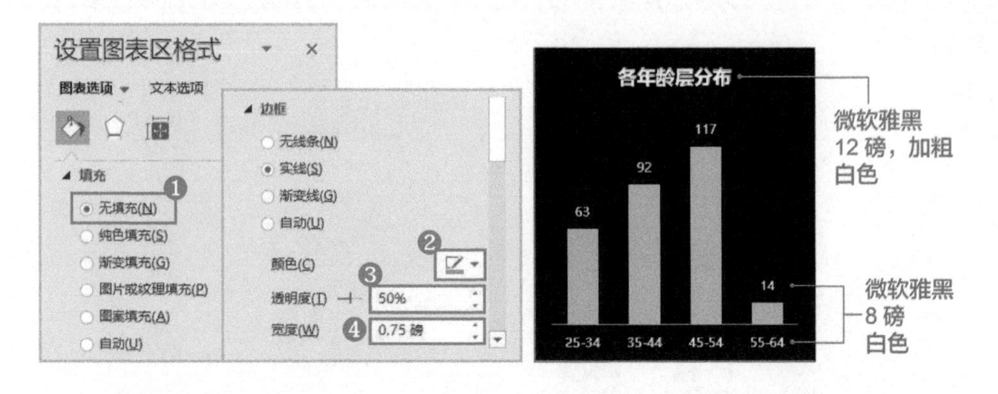

这样，数据看板的第一部分，从公司整体角度对人力数据的分析就完成

了。第二部分是从各部门角度对人力数据进行的分析，为了便于在不同部门之间进行切换，可以插入切片器，通过设置报表连接，将多个数据透视表连接在一起，从而实现一个切片器控制多个数据透视表，即一个切片器控制多个图表的效果。

9.5.5 插入切片器，进行多表连接

配 套 资 源

第 9 章 \ 公司人力数据分析看板—原始文件

第 9 章 \ 公司人力数据分析看板—最终效果

扫码看视频

STEP1» 以员工基本信息表为数据源，在数据透视表工作表中，新建 3 个数据透视表，分别汇总出：在职员工中各部门男女人数、在职员工中不同学历的男女人数、在职员工中不同工龄的人数，汇总结果如下图所示。

是否在职	是		
计数项:员工编号	性别		
部门	男	女	总计
财务部	2	4	6
采购部	6	3	9
行政部	3	6	9
技术部	8	2	10
品管部	4	3	7
人事部	2	3	5
生产部	57	87	144
销售部	35	57	92
总经办	1	3	4
总计	118	168	286

是否在职	是	
计数项:员工编号	性别	
学历	男	女
博士研究生	1	1
硕士研究生	9	7
大学本科	23	24
大学专科	55	88
大专以下	30	48
总计	118	168

是否在职	是
工龄	计数项:员工编号
0	55
1	83
2	74
3	74
总计	286

STEP2» ❶将光标定位到以上创建的第一个数据透视表中，❷切换到【数据透视表工具】的【分析】选项卡，❸单击【筛选】组中的【插入切片器】按钮。

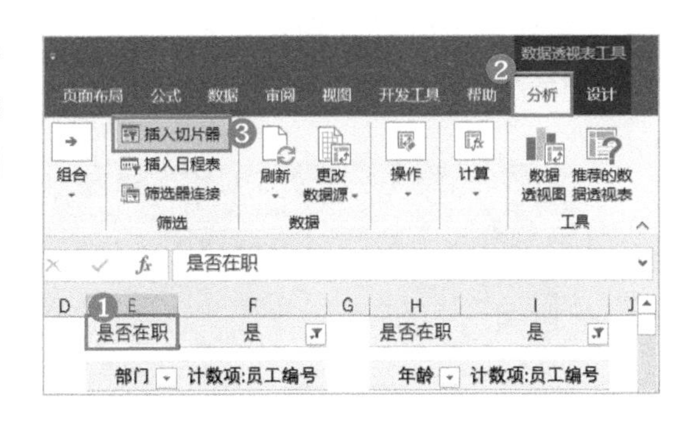

STEP3» 弹出【插入切片器】对话框，❶勾选【部门】复选框，❷单击【确定】按钮，即可插入一个按部门筛选的切片器。

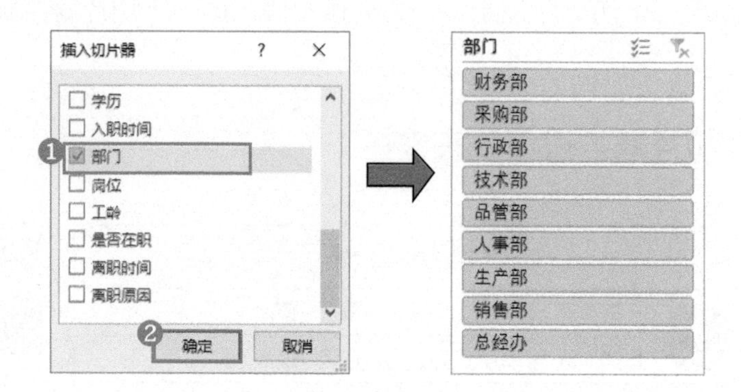

STEP4» 选中切片器，❶在其上单击鼠标右键，❷在弹出的快捷菜单中选择【报表连接】命令，弹出【数据透视表连接（部门）】对话框，默认勾选的是插入切片器的数据透视表 4，❸本案例我们要连接的是数据透视表 5 和数据透视表 6，勾选相应的复选框，❹单击【确定】按钮。

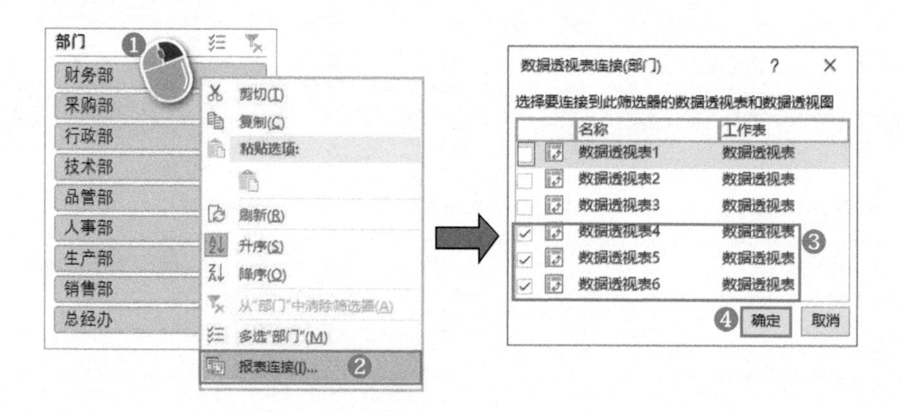

STEP5» 选中切片器，❶切换到【切片器工具】的【选项】选项卡，本案例有 9 个部门，因此想要将切片器设置为一个横排，需要设置 9 列，❷在【按钮】组中将【列】设置为【9】。设置完成后调整切片器为合适的大小。

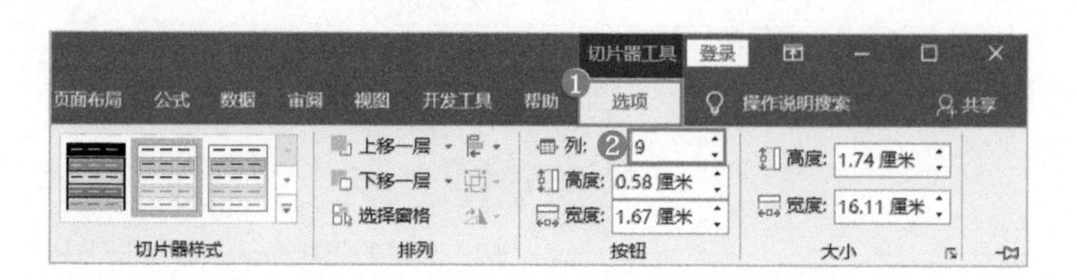

STEP6» 新建切片器样式，选中切片器，❶切换到【切片器工具】的【选项】选项卡，❷单击【切片器样式】的下拉按钮，❸选择【新建切片器样式】选项，弹出【修改切片器样式】对话框，❹将【名称】修改为【部门】。

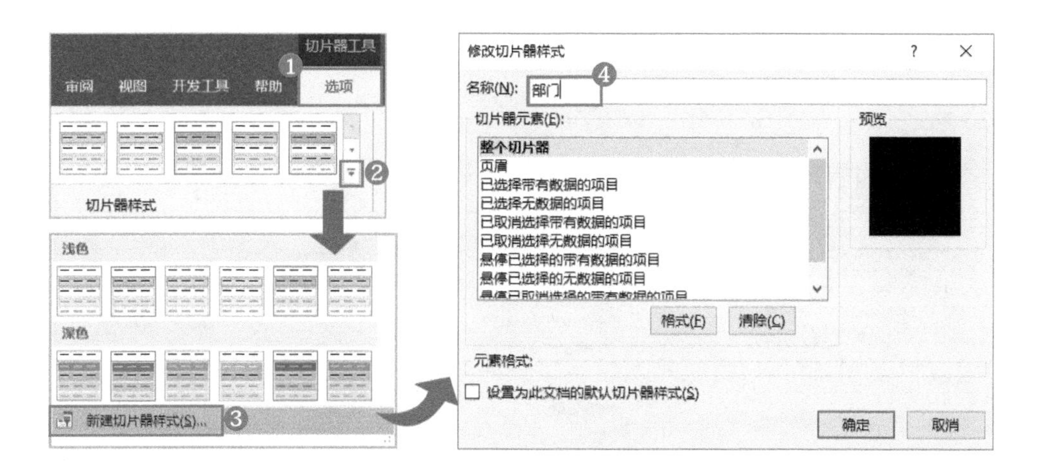

STEP7» ❶在【切片器元素】列表框中选择【整个切片器】，❷单击【格式】按钮，弹出【格式切片器元素】对话框，❸切换到【填充】选项卡，❹单击【其他颜色】按钮，弹出【颜色】对话框，❺切换到【自定义】选项卡，❻将 RGB 值设置为【37，37，37】，❼单击【确定】按钮，返回【格式切片器元素】对话框，❽单击【确定】按钮即可。

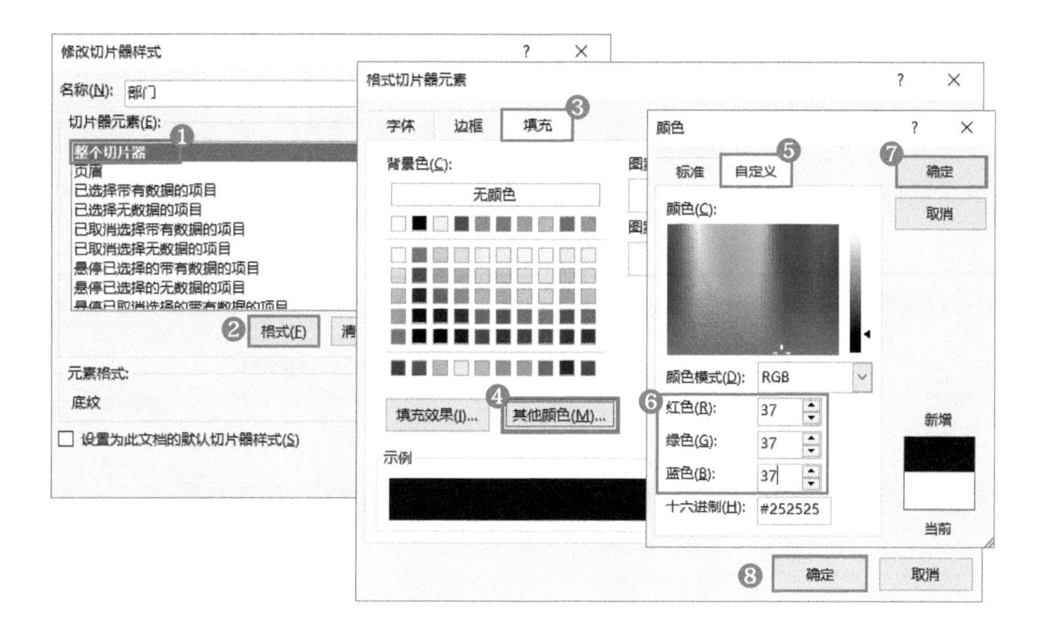

STEP8» 设置页眉格式。❶在【切片器元素】列表框中选择【页眉】，❷单击【格式】按钮，弹出【格式切片器元素】对话框，❸将【字体】设置为【等线（正文）】，❹【字形】设置为【加粗】，❺【字号】设置为【12】，❻【颜色】设置为【白色，背景 1】。

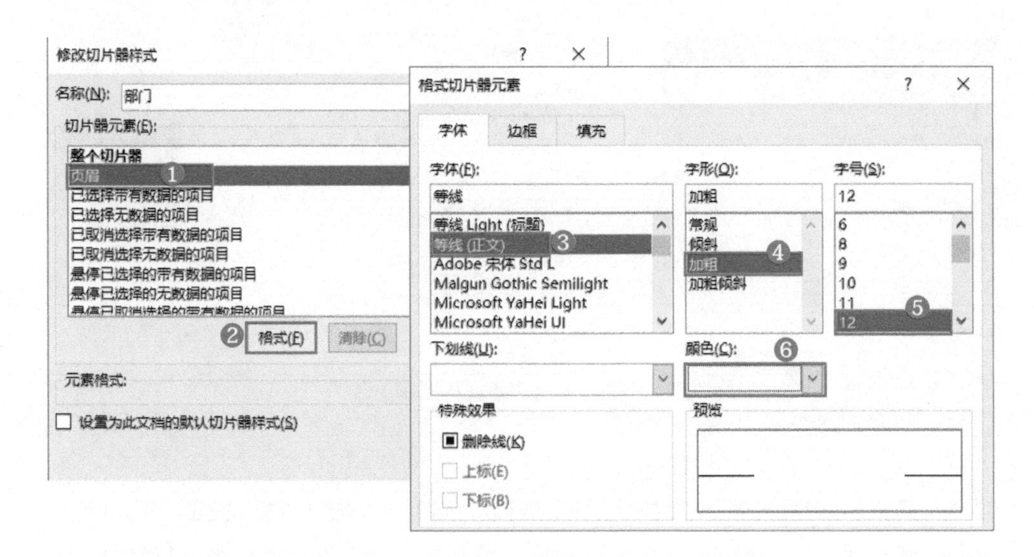

STEP9» ❶切换到【边框】选项卡，❷将【颜色】设置为【橙色，个性色 2】，❸单击【边框】组中的【下框线】按钮，❹单击【确定】按钮，返回【格式切片器元素】对话框，再单击【确定】按钮即可。

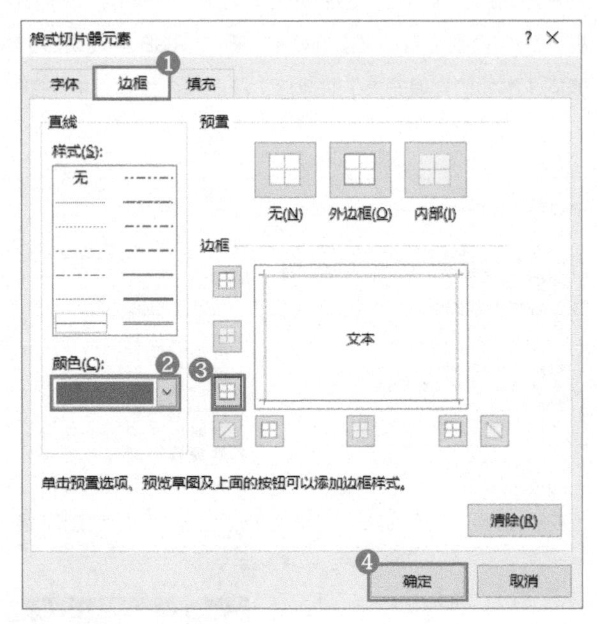

STEP10» 设置已选择带有数据的项目格式。❶在【切片器元素】列表框中选择【已选择带有数据的项目】，❷单击【格式】按钮，弹出【格式切片器元素】对话框，❸将【字形】设置为【加粗】，❹【颜色】设置为【白色，背景 1】。

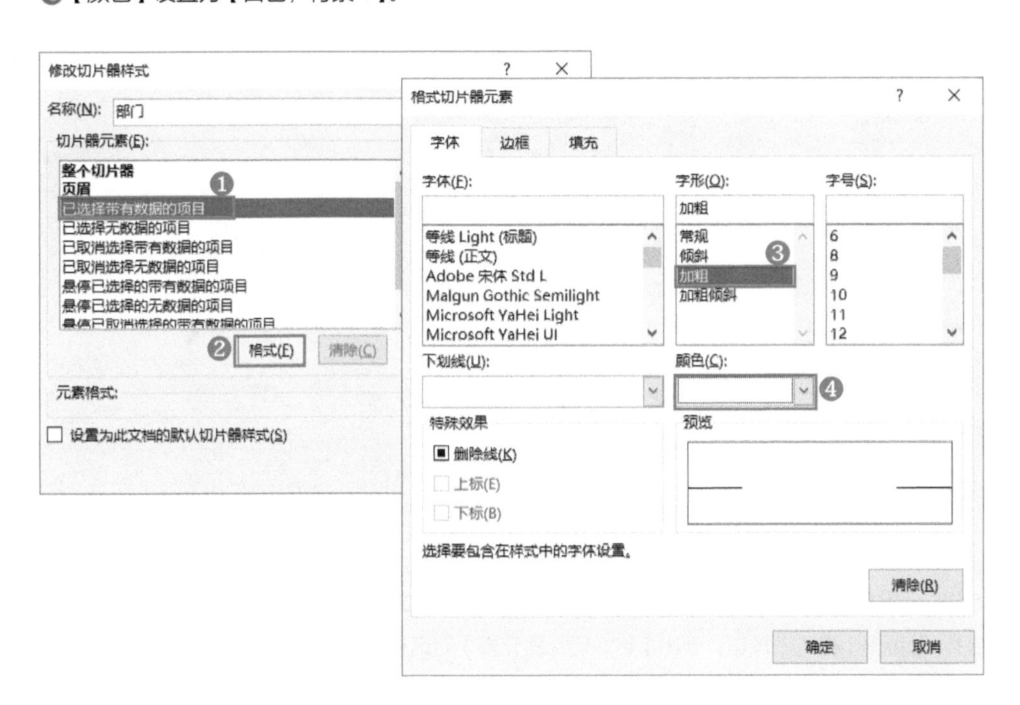

STEP11» ❶切换到【填充】选项卡，❷单击【其他颜色】按钮，弹出【颜色】对话框，❸将颜色的 RGB 值设置为【240，148，86】，❹单击【确定】按钮，返回【格式切片器元素】对话框，❺再单击【确定】按钮即可。完成后，再设置已选择无数据的项目格式。设置方式同 STEP10 和 STEP11 的相关内容。

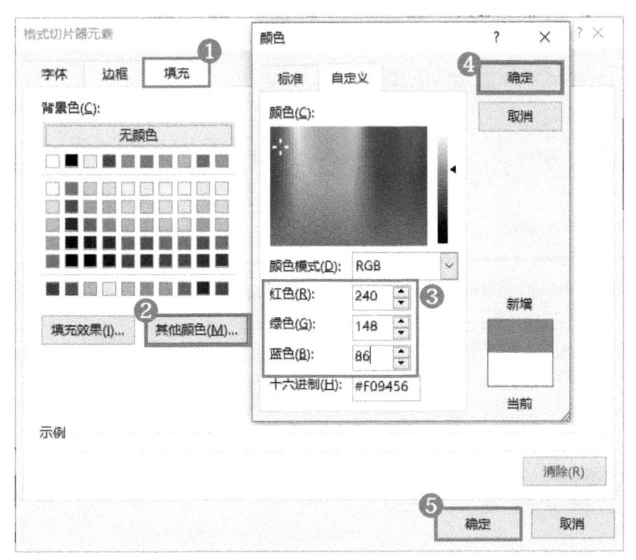

STEP12» 设置已取消选择带有数据的项目格式。❶在【切片器元素】列表框中选择【已取消选择带有数据的项目】，❷单击【格式】按钮，弹出【格式切片器元素】对话框，❸切换到【填充】选项卡，❹单击【其他颜色】按钮，❺在【颜色】对话框中，将填充颜色的RGB值设置为【252，228，214】，❻单击【确定】按钮。完成后，设置已取消选择无数据的项目格式，设置方式同上。

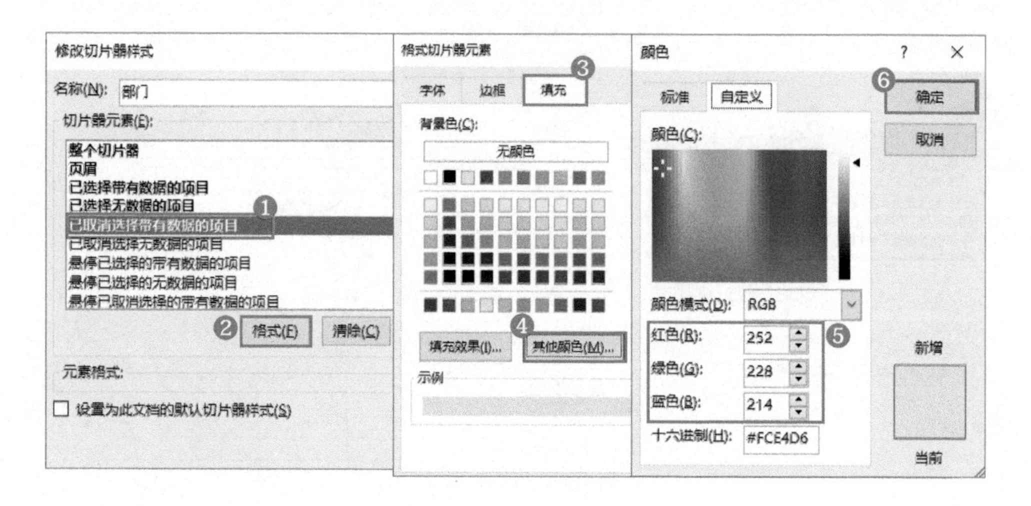

STEP13» 设置悬停项目的格式。❶在【切片器元素】列表框中选择【悬停已选择的带有数据的项目】，❷单击【格式】按钮，弹出【格式切片器元素】对话框，❸切换到【填充】选项卡，❹单击【填充效果】按钮，❺在弹出的【填充效果】对话框中，选中【双色】单选钮，❻设置【颜色 1】和【颜色 2】的颜色，❼选中【水平】单选钮，❽单击【单击】按钮。完成后，设置其他悬停项目的格式，设置方式同上。

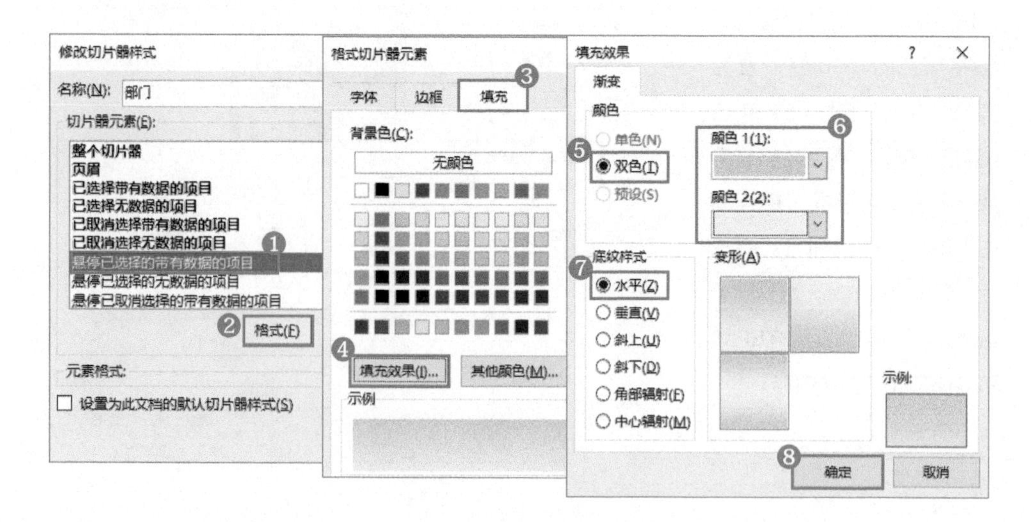

STEP14» 设置完成后，将切片器复制到数据看板中，调整大小和位置，效果如下图所示。

当在以上切片器中选择不同的部门时，STEP1 中的 3 个数据透视表就会随之变化，筛选出相应部门的数据。下面我们分别以 3 个数据透视表为数据源制作对应的图表。

9.5.6 各部门男女人数占比分析

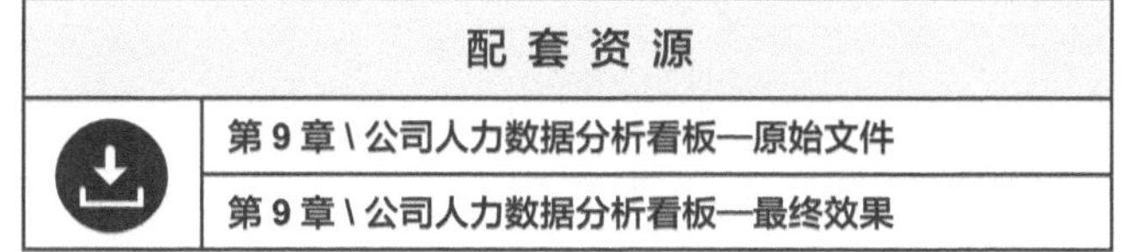

扫码看视频

STEP1» 在辅助表中新建一个 B12:D14 区域，以“总计”为匹配条件，用来匹配数据透视表中汇总出的各部门男女人数并计算占比，公式内容及汇总结果如下图所示。

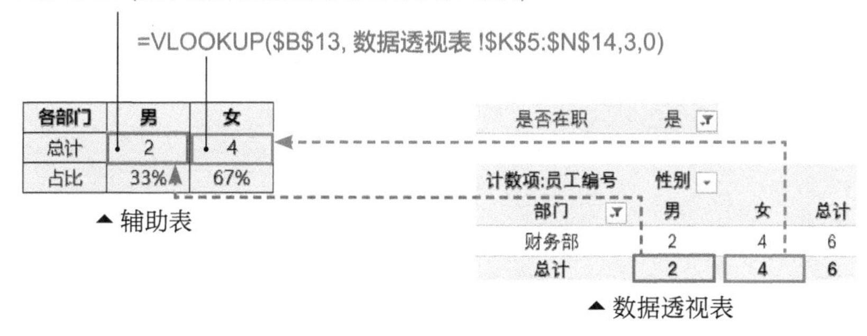

▲ 辅助表

▲ 数据透视表

STEP2» 选中辅助表中的 C12:D12 区域，按住【Ctrl】键的同时选中 C14:D14 区域，插入饼图，将标题内容改为“男女人数占比”，删除图例，添加数据标签，效果如右图所示。

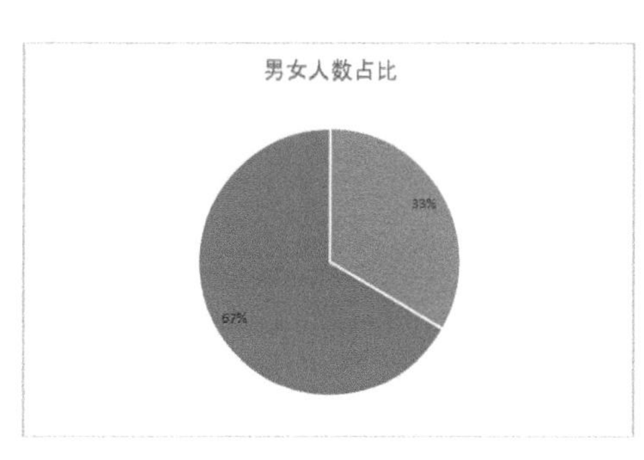

STEP3» 选中数据标签，打开【设置数据标签格式】任务窗格，在【标签选项】组中勾选【类别名称】复选框，将数据标签移至饼图外部，如下图所示。

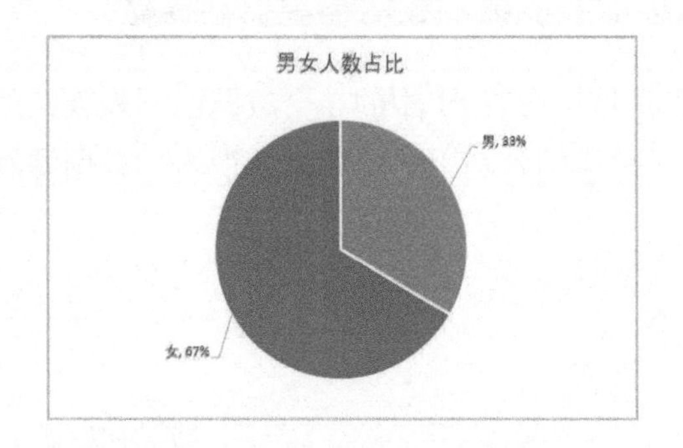

STEP4» 设置数据系列颜色。选中代表男性的扇形，打开【设置数据点格式】任务窗格，❶选中【纯色填充】单选钮，❷将【颜色】的 RGB 值设置为【157，195，230】。

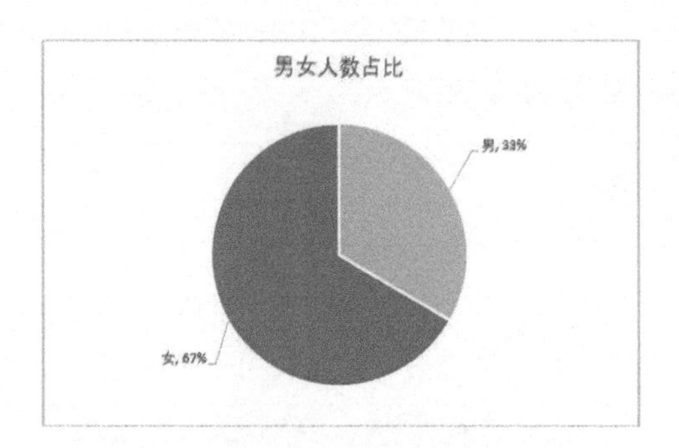

STEP5» 选中代表女性的扇形，在【设置数据点格式】任务窗格中，❶选中【纯色填充】单选钮，❷将【颜色】的 RGB 值设置为【244，177，131】。

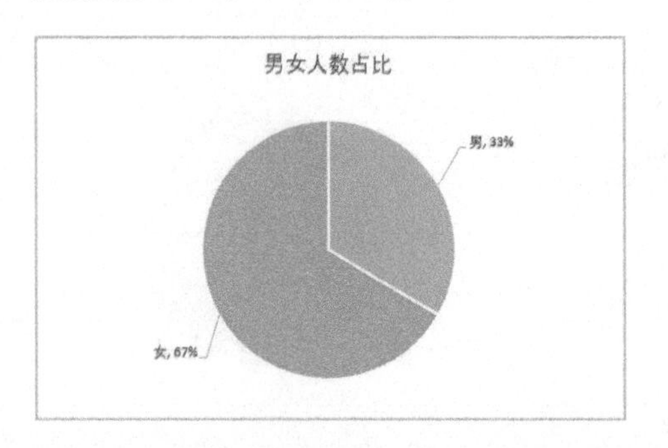

STEP6» 选中图表，打开【设置图表区格式】任务窗格，❶在【填充】组中选中【无填充】单选钮，❷在【边框】组中将【颜色】的 RGB 值设置为【244，158，134】，❸【透明度】设置为【50%】，其他保持默认设置。然后将整个图表复制到数据看板中，调整到合适的大小。由于数据看板的底色为灰色，因此需要将图表文字都设置为白色。图表字体格式设置的具体参数及最终效果如下图所示。

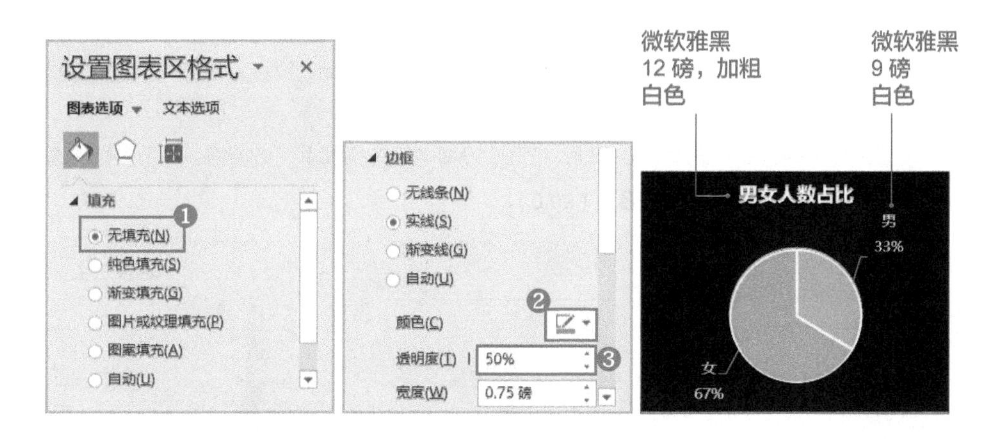

9.5.7 各部门男女学历对比分析

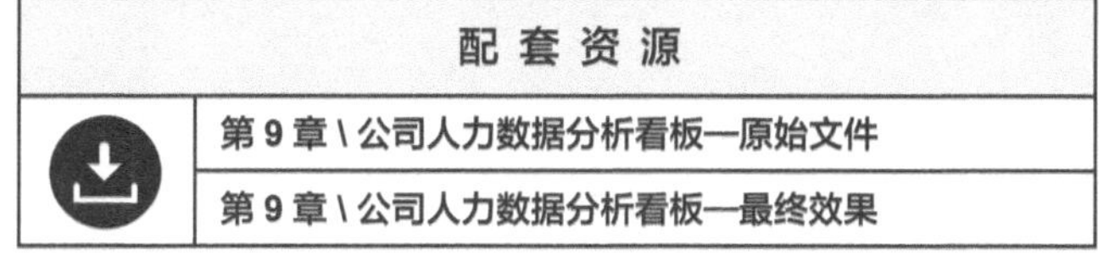

STEP1» 在辅助表中新建一个 F12:H17 区域，以学历为匹配条件，用来匹配数据透视表中汇总出的各学历的男女人数，为了不显示 0 和错误结果，需要嵌套 IF 函数和 IFERROR 函数。公式内容及汇总结果如下图所示。

公式含义：如果匹配到的结果为 0，则显示空值；如果不为 0，则显示匹配到的值；如果是错误值，也显示空值。

=IFERROR
(IF(VLOOKUP($F13, 数据透视表 !$P$5:$R$9,2,0)=0,"",
VLOOKUP($F13, 数据透视表 !$P$5:$R$9,2,0)),"")

学历	男	女
博士研究生	1	1
硕士研究生	9	7
大学本科	23	24
大学专科	55	88
大专以下	30	48

=IFERROR
(IF(VLOOKUP($F13, 数据透视表 !$P$5:$R$9,2,0)=0,"",
VLOOKUP($F13, 数据透视表 !$P$5:$R$9,2,0)),"")

▲ 辅助表

STEP2» 选中辅助表中的 F12:H17 区域，插入簇状柱形图，将标题内容改为“男女学历对比”，图例移至绘图区右上角，删除网格线，添加数据标签，效果如右图所示。

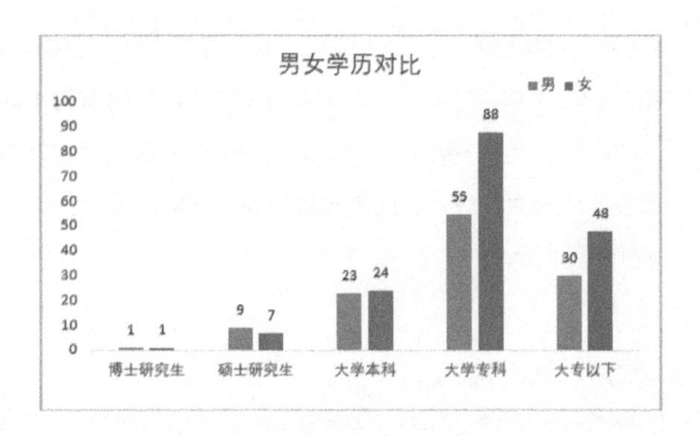

STEP3» 设置纵坐标轴格式。选中纵坐标轴，打开【设置坐标轴格式】任务窗格，在【坐标轴选项】组中将【边界】的【最大值】设置为【90.0】。

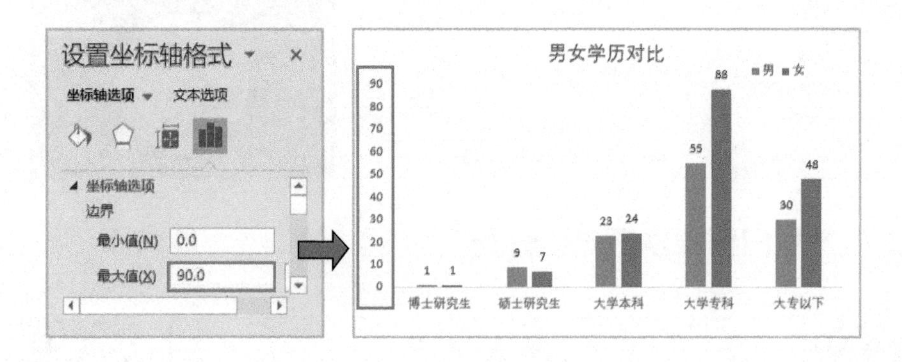

STEP4» 设置横坐标轴格式。选中横坐标轴，打开【设置坐标轴格式】任务窗格，❶单击【填充与线条】按钮，❷在【线条】组中选中【无线条】单选钮。

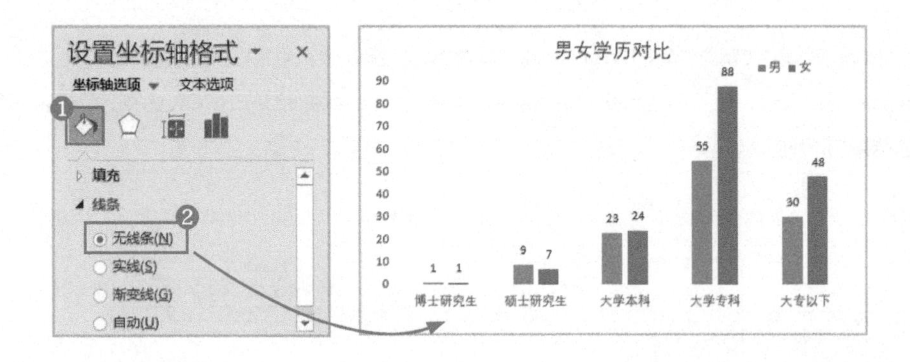

STEP5» 设置数据系列颜色。选中代表男性的数据系列，打开【设置数据系列格式】任务窗格，❶单击【填充与线条】按钮，❷在【填充】组中选中【纯色填充】单选钮，❸将【颜色】的 RGB 值设置为【134，205，197】。

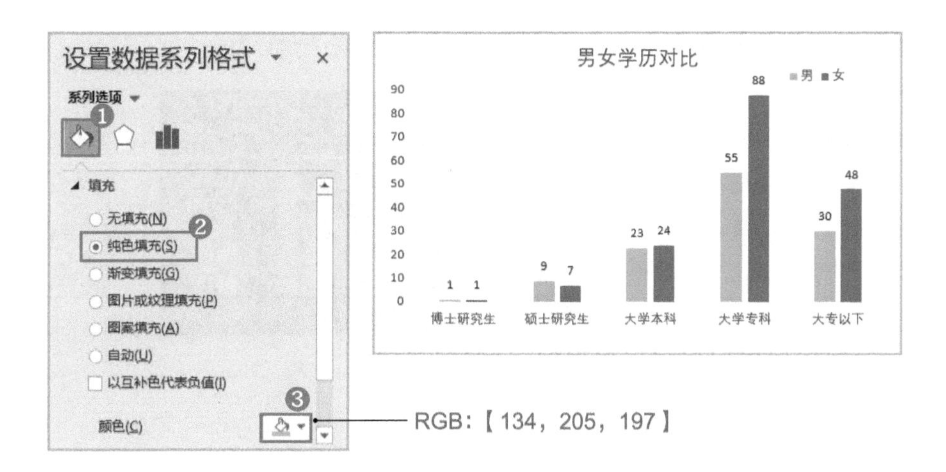

STEP6» 选中代表女性的数据系列，在【设置数据系列格式】任务窗格中，❶单击【填充与线条】按钮，❷在【填充】组中选中【纯色填充】单选钮，❸将【颜色】的 RGB 值设置为【244，158，134】。

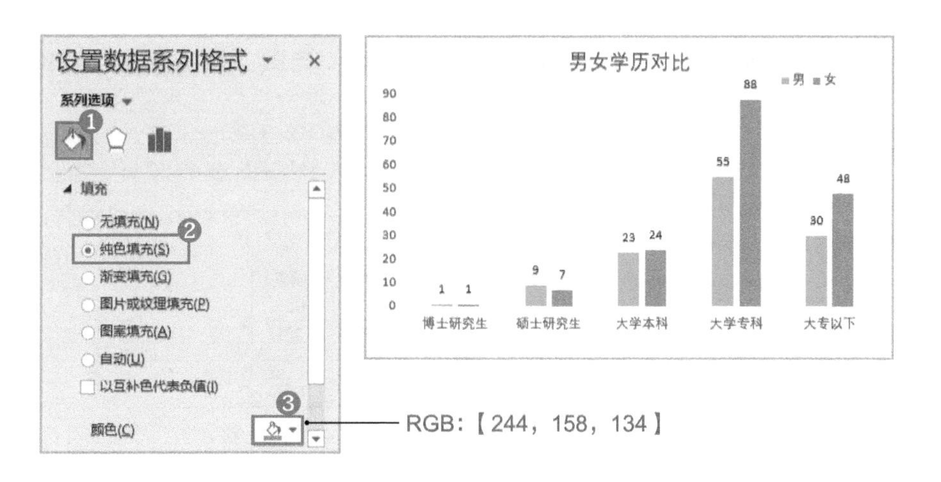

STEP7» 选中图表，将纵坐标轴删除。打开【设置图表区格式】任务窗格，❶在【填充】组中选中【无填充】单选钮，❷在【边框】组中将【颜色】的 RGB 值设置为【244，158，134】，❸【透明度】设置为【50%】，其他保持默认设置。

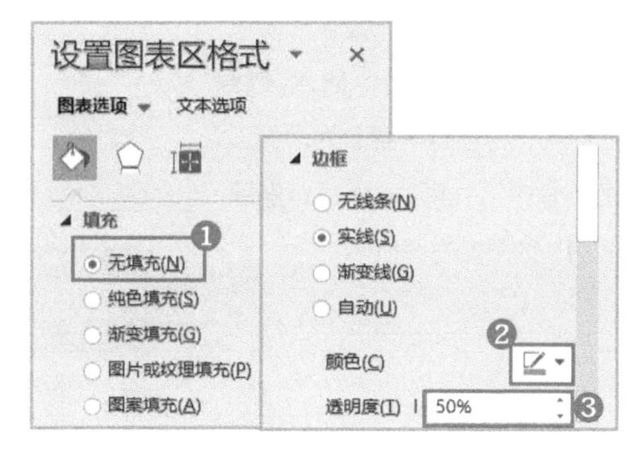

STEP8» 将整个图表复制到数据看板中，调整到合适的大小。由于数据看板的底色为灰色，因此需要将图表文字都设置为白色。图表字体格式设置的具体参数及最终效果如右图所示。

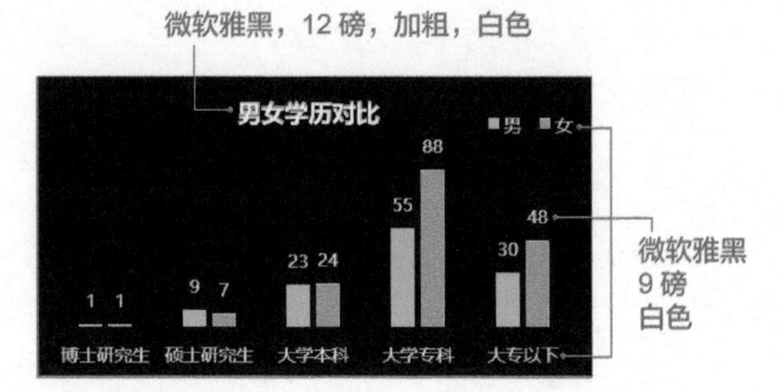

9.5.8 各部门员工工龄分布分析

配套资源

第 9 章 \ 公司人力数据分析看板—原始文件

第 9 章 \ 公司人力数据分析看板—最终效果

扫码看视频

STEP1» 在辅助表中新建一个 J12:M16 区域，以工龄为匹配条件，用来匹配数据透视表工作表中汇总出的在职员工中各工龄的人数，为了不显示错误结果，需要嵌套 IFERROR 函数；占比列，根据匹配到的人数计算各工龄人数的占比；为了制图需要，还需增加一个辅助列，数值都为 100%。公式内容及汇总结果如右图所示。

公式含义：如果匹配到的结果为错误值，则显示空值。

=IFERROR(VLOOKUP(J13, 数据透视表 !$T$3:$U$7,2,0),"")

=K13/SUM($K$13:$K$16)

	J	K	L	M
12	工龄	人数	占比	辅助
13	3	74	26%	100%
14	2	74	26%	100%
15	1	83	29%	100%
16	0	55	19%	100%

▲ 辅助表

STEP2» 插入图表。选中辅助表中的 L13:M16 区域，插入簇状条形图，将标题内容改为“员工工龄分布”，删除网格线，删除图例，效果如右图所示。

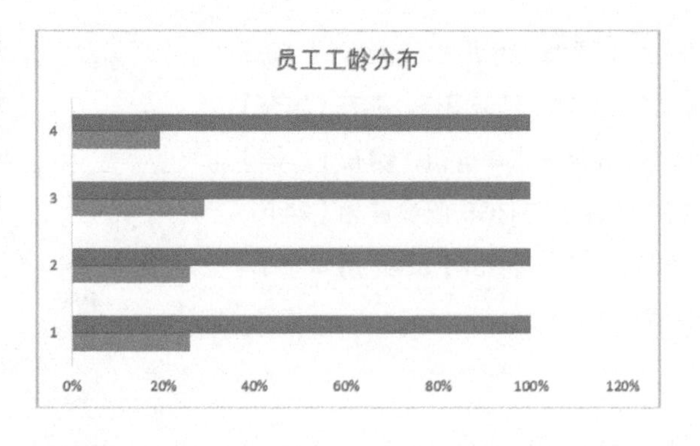

STEP3» 设置纵坐标轴标签。在图表上单击鼠标右键，❶在弹出的快捷菜单中选择【选择数据】命令，打开【选择数据源】对话框，❷单击【水平（分类）轴标签】列表框中的【编辑】按钮，弹出【轴标签】对话框，❸将光标定位在文本框中，选中辅助表中的 J13:J16 区域，❹单击【确定】按钮。

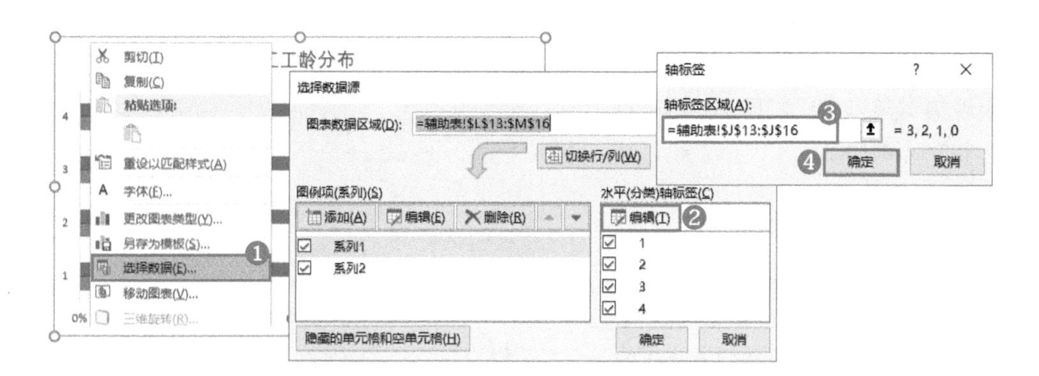

STEP4» 设置纵坐标轴格式。选中纵坐标轴，打开【设置坐标轴格式】任务窗格，在【线条】组中选中【无线条】单选钮。

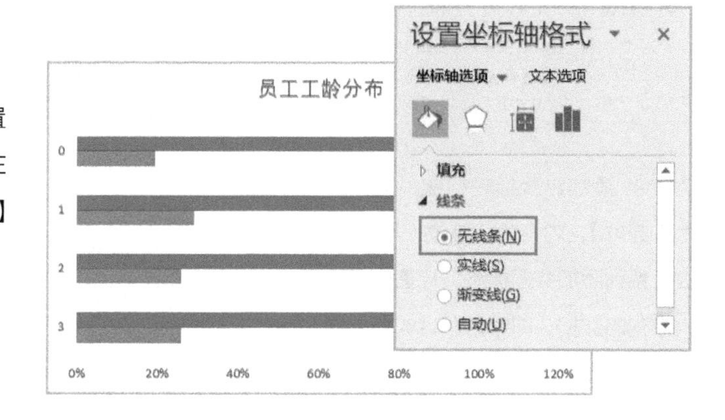

STEP5» 设置横坐标轴格式。选中横坐标轴，打开【设置坐标轴格式】任务窗格，在【坐标轴选项】组中将【边界】的【最大值】设置为【1.0】。

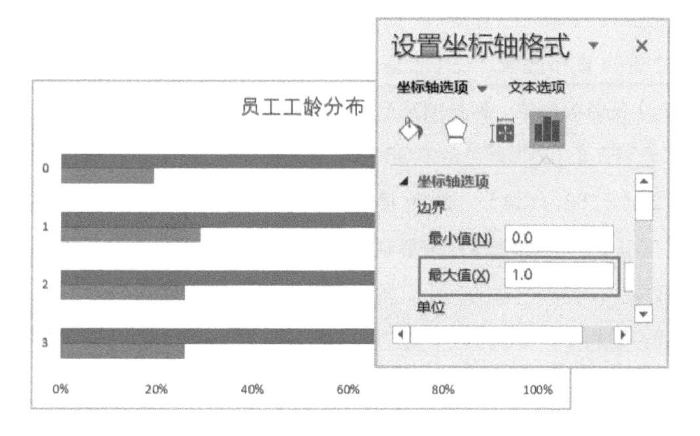

STEP6» 设置数据系列格式。选中占比所在的数据系列，打开【设置数据系列格式】任务窗格，❶在【系列选项】组中选中【次坐标轴】单选钮，❷将【间隙宽度】设置为【150%】，❸单击【填充与线条】按钮，❹将【颜色】的RGB值设置为【91，155，213】。将两个横坐标轴删除。

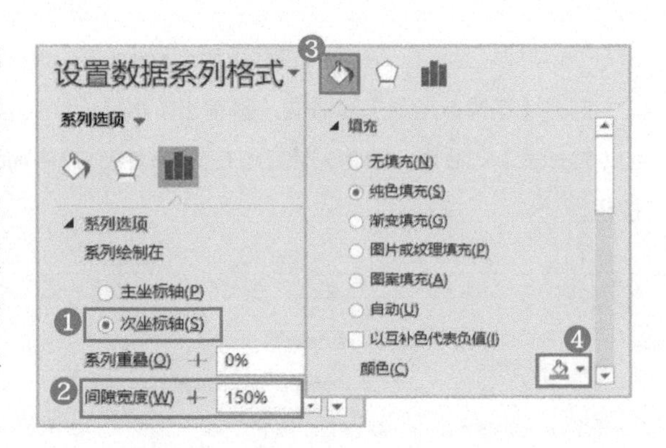

STEP7» 选中辅助列的数据系列，打开【设置数据系列格式】任务窗格，❶将【间隙宽度】设置为【100%】，❷单击【填充与线条】按钮，❸将【颜色】的RGB值设置为【165，165，165】。

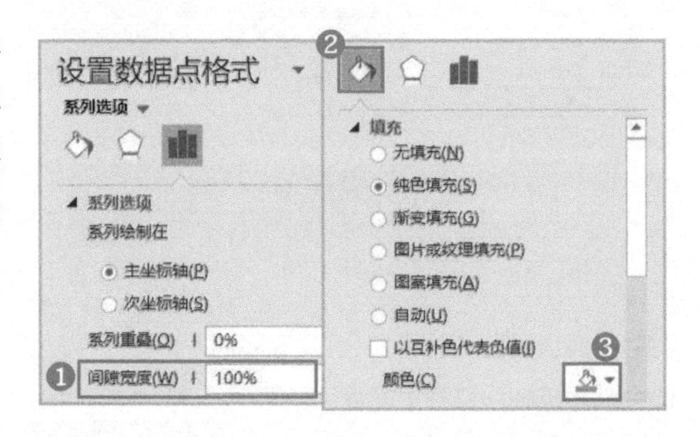

STEP8» 添加纵坐标轴标题，文字方向为【竖排】，内容为“单位（年）”，为占比系列添加数据标签，标签内容选择人数列的数据，即数据区域K13:K16，效果如右图所示。

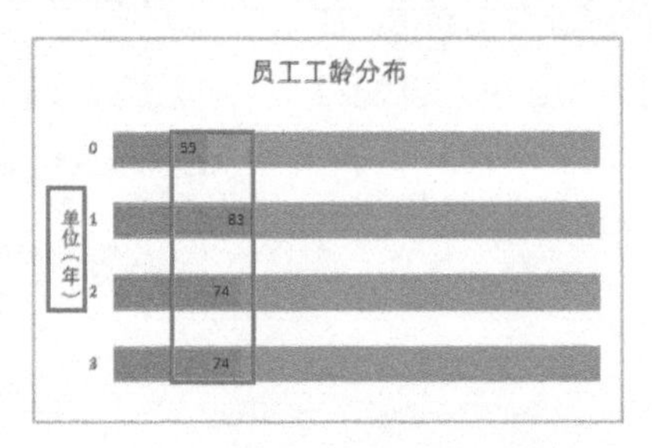

STEP9» 选中图表，在【设置图表区格式】任务窗格中，将其填充方式设置为【无填充】，边框颜色的RGB值设置为【244，158，134】，透明度设置为【50%】，然后将整个图表复制到数据看板中，调整到合适的大小。图表字体格式设置的参数及最终效果如右图所示。

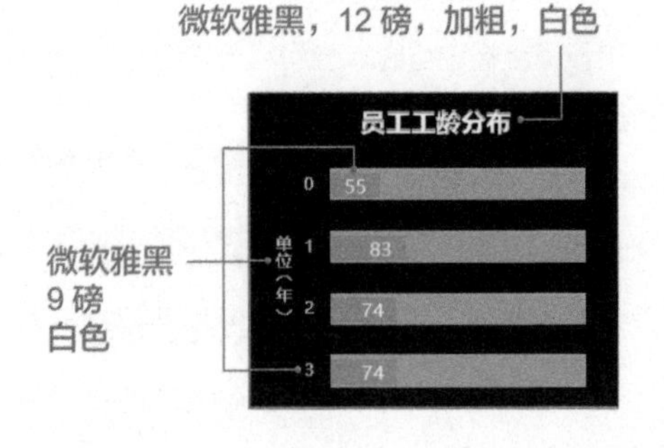

以上就是人力数据分析看板的制作过程，最终效果可参见9.1节效果图。

第 10 章

实战案例——年度销售数据分析看板

- 销售达成情况分析
- 产品销售情况分析
- 销售影响因素分析
- 员工销售业绩分析

插入选项按钮和下拉列表，多角度分析销售数据！

在上一章中，我们以公司人力数据分析看板为例，介绍利用数据透视表和公式等功能汇总数据，同时插入切片器控制多报表连接，从而实现对数据源的自动化分析。

本章的案例会增加仪表盘、选项按钮、下拉列表等功能，虽然较上一章内容增多、难度加大，但是大部分内容在前面已介绍过，重点在于教会读者融会贯通，动手实践，从而达到熟能生巧、灵活应用的程度。

10.1 案例背景

在企业的日常活动或经营中，数据分析无处不在。例如，通过分析销售数据，可以使管理者清晰了解哪些产品销量更好、哪些渠道更有价值、影响销量的因素主要有哪些，对未来的销售做出准确预测，对销售布局做出合理规划。

本案例的数据源是一份年度销售明细表，其中记录了销售订单信息、产品信息、员工信息、客户信息等，如下图所示。

	A	B	C	D	E	F	G	H	I	J	K	L	M	N	O	P	Q	R
1	订单编号	下单日期	季度	月份	下单时间	产品编号	产品名称	产品类别	规格	单价（元）	订单数量	订单金额(元)	业务员编号	业务员	渠道	客户地址	客户姓名	联系电话
2	SL-2020-1-3	2020-01-03	第一季	1月	9:09:48	JM003	洁面仪	洁面产品	台	159	39	6,201	SL0012	邹燕	线上	上海市上	褚**	189****3045
3	SL-2020-1-3	2020-01-03	第一季	1月	9:39:04	XZ003	卸妆油	卸妆产品	100ml	149	58	8,642	SL0035	赵萍	线上	北京市北	金**	189****2536
4	SL-2020-1-3	2020-01-03	第一季	1月	9:51:37	HH002	精华	护肤产品	15ml/	256	60	15,360	SL0046	孙同	线上	广东省广	金**	189****4774
5	SL-2020-1-4	2020-01-04	第一季	1月	10:03:26	XZ001	卸妆水	卸妆产品	150ml	126	60	7,560	SL0015	施燕	线上	上海市上	吴*	189****2699
6	SL-2020-1-4	2020-01-04	第一季	1月	10:03:26	HH001	水、乳、霜	护肤产品	380ml	399	37	14,763	SL0036	杨咏	线上	浙江省杭	冯**	189****9973
7	SL-2020-1-4	2020-01-04	第一季	1月	11:00:03	XZ001	卸妆水	卸妆产品	150ml	126	58	7,308	SL0057	郑欢	线上	浙江省杭	魏**	189****7726
8	SL-2020-1-4	2020-01-04	第一季	1月	11:02:40	XZ003	卸妆油	卸妆产品	100ml	149	58	8,642	SL0068	戚薇	线下	广东省广	孔**	189****1587
9	SL-2020-1-4	2020-01-04	第一季	1月	11:02:42	JM001	洗面奶	洁面产品	120ml	148	52	7,696	SL0012	邹燕	线上	上海市上	姜**	189****2527
10	SL-2020-1-5	2020-01-05	第一季	1月	11:35:49	XZ003	卸妆油	卸妆产品	100ml	149	50	7,450	SL0079	金蓉	线上	北京市北	曹**	189****2659
11	SL-2020-1-5	2020-01-05	第一季	1月	11:35:49	JM002	洁面皂	洁面产品	100g/	68	53	3,604	SL0057	郑欢	线上	浙江省杭	赵**	189****4258
12	SL-2020-1-5	2020-01-05	第一季	1月	11:46:26	HH003	面膜	护肤产品	10片	66	61	4,026	SL0057	郑欢	线上	浙江省杭	杨*	189****3304
13	SL-2020-1-5	2020-01-05	第一季	1月	12:20:25	JM001	洗面奶	洁面产品	120ml	148	57	8,436	SL0012	邹燕	线上	上海市上	许**	189****5881
14	SL-2020-1-5	2020-01-05	第一季	1月	12:24:25	HH002	精华	护肤产品	15ml/	256	59	15,104	SL0036	杨咏	线上	浙江省杭	姜**	189****9432
15	SL-2020-1-5	2020-01-05	第一季	1月	12:33:28	HH003	面膜	护肤产品	10片	66	54	3,564	SL0079	金蓉	线上	北京市北	韩**	189****2141
16	SL-2020-1-5	2020-01-05	第一季	1月	12:53:05	HH001	水、乳、霜	护肤产品	380ml	399	38	15,162	SL0015	施燕	线上	上海市上	陶**	138****7203
17	SL-2020-1-6	2020-01-06	第一季	1月	13:16:31	XZ001	卸妆水	卸妆产品	150ml	126	48	6,048	SL0036	杨咏	线上	浙江省杭	戚**	189****7117
18	SL-2020-1-6	2020-01-06	第一季	1月	13:20:01	JM001	洗面奶	洁面产品	120ml	148	38	5,624	SL0036	杨咏	线上	浙江省杭	樊**	189****0877
19	SL-2020-1-6	2020-01-06	第一季	1月	13:43:56	XZ003	卸妆油	卸妆产品	100ml	149	61	9,089	SL0036	杨咏	线上	浙江省杭	韩**	189****9989
20	SL-2020-1-6	2020-01-06	第一季	1月	14:26:16	JM003	洁面仪	洁面产品	台	159	49	7,791	SL0015	施燕	线上	上海市上	韩*	189****4504
21	SL-2020-1-8	2020-01-08	第一季	1月	14:35:18	HH002	精华	护肤产品	15ml/	256	39	9,984	SL0015	施燕	线上	上海市上	倪*	189****1207
22	SL-2020-1-8	2020-01-08	第一季	1月	14:49:51	JM001	洗面奶	洁面产品	120ml	148	55	8,140	SL0046	孙同	线上	山东省青	孙**	189****6148
23	SL-2020-1-8	2020-01-08	第一季	1月	14:49:51	HH002	精华	护肤产品	15ml/	256	51	13,056	SL0057	郑欢	线上	山东省青	严*	189****7322
24	SL-2020-1-8	2020-01-08	第一季	1月	15:01:54	JM002	洁面皂	洁面产品	100g/	68	52	3,536	SL0057	郑欢	线上	山东省青	陈**	189****4682

以上销售明细表中的数据，不一定每个字段都能用到，但是在该数据源的基础上，可以从多层次、多角度对年度销售数据进行分析，并最终以数据看板的形式将分析结果呈现出来。

每个公司的业务指标和考核项目不同，因此分析的内容也不尽相同，本案例分析的内容仅作为参考，数据看板的最终效果如下图所示。

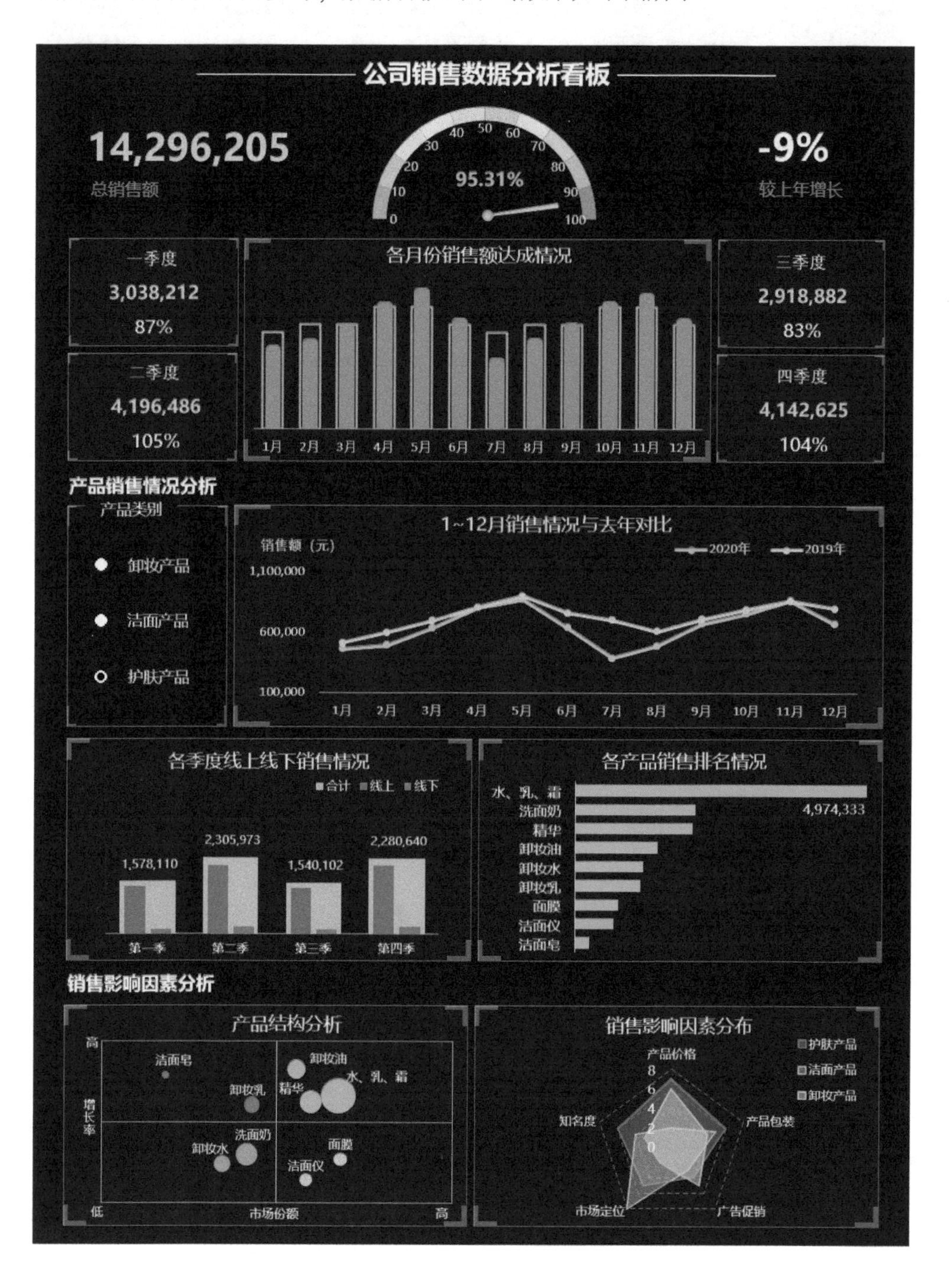

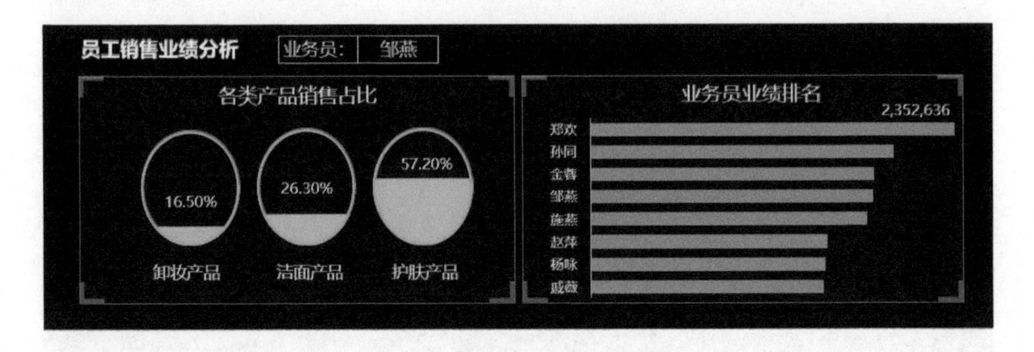

接下来我们来介绍一下本案例年度销售数据分析看板的制作过程。

10.2 需求分析

制作数据看板的第一步是分析用户的需求，本案例我们可以根据金字塔模型（参见 1.2.2 小节相关内容），首先明确用户进行数据分析的需求是什么，如下图所示。

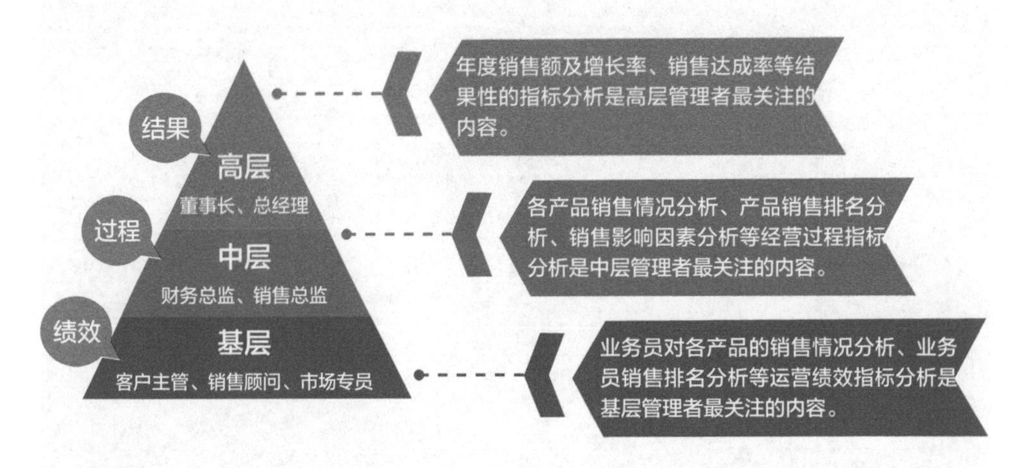

10.3 思路整理

分析完用户需求后，接下来就要对分析思路进行整理。

首先对整个分析的过程进行层次划分，本案例主要分为 3 个层次：结果性的指标分析、经营过程指标分析和运营绩效指标分析。各层次的具体分析内容，以及使用的分析方法和图表类型如下图所示。

10.4 框架设计

思路整理好后，就可以设置数据看板的框架了。本案例分析的是销售数据，整个数据看板的类型可以选择科技风，从而提升数据分析的专业感。看板的底色设置为深蓝色（■ RGB 值为【5，12，56】），通过给单元格填充颜色实现；各个子区域的背景框，通过插入形状，设置形状的颜色实现，在本案例的素材文件中已给出，可以直接使用。

框架设置好后，通过插入文本框，标注标题内容，以及各子区域的分析内容和图表类型，以便后续可视化组件的设计和组装。

接下来，调整整个数据看板的大小和各子区域的位置和大小，使各子区域之间既保证上下对齐，又保证左右对齐，看起来结构分明。设置好的框架效果如下页图所示。

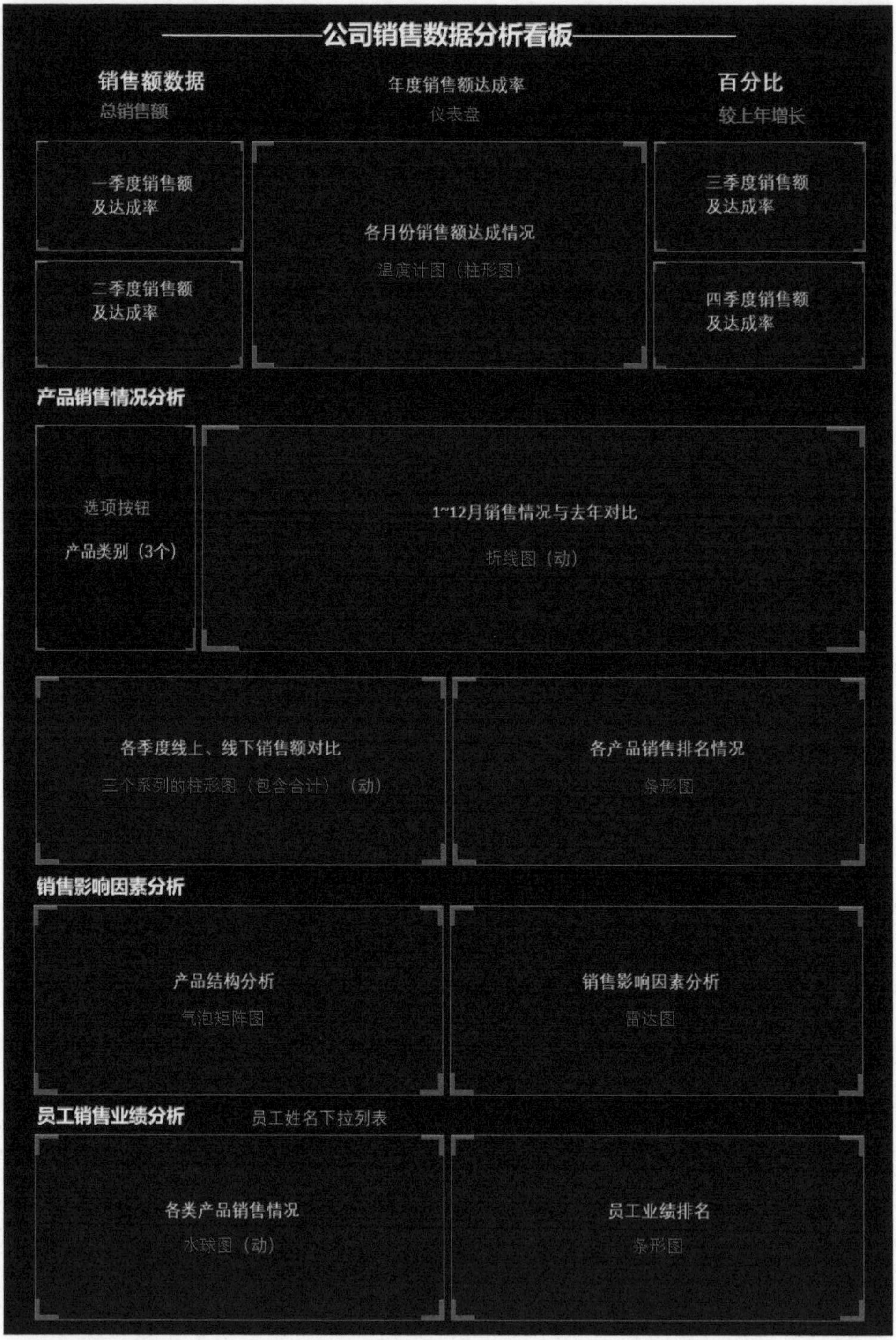

公司销售数据分析看板

销售额数据
总销售额

年度销售额达成率
仪表盘

百分比
较上年增长

一季度销售额
及达成率

二季度销售额
及达成率

各月份销售额达成情况
温度计图（柱形图）

三季度销售额
及达成率

四季度销售额
及达成率

产品销售情况分析

选项按钮
产品类别（3个）

1~12月销售情况与去年对比
折线图（动）

各季度线上、线下销售额对比
三个系列的柱形图（包含合计）（动）

各产品销售排名情况
条形图

销售影响因素分析

产品结构分析
气泡矩阵图

销售影响因素分析
雷达图

员工销售业绩分析　员工姓名下拉列表

各类产品销售情况
水球图（动）

员工业绩排名
条形图

10.5 可视化组件的设计和组装

数据看板的框架设计完成后，就可以在销售明细表的基础上，动手制作各个可视化组件了，下面以各个子区域为模块分别介绍。

10.5.1 总销售额及增长率展示

配 套 资 源

第 10 章 \ 年度销售数据分析看板—原始文件

第 10 章 \ 年度销售数据分析看板—最终效果

扫码看视频

STEP1» 以销售明细表为数据源，创建一个数据透视表，汇总出各月份、各季度及年度销售额数据，然后新建一个辅助表，统计出总销售额（单位：元）和较上年增长率备用，计算方法如下图所示。

	A	B	C	D	E
1	总销售额	14,296,205		2019年销售额	15,676,670
2	总销售目标	15,000,000		较上年增长	-9%
3	年度达成率	95.31%			

来源于数据透视表　　=(B1-E1)/E1

STEP2» 插入文本框。插入两个横排文本框，分别在编辑栏中输入等号，直接引用辅助表中的 B1 和 E2 单元格，再插入两个横排文本框，分别输入内容“总销售额”和“较上年增长”。内容设置完成后，分别移至数据看板标题的左侧和右侧，将所有文本框设置为【无填充】【无轮廓】，字体格式的设置如下图所示。

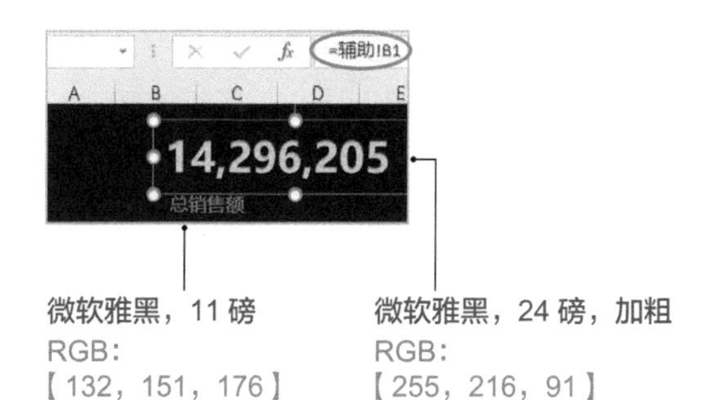

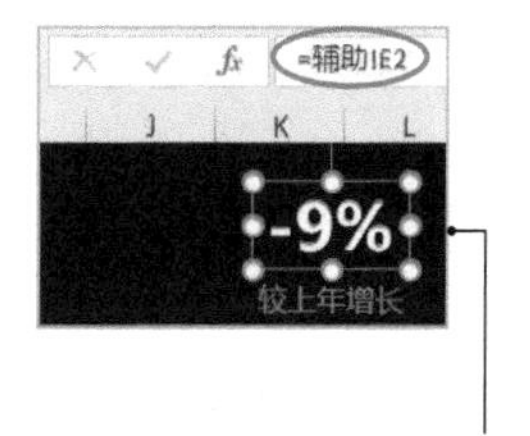

微软雅黑，24 磅，加粗，白色

10.5.2 年度销售达成率仪表盘

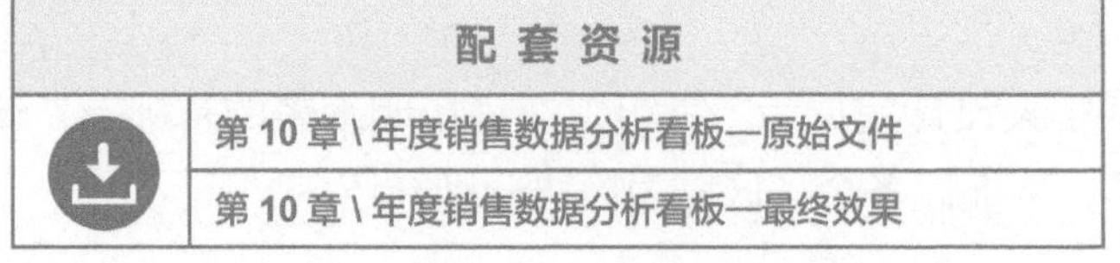

STEP1» 在辅助表中计算年度达成率，计算公式如下图所示。

B3 =B1/B2*100%

	A	B	C
1	总销售额	14,296,205	
2	总销售目标	15,000,000	
3	年度达成率	95.31%	

=B1/B2*100%

STEP2» 仪表盘由两部分组成——表盘和指针。表盘由圆环图的上半部分组成，本案例最大刻度为 100%，因此上半部分圆环平均分成 10 份，每份是 18°，数据源区域的设置如下图所示（其中 0 是占位数据，用来显示对应的刻度值）。指针是饼图的第二扇区，大小设置为 2，其他扇区的计算公式如下图所示。

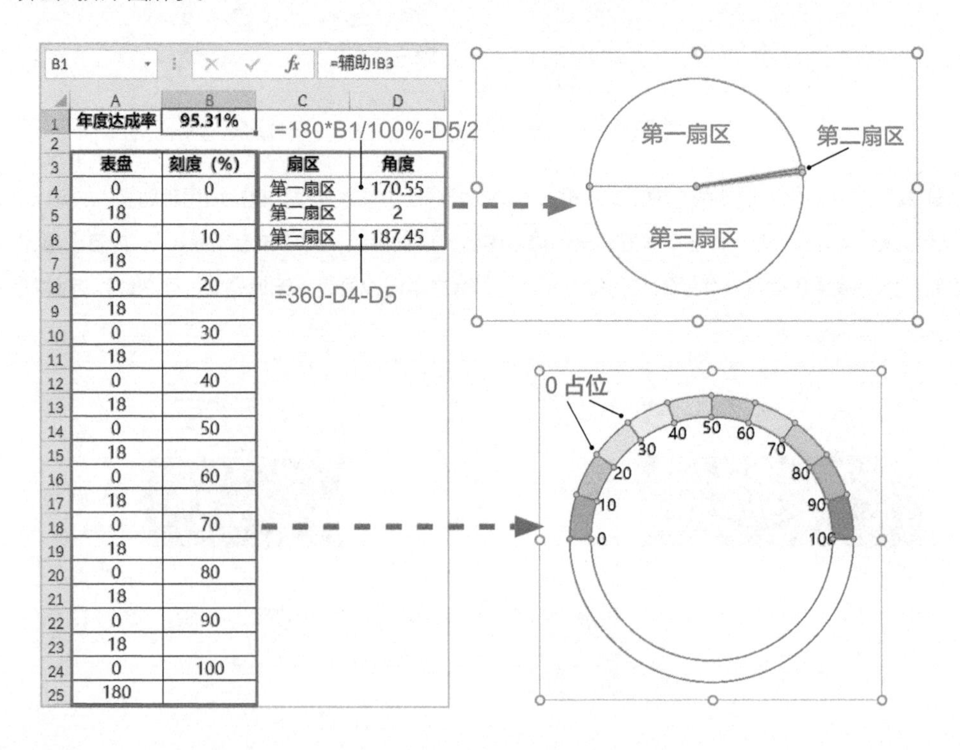

B1 =辅助!B3

	A	B
1	年度达成率	95.31%
2		
3	表盘	刻度（%）
4	0	0
5	18	
6	0	10
7	18	
8	0	20
9	18	
10	0	30
11	18	
12	0	40
13	18	
14	0	50
15	18	
16	0	60
17	18	
18	0	70
19	18	
20	0	80
21	18	
22	0	90
23	18	
24	0	100
25	180	

	C	D
3	扇区	角度
4	第一扇区	170.55
5	第二扇区	2
6	第三扇区	187.45

STEP3» 插入圆环图，制作表盘。选中 A4:A25 区域，插入圆环图，删除标题和图例，将第一扇区的起始角度设置为 270° 。复制一个圆环，选中内层圆环，插入数据标签，标签内容设置为 B4:B25 区域中的值。将内层圆环和外层圆环的下半部分设置为【无填充】，效果如下图所示。

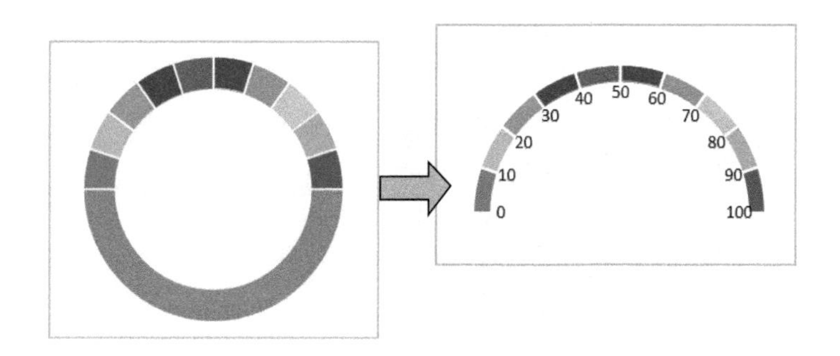

STEP4» 设置表盘颜色。选中表盘的各部分圆环，按照下图中标注的 RGB 值设置颜色。

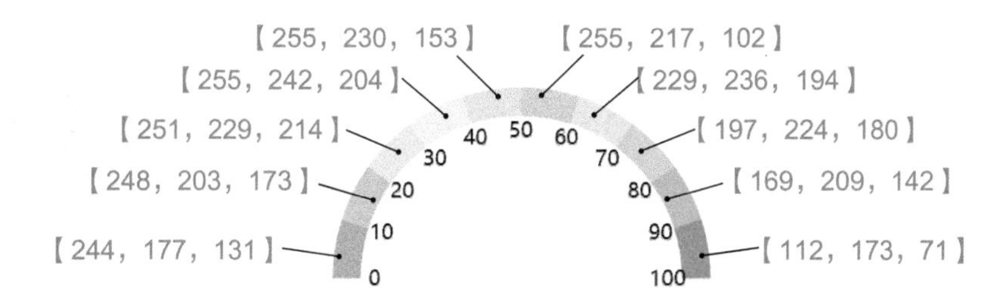

STEP5» 插入饼图，制作指针。选中 D4:D6 区域，插入饼图，删除标题和图例，将第一扇区的起始角度设置为 270° ，选中第一扇区和第三扇区，设置为【无填充】【无轮廓】，将第二扇区填充颜色的 RGB 值设置为【255，216，91】，边框宽度设置为【2 磅】，边框颜色的 RGB 值设置为【255，216，91】，效果如下图所示。

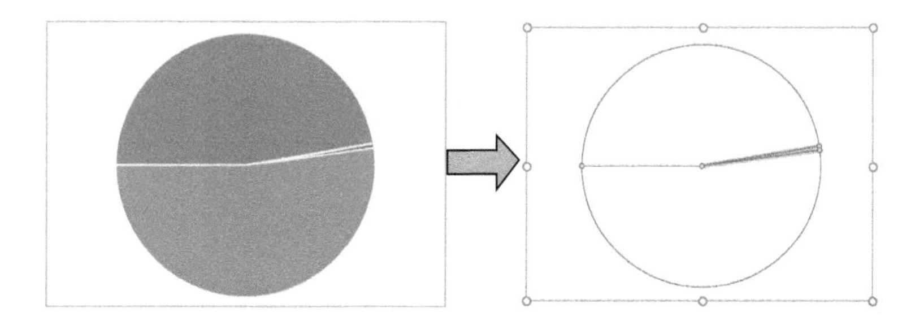

STEP6» 组合。将制作好的表盘和指针组合在一起，保证圆心重合。插入横排文本框，在编辑栏中

输入等号“=”，选中 B1 单元格，文本框中即可显示 B1 单元格中的数据了，字体格式的参数设置如下图所示。在表盘的圆心插入一个圆形，将填充颜色的 RGB 值设置为【255，216，91】，边框宽度设置为【1 磅】，边框颜色的 RGB 值设置为【87，197，217】，效果如下图所示。

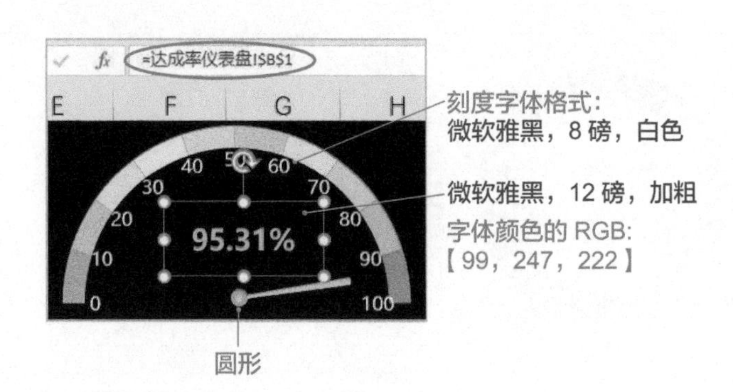

10.5.3 各季度销售额及达成率展示

配 套 资 源

第 10 章 \ 年度销售数据分析看板—原始文件

第 10 章 \ 年度销售数据分析看板—最终效果

扫码看视频

STEP1» 以销售明细表为数据源，创建一个数据透视表，汇总出各季度的销售额（单位：元）数据，然后新建一个辅助表，统计出销售达成率，计算方法如右图所示。

	G	H	I	J
1	季度	销售额	销售目标	达成率
2	第一季	3,038,212	3,500,000	87%
3	第二季	4,196,486	4,000,000	105%
4	第三季	2,918,882	3,500,000	83%
5	第四季	4,142,625	4,000,000	104%

来源于数据透视表　　= 销售额 / 销售目标

STEP2» 插入文本框直接展示数据。以一季度为例，第 1 个文本框中直接输入标题“一季度”；第 2 个文本框中引用辅助工作表 H2 单元格中的数据，即一季度的销售额；第 3 个文本框中引用辅助表 J2 单元格中的数据，即一季度的达成率。各文本框中字体格式的设置如右图所示。

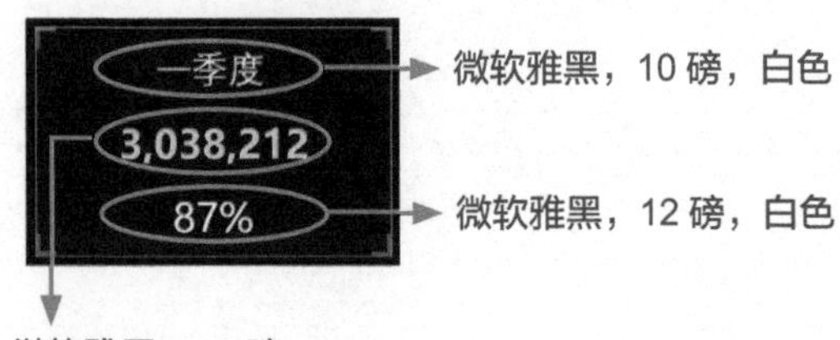

10.5.4 各月份销售额达成情况分析

配套资源
第 10 章 \ 年度销售数据分析看板—原始文件
第 10 章 \ 年度销售数据分析看板—最终效果

扫码看视频

STEP1» 在辅助表的 L1:X3 区域统计出各月份的销售额及销售目标，其中销售额数据来源于数据透视表，如下图所示。

	L	M	N	O	P	Q	R	S	T	U	V	W	X
1	月份	1月	2月	3月	4月	5月	6月	7月	8月	9月	10月	11月	12月
2	销售额	902,605	975,394	1,160,213	1,403,512	1,568,315	1,224,659	760,596	990,781	1,167,505	1,408,890	1,507,953	1,225,782
3	销售目标	1,100,000	1,200,000	1,200,000	1,400,000	1,400,000	1,200,000	1,100,000	1,200,000	1,200,000	1,400,000	1,400,000	1,200,000

STEP2» 选中辅助表的 L1:X3 区域，插入簇状柱形图，将图例、网格线和纵坐标轴删除，图表标题改为“各月份销售额达成情况”，如右图所示。

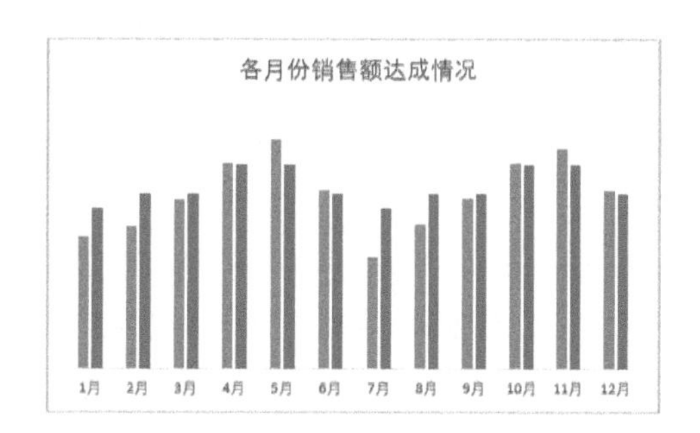

STEP3» 设置数据系列格式。首先选中销售额系列，将其设置在【次坐标轴】上，然后将次要纵坐标轴删除，【间隙宽度】设置为【500%】；选中销售目标系列，将【系列重叠】设置为【100%】，【间隙宽度】设置为【85%】。两个系列的填充和边框参数设置如下图所示。

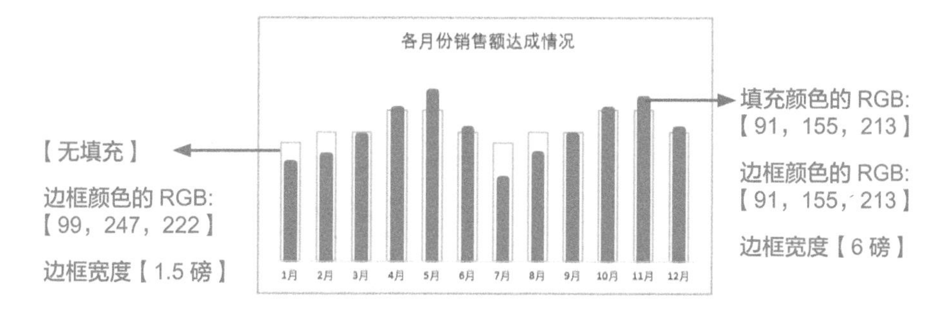

STEP4» 选中整个图表，设置为【无填充】【无轮廓】，将图表移至数据看板中，设置字体格式，最终效果如下页图所示。

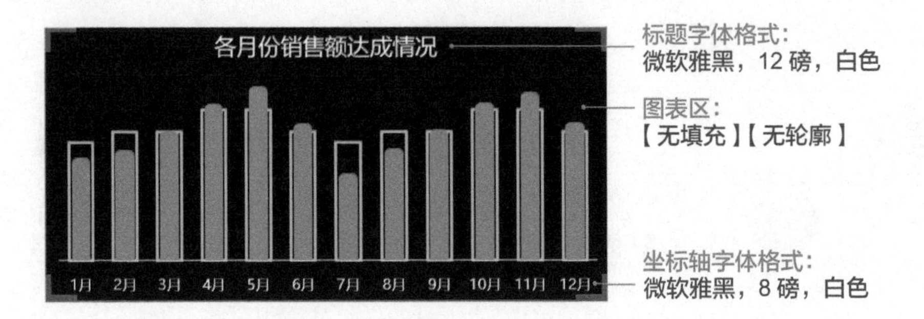

10.5.5 各类产品销售情况分析

1. 产品类别选项按钮的制作

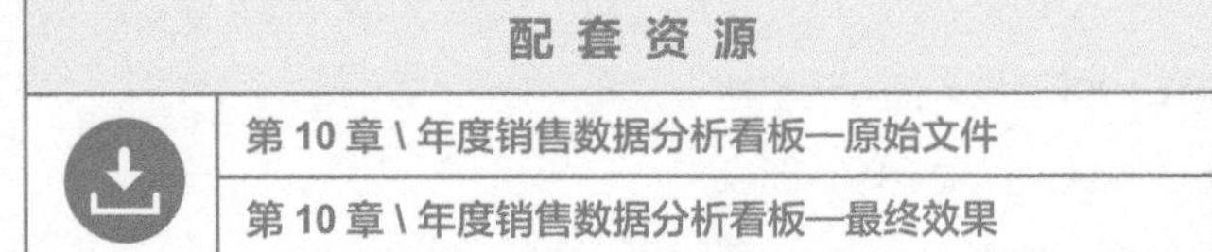

扫码看视频

STEP1» 在 Excel 菜单栏中调出【开发工具】。单击【文件】→【选项】，弹出【Excel 选项】对话框，❶在左侧列表框中单击【自定义功能区】，❷在右侧勾选【开发工具】复选框，❸单击【确定】按钮，即可将【开发工具】添加到菜单栏中。

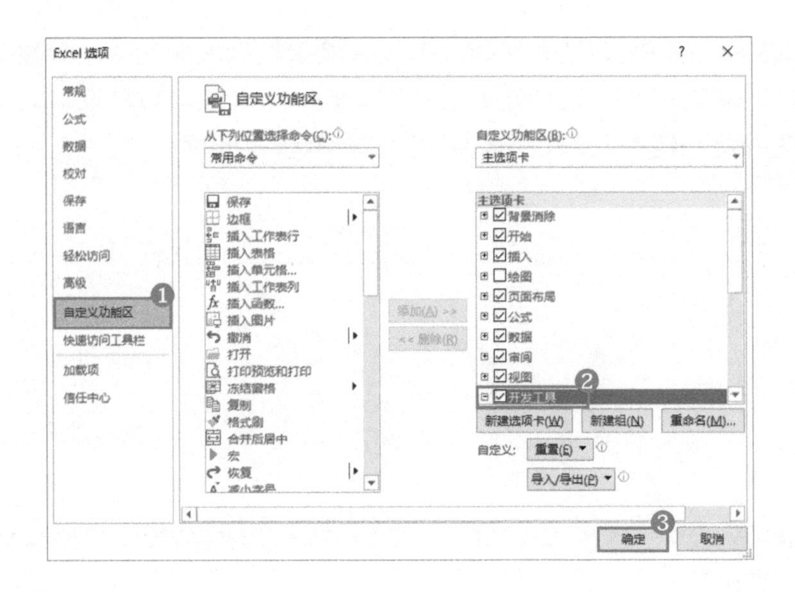

STEP2» 插入选项按钮。❶切换到【开发工具】选项卡，❷单击【控件】组中的【插入】按钮，❸在弹出的下拉列表的【表单控件】组中选中【选项按钮（窗体控件）】，鼠标指针变成十字形状，❹此时按住鼠标左键拖曳即可绘制出一个选项按钮，如右图所示。

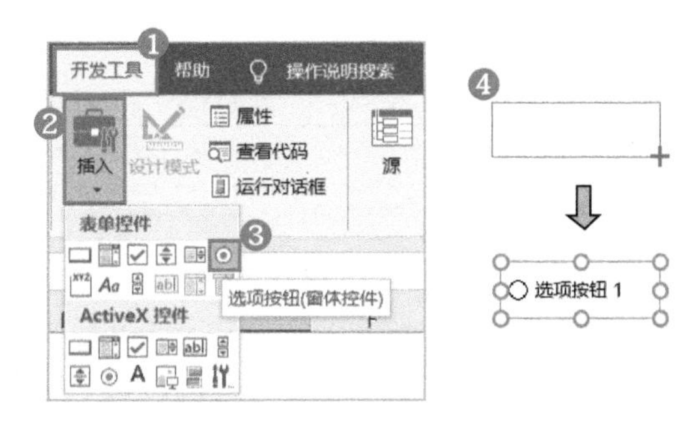

STEP3» 设置单元格链接。重复STEP2的操作，共插入3个选项按钮。❶按【Shift】键的同时，依次在 3 个选项按钮上单击鼠标右键，将其选中，❷在弹出的快捷菜单中选择【设置对象格式】命令，弹出【设置控件格式】对话框，❸切换到【控制】选项卡，❹将光标定位到【单元格链接】右侧的文本框中，然后选中需要链接的单元格，本案例中选择 A7 单元格，❺单击【确定】按钮。设置完成后依次单击选项按钮，A7 单元格中会出现各个按钮对应的序号。

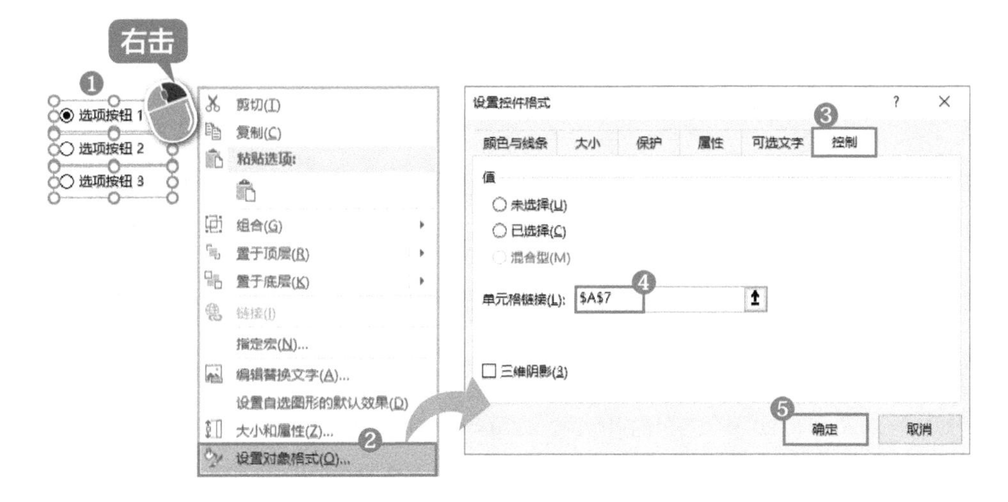

STEP4» 修改选项按钮名称。右击选中选项按钮，然后双击即可进入编辑状态，将 3 个选项按钮的名称依次改为“卸妆产品”“洁面产品”“护肤产品”，如右图所示。

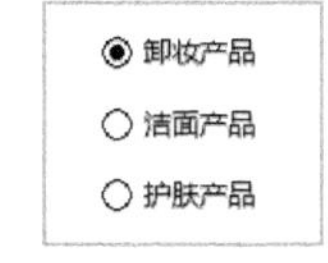

STEP5» 根据各个选项按钮的序号，匹配其对应的产品类别。首先在辅助表的 D7:E9 区域中设置各个序号对应的产品类别，要与设置好的选项按钮的名称顺序一致。然后在 B7 单元格中输入公式“=VLOOKUP(A7,D7:E9,2,0)”，当选中不同的选项按钮时，B7 单元格中即可匹配选项按钮对应的产品类别。

	A	B	C	D	E
7	1	卸妆产品	◉ 卸妆产品	1	卸妆产品
8			○ 洁面产品	2	洁面产品
9			○ 护肤产品	3	护肤产品

STEP6» 设置选项按钮格式。将选项按钮放在数据看板中，会发现黑色的文字在深蓝色的数据看板中不易看清。由于选项按钮的字体格式无法设置，因此可以在选项按钮的上层添加一个文本框。输入与选项按钮名称相同的内容，设置好格式，只露出按钮部分。这样既不影响阅读，也不影响按钮的选择，上层文本框格式的设置如下图所示。

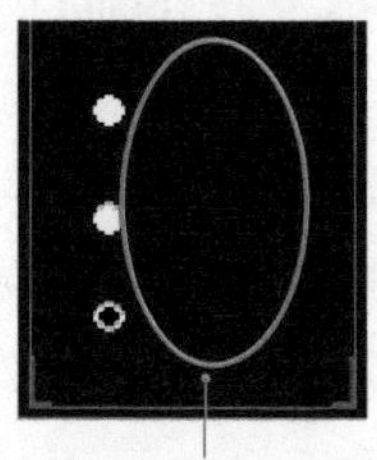

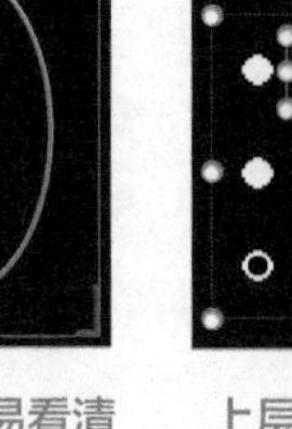

2. 1~12 月销售情况与去年对比

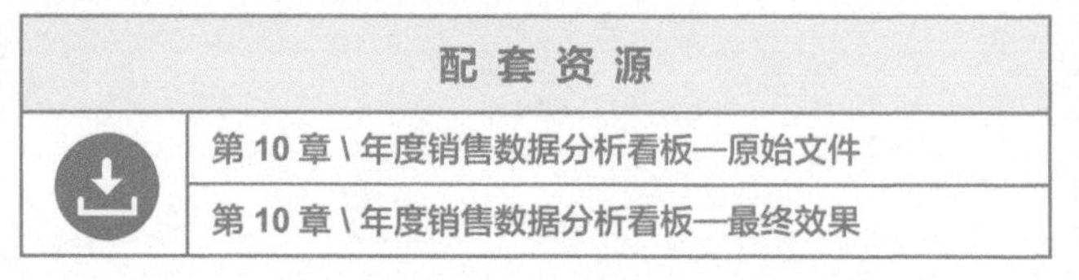

STEP1» 在辅助表中新建一个动态区域 A16:M18，通过 B7 单元格中的产品类别，汇总出不同产品类别对应的 2020 年和 2019 年各月的销售额。2020 年的数据来源于 2020 年销售明细表，2019 年的数据来源于 A11:M14 区域，以 1 月为例，公式内容如下图所示。

	A	B	C	D	E	F	G	H	I	J	K	L	M	N
7	3	护肤产品		1	卸妆产品									
8				2	洁面产品									
9				3	护肤产品									
10														
11	2019年销售额	1月	2月	3月	4月	5月	6月	7月	8月	9月	10月	11月	12月	合计
12	卸妆产品	270,456	310,682	337,865	345,497	367,249	382,866	254,581	276,583	264,021	309,596	305,866	308,953	3,734,215
13	洁面产品	198,956	215,689	285,872	298,653	328,986	275,968	204,586	229,856	248,965	308,675	335,875	308,751	3,240,832
14	护肤产品	509,862	592,679	689,751	804,156	896,542	756,897	698,745	605,782	708,468	786,598	856,247	795,896	8,701,623
15														
16	年份	1月	2月	3月	4月	5月	6月	7月	8月	9月	10月	11月	12月	
17	2020年	460,099	488,671	629,340	799,339	869,240	637,394	385,207	486,249	668,646	752,301	860,194	668,145	
18	2019年	509,862	592,679	689,751	804,156	896,542	756,897	698,745	605,782	708,468	786,598	856,247	795,896	

=SUMIFS('2020 年销售明细表 '!$L:$L,'2020 年销售明细表 '!$D:$D, 辅助 !B16, '2020 年销售明细表 '!$H:$H, 辅助 !$B$7)

=VLOOKUP($B$7,$A$11:$M$14,2,0)

STEP2» 选中 A16:M18 区域，插入带数据标记的折线图，将图表标题改为“1~12 月销售情况与去年对比”，图例移至标题右下方，删除网格线，纵坐标轴【边界】的【最小值】设置为【100000.0】,【最大值】设置为【1100000.0】,【单位】中的【大】设置为【500000.0】，然后添加纵坐标轴标题“销售额（元）”。

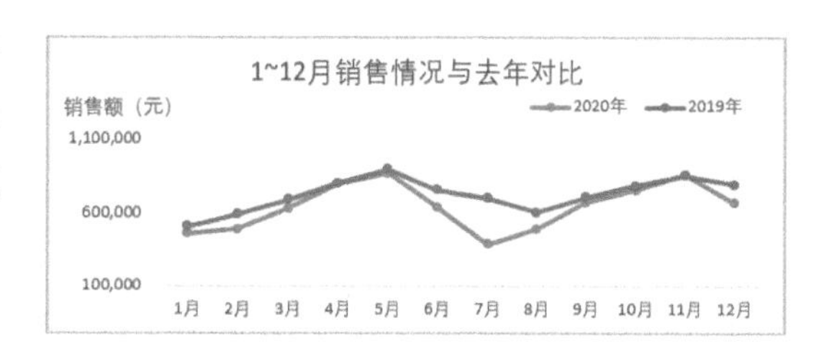

STEP3» 设置数据系列格式。选中 2019 年系列，将线条颜色、标记的填充和边框颜色的 RGB 值都设置为【251，216，104】。然后选中 2020 年系列，将线条颜色、标记的填充和边框颜色的 RGB 值都设置为【99，247，222】。

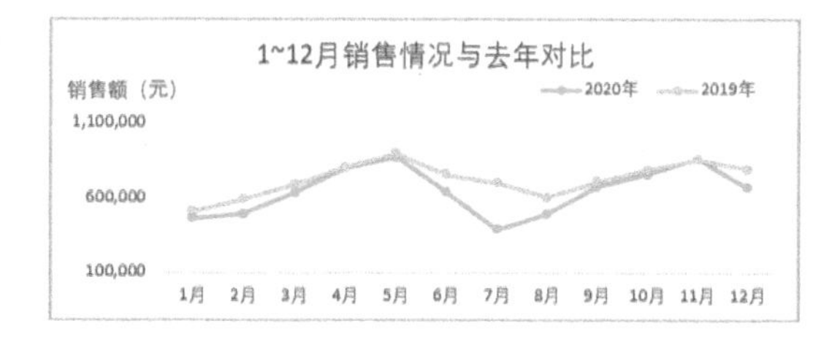

STEP4» 选中整个图表，将其设置为【无填充】【无轮廓】，标题字体格式设置为微软雅黑、12 磅、白色，图例和纵坐标轴标题字体格式设置为微软雅黑、9 磅，纵坐标轴和横坐标轴的字体格式设置为微软雅黑、8 磅，设置完成后将图表移至数据看板中，效果如右图所示。

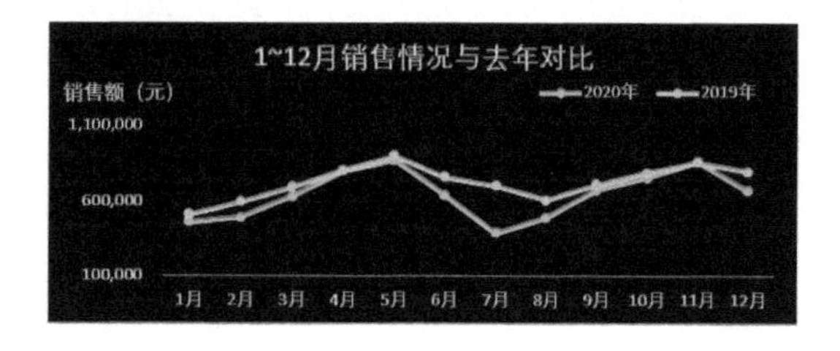

3. 各季度线上线下销售情况

配 套 资 源
第 10 章 \ 年度销售数据分析看板—原始文件
第 10 章 \ 年度销售数据分析看板—最终效果

扫码看视频

STEP1» 在辅助表中新建一个动态区域 A21:D25，通过 A20 单元格的产品类别，汇总出各季度线上线下的销售额，由于 A20 单元格的内容与 B7 单元格的内容相同，因此该动态区域也受选项按钮的控制，具体公式内容如下页图所示。

	A	B	C	D
7	3	护肤产品		
8				
20	护肤产品			
21	季度	线上	线下	合计
22	第一季	1,438,300	139,810	1,578,110
23	第二季	2,086,268	219,705	2,305,973
24	第三季	1,405,308	134,794	1,540,102
25	第四季	2,064,235	216,405	2,280,640

公式内容：

=SUMIFS('2020 年销售明细表 '!$L:$L,
'2020 年销售明细表 '!$H:$H, 辅助 !$A$20,
'2020 年销售明细表 '!$C:$C, 辅助 !A22,
'2020 年销售明细表 '!$O:$O, 辅助 !$B$21)

STEP2» 选中 A21:D25 区域，插入簇状柱形图，将图表标题改为“各季度线上线下销售情况”，图例移至标题的右下角，删除纵坐标轴和网格线，效果如右图所示。

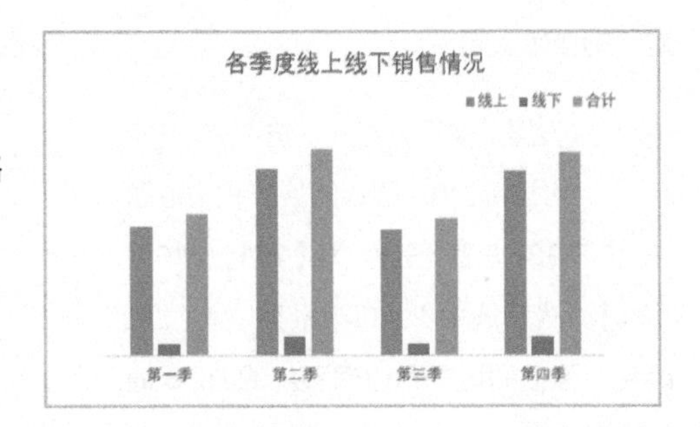

STEP3» 设置主次坐标轴和间隙宽度。选中线上系列，将其设置在次坐标轴上，间隙宽度设置为【180%】；选中线下系列，将其设置在次坐标轴上，间隙宽度设置为【180%】；选中合计系列，保持主坐标轴设置不变，间隙宽度设置为【50%】。设置完成后，将次要纵坐标轴删除，效果如右图所示。

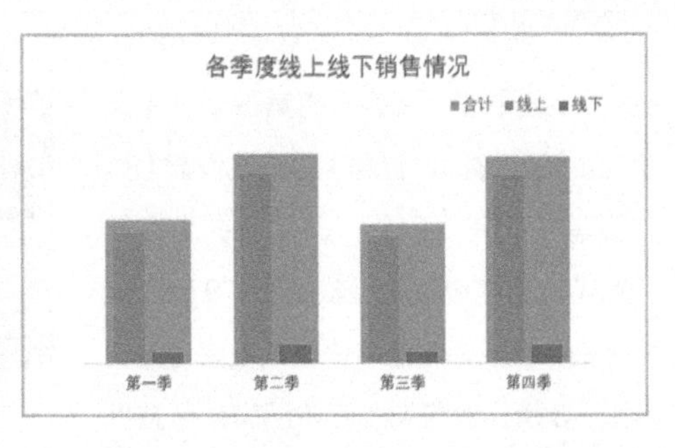

STEP4» 选中合计系列，为其添加数据标签；将标题的字体格式设置为微软雅黑、12磅、白色，将图例、数据标签和横坐标轴的字体格式设置为微软雅黑、8 磅、白色；然后按照下图所示的参数设置各系列的填充颜色；将整个图表设置为【无填充】【无轮廓】，将其移至数据看板中即可，最终效果如下图所示。

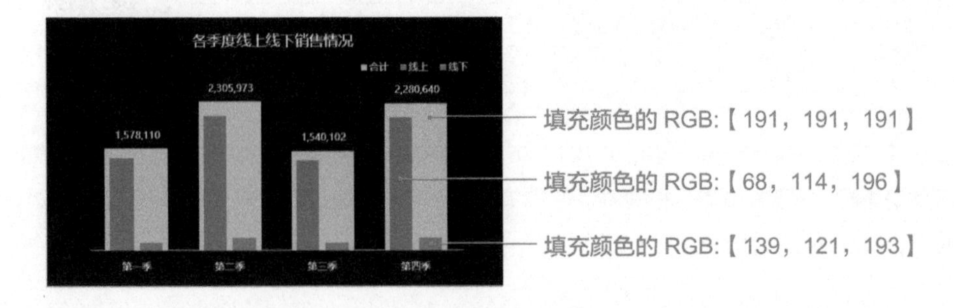

10.5.6 各产品销售排名情况

配套资源
第 10 章 \ 年度销售数据分析看板—原始文件
第 10 章 \ 年度销售数据分析看板—最终效果

扫码看视频

STEP1» 在辅助表的 H20:I29 区域，统计出各产品的销售额，数据来源于数据透视表，统计完成后按照销售额进行升序排序。然后选中 H20:I29 区域，插入条形图，将图表标题改为“各产品销售排名情况”，删除横坐标轴和网格线，效果如下图所示。

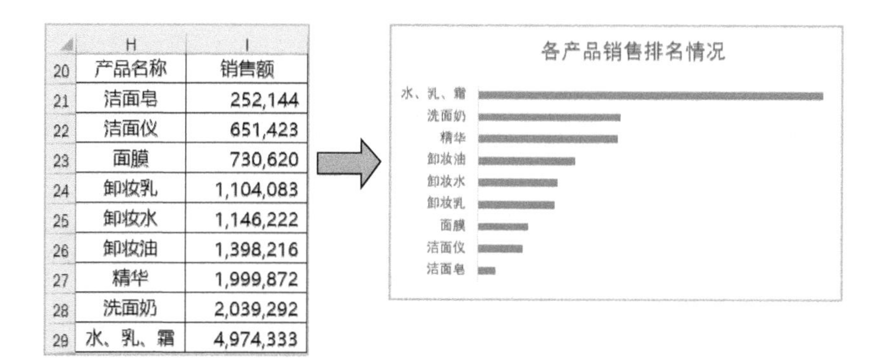

	H	I
20	产品名称	销售额
21	洁面皂	252,144
22	洁面仪	651,423
23	面膜	730,620
24	卸妆乳	1,104,083
25	卸妆水	1,146,222
26	卸妆油	1,398,216
27	精华	1,999,872
28	洗面奶	2,039,292
29	水、乳、霜	4,974,333

STEP2» 选中最大的数据点，为其添加数据标签，将数据标签移至其下方，删除引导线，然后选中数据系列，将其间隙宽度设置为【66%】，填充颜色的 RGB 值设置为【87，197，217】，效果如右图所示。

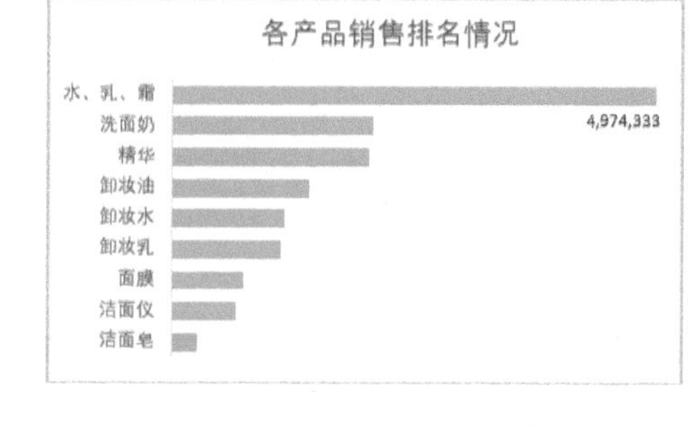

STEP3» 设置图表标题的字体格式为微软雅黑、12 磅、白色，纵坐标轴和图例的字体格式为微软雅黑、9 磅、白色，将整个图表设置为【无填充】【无轮廓】，将其移至数据看板中，最终效果如右图所示。

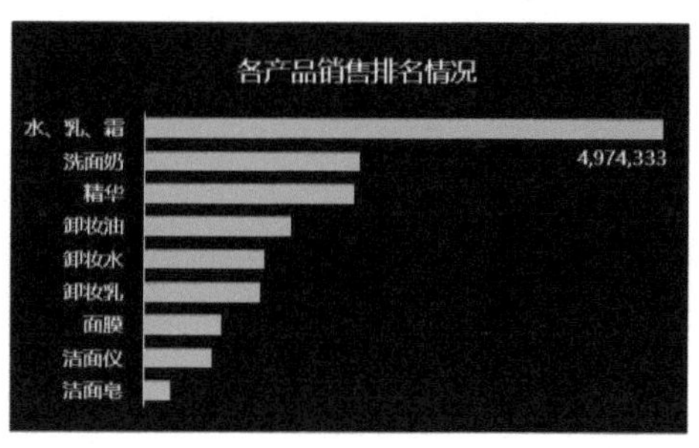

10.5.7 销售影响因素分析

1. 产品结构分析

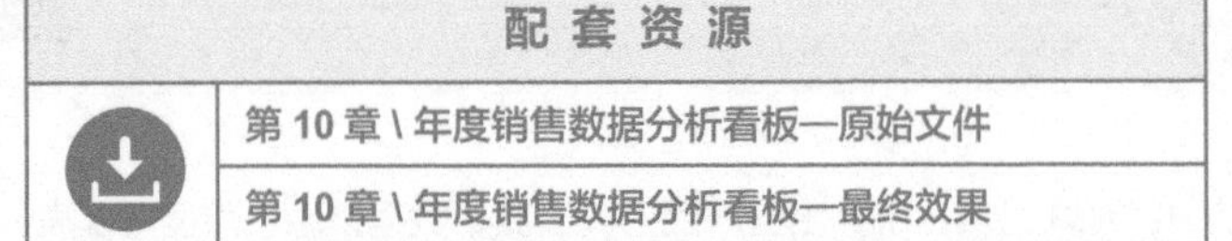

STEP1» 在辅助表的A31:D41区域，统计出各产品的市场份额、增长率和销售额数据，并计算市场份额和增长率的平均值。计算完成后，选中 B32:D40 区域，插入气泡矩阵图，将图表标题改为“产品结构分析”，然后删除网格线，效果如下图所示。

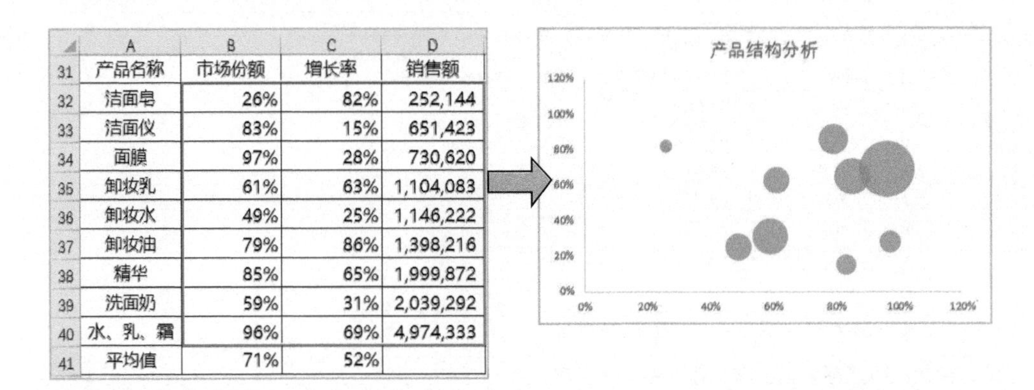

	A	B	C	D
31	产品名称	市场份额	增长率	销售额
32	洁面皂	26%	82%	252,144
33	洁面仪	83%	15%	651,423
34	面膜	97%	28%	730,620
35	卸妆乳	61%	63%	1,104,083
36	卸妆水	49%	25%	1,146,222
37	卸妆油	79%	86%	1,398,216
38	精华	85%	65%	1,999,872
39	洗面奶	59%	31%	2,039,292
40	水、乳、霜	96%	69%	4,974,333
41	平均值	71%	52%	

STEP2» 选中横坐标轴，在【设置坐标轴格式】任务窗格中，❶单击【坐标轴选项】按钮，❷然后选中【纵坐标轴交叉】组中的【坐标轴值】单选钮，❸在右侧文本框中输入【0.71】（即市场份额的平均值），❹将【边界】的【最大值】设置为【1.42】（即市场份额平均值的两倍），❺【最小值】设置为【0.0】，如右图所示。

STEP3» 选中纵坐标轴，在【设置坐标轴格式】任务窗格中，❶选中【横坐标轴交叉】组中的【坐标轴值】单选钮，❷在右侧文本框中输入【0.52】(即增长率的平均值)，❸然后将【边界】的【最大值】设置为【1.04】(即增长率平均值的两倍)，❹【最小值】设置为【0.0】，如右图所示。

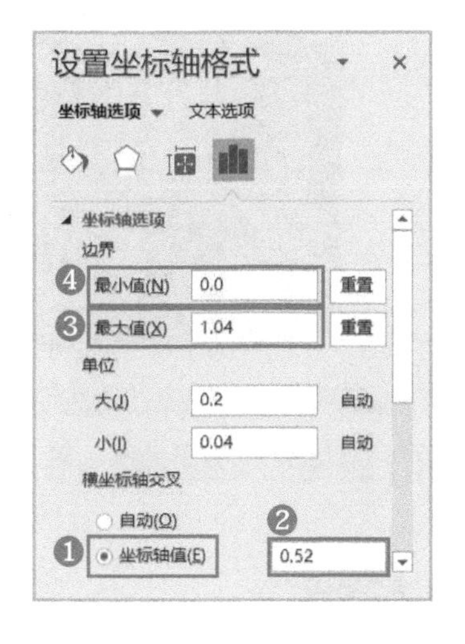

STEP4» 选中绘图区，将边框颜色的RGB值设置为【87，197，217】，横纵坐标轴的 RGB 值也设置为【87，197，217】，宽度都为【0.75 磅】，效果如右图所示。

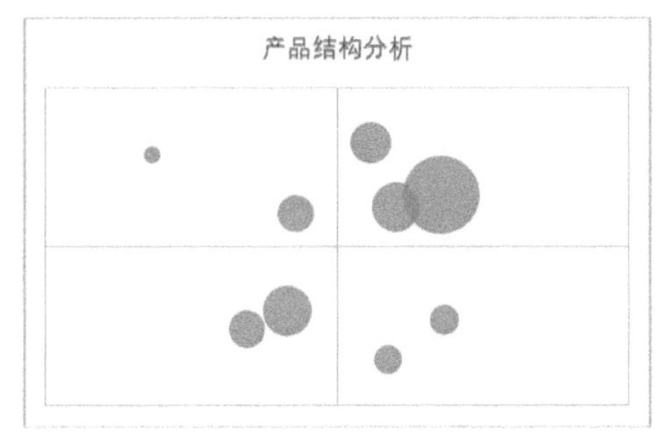

STEP5» 选中图表，为其添加数据标签，标签内容为产品名称，然后分别为 4 个象限的数据点填充颜色，各颜色的 RGB 值如图所示。

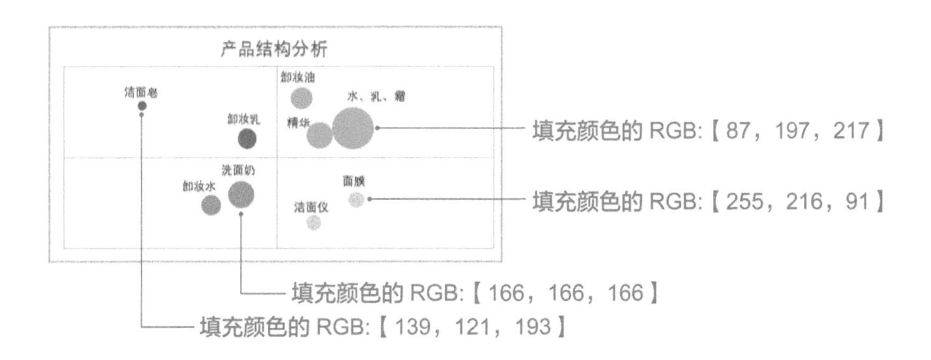

STEP6» 为图表添加坐标轴标题。插入 5 个横排文本框，分别输入内容“市场份额”“增长率”“高”“低”“高”，放在气泡矩阵图的坐标轴上。然后设置图表的字体格式，整个图表设置为【无填充】【无轮廓】，将其移至数据看板中，具体参数设置及最终效果如下页图所示。

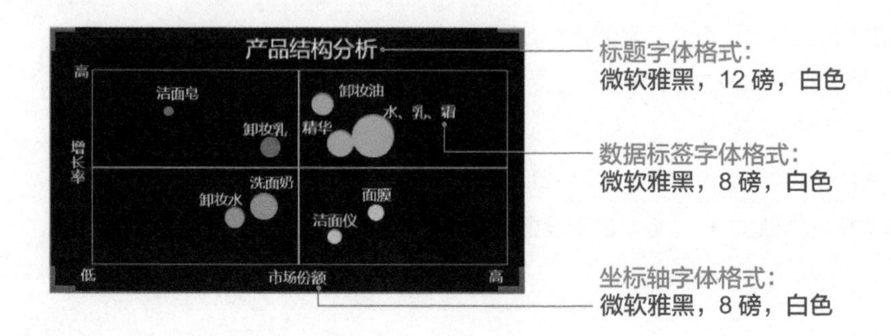

2. 销售影响因素分布分析

配套资源	
	第 10 章 \ 年度销售数据分析看板—原始文件
	第 10 章 \ 年度销售数据分析看板—最终效果

扫码看视频

STEP1» 在辅助表的 A43:F46 区域，统计出各类产品各销售影响因素的分值，然后选中 A43:F46 区域，插入填充雷达图，将标题内容改为“销售影响因素分布”，调整图例为上下排列并移至标题右下方，效果如下图所示。

	A	B	C	D	E	F
43	产品类别	产品价格	产品包装	广告促销	市场定位	知名度
44	护肤产品	7	6	4	5	6
45	洁面产品	2	5	3	8	4
46	卸妆产品	6	4	5	2	3

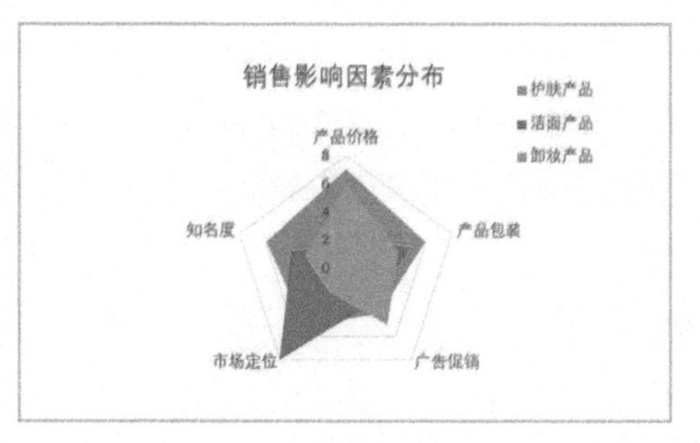

STEP2» 设置网格线格式。选中网格线，在【设置网格线格式】任务窗格中，将线条颜色的 RGB 值设置为【127，127，127】，【短划线类型】设置为【短划线】，效果如右图所示。

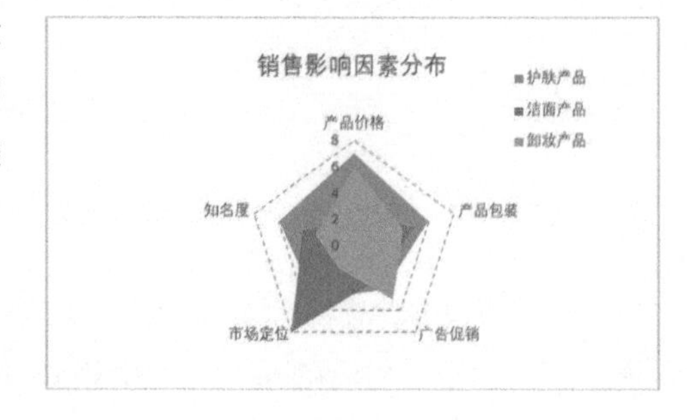

STEP3» 设置数据系列格式。依次选中 3 个数据系列，在【设置数据系列格式】任务窗格中，按照下图所示的参数设置数据系列的颜色。

填充颜色的 RGB:【255，206，51】透明度【50%】
线条颜色的 RGB:【255，206，51】宽度【1 磅】

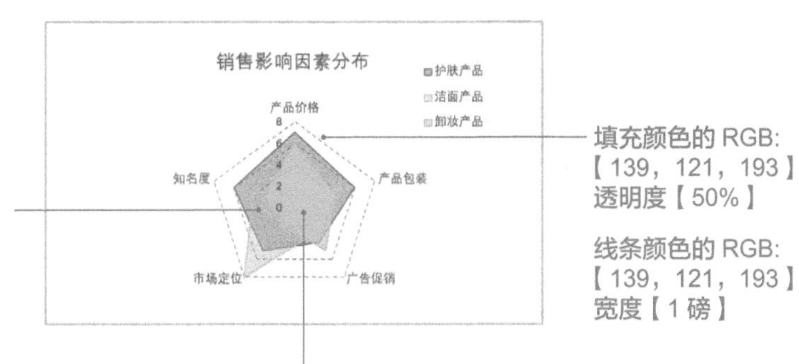

填充颜色的 RGB:【139，121，193】透明度【50%】
线条颜色的 RGB:【139，121，193】宽度【1 磅】

填充颜色的 RGB:【99，247，222】　透明度【50%】
线条颜色的 RGB:【99，247，222】　宽度【1 磅】

STEP4» 将标题字体格式设置为微软雅黑、12 磅、白色，数据标签和分类标签字体格式设置为微软雅黑、8 磅、白色，纵坐标轴字体格式设置为微软雅黑、9 磅、白色，将整个图表设置为【无填充】【无轮廓】，将其移至数据看板中，效果如右图所示。

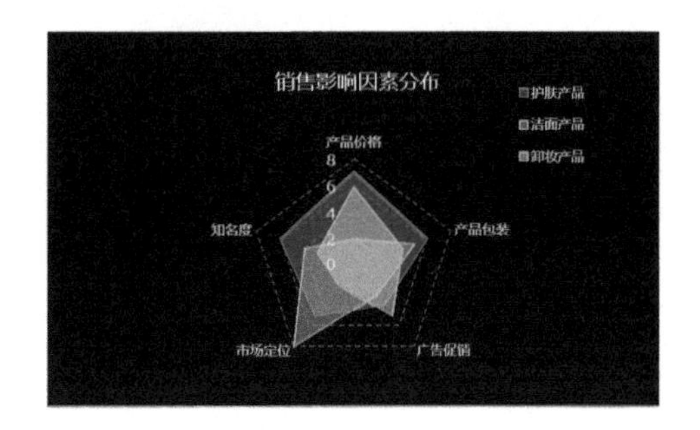

10.5.8 员工销售业绩分析

1. 各类产品销售占比分析

配 套 资 源
第 10 章 \ 年度销售数据分析看板—原始文件
第 10 章 \ 年度销售数据分析看板—最终效果

扫码看视频

STEP1» 在销售数据看板的 E57 单元格中制作员工姓名的下拉列表，序列内容（员工姓名）来源于参数表。然后在辅助表的 H31:K35 区域，根据员工姓名（I31 单元格，链接数据看板的 E57 单元格）和产品类别统计出其对应的销售额及占比。还需在 K32:K35 区域增加一个辅助列，值为 100%，如下页图所示。

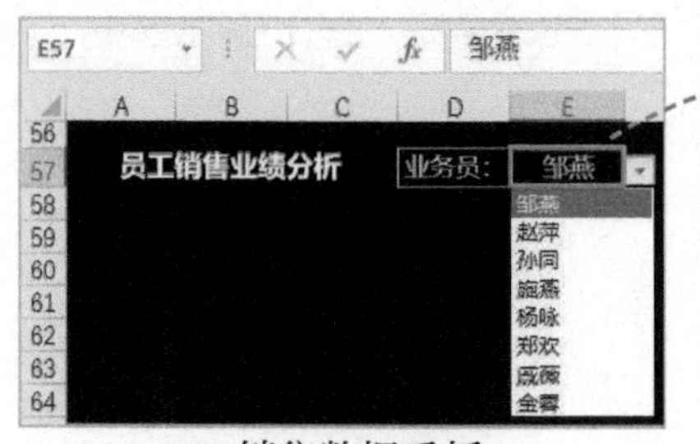

▲ 销售数据看板

I31 =销售数据看板!E57

	H	I	J	K
31	员工姓名：	邹燕		
32	产品类别	销售额	占比	辅助
33	卸妆产品	301,017	16.50%	100%
34	洁面产品	479,804	26.30%	100%
35	护肤产品	1,043,406	57.20%	100%

▲ 辅助表

STEP2» 选中 J33:K33 区域，插入簇状柱形图，删除图表标题、网格线和横、纵坐标轴，效果如右图所示。

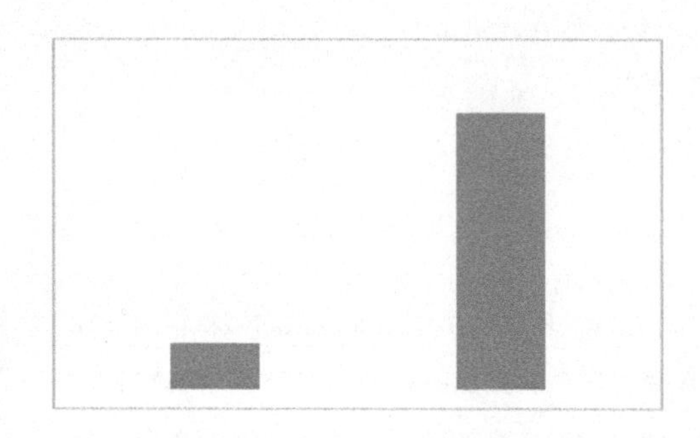

STEP3» 选中图表，切换到【图表工具】的【设计】选项卡，单击【数据】组中的【切换行 / 列】按钮，出现两个数据系列。

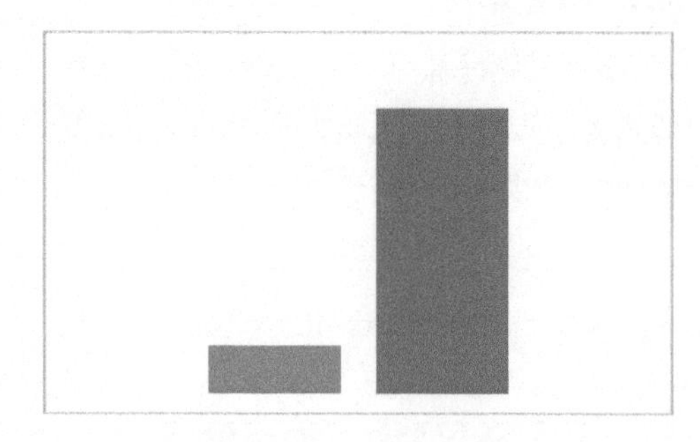

STEP4» 插入两个椭圆形状，设置其中一个椭圆的填充颜色为【无填充】，边框为【3 磅】，边框颜色的 RGB 值为【87，197，217】；另一个椭圆设置为【无边框】，填充颜色的 RGB 值设置为【99，247，222】。设置完成后，将只有边框的椭圆复制到辅助系列上，将设置填充颜色的椭圆复制到占比系列上。然后设置两个系列的填充为【层叠并缩放】，单位为【1】，效果如下图所示。

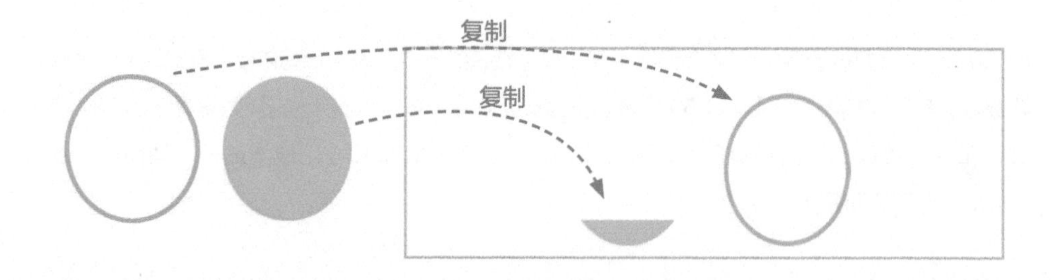

STEP5» 选中数据系列，在【设置数据系列格式】任务窗格中，将【系列重叠】设置为【100%】。这样两个椭圆就重叠在一起了，如右图所示。

STEP6» 为图表添加数据标签，只保留占比系列的数据标签，设置其字体格式为微软雅黑、9 磅、白色；将整个图表设置为【无填充】【无轮廓】，将其移至数据看板中；然后插入文本框，输入“卸妆产品”，字体格式设置为微软雅黑、10 磅、白色。

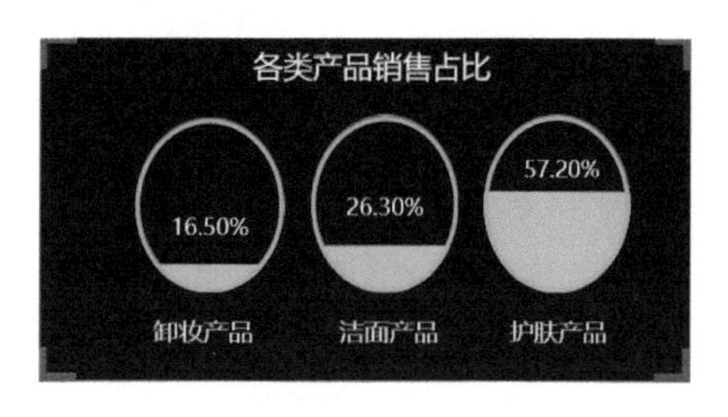

以上操作完成后，第一个水球图就制作完成了，采用同样的方法制作出另外两个产品类别的水球图。制作完成后插入文本框，输入标题“各类产品销售占比”，字体格式设置为微软雅黑、12 磅、白色，效果如上图所示。

2. 业务员业绩排名情况

配 套 资 源

第 10 章 \ 年度销售数据分析看板—原始文件

第 10 章 \ 年度销售数据分析看板—最终效果

扫码看视频

STEP1» 在辅助表的 H38:I46 区域统计出各员工的销售额数据（数据来源于数据透视表），并按销售额升序排序。然后选中该区域，插入簇状条形图，如下图所示。

	H	I
38	员工姓名	销售额
39	戚薇	1,500,670
40	杨咏	1,511,418
41	赵萍	1,528,550
42	施燕	1,787,245
43	邹燕	1,824,227
44	金蓉	1,830,489
45	孙同	1,960,970
46	郑欢	2,352,636

销售额

郑欢 孙同 金蓉 邹燕 施燕 赵萍 杨咏 戚薇

- 500,000 1,000,000 1,500,000 2,000,000 2,500,000

STEP2» 将图表标题改为“业务员业绩排名”，删除网格线和横坐标轴，效果如右图所示。

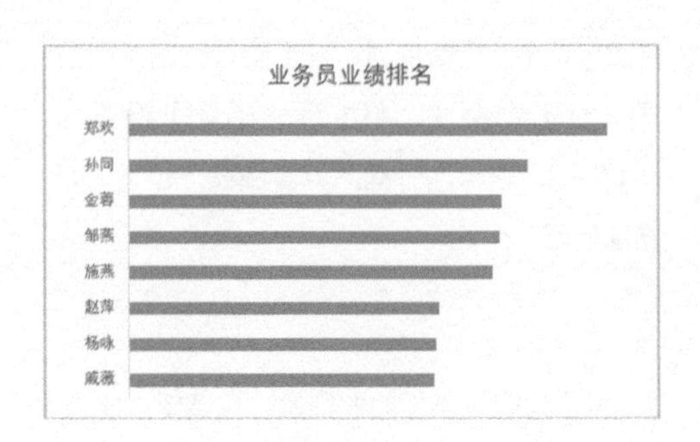

STEP3» 设置数据系列格式。在【设置数据系列格式】任务窗格中，将【间隙宽度】设置为【70%】。选中最大的数据点，为其添加数据标签，将其移至数据点上方即可，效果如右图所示。

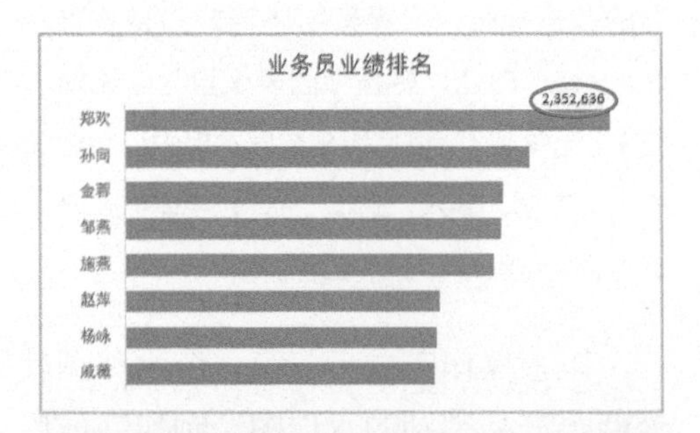

STEP4» 将图表标题字体格式设置为微软雅黑、12 磅、白色，坐标轴字体格式设置为微软雅黑、8 磅、白色，数据标签字体格式设置为微软雅黑、9 磅、白色，将整个图表设置为【无填充】【无轮廓】，将其移至数据看板中，效果如右图所示。

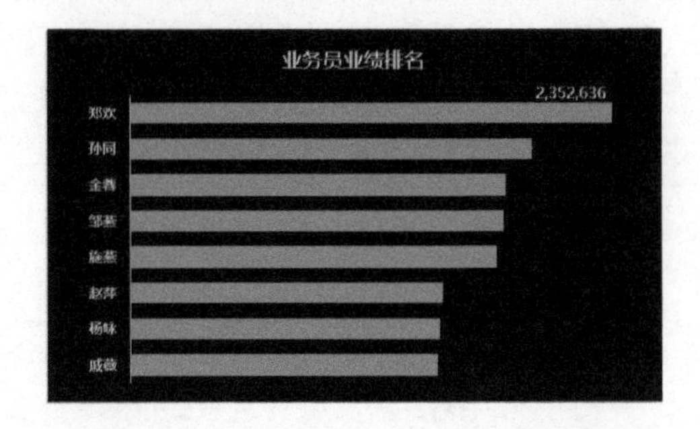

以上就是销售数据分析看板的制作过程，最终效果可参见 10.1 节效果图。学习到这里，你会发现制作出这样一份高质量的数据看板是如此简单的一件事。只要你肯花时间和精力，认真学习本书内容，一定能让图表成为数据分析中有用的工具。

读书笔记

读书笔记